应用建筑力学

（上）

——理论力学、材料力学

主　编　曹学才　杨荣根

副主编　周立熙　张学平

云南大学出版社

图书在版编目（CIP）数据

应用建筑力学．上，理论力学、材料力学/曹学才，
杨荣根主编．—3 版．—昆明：云南大学出版社，2011（2013 重印）

ISBN 978 – 7 – 5482 – 0394 – 0

Ⅰ.①应… Ⅱ.①曹…②杨… Ⅲ.①建筑力学—高
等学校—教材②理论力学—高等学校—教材③材料力学—
高等学校—教材 Ⅳ.①TU311②031③TB301

中国版本图书馆 CIP 数据核字（2011）第 047944 号

应用建筑力学（上）

曹学才 杨荣根 主编

策　　划　徐　曼
责任编辑　徐　曼
封面设计　何　璞
出版发行　云南大学出版社
印　　装　昆明研汇印刷有限责任公司
开　　本　787mm × 1092mm　1/16
印　　张　18.25
字　　数　444 千
版　　次　2011 年 4 月第 3 版
印　　次　2013 年 8 月第 7 次印刷
书　　号　ISBN 978 – 7 – 5482 – 0394 – 0
定　　价　32.00 元

地　　址：云南省昆明市翠湖北路 2 号云南大学英华园内（邮编：650091）
发行电话：发行部 0871 – 5033244　5031071
网　　址：http://www.ynup.com　E – mail：market@ynup.com

前　言

《应用建筑力学》一书自 2003 年 6 月第一版出版后，经深圳职业技术学院、河南建筑职工大学、昆明冶金高等专科学校等高职高专院校和昆明市官渡区建筑规划设计院使用后，深得广大土木工程专业和力学专业教师、学生及土木工程专业技术人员的欢迎和好评，同时也提出了宝贵的修改意见。根据广大读者的要求，我们对本书的内容作了增删，更加突出本书在土木工程中的实用性。

本书将传统的理论力学、材料力学、结构力学三门课程有机融合为一门《应用建筑力学》课程，适应高职高专教育改革的特点，以"应用为目的，理论必须，够用为尺度"为宗旨，突出针对性、适用性和实用性，旨在提高学生运用力学方法分析和解决建筑工程实际问题的能力。

本书内容循序渐进，精选并吸纳了最新力学教学研究成果，简化了力学理论公式推导，理论联系实际，注重工程应用，文字简洁，叙述深入浅出，通俗易懂，图文紧密配合，例题贴近建筑工程实际，适合高职高专各层次的学生。

全书共十九章。为方便土木工程专业和近土木工程类各专业的使用，本书分为上、下两册：上册（第一章~第十一章）为理论力学和材料力学内容；下册（第十二章~第十九章）为结构力学内容。

本书可作为高职高专院校、成人高校、本科院校所属二级职业院校、民办高校的土建类、近土类各专业的专业力学教材或供土木工程专业技术人员学习参考。建议使用本教材时，课程教学安排为两学期，建筑工程专业全部讲授本教材内容约 150~160 学时，近土类各专业可据专业要求，酌情取舍内容。

本书总审云南省力学学会副秘书长李之祥肯定了本书的编写思路，提出了宝贵的修改意见并将其力学教学研究成果融于本教材中，在此表示衷心地感激。

全书由曹学才、杨荣根、李之祥任主编，周立熙、张学平任副主编。参编人员及编写内容如下：昆明冶金高等专科学校李之祥（第 1 章），河南建筑职工大学杨荣根（第 2，8，10 章），昆明冶专曹学才（第 11，14，15，16 章），昆明冶专周立熙（第 3，6，9 章），昆明冶专李玲（第 4，5，7 章），昆明冶专李睿（第 18 章），云锡郴州矿冶有限公司张学平（第 12，13 章），昆钢临沧矿业有限公司曹春波（第 17 章），昆明五华房地产开发经营有限公司颜怀志（第 19 章）。

由于编者水平有限，书中缺点和错误在所难免，恳请广大使用本书的读者给予批评指正。

编　者

2011 年 3 月于昆明冶金高等专科学校

e_ mail：liruikaren @ yahoo. com. cn

目　录

第一篇　理论力学

第二篇　材料力学

绪　　论

《应用建筑力学》由"理论力学"、"材料力学"、"结构力学"三部分构成，各部分内容循序渐近，相辅相成，融会贯通。其中的"理论力学"既是一系列专业技术课程的基础，本身又是解决工程技术问题的有力工具。因此在学习"理论力学"时，不仅要刻苦钻研其理论，更重要的是要学会"理论力学"对工程问题的分析和研究方法，这有助于培养分析与解决实际问题的能力。由于"理论力学"是现代工程技术的基础，所以它是工科院校各类专业教学计划中最重要的技术基础课，它为学习一系列后续课程（技术基础课和专业课）提供理论基础，例如"材料力学"、"结构力学"、"钢筋混凝土结构"、"钢结构"等课程的理论推导和计算，都常常用到"理论力学"所阐述的原理和方法，因此对于一名工程师来说，"理论力学"知识必不可缺。

遵照认识事物的客观规律必须循序渐进，本教材在内容编排时，按先易后难顺序考虑：第一篇"理论力学"，第二篇"材料力学"，第三篇"结构力学"。通过长期的教学实践证实，如此的内容安排，对于初学力学者，能够比较容易地接纳由浅至深的力学理论，随着学习的深入，力学的方法在始终不断地重复、运用，直到熟练。同时，在学习力学的过程中，分析和解决实际问题的能力得到了提高。

以下初步介绍"理论力学"、"材料力学"、"结构力学"的研究对象及任务，至于它们各自更详细的研究内容和研究方法将在各篇专题分析、研究。

一、理论力学的任务、内容

1. 为什么要学理论力学

任何建筑物（房屋、桥梁、公路、水坝、隧道等的总称）在使用过程中，将受到各种力（集中荷载、分布荷载、集中力偶）的作用。例如，一幢楼房，其屋架要承受风力、积雪及屋面上瓦片等材料的重力；楼板要承受人或物（用具、设备）的重力；墙、柱要支承屋架及承受楼板传来的力，柱又由基础支承；最后，基础上的所有力传递给地基（即地球）。

设计一幢建筑物时，须对屋架、楼板、墙、柱、基础等各构件作受力分析并具体算出待求反力的大小，再据算出的反力和荷载去确定构件的截面形状与尺寸及其选用的材料。不作受力分析和设计计算，随意选用构件将导致其承担不了力的作用而倒塌或造成材料质量太好或构件截面尺寸过大的浪费。例如，在施工现场，起重机起吊一根钢筋混凝土梁，面临吊用的钢索直径要多大的问题，这就必须经过计算起吊过程中钢索所受的力多大后（这种移动位置的物体的受力，还与物体的运动速度有关）才能确定。钢索受力分析的内容即为"应用建筑力学"课程解决的问题之一。"应用建筑力学"要解决的课题甚多，可采取分门别类的处理方法加以讨论，"理论力学"只讨论其中一部分，其余部分由后续课程："材料力学"、"结构力学"讨论。

为使讨论的结果有普遍用途，故在讨论时，不必对具体构件一一进行，而是将各类构件通通视为"物体"对待，只要作用在"物体"上的力能够分析计算了，那么不论是何种构件皆可应用由此而得到的结论。

2．理论力学的任务和内容

自然界的物质总是在不断进行着各种变化。例如同学们由宿舍到教室上课，宇宙飞船上天，这是物体间相互位置的变动；水沸腾了变成水蒸汽，冷了结成冰，还可以结成美丽的雪花，这是物态的变化；铁放久了要生锈，蓝墨水放久了会变颜色，这是化学变化。总之，自然界中没有任何不随时间推移而变化的物质。如把物体的一般的变化均视为运动，则可以说，一切物质总是在运动着的，或者说自然界的万物均在运动。

在物质的各种形式的运动中，物体空间位置随时间的变化称为机械运动。例如奔驰的汽车，向上起吊的预制板等，它们的位置都随着时间变化而改变，所以它们都在作机械运动。机械运动是物体最简单的一种运动形式，也是最常见的一种形式。其中，物体相对周围的物体保持静止（静平衡）或作匀速直线运动（动平衡）是机械运动的一种特殊形式，即平衡状态。

理论力学的任务就是研究物体机械运动的最一般的规律。

理论力学的研究内容可分为三部分：

（1）讨论物体处于平衡状态时，力与力之间的关系，即讨论物体受力后保持平衡状态的条件，这部分内容称静力学。

（2）讨论物体位置与时间之间的关系部分，称运动学。

（3）讨论物体位置变化与力之间的关系部分，称动力学。

本教材的"理论力学"篇着重讨论静力学，这是因为一般土建工程中的建筑物都相对于地球处于静止状态。它是"应用建筑力学"中最重要的基础知识，它不但本身具有解决建筑工程实际问题的用途，而且是后续课"材料力学"、"结构力学"等必不可少的理论基础。

二、材料力学的研究对象、任务

1．材料力学的研究对象

材料力学的研究对象主要是构件。任何结构或机器都是由许多构件组成。构件受外力作用时会产生变形，同时在构件内部产生抵抗变形的内力。实践表明，外力愈大，则内力和变形也愈大。当内力或变形大到一定程度时，构件将不能正常工作，从而导致整个结构或机器丧失工作能力，甚至破坏。

为了保证构件能安全正常地工作，结构中的每一个构件都必须满足以下基本要求：

（1）即构件必须具备足够的强度，以保证在外力作用下不发生破坏。房屋使用时，房屋中的梁、柱都不允许发生断裂。构件抵抗破坏的能力称为强度。

（2）构件必须具备足够的刚度，以保证在外力的作用下不发生过大的变形。如屋面檩条变形过大虽不致破坏，但会引起屋面漏水，因此构件使用时发生的变形必须限制在一定的范围内。构件抵抗变形的能力称为刚度。

（3）构件必须具备足够的稳定性，以保证构件不会因丧失稳定而破坏。如图所示中心受压的细长直杆，当外力增大到一定程度时会由原来的直线形状突然变弯，这种不能保持其直线平衡状态的现象称为丧失稳定。房屋中的承重柱、屋架中的受压杆件就有可能由于丧失稳定而使整个结构倒塌。构件

保持原有直线平衡状态的能力称为稳定性。

不同的构件对强度、刚度、稳定性三方面的要求程度有所不同，但都必须首先满足强度要求。构件满足强度、刚度、稳定性要求的能力，称为构件的承载能力。

任何构件，不仅应满足强度、刚度、稳定性的要求以保证构件的安全，还应符合经济合理的原则。一般说来，选用好的材料和较大的截面尺寸，安全是可以保证的。但过度的安全，会造成材料的浪费而不符合经济合理的原则。一个合格的工程技术人员不能为了安全而不考虑经济效益，更不能为了节省经济而无视安全要求。安全和经济是一对矛盾，材料力学正是在不断地解决这一矛盾的过程中发展起来的。

2．材料力学的任务

综上所述，材料力学的任务是：

（1）研究构件在外力作用下所产生的内力及变形和破坏的规律。

（2）建立构件满足强度、刚度、稳定性要求所需的条件，为既安全又经济的构件选择合适的材料、合理的截面形状和尺寸，提供有关强度、刚度和稳定性计算的基本理论和方法及实验技术。

构件的强度、刚度、稳定性与构件所用的材料有很大的关系，而材料的力学性能需要试验测定，工程中存在的一些复杂问题，仍需要依靠实验来解决。因此，理论分析和实验研究在材料力学中具有同等重要的地位。

第一篇　理论力学

第一章　　静力学的基本概念和公理

静力学是研究物体在力系作用下平衡规律的科学。

所谓力系,是指作用在物体上的二个或两个以上的力。使物体处于平衡状态的力系,称为平衡力系。平衡力系所满足的条件,称为平衡条件。

一般作用于物体的力系较复杂,为建立力系的平衡条件,需将它进行简化,即用一个力或一个简单力系来等效代替复杂力系。若两个力系对物体的作用效应相同,则此两个力系彼此称为等效力系;若一个力与一个力系等效,则此力称为该力系的合力。力系中的每一个力则称为该合力的分力。

静力学中所研究的物体只限于刚体。所谓刚体,是指在力的作用下不发生变形的物体。实际中,绝对的刚体不存在,任何物体在力的作用下都将产生不同程度的变形。但工程中许多物体的变形是微小的,可以略去不计,从而使所研究的问题大为简化。

综上所述,在静力学中主要研究的问题为:

1. 物体受力分析的方法;
2. 力系的简化和刚体在外力作用下处于平衡的条件及其应用。

第一节　　力的概念

一、力的概念

人们在长期生活和生产实践中,经过观察和分析,逐步形成和建立了力的概念,当人用手握、拉、掷、举物体时,由于肌肉紧张而感受到力的作用。

(一) 力的定义

力是物体间的相互机械作用,这种作用使物体的运动状态发生变化(即力的外效应)或使物体产生变形(即力的内效应)。前、后者分别是《理论力学》和《材料力学》研究的内容。

(二) 力的种类

1. 集中荷载

当荷载作用在结构上的范围与结构的尺寸相比较小时,就称为集中荷载。例如图 1 – 1 所示作用在屋架上的力 P,屋架传给柱子的压力,吊车的轮子对吊车梁的压力等。

2. 分布荷载

分布荷载是指满布在结构某一长度或某一表面上的荷载,它分为均布荷载和非均布荷载两种。

(1) 均(匀分) 布(线) 荷载

当荷载连续作用在结构的长度上,而且大小各处相同,就称为均布线荷载。例如,梁的自重、作用在结构上的风荷载、雪荷载、雨荷载等。它用均布线荷载集度 $q(N/m)$ 表示,q 即单位长度上的力。这类荷载的合力 $R = q \times L$,作用点在其作用长度的 $\frac{1}{2}$ 处,如图 1 – 1 所示。

（2）非均（匀分）布（线）荷载

当荷载连续作用在结构的长度上，但大小各处不相同时，就称为非均布荷载。这种荷载形成一个三角形的分布规律（图1－2）。

例如，水坝所承受的水压力，其大小是与水的深度成正比。它用线荷载集度 $q(x)$ 表示，$q(x)$ 随水深度 x 改变而变化，q 为非均布线荷载的最大值。如图1－2所示，其合力 R 的大小，方向、作用点要用积分方法计算，$\vec{R}$ 的大小为 $\frac{1}{2}qH$，合力 $\vec{R}$ 作用线距坝底 $\frac{H}{3}$。

3.集中力偶

在日常生活实践中，常见到物体受一对大小相等，方向相反，但不在同一直线上的平行力作用。

例如图1－3所示的驾驶员在转动驾驶盘时，两手施于驾驶盘上的力 F 和 F' 就组成了力偶 m。

（1）力偶定义

力学中把两个等值、反向、不共线的平行力组成的力系称为力偶，记为 $m(\vec{F}、\vec{F'})$ 或 m，此二力之间的距离称力偶臂 d。平面力偶是代数量，用 m 表示，空间力偶是矢量，称（力偶）矩矢，用 $\vec{m}$ 表示。

力偶对刚体作用的外效应是使刚体单纯产生转动运动的变化。

根据力的定义，所以力偶是力，它是力学的一个基本元素，力学的另一个基本元素是集中荷载。

（2）集中力偶：当组成力偶的两力分布在很短的一段结构上时，就称为集中力偶。

（三）力的三要素

力对刚体的作用效应，由力的大小、方向和作用点的位置所决定，这三个因素称力的三要素。例如，图1－4所示板手拧螺母时，作用在板手上的力，因大小不同，或方向不同，或作用点位置不同，产生的效果就不一样。

二、力和力偶矩矢的图示

力和力偶矩矢。这两种力学元素，构成了整个力学问题。

（一）力的图示方法

力用一个带箭头的有向线段 $\overrightarrow{AB}$ 表示，线段长度

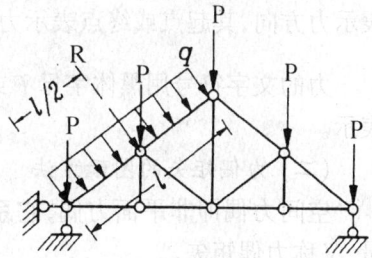

图1－1

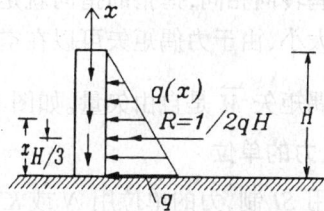

图1－2

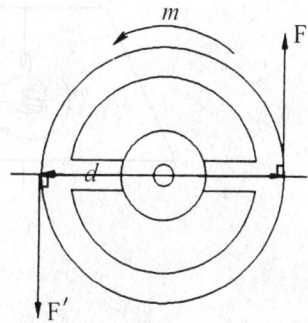

图1－3

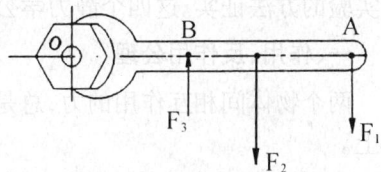

图1－4

AB 按一定比例画出,它表示力的大小,线段 AB 的方位和箭头指向表示力方向,其起点或终点表示力作用点,如图 1 – 5 所示。

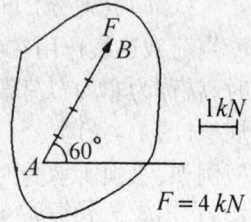

力的文字符号用黑体字母 F 或同一字母非黑体上加一横线 $\vec{F}$ 表示。

（二）力偶矩矢的图示方法

空间力偶即非平面力偶,它系自由矢量即有大小和指向的矢量,又称力偶矩矢。

图 1 – 5

在力偶作用面内画一带箭头的弧线,箭头指向与力偶转向一致,力偶矩矢量的方向与力偶作用面的法线方向相同,而力偶矩矢的指向则由右螺旋法确定:伸出右手,让四指弯曲方向与力偶转向相同,拇指的指向就是力偶矩矢 $\vec{M}$ 的指向。矢量 $\vec{M}$ 的长度按一定比例代表力偶矩的大小,由于力偶矩矢可以在空间平行于它自身自由移动和在其作用面内任意移或转,所以力偶矩矢 $\vec{M}$ 是自由矢量。如图 1 – 6 所示。

三、力的单位

采用 SI 制,力的单位用 N 或 KN。

$1 kg$ 力 $= 9.8 N$

图 1 – 6

第二节　静力学公理

静力学的四个基本公理是人们经过无数次实践经验积累和精密观察的结果,它们已经用实验的方法证实。这四个静力学公理是解决静力学所有问题的基础。

一、作用、反作用公理

两个物体间相互作用的力,总是大小相等、方向相反、沿同一直线,分别作用在这两个物体上。

应用该公理需要注意两个问题:

1. 作用力和反作用力总是成对出现,同时存在,同时消失。

2. 作用力和反作用力虽然等值、反向、共线,但分别作用在不同物体上,所以不能抵消。甲是受力物,乙便是施力物;乙是受力物,则甲是施力物。

如图 1 – 7 所示,一根木梁搁置在两垛砖柱上,若取砖柱作为受力物,则砖柱所受的力 $\vec{R}_A$、

$\vec{R}_B$ 是木梁施加的压力;若取木梁作为受力物,则梁端的 $\vec{R}'_A$ 和 $\vec{R}'_B$ 是砖柱的托力。$\vec{R}_A$ 与 $\vec{R}'_A$, $\vec{R}_B$ 与 $\vec{R}'_B$ 均是作用力与反作用力关系,且 $R_A = R'_A$, $R_B = R'_B$,作用线都在同一条直线上。任何作用在同一物体上的两个力,绝不会是一对作用和反作用力。

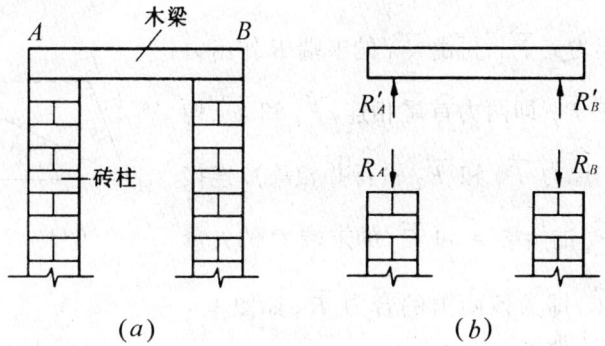

图 1 - 7

二、力的平行四边形公理

作用在物体上同一点的两个力,可以简化为一个合力。合力也作用于该点。其大小和方向用这两个力为邻边所构成的平行四边形的对角线矢量来表示,如图 1 - 8a、b 所示。可表示为:

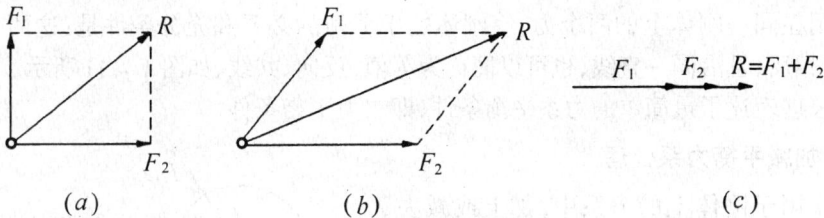

图 1 - 8

$$\vec{R} = \vec{F}_1 + \vec{F}_2$$

这种求合力的方法称矢量加法,即合力矢等于原来的两分力矢的矢量和。

力的分解是力的简化的逆过程,将一个力分解为两个力时,可得到无数个结果(图 1 - 9a)。要得到唯一的解答,就必须给出下述的两个限制条件:(1)已知两个分力的方向;(2)已知两分力中一个分力的大小和方向。

工程实际中,常将一个力沿两个直角坐标轴分解为两个分力矢 $\vec{x}$ 及 $\vec{y}$(图 1 - 9b), $\vec{x}$ 和 $\vec{y}$ 的大小 x、y 则由三角函数求得。

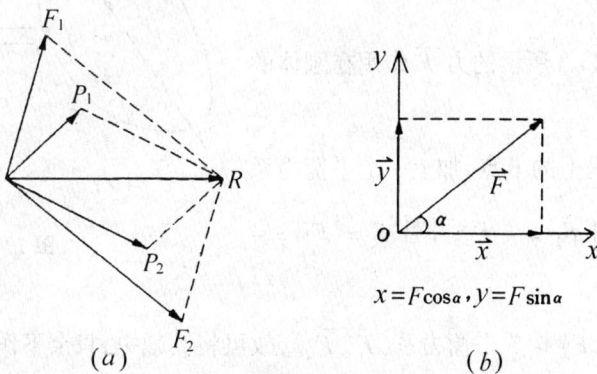

$x = F\cos\alpha, y = F\sin\alpha$

图 1 - 9

为方便计,在用矢量加法求合力时,可以不画出整个平行四边形,而只要从任一点 A 作出力矢 $\vec{F'_1}$,再由 $\vec{F'_1}$ 的末端 B 作出力矢 $\vec{F'_2}$(即两力首尾相连,$\vec{F'_1}$ 和 $\vec{F'_2}$ 均与原力 $\vec{F_1}$ 和 $\vec{F_2}$ 平行并相等),连接 $\vec{F'_1}$ 的始端 A 和 $\vec{F'_2}$ 的末端 C 的矢量 $\vec{AC}$,即为该两力的合力 $\vec{R}$,如图 1 – 10b 所示。

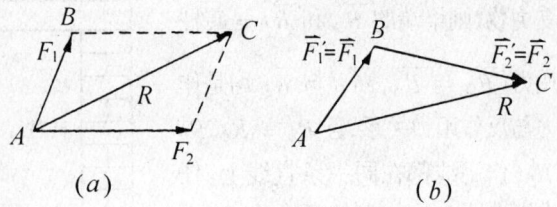

图 1 – 10

由合力矢 $\vec{R}$ 与两分力矢 $\vec{F_1}$,$\vec{F_2}$ 所构成的三角形 ABC 称力三角形,如图 1 – 10b 所示。这种求合力的几何方法称为力三角形法则。

三、二力平衡公理

作用在同一刚体上的两个力,使刚体处于平衡的必要和充分条件是:这两个力大小相等、方向相反,且沿同一直线,也可以简称为等值,反向、共线、如图 1 – 11 所示。

该公理表述了最简单的力系平衡条件,即二力平衡条件

四、加减平衡力系公理

在作用于刚体上的力系中,加上或减去一平衡力系,并不改变原力系对刚体的作用效应。

该公理是简化力系的依据,其正确性是显而易见的,它只适用于刚体。

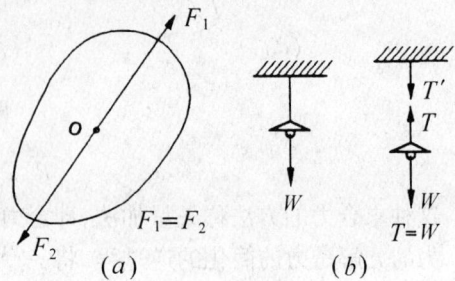

五、静力学公理的两个重要推论

(一)力的可传性原理

作用在刚体上某点的力,可沿其作用线移动到刚体上的任一点,而不改变其对刚体的作用效应,它只适用于刚体。

证明过程:

(1)如图 1 – 12(a)所示的力 $\vec{F}$ 作用在刚体的 A 点;

(2)在 $\vec{F}$ 作用线上的 B 点,加上一个平衡力系 $(\vec{F_1}、\vec{F_2})$,该力系的 $F_1 = -F_2$;并且 $F = F_1 = -F_2$;

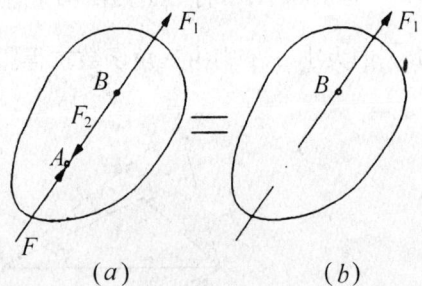

图 1 – 12

(3)由于 $\vec{F}$ 与 $\vec{F_2}$ 构成平衡力系 $(\vec{F}、\vec{F_2})$,故可将其减去,只余下作用在 B 点的 $\vec{F_1} = \vec{F}$,即把 $\vec{F}$ 力沿其作用线由 A 点移动到 B 点。

在生活中这个推论大家熟悉:沿一直线把推车改为拉车,车的运动是一样的,如图 1 – 13 所示。

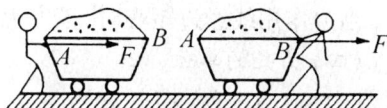

(二)三力平衡汇交定理

刚体受三个力作用处于平衡时,若其中两个力交于一点,则第三个力必经过此交点。如图 1 – 14 所示。

证明过程:

(1)据公理二,则得:

$$\vec{R} = \vec{F_1} + \vec{F_2}$$

(2)又据公理三,可知:

$$\vec{R} = -\vec{F_3}$$ 即刚体在 $\vec{R}$ 和 $\vec{F_3}$ 作用下处于平衡,由此知道 $\vec{R}$

与 $\vec{F_3}$ 等值、反向、共线、因此,$\vec{F_3}$ 经过 $\vec{F_2}$ 与 $\vec{F_2}$ 的交点 O。

三力平衡汇交定理,在确定物体、物体系待求反力的作用线及指向时,有很大作用。

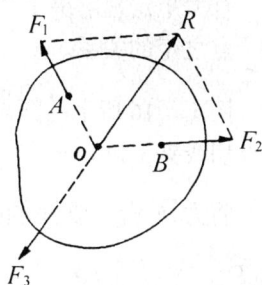

图 1 – 14

第三节　力矩、力对轴之矩、力偶矩

物体在力作用下产生的外效应,除移动效应外,还有转动效应。为度量力使物体转动的效应,现引入力矩、力对轴之矩、力偶矩概念。

一、力对点之矩

如图 1 – 15 所示,使用搬手转动螺母时,$\vec{F}$ 力使螺母绕 O 点转动的效果取决于:

(1)$\vec{F}$ 力的大小和 O 点到 $\vec{F}$ 力作用线的距离 d(称力臂);

(2)$\vec{F}$ 力使物体绕点 O(称该点为矩心)转动的转向

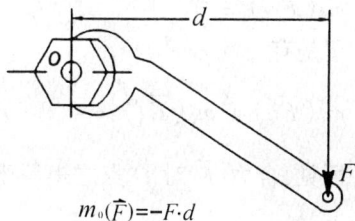

$$m_0(\vec{F}) = -F \cdot d$$

图 1 – 15

(一)力矩定义

力对点之矩是力学中用来度量力使物体绕点转动效应的物理量,平面任意力对平面内任意点之矩,等于力 $\vec{F}$ 的大小与力臂 d 的乘积,记为:

$$m_0(\vec{F}) = \pm F \cdot d \qquad (1 - 1)。$$

式(1 – 1)中的正、负号表示力 $\vec{F}$ 使物体绕点转动的转向。力对点之矩简称力矩,矩心的选择是任意的,它可是转动物体上的任意点。

(二)力矩的符号

平面力对点之矩是代数量,其正、负规定为:力使物体绕矩心逆时针转动时为正,反之为负。

（三）特殊力的力矩

当力作用线经过矩心时，该力无力矩。

（四）力矩的单位

〔力矩〕＝〔力〕·〔长度〕

力矩的单位为：牛顿·米〔$N \cdot m$〕

二、合力矩定理

合力矩定理解决了合力与它的各分力分别对同一点之矩的关系。

图 1－16 所示的圆盘，作用在其上的 $\vec{F}$ 力与 A 点切线夹 α 角。

将力 $\vec{F}$ 沿 x 轴、y 轴向分解为两个分力矢 $\vec{F}_x$ 及 $\vec{F}_y$。

$$\vec{F}_x = \vec{F} \cdot \cos\alpha,$$

$$\vec{F}_y = \vec{F} \cdot \sin\alpha。$$

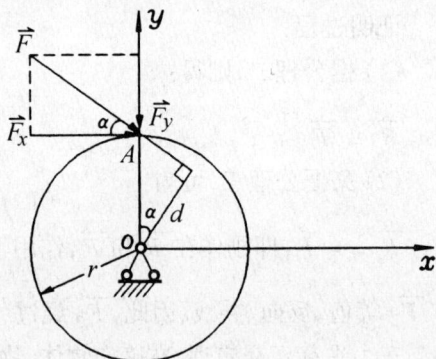

图 1 – 16

力 $\vec{F}$ 对 O 点力矩 $m_0(\vec{F}) = -(F \times d) = -F \cdot r \cdot \cos\alpha$；

两个分力对 O 点力矩分别为：

$$m_0(\vec{F}_x) = -F_x \cdot r = -F \cdot r \cdot \cos\alpha。$$

$$m_0(\vec{F}_y) = 0。$$

于是有

$$m_0(\vec{F}_x) + m_0(\vec{F}_y) = -F \cdot r \cdot \cos\alpha = m_0(\vec{F})$$

可见，合力 $\vec{F}$ 对 O 点之矩等于它的两个分力对同一点之矩的代数和。

上述关系虽由简单实例得出，但可推广到平面力系情况。设平面力系（$\vec{F}_1$、$\vec{F}_1$……$\vec{F}_i$）其合力为 $\vec{R}$。则有

$$m_o(\vec{R}) = m_o(\vec{F}_1) + m_o(\vec{F}_2) + \cdots\cdots + m_o(\vec{F}_i) = \sum_{i=1}^{n} m_0(\vec{F}_i) \qquad (1-2)。$$

式（1－2）表明平面力系的合力对力系平面内任意点之矩，等于力系中各分力对同一点之矩的代数和。称合力矩定理，它适用于任何力系，合力矩定理从转动效应方面揭示了合力与各分力之间的等效关系。

在工程中，涉及计算力矩问题时，不要用中学算力臂 d 的初级方法，而要使用合力矩定理。它最适合于力臂不易计算的情况。在使用它时，要注意合理选择力的分解方向，使得两个分力在取矩时较简单方便。

例 1－1　试计算图 1－17 所示 $\vec{P}_1$、$\vec{P}_2$、$\vec{P}_3$、$\vec{P}_4$ 对 O 点之矩。设：$P_1 = 2KN$，$P_2 = 1KN$，

$P_3 = 1KN, P_4 = 2KN_\circ$

[解] (1) $m_0(\overrightarrow{P_4}) = 0$;

(2) $m_0(\overrightarrow{P_3}) = 0$;

(3) $m_0(\overrightarrow{P_1}) = P \times 1 = 2KN \cdot m(\circlearrowleft)$

(4) $m_0(\overrightarrow{P_2}) = m_0(\overrightarrow{P_{2x}}) + m_0(\overrightarrow{P_{2y}})$

$= 0 - P_2 \cdot \sin30° \times 2$

$= -1KN \cdot m(\circlearrowleft)$

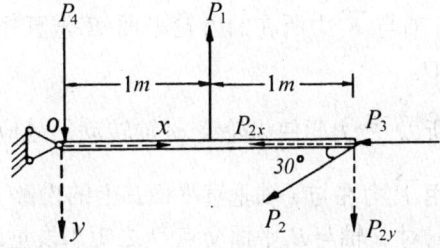

图 1 - 17

注:在计算 $m_0(\overrightarrow{P_2})$ 时,使用了合力矩定理

例 1 - 2 已知 $\overrightarrow{F}$ 力作用点 A 坐标 $(a、b)$ 及 α 角。试计算图 1 - 18 所示 F 力对坐标系原点 O 的力矩。

[解] (1) 将 $\overrightarrow{F}$ 力分解为:$\overrightarrow{F_x}、\overrightarrow{F_y}$

(2) $m_\circ(\overrightarrow{F}) = m_\circ(\overrightarrow{F_x}) + m_\circ(\overrightarrow{F_y})$

$= -F\cos\alpha \cdot b + F\sin\alpha \cdot a$

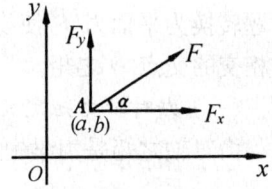

图 1 - 18

注:本例的力臂不易计算,使用合力矩定理后,计算 $m_\circ(\overrightarrow{F})$ 就很简单。

三、力对轴之矩

在工程中,常遇到物体在力作用下绕轴转动的问题。为度量力使物体绕轴转动的效应,还需将力对点之矩的概念加以扩充,建立力对轴之矩的概念。

如图 1 - 19 所示,半径 r 的齿轮上作用着 $\overrightarrow{F}$ 力,$\overrightarrow{F}$ 力作用线与 A 点切线重合。

力 $\overrightarrow{F}$ 使齿轮绕 O 点转动的效应,可用 $\overrightarrow{F}$ 力对 O 点之矩 $m_\circ(\overrightarrow{F}) = F \cdot r$ 度量。

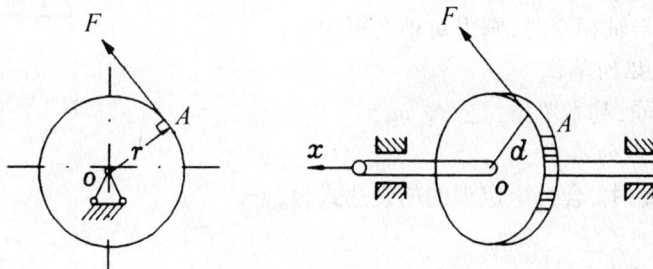

图 1 - 19

齿轮转动的客观事实表明,是 $\overrightarrow{F}$ 力在驱使齿轮在绕 x 轴转动,并非是 $\overrightarrow{F}$ 力使齿轮绕 O 点转动。

再仔细观察 x 轴在空间的位置(如图 1 - 20 所示):

x 轴与 $\vec{F}$ 力所在的齿轮平面 H 垂直相交,交点为 O。

所以 $\vec{F}$ 力驱使齿轮绕 χ 轴转动的效应,实质上是用 $\vec{F}$ 力在与 x 轴垂直平面 H 上的投影 $\vec{F}_H$(系矢量),对 x 轴与 H 平面交点 O 之矩来度量的。

将空间力 $\vec{F}$ 投影到与转轴(x)垂直的 H 面后,就可以把空间力 $\vec{F}$ 使物体绕某轴(x)转动的问题转换为平面力 $\vec{F}$ 使物体绕该轴(x)与 H 面垂直相交的交点 O 之矩。

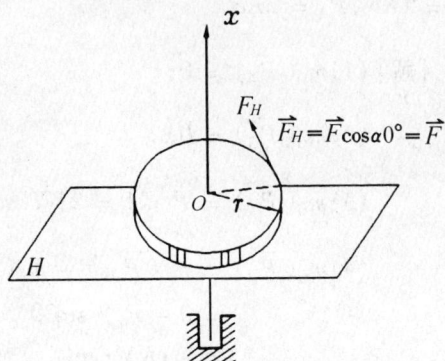

(一) 力对轴之矩定义

力对轴之矩是力学中用来度量力使物体绕轴转动效应的物理量。空间任意力 F 对某轴(x)轴之矩,等于 $\vec{F}$ 力在与该轴(x)垂直平面 H 上的投影 $\vec{F}_H = \vec{F}\cos\alpha$,对($x$)轴与 H 平面交点 o 之矩,记为:$m_x(\vec{F}) = m_o(\vec{F}_H) = \pm F\cos\alpha \cdot d$ (1-3)

式(1-3)中:d——力 $\vec{F}_H$ 作用线至 O 点距离称力臂。

        H——与转轴垂直的平面

        α——力 $\vec{F}$ 与 H 面夹角

(二) 力对轴之矩的符号

力对轴之矩是代数量,其正、负号,用右螺旋法则确定,即伸出右手,让四指弯曲方向与力对轴之矩转向相同,若拇指指向与轴所设正方向一致时,力对轴之矩取正号,反之亦然。如图 1-21 所示。

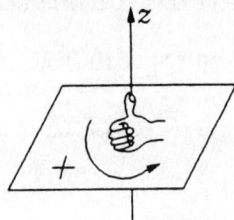

(三) 特殊力对轴之矩

当力平行轴或与轴相交时,则力对轴之矩为零。

(四) 力对轴之矩的单位

与力矩单位相同,基本单位:是 $N \cdot m$。

图 1-21

(五) 合力矩定理的推广

在空间力系问题中,合力矩定理的的表达式为:

$$\left.\begin{array}{l} m_x(R) = \displaystyle\sum_{i=1}^{n} m_x(\vec{F}_i) \\[3mm] m_y(R) = \displaystyle\sum_{i=1}^{n} m_y(\vec{F}_i) \\[3mm] m_z(R) = \displaystyle\sum_{i=1}^{n} m_z(\vec{F}_i) \end{array}\right\} \qquad (1-4)$$

式(1-4)表明,空间力系的
合力对某轴之矩,等于它的各分力对该轴的力矩代数和。

例1-3　如图1-22所示:三个力$\vec{F}_1$、$\vec{F}_2$、$\vec{F}_3$分别作用在水平矩形板上的A、B、C三点,$\vec{F}_3$与xoy平面平行并且与CD边夹α角。

求此三力对坐标轴x、y、z之矩

[解]:(1)计算$\vec{F}_1$对三轴之矩

$$m_x(\vec{F}_1) = 0$$

$$m_y(\vec{F}_1) = F_1 \times a$$

$$m_z(\vec{F}_1) = 0$$

(2)计算$\vec{F}_2$对三轴之矩

$$m_x(\vec{F}_2) = - F_2 \times \frac{b}{2}$$

$$m_y(\vec{F}_2) = F_2 \times \frac{a}{2}$$

$$m_z(\vec{F}_2) = 0$$

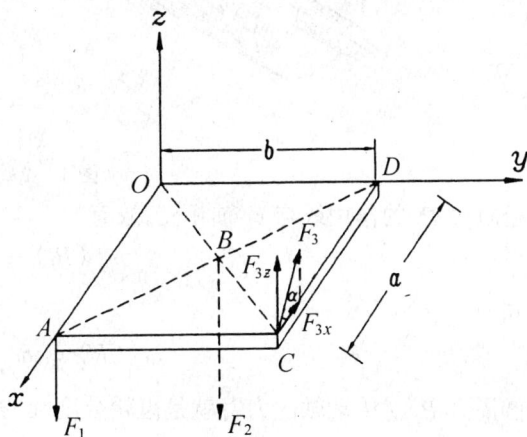

图1-22

(3)计算$\vec{F}_3$对三轴之矩

$$m_x(\vec{F}_3) = m_x(\vec{F}_{3x}) + m_x(\vec{F}_{3z})$$
$$= 0 + F_3 \sin\alpha \times b$$
$$= F_3 \sin\alpha \times b$$

$$m_y(\vec{F}_3) = m_y(\vec{F}_{3x}) + m_y(\vec{F}_{3z})$$
$$= 0 - F_3 \sin\alpha \times a$$
$$= - F_3 \sin\alpha \times a$$

$$m_z(\vec{F}_3) = m_z(\vec{F}_{3x}) + m_z(\vec{F}_{3z})$$
$$= F_3 \cos\alpha \times b + 0$$
$$= F_3 \cos\alpha \times b$$

注:计算$\vec{F}_3$对x、y、z轴之矩时,使用了空间力系的合力矩定理。

例1-4　如图1-23所示,已知圆柱斜齿轮上的总啮合力$P = 1410N$,压力角$\alpha = 20°$,螺旋角$\beta = 25°$,齿轮端面分度圆的直径$d = 166mm$,求总啮合力对传动轴x_1的力矩。

[解]:根据合力矩定理,总啮合力P对传动轴x_1的力矩等于三个分力P_a、P_t、P_r对该轴力矩的代数和,即

$$m_{x_1}(P) = m_{x_1}(P_a) + m_{x_1}(P_t) + m_{x_1}(P_r)$$

由于轴向力P_a平行于x_1轴,故有

$$m_{x_1}(P_a) = 0$$

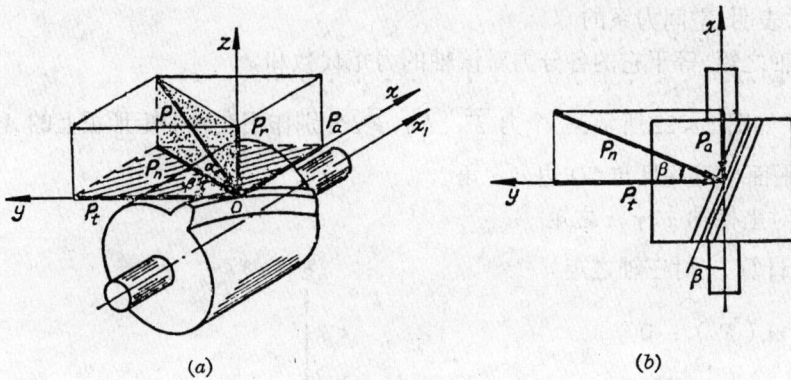

图 1 - 23

且因径向力 P_r 的作用线与 x_1 轴相交,故有

$$m_{x_1}(P_r) = 0$$

综上知

$$m_{x_1}(P) = m_{x_1}(P_t)$$

圆周力 P_t 对传动轴的力臂就是齿轮分度圆的半径。因此,总啮合力 P 对 x_1 轴的矩为

$$m_{x_1}(P) = m_{x_1}(P_t) = P_t \cdot \frac{d}{2} = P\cos\alpha \cdot \cos\beta \cdot \frac{d}{2}$$

$$= 1410 \times \cos20°\cos25° \times 0.083$$

$$= 100(\text{N} \cdot \text{m})$$

例 1 - 5 托架 OC 套在转轴 z 上,在 C 点作用一力 $P = 2000(\text{N})$,方向如图 1 - 24 所示。图中 C 点在 Oxy 平面内。尺寸如图所示,试求力 P 对于三个坐标轴的矩。

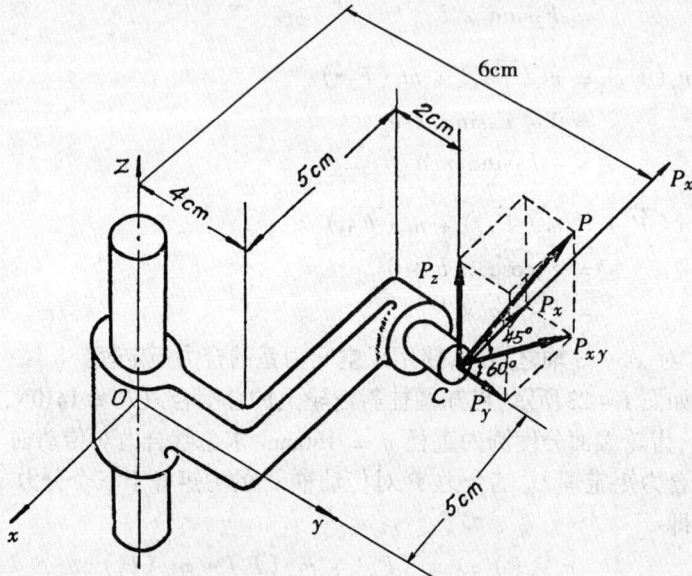

图 1 - 24

[解]：首先计算力 P 对 z 轴的矩，将力 P 分解为 P_z 与 P_{xy} 两个分力，由图可以看出 $P_z = P\sin45°$，$P_{xy} = P\cos45°$。因为 P_{xy} 对 Z 轴的力臂不易计算，故将 P_{xy} 再分解为 P_x 与 P_y 两个分力，应用合力矩定理得

$$m_z(P) = m_z(P_x) + m_z(P_y) + m_z(P_z)$$

因为 P_z 与 z 轴平行，故 $m_z(P_z) = 0$；分力 P_x 对 x 轴的力臂为 $6(\mathrm{cm})$，故力 P_x 对 z 轴的力矩为

$$m_z(P_x) = 6P_x = 6P_{xy}\sin60° = 6P\cos45°\sin60°$$

分力 P_y 对 z 轴的力臂为 $5(\mathrm{cm})$，它对 z 轴的矩为

$$m_z(P_y) = -5P_y = -5P_{xy}\cos60° = -5P\cos45°\cos60°$$

最后代入所给力 P 之值，得力 P 对 z 轴的矩为

$$
\begin{aligned}
m_z(P) &= m_z(P_x) + m_z(P_y) \\
&= 6P\cos45°\sin60° + (-5P\cos45°\cos60°) \\
&= 6 \times 2000 \times \frac{\sqrt{2}}{2} \times \frac{\sqrt{3}}{2} - 5 \times 2000 \times \frac{\sqrt{3}}{2} \times \frac{1}{2} \\
&= 3820(\mathrm{N \cdot cm}) = 38.2(\mathrm{N \cdot m})
\end{aligned}
$$

投影为 O，计算力 P 对 x 轴的矩时注意力 P_{xy} 与 x 轴共面，它的两个分力 $\overrightarrow{P_x}$、$\overrightarrow{P_y}$ 前者与 x 轴平行，后者与 x 轴相交，故 P_{xy} 对 x 轴的矩为零。因此力 P 对 x 轴的矩就只有其分力 P_z 对 x 轴的矩，由图可分，分力 P_z 对 x 轴的力臂为 $6(\mathrm{cm})$，故

$$m_x(P_z) = 6P_z$$

式中正号是按右手规则取定的，这样，力 P 对 x 轴的矩为

$$
\begin{aligned}
m_z(P) &= m_x(P_{xy}) + m_x(P_z) = m_x(P_z) = 6P_z \\
&= 6P\sin45° = 6 \times 2000 \times \frac{\sqrt{2}}{2} \\
&= 8480(\mathrm{N \cdot cm}) = 84.8(\mathrm{N \cdot m})
\end{aligned}
$$

最后，力 P 对 y 轴的矩为

$$
\begin{aligned}
m_y(P) &= m_y(P_x) + m_y(P_y) + m_y(P_z) \\
&= 0 + 0 + m_y(P_z) = 5P_z \\
&= 5 \times 2000 \times 0.707 = 7070(\mathrm{N \cdot cm}) \\
&= 70.7(\mathrm{N \cdot m})
\end{aligned}
$$

四、力偶

力偶是力学的基本元素，其定义前面已讨论过，现主要讨论度量力偶使刚体转动效应的问题。

（一）力偶矩

力偶矩是力学中，用来度量力偶使刚体转动效应的物理量，它等于力偶中任一力的大小与力偶臂的乘积 F、d、记为：$m = \pm F \times d$

平面力偶矩是代数量，其正、负号表示力偶使物体转动的转向。平面力偶矩的符号规定为：

力偶使物体逆时针转动时，力偶矩为正，反之为负。力偶矩单位与力矩单位同。而在空间

问题中,空间力偶矩是矢量,称力偶矩矢用 $\vec{M}$ 表示,其大小、方向、作用点由右螺旋法则确定(图1-6所示)。

（二）力偶的基本性质

性质1　力偶无合力,力偶只能与另一力偶相平衡

由于力偶不能合成为一个力,因此力偶不能与一个力相平衡,力偶只能与力偶相平衡。

性质2　力偶对其作用面内任一点的矩,恒等于其力偶矩。

证明过程:(如图1-25所示)

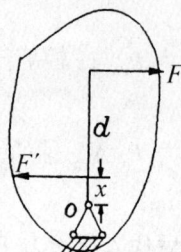

(1) $m_o(\vec{F}、\vec{F'}) = m_o(\vec{F}) + m_o(\vec{F'})$

(2) $\because\ m_o(\vec{F}) = -F(d+x) = -Fd - Fx$

　　及 $m_o(F') = F' \cdot x$

(3) $\therefore m_o(\vec{F},\vec{F'}) = m = (-Fd - Fx) + F'x = -F \cdot d$

由此可见,力偶对物体的转动效应完全取决于力偶矩 m,而与矩心位置无关。

（三）平面力偶的等效条件

在同一平面内的两个力偶,只要它们的力偶矩(含大小和转向)相等,则这两个力偶的效应相同,这就是平面力偶的等效条件。

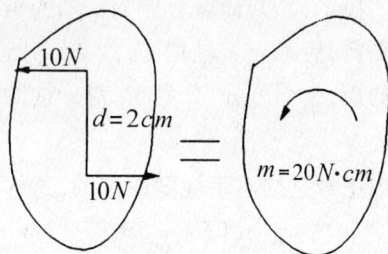

据力偶的等效条件,可得以下推论:

1.力偶可在其作用面内任意转、移,而不会改变其对刚体的效应;

2.只要保持力偶矩不变,可以同时改变力偶中力的大小和力偶臂的长短,而不改变其对刚体的效应。因此,平面力偶不必用两个反向平行力示意,而只用一带弧线箭头表示即可,如图1-26所示。

力偶的作用面、力偶矩、转向称为力偶的三要素。

例1-6　计算图1-27所示各力偶的力偶矩。并说明哪些力偶是等效的。

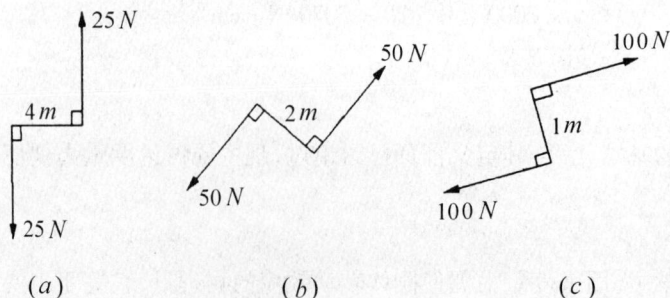

(a)　(b)　(c)

图1-27

[解]:$(a) m = F \cdot d = 25 \times 4 = 100 (N \cdot m)$

　　　$(b) m = F \cdot d = 50 \times 2 = 100 (N \cdot m)$

$(c) m = -F \cdot d = -100 \times 1 = -100 N \cdot m$

结论：a 和 b 所示力偶等效。

例 1 – 7 图 1 – 28 所示的两个反向平行力 $F = F' = 30KN$，两力作用线之间距离 $d = 2m$，若

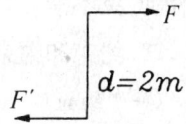

1. 使两个反向平行力之间的距离 $d_1 = 4m$，力 $F_1 = F'_1$ 应变为多少?才不改变原来的力偶矩

2. 使两个力变为 $F_2 = F'_2 = 6KN$，其间距离应为多少?才不改变原来的力偶矩。

图 1 – 28

[解]：(1)：$m = Fd = 30 \times 2 = 60KN \cdot m$

根据力偶的等效性，得

(2) $M = F_1 \times d_1 = m$

$$F_1 = \frac{M}{d_1} = \frac{60}{4} = 15(KN)$$

(3) $M = F_2 . d_2 = m$

$$d_2 = \frac{M}{F_2} = \frac{60}{6} = 10(m)$$

例 1 – 8 多轴钻床在水平放置的工件上钻孔时(图 1 – 29)，每个钻头对工件施加一压力和一力偶。已知：三个力偶的力偶矩分别为 $m_1 = m_2 = 9.8N \cdot m$，$m_3 = 19.6N \cdot m$，固定螺栓 A 和 B 之间的距离 $l = 0.2m$，求两个螺栓所受的水平力。

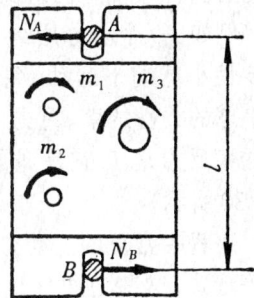

[解]：选工件为研究对象。工件在水平面内受三个力偶和两个螺栓的水平反力的作用而平衡。因为力偶只能与力偶平衡，故两个螺栓的水平反力 N_A 和 N_B 必然组成为一力偶，该两力的方向假设如图所示，且 $N_A = N_B$，由平面力偶系的平衡条件，有

$$\sum m_i = 0, N_A l - m_1 - m_2 - m_3 = 0$$

图 1 – 29

从而可解得

$$N_A = \frac{m_1 + m_2 + m_3}{l}$$

代入已知数值后得

$$N_A = N_B = \frac{9.8 + 9.8 + 19.6}{0.2} = 196(N)$$

所得 N_A 和 N_B 为正值，故图 1 – 29 上所假设的方向是正确的。

第四节　约束和约束反力

在研究物体的运动或平衡时，首先要分析物体上受到哪些力的作用，物体所受的力与物体运动情况有密切关系。

一、自由体和非自由体

(一)自由体

在空间能自由地作任意方向运动的物体称自由体。例如在空中飞行的飞机，可沿三维空

间直角坐标轴移动或绕三轴转动。

（二）非自由体

沿某些方向的运动受到限制的物体称非自由体。例如，建筑物既不能左右移动也不能上下移动，更不能转动，所以建筑物全都是非自由体。

二、约束和约束反力

（一）约束

对非自由体的运动（或运动趋势）起限制作用的各种装置统称约束。

（二）主动力（荷载）

使物体发生运动（或运动趋势）的作用力称主动力或荷载。

（三）约束反力

约束阻止物体发生运动（或运动趋势）的反作用力，称约束反力简称反力。（即约束作用在非自由体上的反作用力）

必须指出，只有当物体沿约束所能限制的运动方向有运动趋势时，即物体对约束有作用力时，约束才对物体有反作用力，否则，虽有约束存在，也不会产生约束反力。不难理解，约束反力总是作用在约束与非自体的接触处，其方向与约束所能限制的物体运动（趋势）方向相反。据此，即可确定约束反力的位用点和方向。

例如，一个小球用绳子吊在平顶下，小球的重力 G 要使小球向下运动，绳子限制小球的向下运动，绳是小球的柔性约束。重力 G 是小球的荷载，小球的柔性约束反力是 T，它是绳子的拉力其作用点为 A（如图 1－30 所示）。

工程中常见的主动力有重力、风力、雪压力，水压力等形式，这些力通常是已知的，而约束反力是未知的。

约束反力是由"理想"约束类型确定，因此对物体、物体系统作受力分析的关键在于确定"理想"约束的类型。

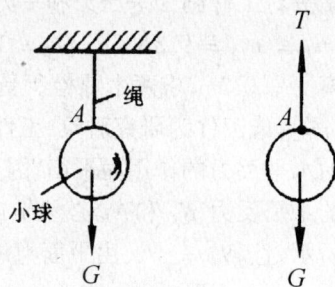

图 1－30

三、工程中常见的几类"理想"约束

（一）实际约束转换"理想"约束

要确定"理想"约束类型，首先要把实际约束转换为"理想"约束，然后根据各类"理想"约束定义，再确定其类型。

工程中的实际约束多种多样，它们的外貌千差万异、有生之年要把它们认识清楚，那是不切实的。为解决判断"理想"约束类型问题，《应用建筑力学》采用了一种简明、实用的抽象、归纳方法，利用这种方法，很容易确定"理想"约束的类型，从而解决了构件、结构受力分析的关键问题——确定反力的作用点及方向。实际约束转换为"理想"约束的具体方法如下：

1.必须略去实际约束的外表，只视其限制非自体运动的性质；

2.将限制非自由体运动性质相同（或相近）的各种实际约束归纳为同一类不计外貌的约束即"理想约束"。

工程中常见的七类"理想约束,就是用上述方法建立的。所谓"理想约束"系略去其外表只视其限制非自由体运动性质的实际约束的力学模型。

例如,门窗用的百页,它不限制门窗的转动(趋势),但限制了门窗在自身平面内移动(或移动趋势);支承机器转动轴的轴承,它不限制转动轴转动(趋势),但限制了转动轴在其纵向,径向,切向的移动(或移动趋势);将两块钢板联结在一起的焊缝或螺栓,它们不限制两钢板相对的转动(或转动趋势),但限制了两钢板在自身平面内的相对移动(或移动趋势);支承梁的砖墙,它不限制梁两端的转动(或转动趋势),这是因为梁受力后,产生了弯曲变形,所以梁的两端会发生转动(如图 1 – 31 所示);但砖墙限制了梁两端竖直向下移动和水平移动(或移动趋势)。

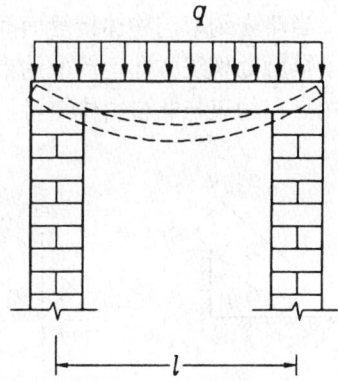

图 1 – 31

以上谈到的实际约束:百页、轴承、焊缝、螺栓、砖墙等,其外表尽管不相同,但它们限制物体运动的性质是相同的:不限制非自体转动(或转动趋势),只限制非自由体在二维(或三维)平面内移动(或移动趋势),所以就把它们归纳为同一类"理想"约束,即铰链约束。

逆过来,如果某种实际约束,它不限制物体的转动(或转动趋势),但限制物体的移动(或移动趋势),则该约束即为"理想"的铰链约束,上述即为铰链约束定义。

工程中常见的七类"理想"约束的定义,就是用这种抽象,归纳的方法建立的。在建立定义时,存在着思想解放的问题,例如:支承梁的砖墙与门窗用百页,如果只强调它们的外表不相同,而无视它们限制梁与门窗运动性质相同这一关键,反而无知地说砖墙与百页怎能混为一谈?那就不可能掌握应用建筑力学的最重要环节 — 物体(系) 的受力分析。要想成为名符其实的建筑工程师,那仅是一种美好的愿望而已。只有抓住实际约束限制物体运动的方式这一主要因素,忽略实际约束外貌的次要因素,才能尽快闯过实际约束转换为理想约束这一关,否则无法完成工程实际中构件,结构的受力分析任务。

(二) 工程常见的七类理想约束

1. 柔性(体) 约束

只限制物体沿柔性物(绳索、链条、铁丝,胶带等) 伸长方向的运动而不限制物体其它方向运动的约束。例如、钢绳、胶带、链等。柔性约束的反力沿着柔体的中心线且背离非自由体(即只能为拉力),作用点在约束与非自由体接触处。柔性反力用符号 T 表示如图 1 – 29 所示

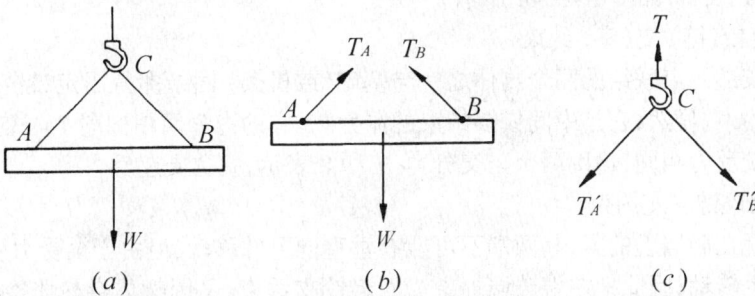

图 1 – 32

2.光滑面(刚性)约束

当略去约束与物体接触面间的摩擦力时,只限制物体沿接触处法线方向运动,不限制物体沿接触处切线方向运动的约束。刚性(光滑面)约束反力沿着接触处法线,指向非自由体,作用点在约束与非自由体接触处,用符号 N 表示,如图 1 – 33 所示。

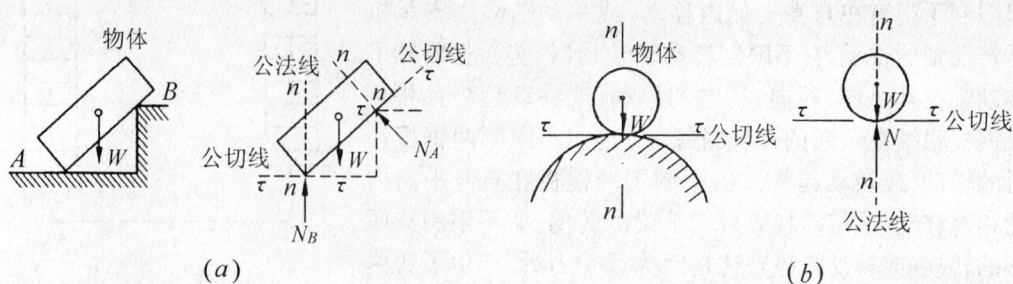

图 1 – 33

3.铰链约束

不限制物体转动(趋势),只限制物体沿某些方向移动的约束。铰链约束又分为中间铰链约束,固定铰(链)支(座)约束、活动铰(链)支(座)约束三种。

(1) 中间铰链约束

不限制两个物体的相对转动(趋势)、只限制两个物体的相对移动的约束。例如,门窗用的百页便是中间铰链的一种,中间铰是由一个圆柱形销钉插入两个物体的圆孔中构成,如图 1 – 34a 所示,销钉与圆孔的表面都是完全光滑的。它的力学简图如图 1 – 34c 所示。

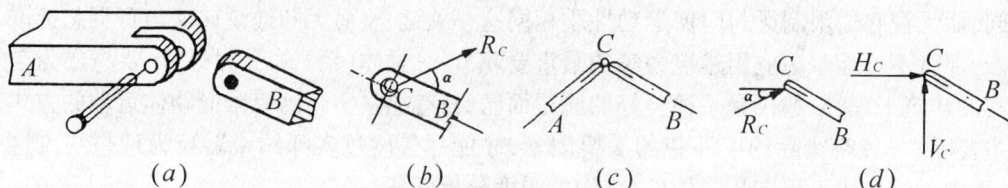

图 1 – 34

如果不考虑销钉与圆孔壁之间的摩擦,销钉与圆孔之间的接触属于外圆柱面与内圆柱面的接触。当 A 与 B 有相对运动趋势时,销钉与圆孔壁便在某点 c 接触(图 1 – 34b 中的 c 点),约束反力通过接触点 c,沿与销钉圆心连线作用。因接触点不能预先确定,所以方向待定。这种约束反力有大小和方向两个未知量,由于反力无法确定,所以用它的两个相互垂直的分力 H 和 V 表示,如图 1 – 34d 所示。

(2) 固定铰(链) 支(座) 约束

将中间铰链约束联结的两个物体之一与基础(或机架)固结即得固定铰链支座约束,简称固定铰支约束。显然,它是中间铰链约束的派生物。它的力学简图如图 1 – 35a、b 所示,其反力与中间铰反力相同,仍用两个正交分力 H 和 V 表示,并称支座反力。

(3) 活动铰链支座约束

一根搁置在砖墙上的梁,其两端不可能有垂直向下的移动,但由于梁受力后产生弯曲变形其两端发生转动,因此把左端砖墙抽象为固定铰支约束。又因物体会热胀冷缩,故要考虑梁受温度变化的影响后,会在水平方向自由伸缩运动,因此将右端墙抽象为在固定铰支座底

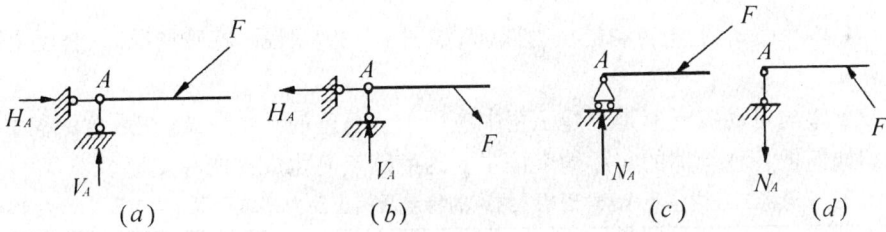

图 1 – 35

部加上几根辊轴的约束即活动铰链支座约束。活动铰链支座可沿接触处切线方向运动,其力学简图如图 1 – 36c、d 所示。活动铰支座是固定铰支座的派生物。活动铰约束限制物体沿支承面法向的运动,不限制物体转动及沿支承面切向的运动。所以其反力沿接触处法向、指向待定,用符号 N 表示,并称支座反力。

4.二力杆约束

(1) 二力杆

只有两点受力而处于平衡的杆件(可为曲杆或折杆或直杆)称二力构件。

(2) 二力杆约束

工程结构中用二力杆作为的约束,称二力杆约束。它施于物体的约束反力沿着杆上两个受力点的连线,指向待定。如图 1 – 37 所示。

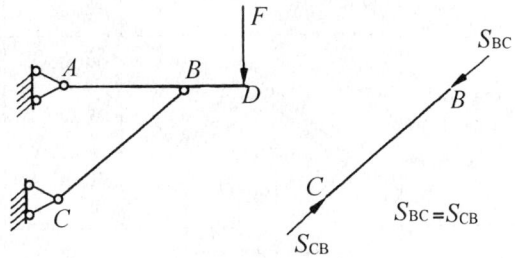

图 1 – 36

由于二力杆的反力容易确定,在物体系受力分析时,往往都是先确定其反力后,再据作用力与反作用力公理,去确定其它物体所受的待求反力的方向和作用点。所以,二力杆在物体系受力分析过程中,取到了极其重要的作用,因此,必须认真学会识别工程结构中的二力杆。

5.固定端支座约束

既限制转动(趋势)又限制各个方向移动(趋势)的约束。例如,房屋建筑中挑梁嵌入墙身的嵌入端就是典型的固定端支座约束(图 1 – 38 所示)。其力学简图如图(1 – 39 所示),一般情况下,其支座反力有水平反力

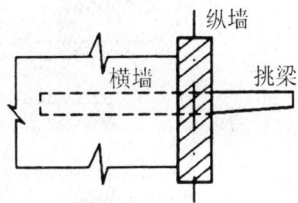

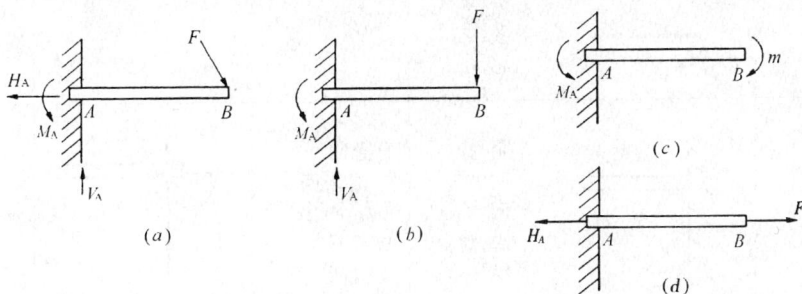

图 1 – 38

$\overline{H}$、竖直反力 $\overline{V}$、和一个阻止转动的反力偶 M,如图 1 - 39a 所示。特殊情况时,其反力如图 1 - 39b、c 所示。

固定铰支座与可动铰支座是土建工程中应用十分普遍的约束形式,在后续课程中,还要进一步介绍如何把各种具体的实际约束按主要约束特点简化成这两种支座。

现将工程中常见七类"理想"约束的特点及相应反力归纳于表 1 - 1。　　表 1 - 1

约束名称	简图或例图	约束特点	约束反力方向	未知反力数
柔性约束		阻止沿柔性物离开	有沿柔性物的拉力	 1
光滑接触面约束(刚性约束)		防止沿接触面公共法线方向移动	有沿公共法线方向的反力	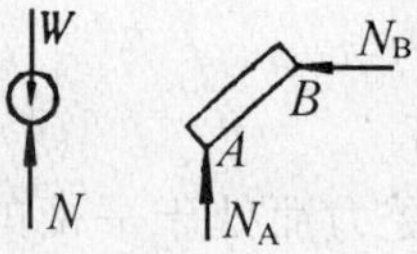 各接触点处 1
铰链约束(中间铰链约束)	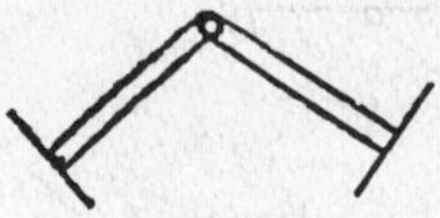	防止水平相对移动,防止竖向相对移动	有水平反力有竖向反力	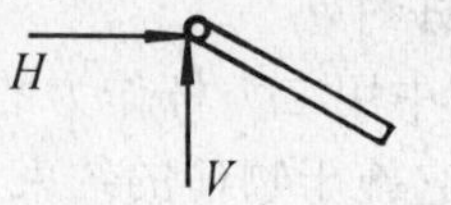 2
固定铰支座	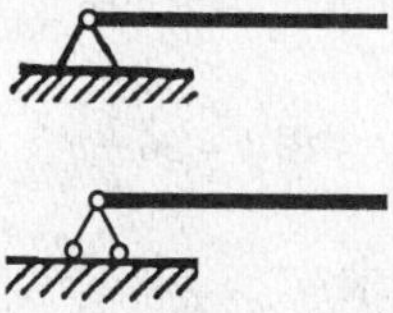	阻止水平移动,阻止竖向移动	有水平反力有竖向反力	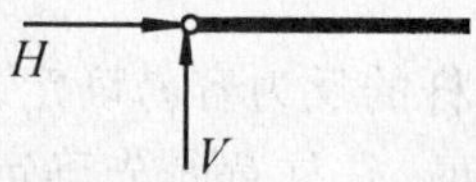 2
链杆约束	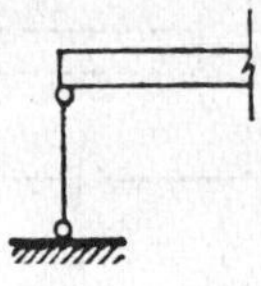	阻止沿链杆轴线靠近(或离开)	有沿链杆轴线的反力(方向待定)	 1
可动铰支座	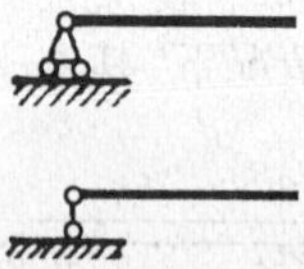	阻止沿接触面公共法线方向移动	有沿公共法线方向的反力(方向待定)	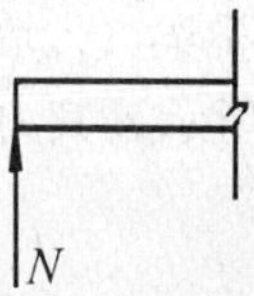 1
固定端支座	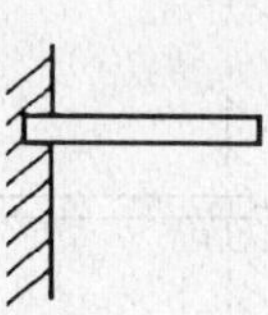	阻止竖向,水平向移动,阻止转动	有竖向反力,水平向反力,阻止转动的反力偶	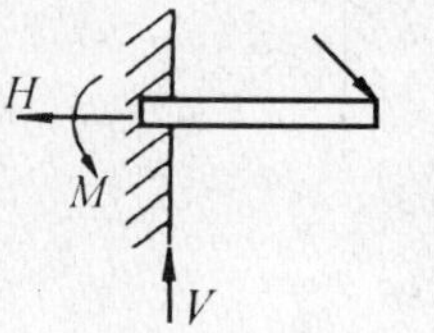 3

第五节　物体的受力分析

在求解工程中的力学问题时,首先必须分析所研究的物体(称研究对象)受哪些主动力和约束反力作用,这就是通常说的受力分析。对物体作受力分析就是用解除约束的方法画出研究对象受力图。

一、受力图

(一)受力图定义

力学中用来完整表达(研究)物体受力情况的力学简图称受力图。受力图上的力包括荷载(即主动力)和约束反力。

(二)分离体

解除约束后的研究物体,称分离体或称研究对象。

二、画物体受力图方法

1.明确研究对象并画分离体的轮廓示意图,即把分离体原样照搬画出,并保持原来几何形状及几何位置。

2.分析分离体周围"理想"约束的类型;

3.解除分离体周围的约束并代之与相应的反力;

4.画上已知的荷载,并全面检查。

三、画物体受力图举例

例 1 – 9　图 1 – 40a 所示重为 W 的球,下侧置于光滑的墙上,左上侧用绳 BA 吊在顶板上

试画球受力图。

[解]:(1)取球为研究对象并画出分离体(球)的轮廓示意图(1 – 40b)。

(2)分析球周围的约束类型

a.绳 BA 是球的柔性约束;

b.墙是球的刚性约束;

(3)解除球周围的柔性约束(绳 BA)和刚性约束(墙),并代之与相应的柔性反力 $\vec{T}$ 和法向反力 $\vec{N_c}$ 并明确 $\vec{T}$、$\vec{N_c}$ 作用点 **B** 及 **C**;

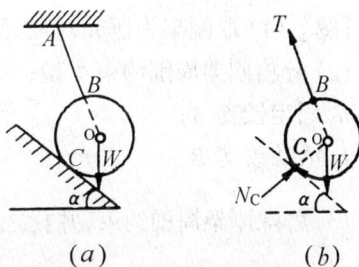

图 1 – 40

(4)画上主动力(荷载)$\vec{W}$;并作全面检查。

如图 1 – 40b 所示。

例 1 – 10　重为 $\vec{W}$ 的滚筒 O,搁置在两个光滑的支承滚子上,如图 1 – 41a 所示。

[解]:(1)取滚筒为研究对象,画其轮廓示意图(1 – 41b)

(2)滚筒周围的约束类型分析

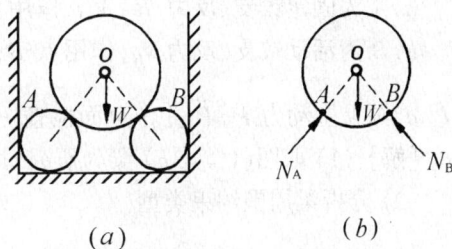

图 1 – 41

a. 左为刚性约束 —— 光滑滚子;

b. 右为刚性约束 —— 光滑滚子;

(3) 解除滚筒左右两刚性约束,并代之与相应的法向反力 $\vec{N}_A$、$\vec{N}_B$ 并明确其作用点(图 1 - 41b)A、B;

(4) 画上滚筒重力 $\vec{W}$ 并作全面检查。

例 1 - 11 画图 1 - 42a 所示钢筋混凝土刚架受力图。

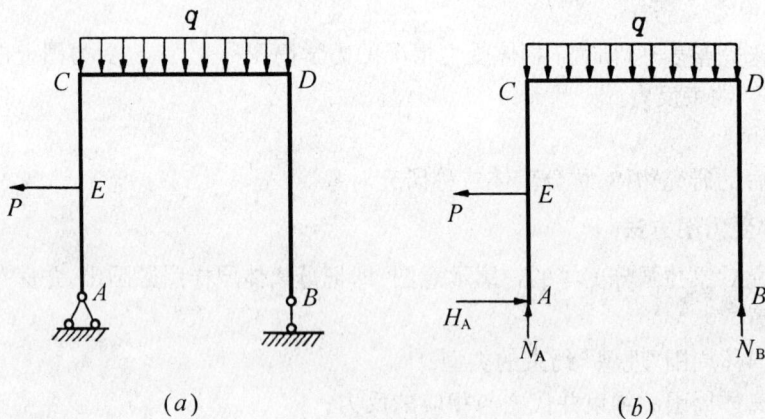

图 1 - 42

[解]:(1) 取刚架为研究对象,画刚架轮廓示意图(1 - 38b)

(2) 分析刚架周围约束类型;

a. 固定铰支 A;

b. 活动铰支 B;

(3) 解除刚架周围约束,并代之与相应的反力 $\vec{H}_A$,$\vec{N}_A$ 和 $\vec{N}_B$(图 1 - 42b)并明确其作用点 A、B;

(4) 画上主动力:均布荷载 q 和 P(图 1 - 42b),并作全面检查。

例 1 - 12 分别画图(1 - 43a)、(1 - 43b) 所示梁受力图

[解]:(1) 取图(1 - 43a) 梁为研究对象,画分离体图(1 - 43a')

(2) 分析梁周围约束性质

a. A 为固定铰支、反力 $\vec{H}$、$\vec{V}_A$,作用点 A;

b. B 为活动铰支、反力 N_B,作用点 B;

c. 画上主动力 $\vec{F}$,$\vec{P}$ 并作全面检查

[解]:(1) 取图(1 - 43b) 梁为研究对象,画分离体图(1 - 43b');

(2) 分析梁周围约束类型

a. A 为固定端支座约束,反力 $\vec{H}_A$、$\vec{V}_A$,作用点 A,反力偶 $\vec{M}_A$

b. B 为自由端

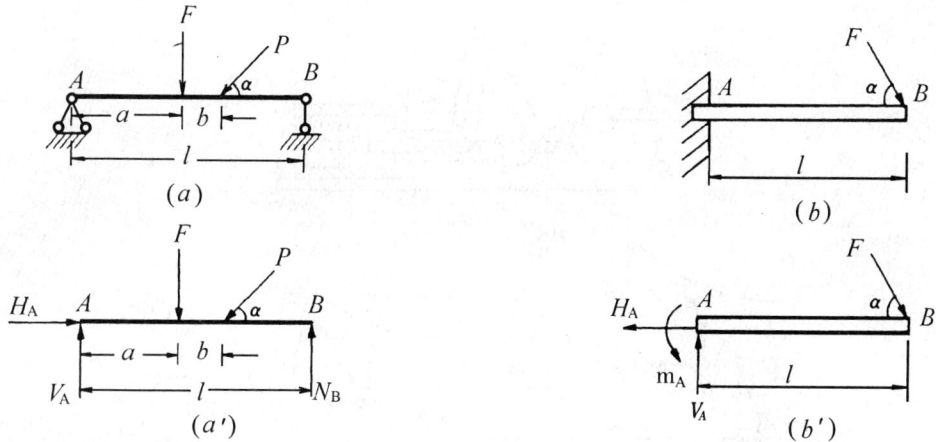

图 1 – 43

(3) 画上主动力 $\vec{F}$,并作全面检查。

例 1 – 13　冲天炉加料斗由钢丝绳牵引沿倾斜铁轨匀速提升,料斗连同所装炉料共重 G,重心在 C 点(图 1 – 44a)。略去料斗小轮与铁轨之间的摩擦,试画出料斗的受力图。

[解]:(1) 取料斗作为研究对象。把料斗从周围物体的联系中分离出来,单独画出(图 1 – 44b)。

料斗所受的力有:重力 G,作用的重心 C 点;钢丝绳拉力 T,根据柔索约束反力的特性,它的方向沿着钢丝绳;铁轨的反力 N_A、N_B,根据光滑接触约束反力的特性,它们应垂直于铁轨。各力如图 1 – 44b 中所示。

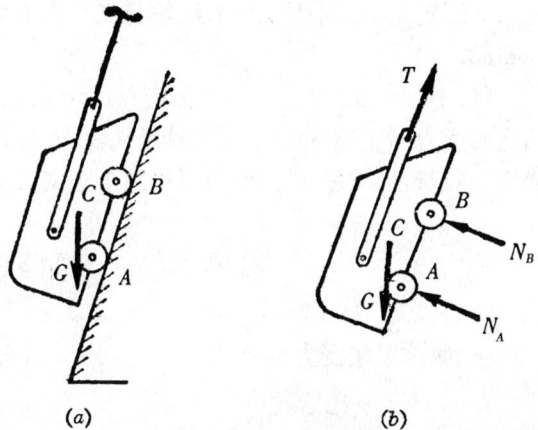

图 1 – 44

例 1 – 14　液压夹具如图 1 – 45a 所示。已知油缸中油压合力为 P,沿活塞杆 AD 的轴线作用于活塞。机构通过活塞杆 AD、连杆 AB 使杠杆 BOC 压紧工作。设 A、B 均为圆柱形销钉连接,O 为铰链支座,C、E 为光滑接触面。不计各零件的重量,试画出夹具工作时各零件的受力图。

[解]:(1) 活塞杆 AD　杆在 D 端受到油压力 P,在另一端 A 与圆柱形销钉连接,受到销钉对它的反力 N_1,因不计杆 AD 的自重,故杆只在 A、D 两点受力,即杆 AD 是个二力杆。因此,反力 N_1 一定与 P 等值、反向、共线(1 – 45b),而不必用两个正交分力来表示。

(2) 连杆 AB　连杆 AB 的两端分别同圆柱形销钉 A、B 连接,受到这两个销钉的反力。因不计杆 AB 的自重,所以杆 AB 也是个二力杆。销钉 A 给杆 AB 的反力 N_2 与销钉 B 给杆 AB 的反力 N_3 一定等值、反向、共线(图 1 – 45c),这样就决定了 N_2 和 N_3 的方位。

(3) 滚轮(连同销钉 A)　它受到杆 AD 给它的力 N'_1(N_2 与 N'_2 互为作用力与反作用

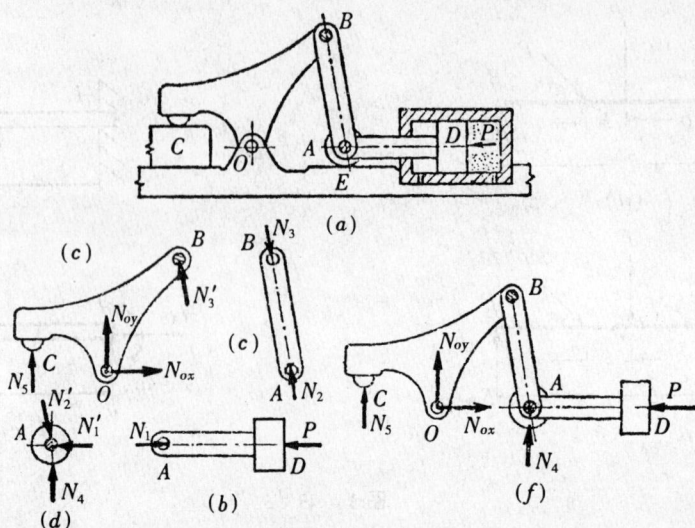

图 1 – 45

力),和固定支承面的反力 N_4,滚轮与支承面 E 为光滑面接触,所以 N_4 应垂直于支承面(图1 – 45d)。

(4) 杠杆 BOC　它受到的力有:杆 AB 给它的 N'_3 与 N'_3 互为作用力与反作用力);式件给它的反力 N_5(N_5 的反作用力就是夹紧力,作用在工件上),因接触光滑,故 N_5 垂直于工件表面;固定铰链支座 O 的反力可用两个正交分力 N_{ox}、N_{oy} 表示(图 1 – 45e)。

第六节　物体系统受力分析

一、物体系统受力分析

(一) 物体系统

工程结构一般是由若干构件以一定形式的约束联系在一起而组成的。这个组合体就称为物体系统或物系。

(二) 物体系统的受力分析

画物体系统受力图的过程称之为对物体系统作受力分析。

画物系受力图方法与单个物体受力图画法相同。两者的区别在于画物系受力图时,所取的研究对象是由两个或两个以上的物体联系在一起的系统,无外乎是将物系视为一个整体,像单个物体一样对待而已。

(三) 局部物体受力图顺序

在画组成物系的各个局部物体受力图时,是按照运动传递的顺序来决定局部物体受力图的顺序。

若局部物体有二力杆时,则应首先画二力杆受力图,然后再画其它局部物体受力图。

画物系受力图时,系统内部各局部物体之间的相互作用力(即物系的内力)不必画出,只需画出由物系外部作用在物系上的荷载和反力。

二、物系受力图举例

例 1 – 15 图 1 – 46a 所示构件起吊情况。构件重 $\vec{W}$，钢绳 EG、AB、FG、DC 及钢梁自重略去不计。

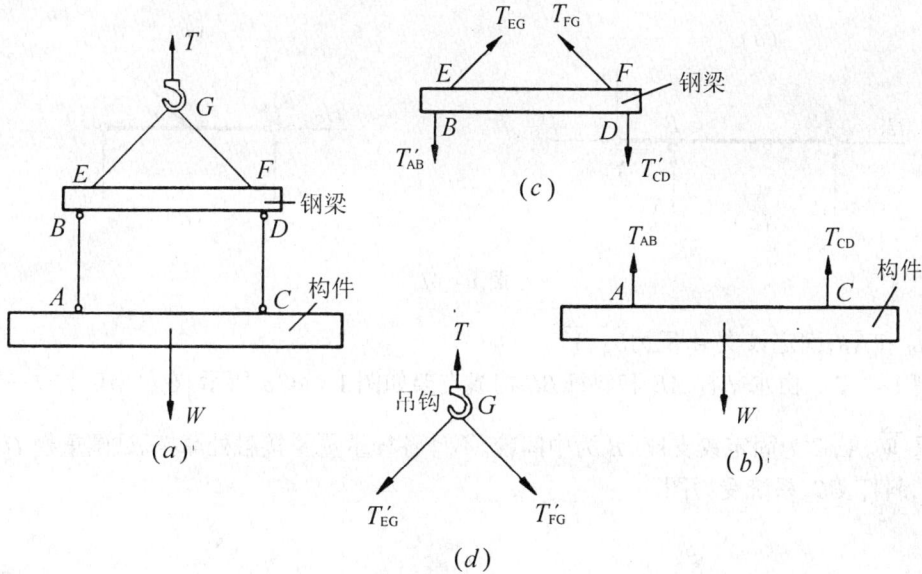

图 1 – 46

试分别画构件,钢梁,吊钩,系统受力图

[解]:(1) 取构件为研究对象,画出分离体图(b),主动力有 $\vec{W}$,柔性反力 $\vec{T}_{AB}$ 和 $\vec{T}_{CD}$;

(2) 取钢梁为研究对象,画出分离体图(c),柔性反力 $\vec{T}_{AB}$、$\vec{T}_{CD}$、$\vec{T}_{EG}$、$\vec{T}_{FG}$(主动力因钢梁自重不计,故未画出);

(3) 取吊钩 G 为研究对象,画出分离图(d),柔性反 $\vec{T}'_{EG}$、$\vec{T}'_{FG}$、$\vec{T}$

(4) 取系统为研究对象,画分离体图(a),主动力 $\vec{W}$,柔性反力 $\vec{T}$,($\vec{T}_{EG}$、$\vec{T}'_{EG}$、$\vec{T}_{FG}$、$\vec{T}'_{FG}$、$\vec{T}_{AB}$、$\vec{T}'_{AB}$、$\vec{T}_{CD}$、$\vec{T}'_{CD}$ 系内力,故不画出。)

例 1 – 16 图 1 – 47a 所示梁 AC 和 CD 用中间铰 C 联结并支承在三个支座上,A 为固定铰支,B 和 D 为活动铰支。试画梁 AC、CD 及全梁 AD 受力图。

[解]:(1) 先取 CD 梁为研究对象,这是因为运动趋势首先由 CD 梁开始,画分离体图(1 – 47d);主动力 $\vec{P}$,活动铰支 D 反力 N_D,中间铰 C 反力 $\vec{H}_C$、$\vec{V}_C$;

(2) 再取 AC 梁为研究对象,画分离体图(1 – 43c);中间铰 C 反力 $\vec{H}'_C$、$\vec{V}'_C$,活动铰支 B 反力 N_B,固定铰支 A 反力 $\vec{H}_A$、$\vec{V}_A$;

(3) 取系统(即 AD 梁)为研究对象,画分离体图(1 – 47b);主动力 $\vec{P}$,活动铰支 B 和 D 的

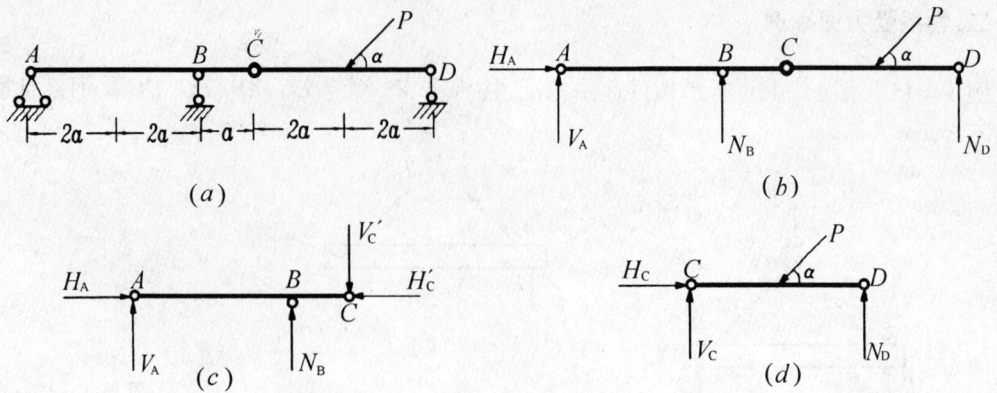

图 1 – 47

反力 $\vec{N}_B$ 和 $\vec{N}_D$,固定铰支 A 反力 $\vec{H}_A$、$\vec{V}_A$。

例 1 – 17 由水平杆 AB 和斜杆 BC 构成支架如图 1 – 48a 所示。在杆 AB 上放一重物,重物重 $\vec{W}$。A、C 为固定铰支座,B 为中间铰。不计各杆重量及接触处摩擦。试画重物 O,水平杆 AB,斜杆 BC,系统受力图。

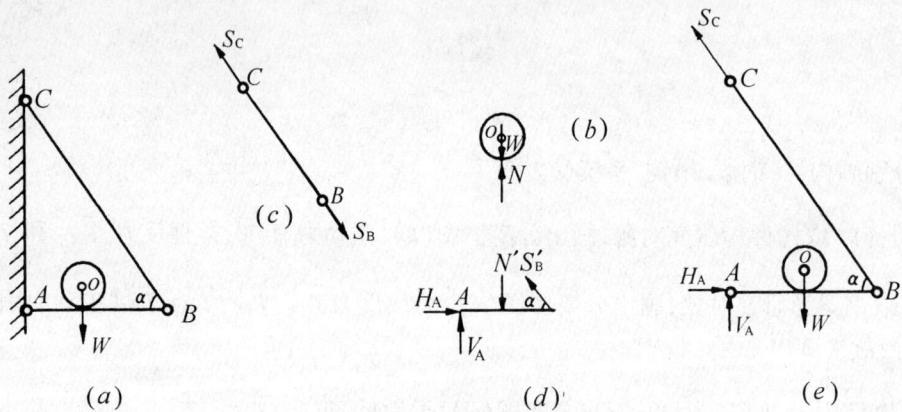

图 1 – 48

[解]:(1) 取二力杆(斜杆)BC 为研究对象,画分离体图;分离体上的力有:二力杆反力 $\vec{S}_B$、$\vec{S}_C$,如图(1 – 48c) 所示。

(2) 取重物 O 为研究对象,画分离体图;分离体上的力有:主动力 $\vec{W}$,法向反力 $\vec{N}$,如图(1 – 48b) 所示。

(3) 取水平杆 AB 为研究对象,画分离体图,分离体上的力有:$\vec{H}_A$、$\vec{V}_A$、$\vec{N'}$、$\vec{S'}_B$,如图(1 – 48d) 所示。

(4) 取系统为研究对象,画分离体图;

分离体上的力有:$\vec{H}_A$、$\vec{V}_A$、$\vec{S}_C$、$\vec{W}$($\vec{N}$、$\vec{N'}$ 及 $\vec{S}_B$、$\vec{S'}_B$ 是系统内部内力,不必画出)如图(1 – 44e) 所示。

例 1 – 18　试作图 1 – 49a 所示三铰拱 AC 半拱，BC 半拱及系统受力图

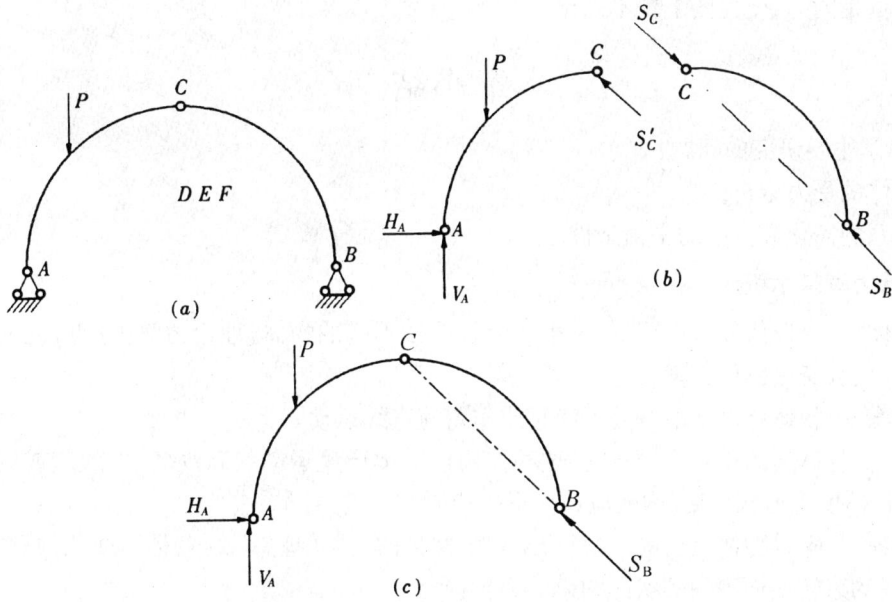

图 1 – 49

[解]：(1) 取二力杆(即右半拱 BC)为研究对象，画分离体图；分离体上的力有：二力杆

反力 $\vec{S_C}$、$\vec{S_B}$ 如图(1 – 49b)所示

(2) 取左半拱 AC 为研究对象，画分离体图；分离体上的力

有：$\vec{S_C}'$、$\vec{P}$、$\vec{H_A}$、$\vec{V_A}$ 如图(1 – 49b)所示；

(3) 取系统为研究对象，画分离体图，分离体上的力有：$\vec{H_A}$、

$\vec{V_A}$、$\vec{P}$、$\vec{S_B}$，如图 1 – 49c 所示。

例 1 – 19　简易起重机的起重臂 AB 的下端 A 安装于铰链支座上，B 点用绳索 BC 拉住(图 1 – 50a)。在 B 端还用圆柱销支承滑轮。已知被吊物体重 G_1，吊臂重 G_2，试画出重物、滑轮、起重臂以及整个系统的受力图。

[解]：(1) 物体：物体受到重力 G_1 和钢丝绳拉力 T_1(1 – 50b)。

(2) 滑轮：滑轮受到两边钢丝绳拉力 T_1'、T_2 和圆柱销 B 对它的反力，根据圆柱销约束反力的特性，圆柱销 B 对滑轮的反力用分力 N_{B_x}、N_{B_y} 表示(1 – 50c)。

(3) 起重臂(连同圆柱销 B)：起重臂受到的力有重力 G_2、绳索拉力 T_3，滑轮对圆柱销的作用力 N_{B_x}'、N_{B_y}'(分别与 N_{B_x}、N_{B_y} 互为作用和反作用力)和固定铰链支座 A 的反力 N_{A_x}、N_{A_y}(图 1 – 46d)。

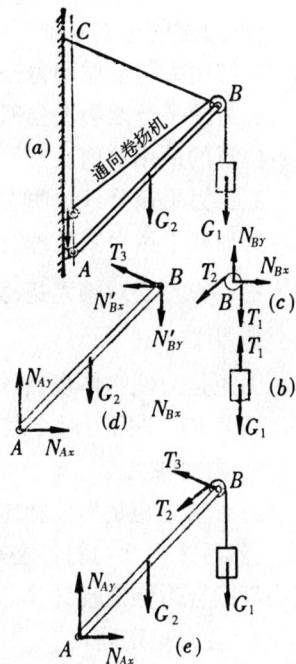

图 1 – 50

(4)整个系统:整个系统的受力图如图1–50e所示。对这个系统来说,T_1、T'_1、N_{B_x}、N'_{B_x}、N_{B_y}、N'_{B_y} 都是内力,受力图上都不画出。

本章小结

静力学主要研究的问题:

1.物体的受力分析;

2.力系的简化和力系的平衡条件。

一、静力学基本概念

1.刚体 在任何外力作用下,大小和形状保持不变的物体。理论力学把所研究的物体都视为刚体,故又名刚体力学。

2.平衡 物体相对于地球处于静止或作匀速直线运动。

3.力 物体间的相互机械运动,这种作用使物体产生运动状态改变(外效应或运动效应)或使物体发生形状改变(内效应或变形效应)。

4.约束 阻碍物体运动的限制物,工程中常见的七类"理想"约束是用抽象,归纳的方法,由实际约束转换而得到的实际约束的力学模型。

5.约束反力 简称反力,是约束对物体的反作用力,它的作用点及方向是根据"理想"约束的类型确定的。其作用点就是约束与被约束物体间的接触点,它的方向总是与被约束物运动(运动趋势)的方向相反。

二、静力学的基本公理

静力学的基本公理反映了作用在刚体上的力的合成和平衡两个基本问题的最基本的规律,是静力学的理论基础。

1.作用力与反作用力公理说明了物体间相互作用的关系;

2.力的平行四边形公理说明了两个力的合成法则。这个公理也是矢量合成的共同法则,有着广泛的应用价值;

3.二力平衡公理说明了物体上两个作用力的平衡条件,是讨论力系平衡的基础;

4.加减平衡力系公理及力的可传性原理是力系代换的依据;

三、力矩、力对轴之矩、力偶矩

1. 力矩

力矩是力使物体绕点(矩心)转动效果的度量。它等于力的大小与力臂的乘积。记为 m。$(F) = \pm Fd$,平面力对点之矩是代数量力使物体绕矩心逆时针转动时取"+",反之取"–"。

2. 力对轴之矩

力对轴之矩是力使物体绕某轴转动效果的度量。计算时,可先将力投影到与轴垂直的平面上,然后按平面力对点之矩方法计算。也可将力沿直角坐标轴分解成三个分力,再根据空间力系的合力矩定理计算。力对轴之矩是代数量,其符号由右螺旋法则确定。

3. 合力矩定理

合力矩定理表述了合力矩与各分力矩之间的定量关系:

(1)平面力系的合力对力系平面内任一点之矩等于力系中各分力对同一点之矩的代数

和,记为 $m_o(\vec{R}) = \sum_{i=1}^{n} m_o(\vec{F_i})$

(2)空间力系的合力对任一轴之矩等于力系中各分力对同一轴之矩的代数和。记为

$$m_x(\vec{R}) = \sum_{i=1}^{n} m_x(\vec{F_i}), m_y(\vec{R}) = \sum_{i=1}^{n} m_y(\vec{F_i}), m_z(\vec{R}) = \sum_{i=1}^{n} m_z(\vec{F_i})$$

4. 力偶、力偶矩

力偶是由等值、反向、平行的两个力组成。力偶矩是力偶使物体转动效果的度量(注意力矩和力偶矩都是物体转动效果的度量,前者是绕矩心转动,后者与矩心无关,力偶矩恒等于组成力偶的其中一力与力偶臂的乘积)。

力偶在坐标轴上的投影代数和为零,它不能与一个力等效。力偶只能用力偶来平衡。

力偶的转动效果用力偶矩来衡量,只要力偶矩不变,力偶可在其作用面内移动或转动;或者同时改变组成力偶的力的大小和力偶臂的长短。

四、物体(系)受力图

正确地画出物体(系)受力图,是解决工程问题的关键。

画受力图的关键是画未知的约束反力的作用线(点)和方向,而画反力方向,作用线(点)的关键又是判断"理想"约束的类型。所以,要掌握各类"理想"约束的判断,并要理解地记熟各类"理想"约束相应反力的特点。

思 考 题

思 1 – 1 举例——说明力的下列基本性质

(1)力是成对的出现。

(2)力是物体间的相互机械作用。

(3)力的三要素。

(4)力的两种效应。

思 1 – 2 什么是刚体?为什么理论力学中把物体看作刚体?

思 1 – 3 "作用力与反作用力公理"与二力平衡公理中都是等值、反向、共线,问有什么不同,并举例说明。

思 1 – 4 什么叫平衡力系、等效力系、合力、分力?

思 1 – 5 两个分力的合力总是大于每个分力这句话对吗?为什么?

思 1 – 6 图中 AC、BC 均是绳索,在 C 点加一个向下的力 $\vec{P}$,问当 α 角增大还是减小时绳索受的力大?为什么?

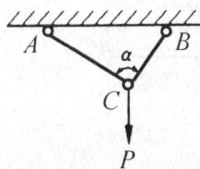

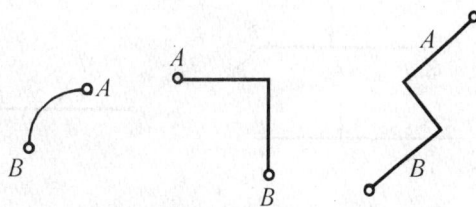

思 1 – 6 图   思 1 – 7 图

思1－7　在图示各杆的 A、B 两点加一个力,使该杆处于平衡。

思1－8　图中画了雨伞在桌边的两种情况,问哪一种情况伞处于平衡,哪一种情况伞处于不平衡,用力的基本公理加以说明。

思1－9　什么叫二力杆?指出图中哪些杆是二力杆。

思1－10　什么叫约束,常见的理想约束有哪几类?它们是怎样建立的?各类理想约束反力方向,作用点位置如何?

思1－11　什么叫受力图,画受力图的步骤如何?

思1－12　指出下列各物体受力图中的错误,并订正。

思1－13　什么叫力对点之矩?力对轴之矩?它们各自的大小如何计算?它们各自的正、负号如何确定?

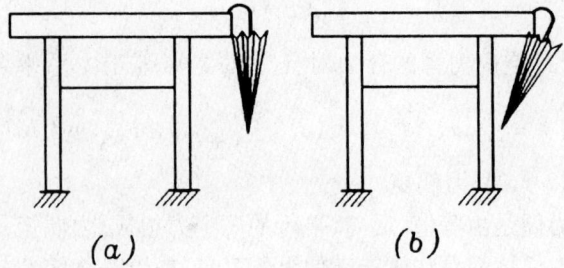

思1－8图

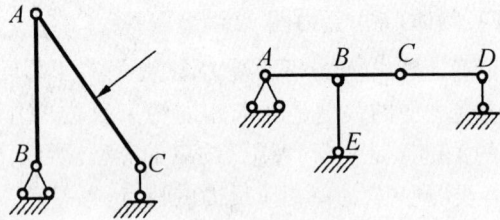

思1－9图

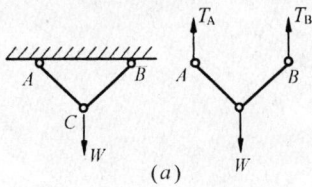

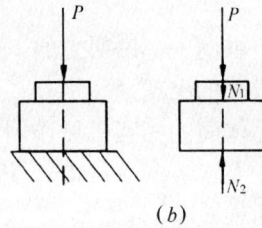

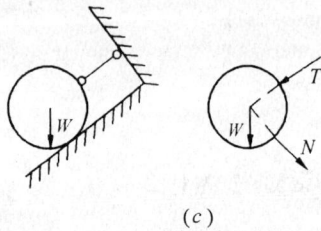

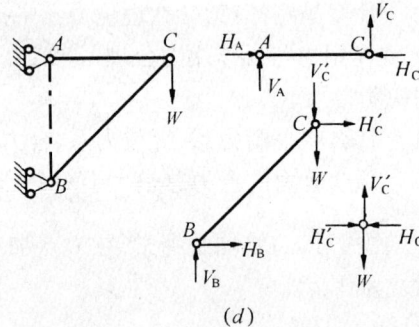

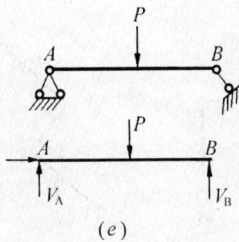

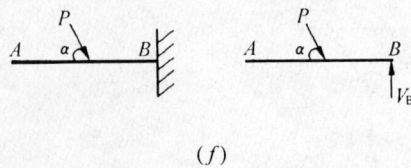

思1－12图

思 1 - 14　当力沿其作用线移动时,力对一个定点的力矩是否改变?为什么?

思 1 - 15　当力与转轴平行或相交时,力对轴是否有矩?为什么?

思 1 - 16　图示物体受两个力 F_1、F_2 作用,能否找到一个点或找到一根轴,使 F_1、F_2 对这点或对这轴的矩均等于零。

思 1 - 17　P 力在 xoy 系中方向如图所示,如何利用 $\vec{P}$ 沿 x 轴和 y 轴方向的分力 $\vec{P_x}$、$\vec{P_y}$ 计算 P 力对 O 点之矩 $m_o(P)$?

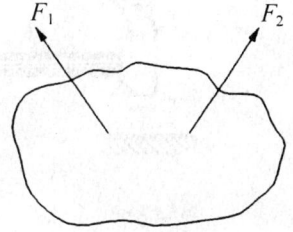

思 1 - 16 图

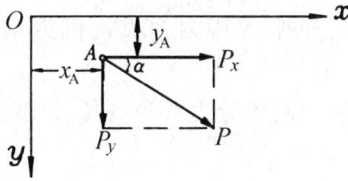

思 1 - 17 图

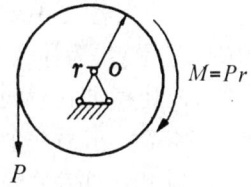

思 1 - 21 图

思 1 - 18　试阐述平面力系及空间力系的合力矩定理内容?

思 1 - 19　什么叫力偶?力偶矩?力偶中的两力对平面内任意点的合力矩等于什么?

思 1 - 20　力矩与力偶矩有什么区别?

思 1 - 21　力偶不能与一个力成平衡,为什么图中的轮子又能平衡呢?

思 1 - 22　试比较在同一平面内的四个力偶,哪些是等效的?

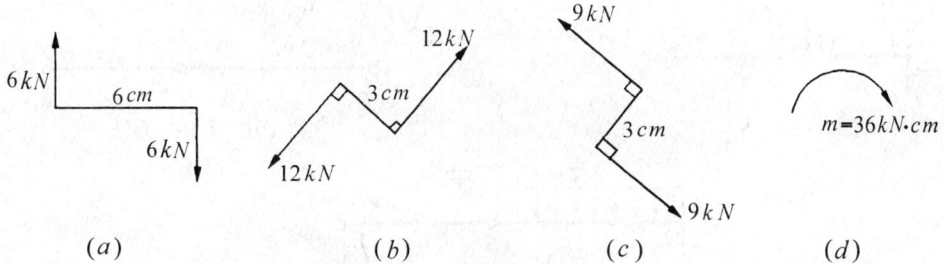

(a)　　　　　　　(b)　　　　　　　(c)　　　　　　　(d)

思 1 - 22 图

习　　题

1 - 1　设有两个力 P_1 和 P_2,说明下列式子所表示的意义

(1)$P_1 = P_2$

(2)$\vec{P_1} = \vec{P_2}$

(3)$\vec{P_1} = - \vec{P_2}$

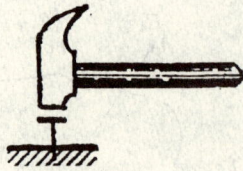 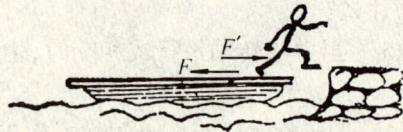

(a) (b)

习题 1-2 图

1-2 指出下列情况中的作用力与反作用力

(1) 铁锤锤打钉子。

(2) 人从小船上向岸上跳。

1-3 二个人各在一端沿水平方向拉绳索,每个人用力 $20KN$,问绳索中的力应是 $20KN$,$40KN$,还是零,为什么?

1-4 把竖直向下,大小为 $180KN$ 的力,分解为两个分力并且要使其中一个分力沿水平向时等于 $240KN$,求另一个分力的大小及方向。

1-5 画出下列图示指定物体、物系的受力图

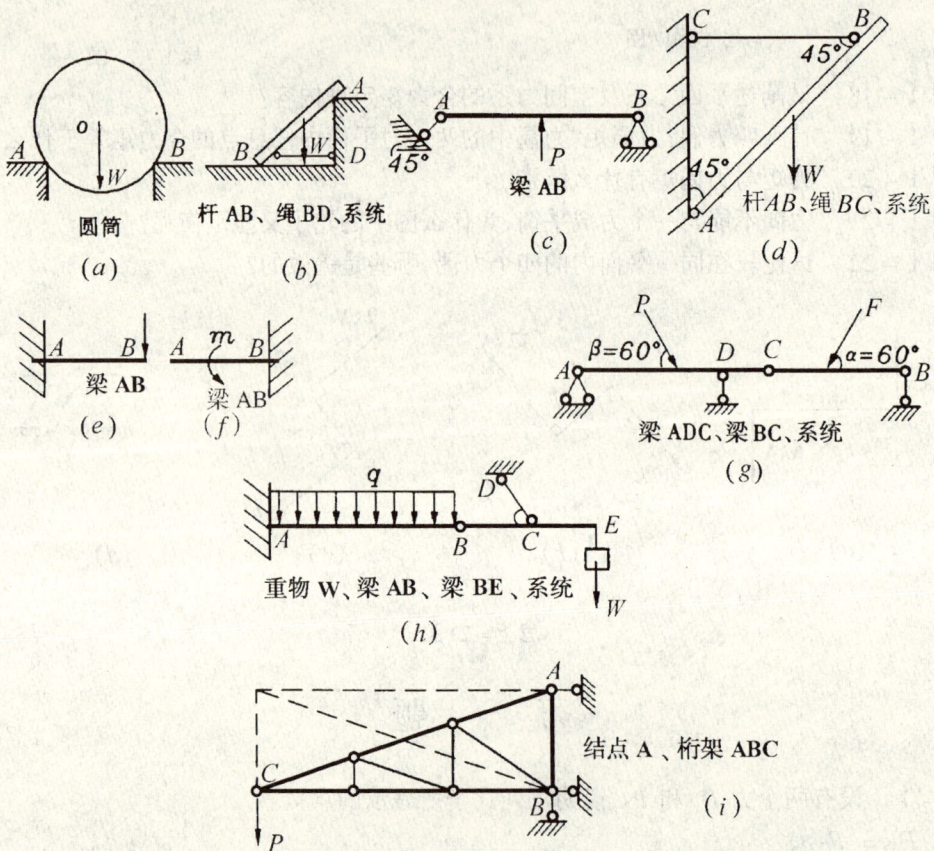

圆筒

(a)

杆 AB、绳 BD、系统

(b)

梁 AB

(c)

杆 AB、绳 BC、系统

(d)

梁 AB

(e)

梁 AB

(f)

梁 ADC、梁 BC、系统

(g)

重物 W、梁 AB、梁 BE、系统

(h)

结点 A、桁架 ABC

(i)

习题 1-5 图

1-6 画出下列图示指定物体,物系的受力图。

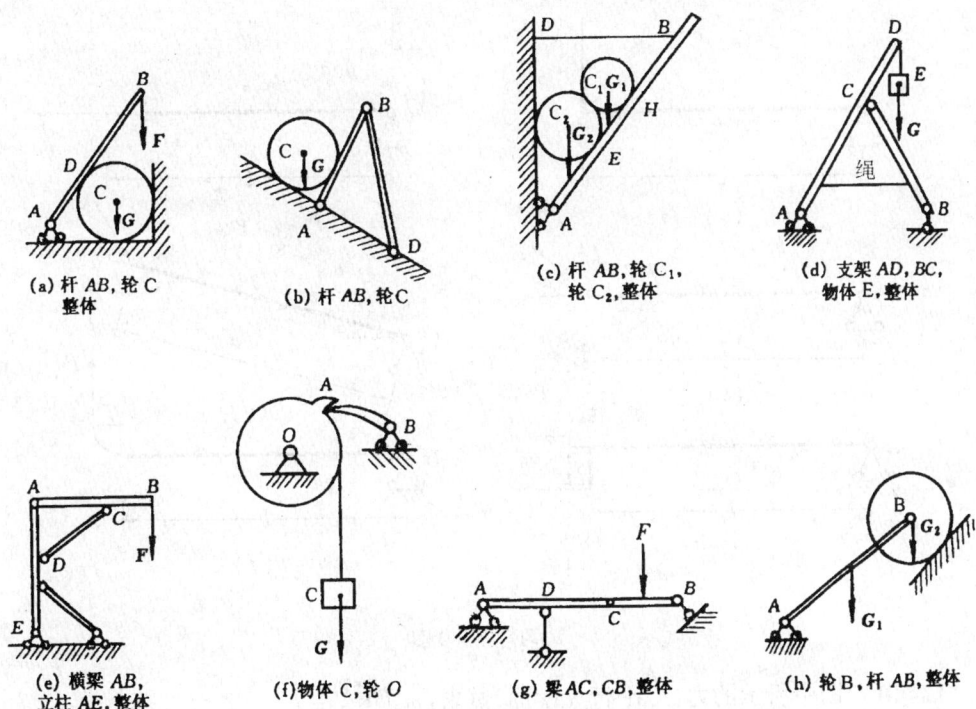

(a) 杆 AB,轮 C 整体

(b) 杆 AB,轮 C

(c) 杆 AB,轮 C_1, 轮 C_2,整体

(d) 支架 AD,BC, 物体 E,整体

(e) 横梁 AB, 立柱 AE,整体

(f)物体 C,轮 O

(g) 梁 AC,CB,整体

(h) 轮 B,杆 AB,整体

习题 1 – 6 图

1 – 7 试求木柱顶 A 处各力 $\vec{F}_1$、$\vec{F}_2$、$\vec{F}_3$ 对柱底 B 的力矩

1 – 8 力 $F_1 = 400N$ 作用于 A 点,方向如图示。求:

(1) 此力对 D 点之矩 $m_D(\vec{F}_1) = ?$

(2) 在 C 点加水平力 $\vec{F}_2$,欲使 $M_D(\vec{F}_2) = M_D(\vec{F}_1)$,问 $F_2 = ?$

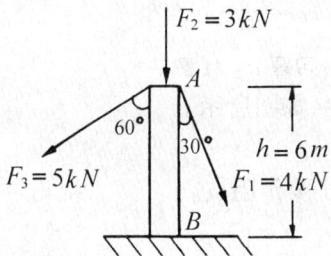

习题 1 – 7 图

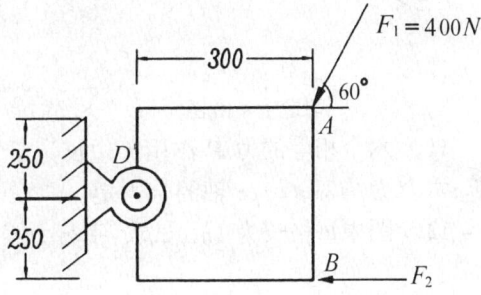

习题 1 – 8 图

1 – 9 试计算下列各图中 P 力对 O 点之矩?

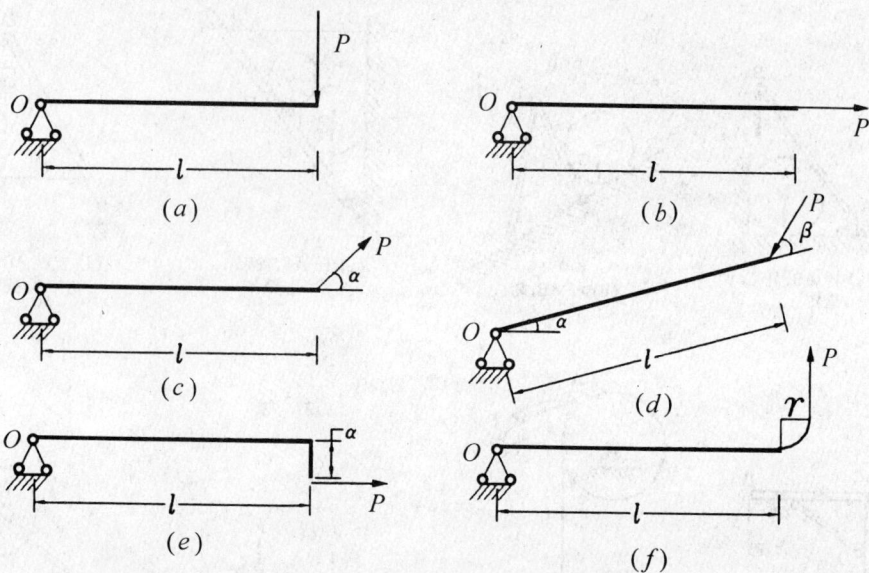

(a) (b) (c) (d) (e) (f)

习题 1 – 9 图

1 – 10   图中所示的力 $\overrightarrow{F}$ 平行 xoy 面，试求：$m_y(\overrightarrow{F}) = ?$

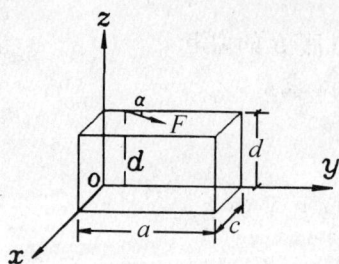

习题 1 – 10 图

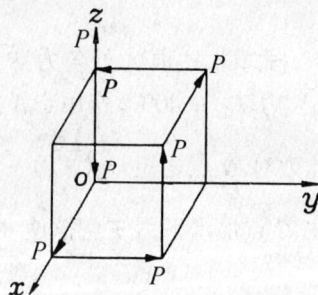

习题 1 – 11 图

1 – 11   六个相等的力 P 作用于边长为 a 的正方体上，如图所示。
试求：六个 P 力对 x、y、z 轴的合力矩。

1 – 12   图中每格长为 $1m$，试求：平行力系的合力大小及作用点。

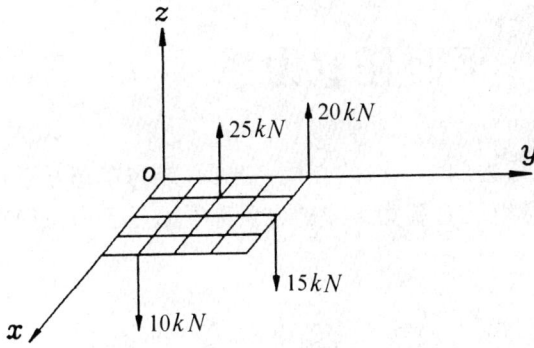

习题 1 – 12 图

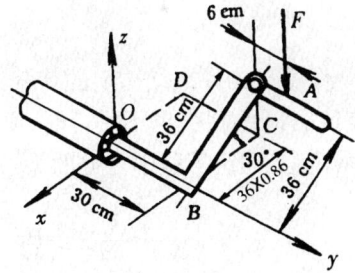

习题 1 – 13 图

1 – 13　铅垂力 $F = 500N$，作用于曲柄上，如图所示，求该力对于各坐标轴之矩。

第二章　平面任意力系

作用在构件或结构上的荷载、反力、阻力的作用线均在同一平面(或均在相互平行的平面内)且既不相交也不平行时,则由荷载、反力、阻力组成的力系称平面任意力系简称平面力系。它是建筑工程中常见的力系。

第一节　平面汇交力系的简化

平面汇交力系是平面力系的特殊情况,它是各力的作用线在同一平面内且交于一点的力系。本节用两种方法讨论平面汇交力系的简化。第一种方法是图解法(几何法),在第一章第二节已经初步讨论过该法。第二种方法是数解法(解析法),它是以力在轴上的投影为基础,通过数学运算求平面汇交力系的合力。

本节知识,除直接用来解决平面汇交力系有关问题外,又是研究平面力系简化和平衡的基础。

一、工程中的平面汇交力系问题

建筑工地上吊装钢筋混凝土梁(图2-1a)时,作用在吊钩 C 上的三根绳索,它们所受到的拉力 $\overrightarrow{T}$、$\overrightarrow{T}_A$、$\overrightarrow{T}_B$ 作用在同一平面内,而且汇交于 C 点,它们组成了一个平面汇交力系(图2-1b)。

图2-2a 所示木屋架,各个结点(各根杆的连接点)均受平面汇交力系作用,图2-2b 画出了其中一个结点 B 点的受力图。

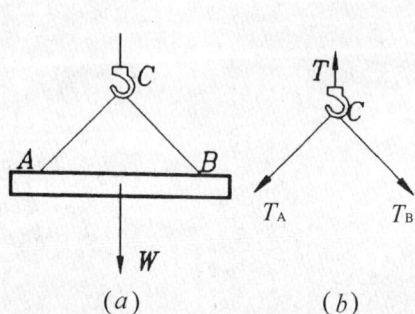

图2-1

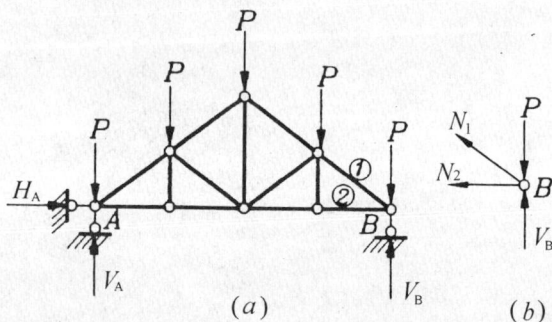

图2-2

二、平面汇交力系简化的几何法

当有多个平面力作用在物体的同一点时,只要连续应用的三角形法则,逐次进行力的简化,即可求出它们总的合力。

（一）平面汇交力系的简化
——力多边形法则

图 $2-3a$ 所示为作用在物体 A
点的平面汇交力系（$\overrightarrow{F_1}$、$\overrightarrow{F_2}$、$\overrightarrow{F_3}$、
$\overrightarrow{F_4}$），为求其合力，可以按下列步
骤进行（见图 $2-3b$）。

先选定作图比例。

一、作 $\overrightarrow{ab} \parallel \overrightarrow{F_1}$，自 b 点作 $\overrightarrow{bc}$

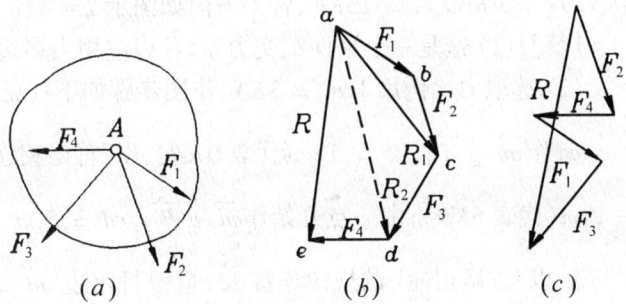

图 $2-3$

$\parallel \overrightarrow{F_2}$，得力三角形 abc，求得 $\overrightarrow{F_1}$ 与 $\overrightarrow{F_2}$ 的合力 $\overrightarrow{R_1} \parallel \overrightarrow{ac}$。

二、再自 C 点作 $\overrightarrow{cd} \parallel \overrightarrow{F_3}$，得力三角形 acd，求得 $\overrightarrow{R_1}$ 与 $\overrightarrow{F_3}$ 的合力 $\overrightarrow{R_2} \parallel \overrightarrow{ad}$。显然 $\overrightarrow{R_2}$ 是 $\overrightarrow{F_1}$、$\overrightarrow{F_2}$、$\overrightarrow{F_3}$ 的合力。

三、又自 d 点作 $\overrightarrow{de} \parallel \overrightarrow{F_4}$，得力三角形 ade，求得 $\overrightarrow{R_2}$ 与 $\overrightarrow{F_4}$ 的合力 $\overrightarrow{R} \parallel \overrightarrow{ae}$。$\overrightarrow{R}$ 就是 $\overrightarrow{F_1}$、$\overrightarrow{F_2}$、$\overrightarrow{F_3}$、$\overrightarrow{F_4}$ 总合力的大小和方向，它的实际作用点仍在汇交点 A。

在实际中，求多个平面汇交力的合力时，中间出现的合力 $\overrightarrow{R_1}$、$\overrightarrow{R_2}$、不必画出，整个求合力的过程是：将各个分力的矢量首尾相连，然后将第一分力的起点和最后一个分力的终点首尾相迎就得到合力 $\overrightarrow{R}$，如图 $2-3C$ 所示。

图形 $abcdea$ 称为力多边形。这种连续应用力三角形法则求多个平面汇交力合力的方法称力多边形法则。用式子表示，可写为：

$$\overrightarrow{R} = \overrightarrow{F_1} + \overrightarrow{F_2} + \overrightarrow{F_3} + \overrightarrow{F_4} + \cdots\cdots = \sum_{i=1}^{n} \overrightarrow{F_i} \tag{2-1}$$

作用在同一点上的多个平面力，就是一个平面汇交力系，所以上述法则即是求平面汇交力系合力的法则。

式（$2-1$）表明：平面汇交力系简化的结果是一个合力，合力的大小和方向等于原力系中各分力的矢量和，其作用线经过各分力的汇交点。

（二）作力多边形注意问题

1. 力的方向问题

力多边形中，各分力是沿一个顺序方向且首尾相连。由各分力组成的力多边形是一个有缺口的折线（图 $2-3$、b 中的 $abcde$），而合力沿相反顺序方向，首尾相迎地把力多边形"闭合"起来，合力成为力多边形的"封闭边"。所以，用图解法求合力时，常形象地称合力是"封闭边"。

2. 力多边形中分力的次序问题

绘制力多边形过程中，分力的先后次序可以任意，但必须各分力首尾相连（图 $2-3$、c）

例 $2-1$　物体上有三根在同一平面的绳索，它们分别受拉力 $\overrightarrow{T_1}$、$\overrightarrow{T_2}$、$\overrightarrow{T_3}$，已知 $T_1 =$

$3KN$，$T_2 = 6KN$，$T_3 = 15KN$，各力方向如图示 2 – 4、a 所示。试用几何法求物体所受合力。

[**解**]:(1) 这是一个平面汇交力系,可以应用力多边形法则求合力。

(2) 选取力比例尺 $1cm = 3KN$,作图步骤如下:(见图 2 – 4b)

a. 作 $\overrightarrow{ab} \parallel \overrightarrow{T_1}$，$ab = 1cm$(代表 $3KN$);以"首尾相连"的规律从 b 点开始作 $\overrightarrow{bc} \parallel \overrightarrow{T_2}$，$bc = 2cm$(代表 $6KN$);由 c 点开始作 $\overrightarrow{cd} \parallel \overrightarrow{T_3}$，$cd = 5cm = 15KN$。

b. 以"首尾相迎"的规律连接 $\overrightarrow{ad}$，量得封闭边 $ad = 5.5cm$，即合力 $R = 5.5 \times 3KN = 16.5KN$。量得 R 与 X 轴交角 $\alpha = 73°50'$(如图 2 – 4、a、b 示)。

(3) 若需在图 2 – 4、a 示物体上画出合力,则可通过 o 点作平行 $\overrightarrow{ad}$ 的线即为 $\overrightarrow{R}$ 作用线。

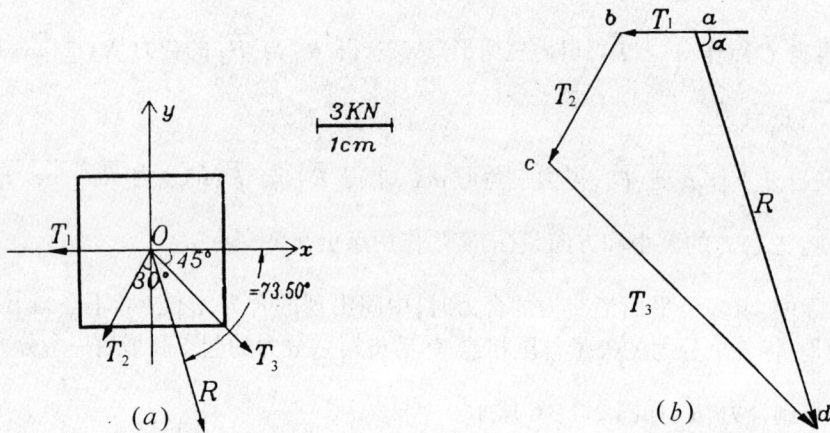

图 2 – 4

三、平面汇交力系简化的数解法

几何法具有直观、简捷的优点,但在作图过程中(推平行线、量角度、量尺寸) 容易引起误差,造成结果不够精确。因此很多情况下必须用数解法(解析法)。

为了能够用代数计算的方法求合力。需要先引入"力在坐标轴上的投影"的知识。

(一) 力在坐标轴上的投影

光线照射物体投下的影子称为"投影"。图 2 – 5 表示线段 AB 受一束平行光的照射,其在 X 轴上的投影为 ab。为求此投影长度,只要自线段 AB 两端分别向 X 轴(Y 轴)引垂线,两个垂足 a、b(a'、b') 间的距离即是投影的大小。

1. 力 $\overrightarrow{F}$ 在(x) 或(y) 轴上的投影

从力 $\overrightarrow{F}$ 的始端 A 和末端 B 分别向(x) 或(y) 轴作垂线,得垂足 a 和 b(或得

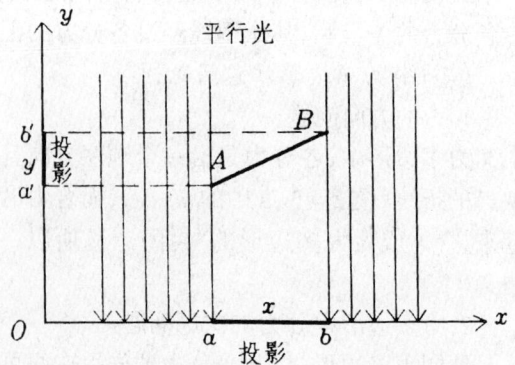

图 2 – 5

垂足 a' 和 b'),则线段 ab 的长度加以适当的正、负号,称为力在(x)轴上的投影用 x 表示。同样,线段 $a'b'$ 的长度加以适当的正、负号,称力在(y)轴上的投影,用 y 表示。力在坐标轴上的投影是代数量,其正、负规定为:从投影的起点 a 到终点 b(或起点 a' 到终点 b')的指向与坐标轴正方向一致时,取正号,反之亦然。

例如,图 2 – 6 所示的 $\vec{F}$ 在 x 和 y 轴的投影分别为:

$x = F\cos\alpha$,$y = F\sin\alpha$

2.特殊力在轴上的投影

(1) 当力与坐标轴正交时,则力在该轴上的投影为零;

(2) 当力与坐标轴平行时,则力在该轴上的投影的绝对值等于力的大小。

(二) 力在平面直角坐标轴上的分力

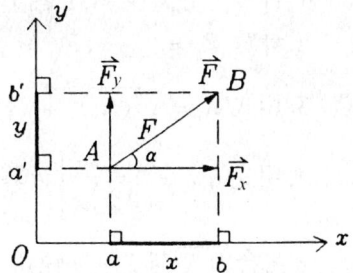

图 2 – 6

将图 2 – 6 所示的力 $\vec{F}$ 沿 X、Y 轴方向分解为:

$$\begin{cases} \vec{F}_x = \vec{F}\cos\alpha \\ \vec{F}_y = \vec{F}\sin\alpha \end{cases}$$

分力 $\vec{F}_x$、$\vec{F}_y$ 是矢量,其大小分别为:$F\cos\alpha = x$、$F\sin\alpha = y$;方向分别沿 x、y 轴正方向。

为简单,明了地表示分力 $F\cos\alpha = x$、$F\sin\alpha = y$ 的大小和方向,可用矢量解析式表示为:

$$\vec{F} = X\vec{i} + Y\vec{j} \qquad (2 – 2)$$

式(2 – 2)中:$\vec{i}$、$\vec{j}$ 为正单位矢量,它们的方向分别沿 X、Y 轴正方向,它们的模分别等于1。式(2 – 2)表明力 $\vec{F}$ 的分力 $\vec{F}_x$、$\vec{F}_y$ 的大小(或模)等于力 $\vec{F}$ 在 x、y 轴的投影,方向则分别沿 x、y 轴正方向。

(三) 合力投影定理

设有平面汇交力系($\vec{F}_1$、$\vec{F}_2$、$\vec{F}_3$ …… $\vec{F}_n$),其合力为 $\vec{R}$,则由式(2 – 1)知:

$$\vec{R} = \sum_{i=1}^{n} \vec{F}_i :$$

将矢量式 $\vec{R} = \sum_{i=1}^{n} \vec{F}_i$,两边投影到直角坐标系,$oxy$ 的两个坐标轴 X、Y 上,则得

$$\left. \begin{array}{l} R_x = \sum_{i=1}^{n} x_i \\ R_y = \sum_{i=1}^{n} y_i \end{array} \right\} \qquad (2 – 3)$$

式(2－3)表明:合力在某轴上的投影,等于其各分力在同一轴上投影的代数和。这个关系称为合力投影定理。该定理揭示了合力对物体沿某轴方向的移动效应与各分力使物体沿同一轴方向移动效应之间的等效关系。

(四)平面汇交力系简化的数解法

1.计算各分力在 X、Y 轴上的投影;

2.计算 $R_x = \sum x$, $R_y = \sum y$;

3.用式 $R = \sqrt{(R_x)^2 + (R_y)^2} = \sqrt{(\sum x)^2 + (\sum y)^2}$ 计算合力 $\overrightarrow{R}$ 的大小;

4.用式 $\mathrm{tg}\alpha = \left|\dfrac{\sum y}{\sum x}\right|$ 计算合力 $\overrightarrow{R}$ 的方向,

α 为合力 $\overrightarrow{R}$ 与 X 轴夹锐角。合力 $\overrightarrow{R}$ 的方向由 $\sum x$ 和 $\sum y$ 的正负号所确定的象限以及 α 角决定(如图 2－7 所示)。

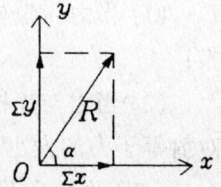

图 2－7

例 2－2 试求图 2－8 所示各力在 X、Y 轴上的投影。

[解]:(1) $x_1 = F_1\cos45°$ (2) $x_2 = -F_4\cos45°$

         $y_1 = F_1\sin45°$ $y_2 = F_2\sin45°$

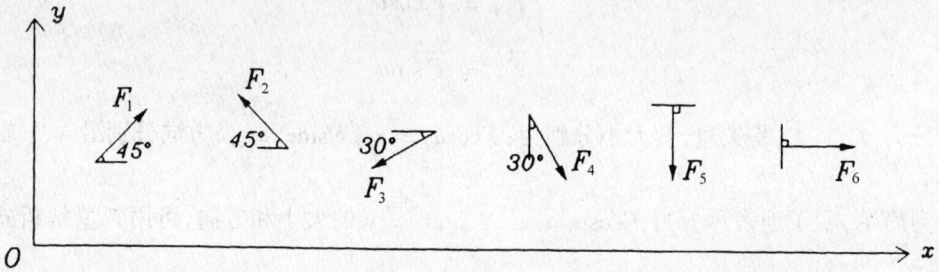

图 2－8

(3) $x_3 = -F_3\cos30°$ (4) $x_4 = F_4\sin30°$ (5) $x_5 = 0$ (6) $x_6 = F_6$

     $y_3 = -F_3\sin30°$ $y_4 = -F_4\cos30°$ $y_5 = -F_5$ $y_6 = 0$

例 2－3 已知三力的投影值(如图 2－9 所示),试求三力的大小和方向(三力与 x 轴夹角均为锐角)

$\begin{cases} x_1 = 100N \\ y_1 = 50N \end{cases}$ $\begin{cases} x_2 = -200N \\ y_2 = 60N \end{cases}$ $\begin{cases} x_3 = 30N \\ y_3 = -90N \end{cases}$

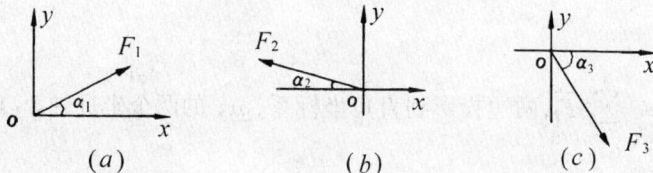

(a)   (b)   (c)

图 2－9

[解]:(1) 计算 $\overrightarrow{F_1}$

$$F_1 = \sqrt{x_1^2 + y_1^2} = \sqrt{100^2 + 50^2} = 118.8(N)$$

$\text{tg}\alpha_1 = \dfrac{|y_1|}{|x_1|} = \dfrac{50}{100} = 0.5$、$\alpha_1 = 26°34'$，因 x_1、y_1 均为正值，所以 $\overrightarrow{F_1}$ 在第一象限，与 X 轴夹锐角 $\alpha_1 = 26°34'$。

(2) 计算 $\overrightarrow{F_2}$

$$F_2 = \sqrt{x_2^2 + y_2^2} = \sqrt{(-200)^2 + 60^2} = 208.8(N)$$

$\text{tg}\alpha_2 = \dfrac{|y_2|}{|x_2|} = \dfrac{60}{200} = 0.3$、$\alpha_2 = 16°42'$，因 x_2 为负、y_2 均为正，故 $\overrightarrow{F_2}$ 在第二象限与 X 轴夹锐角 $\alpha_2 = 16°42'$。

(3) 计算 $\overrightarrow{F_3}$

$$F_3 = \sqrt{x_3^2 + y_3^2} = \sqrt{(30)^2 + (-90)^2} = 94.9(N)$$

$\text{tg}\alpha_3 = \dfrac{|y_3|}{|x_3|} = \dfrac{90}{30} = 3$、$\alpha_3 = 71°34'$，因 x_3 为正值、y_3 为负值，故 $\overrightarrow{F_3}$ 在第四象限，与 X 轴夹锐角 $\alpha_3 = 71°34'$。

例 2 - 4 铆接钢板孔在 A、B、C 处受三个力的作用如图 2 - 10 所示。$F_1 = 80KN$ 沿铅直方向；$F_2 = 50KN$，沿 AB 方向；$F_3 = 60KN$，沿 AC 水平方向，试求力系合力。

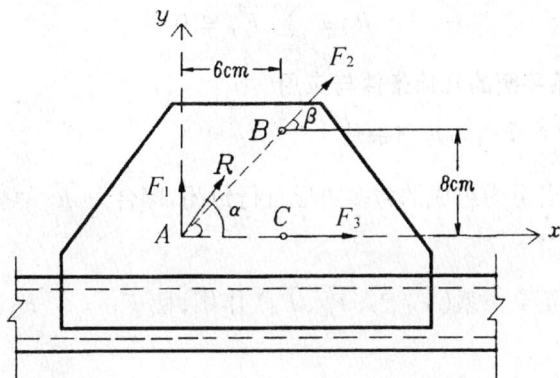

图 2 - 10

[解]：(1) 由图示知 $\overrightarrow{F_1}$、$\overrightarrow{F_2}$、$\overrightarrow{F_3}$ 是汇交于 A 点的平面汇交力系

(2) 应用式(2 - 3)计算，R_x、R_y

$$\begin{cases} R_x = \sum x = F_1\cos90° + F_2\cos\beta + F_3\cos0° \\ R_y = \sum y = F_1\sin90° + F_2\sin\beta + F_3\sin0° \end{cases}$$

及根据三角关系得

$$\cos\beta = \frac{6}{\sqrt{6^2 + 8^2}} = \frac{3}{5} = 0.6$$

$$\sin\beta = \frac{8}{\sqrt{6^2 + 8^2}} = \frac{4}{5} = 0.8$$

将 F_1、F_2、F_3、$\cos\beta$、$\sin\beta$ 值代入 $\sum x$ 及 $\sum y$ 式内,得:

$$\sum x = 90 KN(\rightarrow),\ \sum y = 120 KN(\uparrow)$$

(3) 计算合力 $\vec{R}$

$a.$ $\vec{R}$ 的大小

$$R = \sqrt{(\sum x)^2 + (\sum y)^2} = \sqrt{90^2 + 120^2} = 150(KN)$$

$b.$ $\vec{R}$ 的方向

$$\text{tg}\alpha = \frac{|\sum x|}{|\sum y|} = \frac{120}{90} = 1.33,\ \alpha = 53°58'$$

由于 $\sum y > 0$,$\sum x > 0$,所以 $\vec{R}$ 指向($\nearrow$),见图 2 – 10 所示。

第二节　平面汇交力系平衡条件与应用

一、平面汇交力系平衡条件

平面汇交力系平衡的必要和充分条件是合力为零。即

$$\vec{R} = \sum_{i=1}^{n} \vec{F}_i = 0$$

二、平面汇交力系平衡的几何条件与应用

(一) 平面汇交力系平衡的几何条件

平面汇交力系的各分力组成的力多边形自行封闭,即合力 $\vec{R}$ 为零。

证明过程:

1.设刚体受平面汇交力系($\vec{F}_1$ $\vec{F}_2$、$\vec{F}_3$、$\vec{F}_4$)作用,且 $\vec{F}_1 = -\vec{F}_3$,$\vec{F}_2 = -\vec{F}_4$(如图 2 – 11a)。

2.使用力多边形法则求该力系合力 $\vec{R}$:

(1) 作 $\overline{ab} \parallel \vec{F}_1$;

(2) 自 b 点作 $\overline{bc} \parallel \vec{F}_2$;

(3) 自 C 点作 $\overline{cd} \parallel \overline{F}_3$;

(4) 自 D 点作 $\overline{da} \parallel \overline{F}_4$。

3.分析:

(1) 力多边形无封闭边(或封闭边缩为一点),

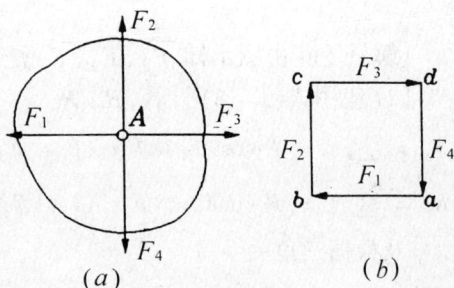

图 2 – 11

这说明该力系合力 $\vec{R}$ 为零(如图 2 – 11b);

(2) 由于刚体受两个平衡力系($\vec{F}_1$、$\vec{F}_3$)和($\vec{F}_2$、$\vec{F}_4$)作用,刚体显然就处于平衡状态,因而无合力。

4.结论:

平面汇交力系平衡的几何条件为:平面汇交力系各分力组成的力多边形自行封闭。

(二) 平衡的几何条件应用方法

1.选取研究对象,画受力图;

选取研究对象的原则:研究对象上必需同时存在已知量和待求量,缺一不可。

由于是图解法,所以反力的方向要准确,不能假设,否则不能构成首尾相连且封闭的多边形。

2.选取力比例尺;

3.绘封闭的力多边形;

4.用设定的力比例尺及量角器直接由封闭的力多边形上量取待求量。

在绘制封闭的力多边形时,特别要注意各分力首尾相连,可用括号内的图示方法记忆首尾相连(⟨×⟩⟨×⟩⟨×⟩)特征。

例 2 - 5 图 2 - 12a 所示起重机吊起一根重 $W = 3KN$ 的钢筋混凝土梁,钢索倾斜角 $\alpha = 30°$。试用几何法求梁处在平衡状态时钢索中的拉力大小。

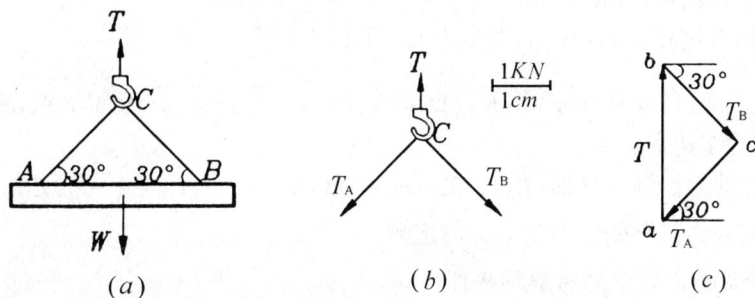

图 2 - 12

[解]:(1)a. 取系统为研究对象,画分离体图 a.

b. 由于系统在 $\vec{T}$、$\vec{W}$ 作用下平衡,可以由二力平衡公理知:$T = W = 3KN$

(2)a.再取吊钩 C 为研究对象,画分离体图(图 2 - 12b)

b. 设定力比例尺 $1cm = 1KN$;

c. 绘制封闭的且各力首尾相连的力多边形

先画已知的力矢,即先作 $ab \parallel \vec{T}$;自 b 开始作 $\vec{bc} \parallel \vec{T}_B (\because \vec{T}_B$ 是待求量,$\therefore bc$ 只能平行 $\vec{T}_B$ 而不能等于 $\vec{T}_B$);自 a 点作 $\vec{ac} \parallel \vec{T}_A$;$\vec{bc}$、$\vec{ac}$ 交于 C 点,组成封闭的各分力首尾相连的力多边形 abc(如图 2 - 12c 所示)。

d. 用力比例尺量得:$bc = 3cm = 3KN = T_B(\searrow)$,$ac = 3cm = 3KN = T_A(\swarrow)$,$T = 3cm = 3KN(T$ 前已求出)。

思考问题:

如果把钢索受的柔性反力 $\vec{T}_A$、$\vec{T}_B$ 画反,是否能绘出各力首尾相连的封闭力多边形?,请读者思考并实践。

例2－6　图2－13a 所示梁AB 上作用着荷载 $F = 40KN$,试用几何法求支座 A、B 反力

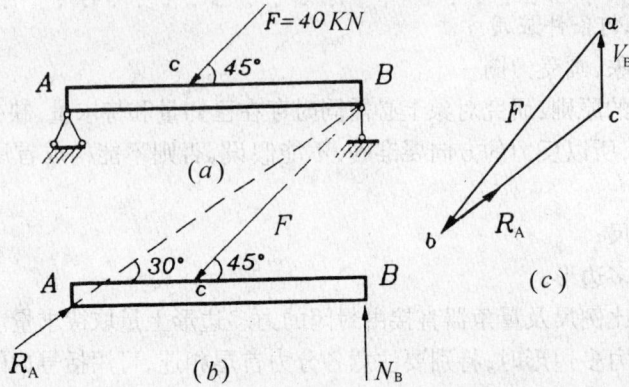

图2－13

[解]:(1) 取梁 AB 为研究对象,画分离体图(图2－13b)

(2) 确定力比例尺:$1cm = 10KN$;

(3) 绘各力首尾相连的封闭的力多边形(图2－13c)

a. 绘 $\overrightarrow{ab} \parallel \vec{F}$;自 b 点作 $\overrightarrow{bc} \parallel \vec{R}_A$;自 a 点作 $\overrightarrow{ac} \parallel \vec{N}_B$;$\overrightarrow{bc}$、$\overrightarrow{ac}$ 交于 c 点,组成封闭的各力首尾相连的力多边形;

b. 用设定的力比例尺量得:$R_A = 3.3cm = 33KN$,$N_B = 1.2cm = 12KN$。

三、平面汇交力系平衡的解析条件与应用

(一) 平面汇交力系平衡的解析条件

在数解法中,亦使合力为零便是 $R = \sqrt{(\sum x)^2 + (\sum y)^2} = 0$

即 $\begin{cases} \sum X = 0 \\ \sum Y = 0 \end{cases}$ 　　　　　　　　　　　　　　　　　　(2－4)

(2－4) 表明:平面汇交力系平衡的解析条件是:力系中各力在两个直角坐标轴上投影的代数和均为零。该平衡方程式有两个独立的方程,可求解两个待求量,式(2－4) 称平面汇交力系平衡方程。

(二) 平衡的解析条件应用方法

1. 选取研究对象、画受力图。

2. 建立适当的坐标系。

坐标系建立在受力图上,坐标轴应与尽量多的力平行或垂直,坐标系原点为汇交力系交点。

3. 列平衡方程求解待求量。

首先列的平衡方程,要达到一次性求解待求量目的。

例2－7　用解析法求解例2－5钢索所受的拉 T_A、T_B。

· 48 ·

[解]:(1) 取梁 AB 为研究对象,画受力图(图 2 - 14)

(2) 建立图示 Oxy 系

(3) 列平衡方程求解

a. 由 $\sum X = 0$,得

$T_A\cos30^\circ - T_B\cos30^\circ = 0$, $T_A = T_B$

b. 由 $\sum Y = 0$,得

$2T_A\sin30^\circ - W = 0, 2T_A\sin30^\circ = W$

$\therefore W = T_A = T_B = 3KN$

解析法结果与图解法一致

例 2 - 8 用解析法求解例 2 - 6 梁 AB 支座 A、B 的反力。

[解]:(1) 取梁 AB 为研究对象,画受力图(图 2 - 15);

(2) 建立图示 OXY 系;

(3) 列平衡方程求解待求量;

a. 由 $\sum x = 0$,得:

$R_A\cos30^\circ - F\cdot\cos45^\circ = 0$

$R_A = F\dfrac{\cos45^\circ}{\cos30^\circ} = 0.816F = 32.64(KN)$

b. 由 $\sum y = 0$,得:

$N_B - F\cdot\sin45^\circ + R_A\cdot\sin30^\circ = 0$

$N_B = 0.707F - 0.408F = 0.299F = 11.96(KN)$

显然,解析法结果比图解法精确。在对梁作内力分析时,则需把 $\vec{R}_A$ 分别沿梁纵向和横向分解,纵向分力 $\vec{H}_A = \vec{R}_A\cos30^\circ$,将引起梁横截面的内力—轴力 $\vec{N}$;横向分力 $\vec{V}_A = \vec{R}_A\sin30^\circ$,将引起梁横截面上的内力—剪力 $\vec{Q}$ 和弯矩 M,它们是材料力学研究的问题之一。

例 2 - 9 图 2 - 16a 所示结构的 AC 杆与 BC 杆用中间铰 C 连结,两杆的另一端用铰连结在墙上,铰 C 处挂物重 $Q = 10KN$。试用解析法求 AC 杆、BC 杆所受的力。

[解]:(1) 取铰 C 为研究对象,画受力图(图 2 - 16b)

(2) 建立图示 oxy 系,

(3) 列平衡方程求解待求量

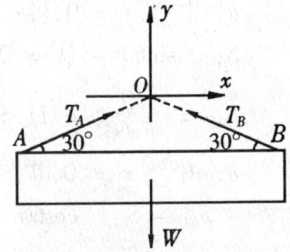

图 2 - 14

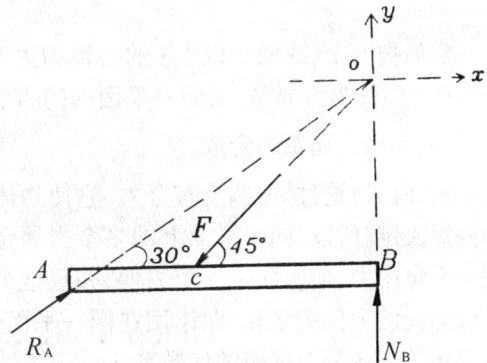

图 2 - 15

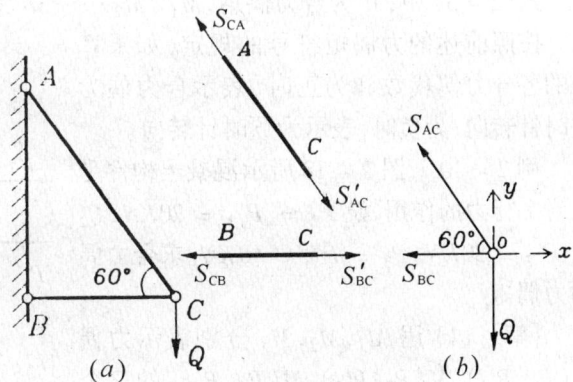

图 2 - 16

a. 由 $\sum y = 0$，得：

$$S_{AC} \cdot \sin 60^\circ - Q = 0$$

$$S_{AC} = \frac{Q}{\sin 60^\circ} = 11.55(KN)$$

b. 由 $\sum x = 0$ 得：

$$-S_{BC} - S_{AC} \cdot \cos 60^\circ = 0$$

$$S_{BC} = -S_{AC} \cdot \cos 60^\circ = -5 \cdot 76(KN)$$

"$-$"号表明 $\overrightarrow{S_{BC}}$ 与图示方向相反。

第三节　平面力偶系的简化及平衡条件

类似把两个(或两个以上) 的力称为力系那样,把同时作用在物体上的两个(或两个以上) 的力偶称为力偶系。在同一平面内的两个(或两个以上) 的力偶,称为平面力偶系。

一、平面力偶系的合成

前面已讨论过,力偶没有合力,它使物体转动的效果完全由力偶矩决定。所以,同一平面上的多个力偶合成的结果必然也不是一个集中力,而应该是一个力偶,并且这个力偶的力偶矩等于各分力偶的力偶矩之和,即作用在同一平面上的若干力偶,其合力偶矩等于各分力偶矩的代数和:

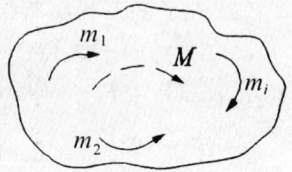

图 2 – 17

$$M = M_1 + M_2 + \cdots\cdots + M_i = \sum_{i=1}^{n} \overrightarrow{M}i \qquad (2 – 5)$$

式(2 – 5) 中,M 为合力偶矩,M_1、M_2 ……M_i 为各分力偶矩,如图 2 – 17 所示。

按照前述的力偶矩符号的规定,如果算出的各分力偶代数和为正时,表示合力偶为逆时针转向;为负时,表示为顺时针转向。

例 2 – 10　图 2 – 18 所示混凝土构件受三对平行力的作用,设 $P_1 = P'_1 = 20KN$, $P_2 = P'_2 = 30KN$, $P_3 = P'_3 = 40KN$。求合力偶的力偶矩。

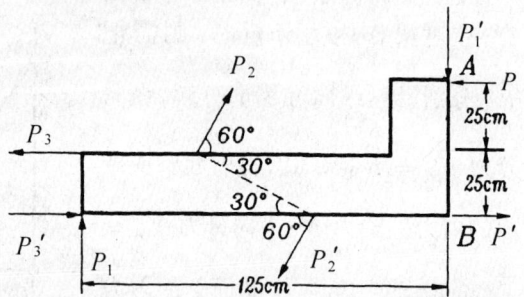

例 2 – 18 图

[解]:(1) 用 M_1, M_2, M_3 分别表示力偶 $M(P_1, P'_1)$、$M(P_2, P'_2)$、$M(P_3, P'_3)$ 的三个力偶矩

(2) 计算 m_1, m_2, m_3

$$m_1 = -p_1 \times d_1 = -20 \times 1.25 = -25KN \cdot m(\curvearrowright)$$

$$m_2 = -p_2 \times d_2 = -30 \times \frac{0.25}{\sin 30^\circ} = -15KN \cdot m(\curvearrowright)$$

$$m_3 = p_3 \times d_3 = 40 \times 0.25 = 10KN \cdot m(\curvearrowleft)$$

(3) 计算合力偶矩 M

$$M = \sum m = m_1 + m_1 + m_3$$
$$= -25 - 15 + 10$$
$$= -30 KN \cdot m(\curvearrowleft)$$

二、力偶系的平衡条件

(一) 平面力偶系平衡的必、充条件

平面力偶系的合成结果是一个力偶。显然,平面力偶系平衡的必、充条件是:平面力偶系各分力偶之矩的代数和为零,即

$$\sum M = 0 \qquad\qquad (2-6)$$

式(2-6)称平面力偶系的平衡方程。

即平面力偶系的平衡条件为各分力偶矩的代数和为零。

应用这个方程式可以验证力偶系是否平衡;或者在已知平衡的条件下求待求力偶。

例 2-11 在例12-10中的构件 A、B 两点加两个水平力 $P = P'$,使整个力偶系平衡,试问 $\vec{P}$ 的大小与方向。

[解]:(1) 依题意,设 $m(\vec{P}, \vec{P}') = m_4$ 并与例2-10的合力偶矩 M 组成的力偶系处于平衡状态,即

$$M + m_4 = 0$$
$$\therefore \ m_4 = -M = -(-30) = 30 KN.M$$

(2) 计算 $\vec{P}(\vec{P}')$

$$P = \frac{m_4}{d_4} = \frac{30}{0.5} = 60(KN)$$

m_4 为正值,应为逆时针转向,所以 $\vec{P}$ 力水平作用在 A 点向左,$\vec{P}'$ 力水平作用在 B 点向右。

例 2-12 图2-19a 所示简支梁 AB,作用有力偶 $M_1 = 30KN.m$,求支座 A、B 反力。

[解]:(1) 思路

当作用在构件上的荷载仅有力偶时,据力偶只能力偶相互平衡的原理,所以支座 A、B 的反力要组成一个约束反力偶去与主动力偶 M_1 相平衡。由于活动铰支 B 的反力 $\vec{N}_B$ 沿法向易于确定,所以可先确定活动铰支 B 的反力 $\vec{N}_B$,再确定固定铰支 A 的反力 $\vec{V}_A$,并且使这两个反力组成力偶,从而定出两个反力的指向(如图2-19b 所示)

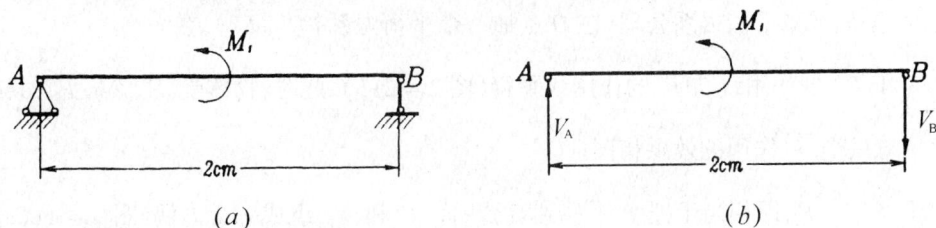

$$(a) \qquad\qquad\qquad\qquad (b)$$

图 2-19

(2) 计算 $\overrightarrow{V_A}$、$\overrightarrow{N_B}$

由 $\sum m = 0$

$- V_A \times 2 + M_1 = 0$

$V_A = \dfrac{M_1}{2} = 15(KN)(\uparrow)$

$N_B = V_A = 15KN(\downarrow)$

第四节　力的平移定理

由力的可传性原理知道,力沿其作用线的移动不会改变力的作用效果。为研究平面力系的简化和平衡条件,需要进一步研究力平行于其作用线移动(或平移)时,力的作用效果有什么变化。

先看一个简单的例子:(图2－20a)所示杆件,当 F 力的作用线通过矩心 O 时,杆件不会转动。当 F 力平行移到 B 点时,杆件发生转动(图2－20b),若将 F 力平移到 B 点的同时,再在杆上附加一个一定大小和转向的力偶,就可以使杆件不转动,和没有平移时一样(图2－20c)。这个例子说明,要想将力平行移动,则需附加一个力偶才能使移动后与移动前的作用效果一样。

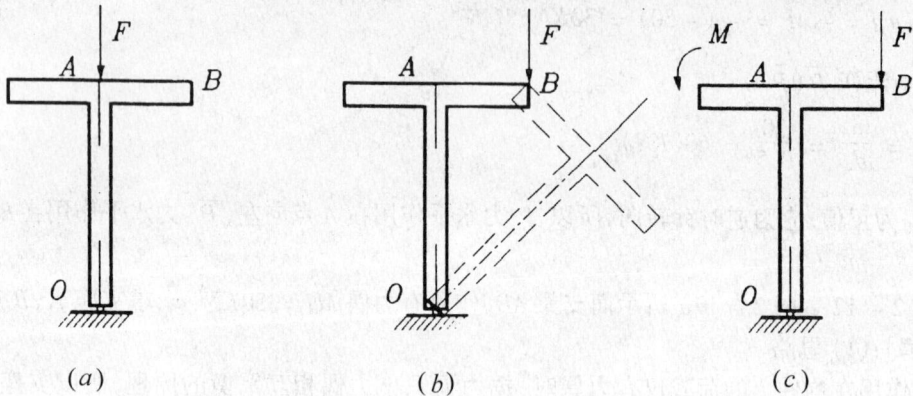

图 2 - 20

一、力平移时的附加力偶

设 F 力作用在物体 A 点,如图(2－21a)所示,现欲将 F 力平移到 O 点。

为此,据加或减平衡力系公理,在 O 点加一个平衡力系($\overrightarrow{F'}$,$\overrightarrow{F''}$),在大小上,$F' = F'' = F$,且 $\overrightarrow{F'}$ 和 $\overrightarrow{F''}$ 的作用线与 $\overrightarrow{F}$ 的作用线平行(图2－21b),此时,物体受 $\overrightarrow{F}$、$\overrightarrow{F'}$、$\overrightarrow{F''}$,共同作用的效果与只受 $\overrightarrow{F}$ 作用的效果相同。

由于 $\overrightarrow{F'} \underset{=}{\parallel} \overrightarrow{F}$,即相当于把 F 平移到 O 点,而 $\overrightarrow{F}$ 和 $\overrightarrow{F''}$ 组成一个力偶(图2－11,c),其力偶矩

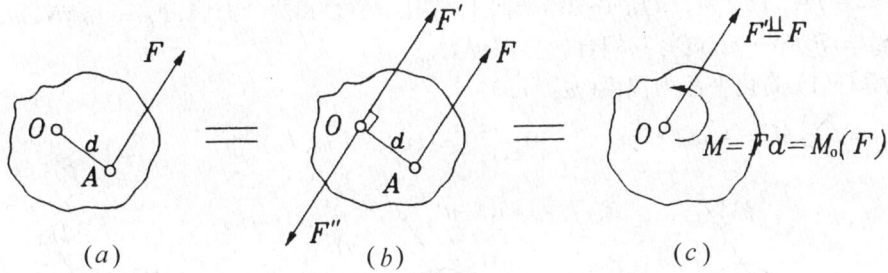

图 2 - 21

$$M = F \times d = M_0(\overrightarrow{F}) \tag{2-7}$$

这个附加力偶的转向与原力 $\overrightarrow{F}$ 对平移点的力矩转向相同，为逆时针转向，即附加力偶之矩等于原力对平移点之矩。

二、力的平移定理

式(2 - 7)表明：作用在物体上的力，可以平行移动到物体上的任意一点，但必须附加一力偶，附加力偶之矩，等于原力对平移点之矩。这个规律称力的平移定理。力的平移定理是将一个力分解为一个力和一个力偶。

三、力与力偶合成定理

它是力的平移定理的逆过程，由图 2 - 21(c)图 → (b)图 → (a)图逆向流程分析，即可得到力与力偶合成定理：在物体平面上某点 O，同时作用着一个力 $\overrightarrow{F'}$ 和一个力偶 M(其矩为 $M = m_0(\overrightarrow{F})$)时，可以把它们合成为一个力 $\overrightarrow{F}$，该合力 $\overrightarrow{F} \parallel \overrightarrow{F'}$，其作用线到 $\overrightarrow{F'}$ 力作用线的距离为 d，如图 2 - 21a 所示。

$$d = \frac{|M|}{F'}$$

$\overrightarrow{F}$ 力在 $\overrightarrow{F'}$ 力的哪一侧，由力矩 $M_0(\overrightarrow{F})$ 转向与 M 转向一致来确定。

力平移定理表明，虽一个力和一个力偶不能等效，但一个力可以和另一个力加上一个力偶等效。它即指出了力和力偶的区别，又说明了它们之间的联系，它是平面力系简化的主要依据。

例 2 - 13 图 2 - 22a 所示厂房柱子的牛腿(即柱上突出部分)上，作用着力 $F = 10KN$，作用线偏离柱轴线距离 $e = 8cm$(e 称偏心距)。

欲将力 F 移到柱轴线上的 O 点，应如何移动？

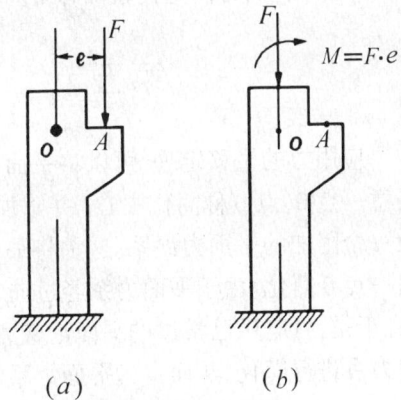

图 2 - 22

[解]：根据力的平移定理，将力 $\overrightarrow{F}$ 由 A 点平移到 O 点时(图 2 - 22b)，O 点除了有一个大小和原力相等，作用线与原力平行的 F 外，还有一附加力偶 M，其力偶矩为

$$M = -F \cdot e = -10 \times 0.08 = -0.8KNm,$$

例2-14 图2-23a所示物体平面上作用一个力和两个力偶,$F_A = 15KN$,$m_B = 10KN \cdot m$,$m_c = 70KN \cdot m$,试将它们合成为一个力。

[解]:(1) 简化平面力偶系(m_B, m_C)

$$M = \sum M = -m_B + m_c = -10 + 70 = 60KN \cdot m(\circlearrowleft)$$

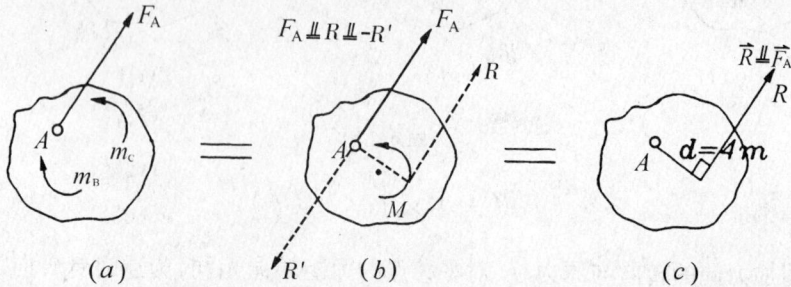

图 2 - 23

(2) 简化 $\vec{F}_A$ 与 M

a. $R = F_A = 15KN$ $\vec{R}$ 方向如图(2-23c)示。

b. $\vec{R}$ 作用线与 $\vec{F}_A$ 作用线距离 d 的确定

$$d = \frac{|m|}{F_A} = \frac{60}{15} = 4m$$

因为合力偶 $M(\circlearrowleft)$ 转向,所以合力 $\vec{R}$ 在 A 点右侧,距离 $d = 4m$。

合力 $\vec{R}$ 与原力 $\vec{F}_A$ 及合力偶 M 等效。合力 $\vec{R}$ 对 A 点之矩等于合力偶 M 的力偶矩、或等于 M_B 与 M_C 的力偶矩代数和即 $M_A(\vec{R}) = M = M_C - M_B = 60KN \cdot m(\circlearrowleft)$

第五节 平面力系向一点简化

应用力的平移定理,可以将平面力系中的每一个力,平行自身作用线移动至力系平面内任意一点0(点0称简化中心)并附加一个力偶。各力平移到 o 点后,得到一个平面汇交力系及一个附加的平面力偶系。这种将平面力系中各力向简化中心0的平行移动,称作平面力系向一点0简化。由于平面力系经过向0点简化后,分解为一个平面汇交力系及一个平面力偶系。于是,可应用已学过的平面汇交力系的简化知识及平面力偶系的简化知识,对这两种简单力系进行简化,从而得到平面力系的简化结果。

一、主矢量 $\vec{R}'$ 和主矩 M_0

图 2-24a 表示作用在物体上的平面力系($\vec{F}_1$、$\vec{F}_2$……$\vec{F}_i$)。在力系平面上任选一点0为简化中心,根据力平移定理,将力系中各力都平移到简化中心0,

$\vec{F}_1$ 平移到0点,得到 $\vec{F}_1' = \vec{F}_1$ 及 $M_1 = M_0(\vec{F}_1)$;

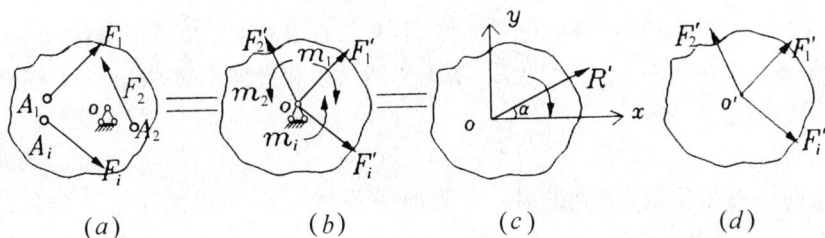

(a)　　　　(b)　　　　(c)　　　　(d)

图 2 - 24

$\vec{F}_2$ 平移到 0 点,得到 $\vec{F}_2' = \vec{F}_2$ 及 $M_2 = M_0(\vec{F}_2)$;

……

……

$\vec{F}_i$ 平移到 0 点,得到 $\vec{F}_i' = \vec{F}_i$ 及 $M_i = M_0(\vec{F}_i)$。也就是将平面力系归纳为两个简单力系(图 2 - 24b):

一个是作用于 0 点的平面汇交力系($\vec{F}_1'$、$\vec{F}_2'\cdots\vec{F}_i'$);

一个是附加的平面力偶系($M_1, M_2 \cdots\cdots M_i$)。

(一) 主矢量 $\vec{R}'$

平面力系向一点简化后得到的平面汇交力系,可以简化成一个经过简化中心 0 点的合力 $\vec{R}'$,$\vec{R}'$ 称为平面力系的主矢(量),主矢的大小和方向,可以用平面汇交力系的求合力方法解决。

1. 主矢 $\vec{R}'$ 的大小

$$R' = \sqrt{(\sum x')^2 + (\sum y')^2}$$

式中　$\sum x' = x_1' + x_2' + \cdots + x_i'$

$\qquad \sum y' = y_1' + y_2' + \cdots + y_i'$

由于　$x_1' = x_1, x_2' = x_2, \cdots\cdots, x_i' = x_i$

$\qquad y_1' = y_1, y_2' = y_2, \cdots\cdots, y_i' = y_i$

所以　$R' = \sqrt{(\sum x)^2 + (\sum y)^2}$ 　　　　　　　　　　(2 - 8)

2. 主矢 $\vec{R}'$ 的方向

$\vec{R}'$ 的方向由下式确定

$$\text{tg}\alpha = \frac{|\sum y|}{|\sum x|} \qquad\qquad\qquad (2 - 9)$$

$\vec{R}'$ 的实际指向由 $\sum x$ 及 $\sum y$ 的正、负号决定(如图 2 - 24c)。

3. 注意事项

主矢 $\vec{R}'$ 不是原力系合力,只有 $\vec{R}'$ 和 M_0 二者共同作用才与原力系等效。

主矢 $\vec{R'}$ 的大小和简化中心 0 的位置无关,不论点 O 在何处,$\vec{R'}$ 的大小和方向不变。图 $(2-24d)$ 表示各力向另外一点 O' 简化后,各力仍然大小和方向不变,结果与平移到 O 点一样。

（二）主矩 M_0

平面力系向一点简化后,得到的另一个附加平面力偶系,可以简化成一个合力偶 M_0,M_0 称平面力系对简化中心 0 的主矩。

主矩 M_0 的值可用平面力偶系求合力偶方法解决。

$$M_0 = M_1 + M_2 + \cdots\cdots + M_i$$

因 $M_1 = M_0(\vec{F}_1)$,$M_2 = M_0(\vec{F}_2)$,$\cdots\cdots$,$M_i = M_0(\vec{F}_i)$

所以 $\quad M_0 = M_0(\vec{F}_1) + M_0(\vec{F}_2) + \cdots\cdots + M_0(\vec{F}_i) = \sum_{i=1}^{n} M_0(\vec{F}_i)$ $\qquad$ $(2-10)$

同于主矢 $\vec{R'}$ 一样,主矩 M_0 不是原力系合力,只有 M_0 与 $\vec{R'}$ 二者共同作用才与原力系等效。

主矩 M_0 的大小和转向与简化中心 0 的位置有关,因为选取不同的简化中心,相应的每个附加力偶的力臂或转向都发生了变化。

综上所述,可知:平面力系向力系平面内任意一点简化的结果,是一个力和一个力偶。这个力称为原力系的主矢(量)$\vec{R'}$,它作用在简化中心,且等于原力系中各力的矢量和;这个力偶的力偶矩称为原力系对简化中心的主矩 M_0,它等于原力系中各力对简化中心的力矩代数和。

例 2 - 15 屋架尺寸及受力如图 2 - 25 所示,$P_1 = P_2 = P_3 = 2KN$,若取 0 点为简化中心,求力系 $(\vec{P}_1、\vec{P}_2、\vec{P}_3)$ 的主矢 $\vec{R'}$ 和主矩 M_0。

[解]:(1) 建立参考系 xoy

(2) 计算各力在 $x、y$ 轴投影及 $\sum x$ 和 $\sum y$

$x_1 = x_2 = x_3 = 0$

$\sum x = 0$

$y_1 = y_2 = y_3 = -2KN$

$\sum y = y_2 + y_2 + y_3 = -6KN$

(3) 计算主矢 $\vec{R'}$

1. $R' = \sqrt{(\sum x)^2 + (\sum y)^2} = \sqrt{0 + (-6)^2}$

$= 6KN$

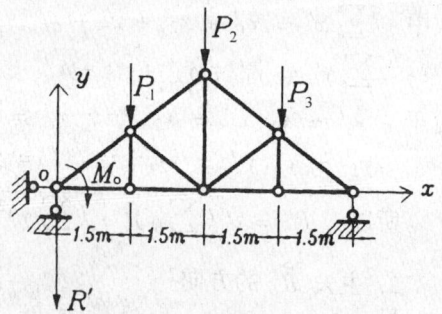

图 2 - 25

2. $\vec{R'}$ 的方向

$\vec{R'}$ 经过 0 点,方向与 x 轴垂直,指向与 y 轴相反。

(4) 计算主矩 M_0

$$M_0 = M_0(\vec{P}_1) + M_0(\vec{P}_2) + M_0(\vec{P}_3)$$
$$= (-2 \times 1.5) + (-2 \times 3) + (-2 \times 4.5)$$
$$= -3 - 6 - 9$$
$$= -18 KN \cdot m (\cup)$$

例 2 - 16　图 2 - 26 所示悬臂梁 AB 的 A 端插入墙内,尺寸与受力如图示,$P_1 = 8KN$,

$P_2 = 6KN, \alpha = 60°$,若取 A 点为简化中心,试求力系($\vec{P}_1, \vec{P}_2$)的主矢及主矩。

[解]:(1) 建立参考系 Axy

(2) 计算各力在 x、y 轴投影及 $\sum x$、$\sum y$

$x_1 = P_1 \cos\alpha = 8 \times 0.5 = 4KN$

$x_2 = 0$

$\sum x = x_1 + x_2 = 4KN$

$y_1 = -P_2 \sin\alpha = -8 \times 0.866 = -6.93KN$

$y_2 = -P_2 = -6KN$

$\sum y = y_1 + y_2 = -6.93 - 6 = -12.93KN$

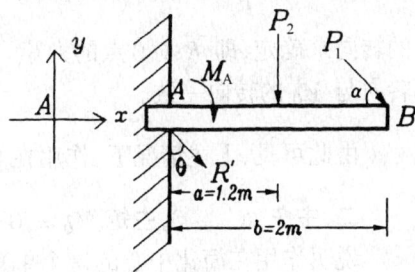

图 2 - 26

(3) 计算主矢 $\vec{R'}$

$a.$　$R' = \sqrt{(\sum x)^2 + (\sum y)^2} = \sqrt{(4)^2 + (-12.93)^2} = 13.53(KN)$

$b.$　$\mathrm{tg}\theta = |\sum y| / |\sum x| = 12.93/4 = 3.23$

$\theta = 72.8°$（在第四象限,如图 2 - 26 所示。）

(4) 计算主矩 M_A

$$M_A = m_A(\vec{P}_1) + m_A(\vec{P}_2)$$
$$= [m_A(\vec{P}_{1x}) + m_A(\vec{P}_{1y})] + m_A(\vec{P}_2)$$
$$= [P_1\cos\alpha \times 0 - P_1 \cdot \sin\alpha \times b] - P_2 \times a$$
$$= -13.86 - 7.2$$
$$= -21.06 KN \cdot m (\cup)$$

第六节　平面力系简化结果分析

平面力系向力系平面内任意一点的简化,可以把原力系转化为一个平面汇交力系和一个附加平面力偶系,简化结果得到一个主矢($\vec{R'}$)和一个主矩 M_0,进一步讨论平面力系简化后的结果,可有以下四种情况。

一、$\vec{R'} \neq 0, M_0 \neq 0$

图 2 - 27a 所示平面力系简化后,$\vec{R'} \neq 0$、$M_0 \neq 0$。

为了便于工程实际的计算,对这种情况可以将它们合成为一个作用在 O' 点的合力

$\vec{R}$(图2-27b)

合力$\vec{R}$的大小,方向与原力系的主矢$\vec{R}'$相同,0点到$\vec{R}$作用线距离。

$$d = |M_0|/R' = |M_0|/R$$

$\vec{R}$在$\vec{R}'$的哪一侧,可以由M_0的转向来确定,即$\vec{R}$对0点的力矩转向与M_0的转向一致。

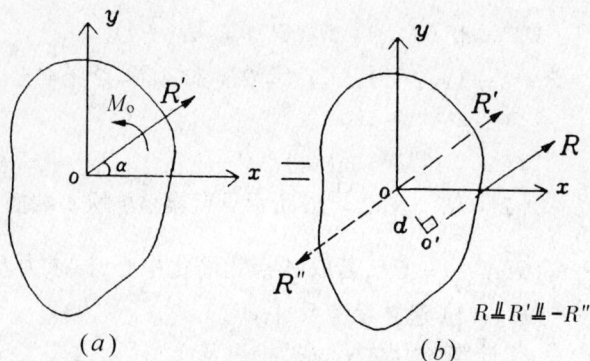

图2-27

由此可见,上述情况下,作用在$0'$的力$\vec{R}$就是原力系合力。

二、主矢$\vec{R}' \neq 0$,主矩$M_0 = 0$

说明作用在简化中心的这个单独的主矢就能代替原力系对物体的作用,原力系和主矢量$\vec{R}'$等效,即力系合成为一个力,主矢$\vec{R}'$就是这个合力。

三、主矢$\vec{R}' = 0$,主矩$M_0 \neq 0$

说明这个单独的力偶就能代替原有力系对物体的作用,原力系和主矩M_0等效,即原力系合成一个力偶,主矩M_0就是这个力偶之矩。在这种情况下,主矩M_0与简化中心的位置无关。

四、主矢$\vec{R}' = 0$,主矩$M_0 = 0$

说明物体在平面力系作用下处于平衡

例2-17 一矩形板$OABC$,在其平面内受力情况如图2-28a所示,$P_1 = 20KN$,$P_2 = 30KN$,力偶$m = 100KN \cdot m$,求此平面力系向O点简化的结果。

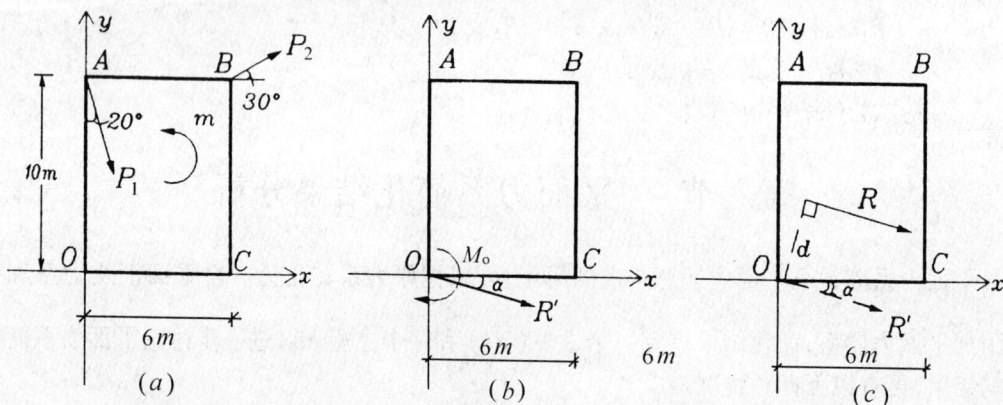

图2-28

[**解**]:(1)选取0为简化中心,建立oxy系;

(2)计算主矢$\vec{R}'$

· 58 ·

$$\therefore \sum x = P_1\sin20° + P_2\cos30° = 20 \times \sin20° + 30 \cdot \cos30° = 32.82KN$$

$$\therefore \sum y = -P_1\cos20° + P_2\sin30° = -20 \cdot \cos20° + 30 \cdot \sin30° = -3.8KN$$

$$\therefore R' = \sqrt{(\sum x)^2 + (\sum y)^2} = \sqrt{(32.82)^2 + (-3.8)^2} = 33KN$$

$$tg\alpha = |\sum y| / |\sum x| = 3.8/32.82 = 0.116, \ \alpha = 6.6°$$

因为 $\sum y$ 为负、$\sum x$ 为正,故 α 在第四象限(图 2 - 28b)

(3)计算主矩 M_0

$$M_0 = \sum m_0(\vec{F}) = m_0(\vec{P_1}) + m_0(\vec{P_2})$$

$$= [m_0(\vec{P_{1x}}) + m_0(\vec{P_{1y}})] + [m_0(\vec{P_{2x}}) + m_0(\vec{P_{2y}})]$$

$$= -P_1 \cdot \sin20° \cdot OA - P_2\cos30° \cdot OA + P_2\sin30° \cdot AB + m$$

$$= -20 \cdot \sin20° \cdot 10 - 30 \cdot \cos30° \cdot 10 + 30 \cdot \sin30° \cdot 6 + 100$$

$$= -138.2KN \cdot m(\cup)$$

(4)计算合力 $\vec{R}$

a. $R = R' = 33KN, \alpha = 6.6°$

b. $d = |M_0| / R = 138.2/33 = 4.18^m$

因 M_0 为"$\cup$"转向,故合力 $\vec{R}$ 在简化中心 0 的上侧、$\vec{R}$ 位置如图 2 - 28c 所示,此力系合成的结果为一个合力 $\vec{R}$。

例 2 - 18   一端固定于墙内的管线上受力情况及尺寸如图 2 - 29a 所示,已知 $F_1 = 600N, F_2 = 100N, F_3 = 400N$。试分析力系向固定端 A 点的简化结果,并求该力系的合力。

[解]:以固定端 A 点为简化中心,则力系在 A 点的主矢与主矩分别为

$$R'_x = \sum x = -F_2 - F_3\cos45° = -100N - 400N\cos45°$$

$$= -382.8N$$

$$R'_y = \sum y = -F_1 - F_3\sin45° = -600N - 400N\sin45°$$

$$= -882.8N$$

$$R'_1 = \sqrt{(R'_x)^2 + (R'_y)^2} = \sqrt{(-382.8N)^2 + (-882.8N)^2}$$

$$= 962.2N$$

$$\tan\alpha = \left|\frac{\sum x}{\sum y}\right| = \left|\frac{-882.8N}{-382.8N}\right| = 2.306 \ 2, \alpha = 66°33'$$

由于 R'_x, R'_y 均为负值,所以主矢 $\vec{R'}$ 指向第三象限。

$$M_A = \sum M_A(F) = M_A(F_1) + M_A(F_2) + M_A(F_3)$$

$$= -F_1 \times 0.4m + 0 + (-F_3\sin45° \times 0.8m - F_3\cos45° \times 0.3m)$$

$$= -600N \times 0.4m - 400N\sin45° \times 0.8m - 400N\cos45° \times 0.3m = -551.1N \cdot m$$

由以上计算结果知,力系向固定端 A 点简化,所得主矢 $\vec{R'}$ 的大小为 $962.2N$,$\vec{R'}$ 与水平轴 x 的夹角为 $66°33'$,并指向第三象限;主矩 M_A 的大小为 $551.1N \cdot m$,顺时针转向。如图 2 - 29b 所示。

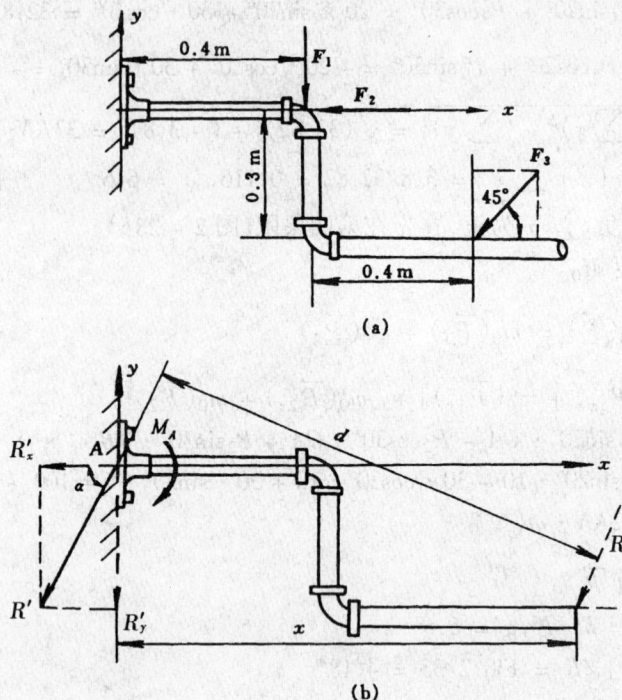

图 2 – 29

根据力的平移定理的逆定理,可得到力系的合力 $\vec{R}$(图 2 – 29b)。并且合力 $\vec{R}$ 与主矢 $\vec{R}'$ 的大小相等,方向相同,作用线与 A 点的垂直距离为

$$d = |M_A| / R = |M_A| / R' = |-551.1 \text{N} \cdot \text{m}| / 962.2 \text{N} = 0.57 \text{m}$$

第七节   平面力系的平衡条件及应用

平面力系向一点简化后,如果主矢 $\vec{R}'$ 和主矩 M_0 都不为零,说明力系简化后有合力存在或合力偶存在。只有上节的第四种情况:$\vec{R}' = 0, M_0 = 0$ 时,原力系是平衡力系。

一、平面力系平衡的必要和充分条件

平面力系平衡的必、充条件是平面力系向一点简化后,其主矢量 $\vec{R}'$ 和主矩 M_0 同时为零,即

$$\left.\begin{array}{l} \vec{R}' = \displaystyle\sum_{i=1}^{n} \vec{F}_i = 0 \\[4mm] M_0 = \displaystyle\sum_{i=1}^{n} m_0(\vec{F}_i) = 0 \end{array}\right\} \tag{2 – 11}$$

二、平面力系的平衡方程

因为 $R' = \sqrt{(\sum x)^2 + (\sum y)^2} = 0$

$$M_0 = \sum_{i=1}^{n} m_0(\vec{F}_i) = 0$$

所以可得平面力系的平衡方程为

$$\left. \begin{array}{l} \sum x = 0 \\ \sum y = 0 \\ \sum m_A = 0 \end{array} \right\} \qquad (2-12)$$

式(2 - 12)称平面力系平衡方程。

式(2 - 12)表明平面力系平衡的数解条件是,力系中各力在两个坐标轴 x、y 上投影的代数和均为零,及各力对任意点 A 之矩的代数和为零。

在这三个平衡方程中,前两个称为投影方程式,后一个称为力矩方程式。

由于平面力系的平衡方程式有三个,因此可以求出三个待求量。

这组平衡方程式一方面可以用来判别平面力系是否平衡,另一方面也可对在平面力系作用下处于平衡状态的物体,应用这组平衡方程式来求力系中的待求力。

三、平面力系平衡问题解题方法

(一) 选取研究对象,并画其受力图。

选取研究对象的原则是:

其上必须同时具备已知量和待求量,缺一不可。

(二) 建立合适的参考直角坐标系

建立参考直角坐标系的原则是:

$x(y)$ 坐标轴应与尽量多的力平行或垂直;坐标系原点应为尽量多的未知力的交点。

(三) 列平衡方程求解

一般是先列力矩方程,后列投影方程。先列哪一个平衡方程的原则是:该方程中只含一个未知量,避免解联立方程。

(四) 检验计算结果的正确性

检验方法是:用从未计算过待求量的平衡方程检验。

例 2 - 19   已知梁受力及尺寸如图 2 - 30a 所示,求梁支座 A、B 反力。

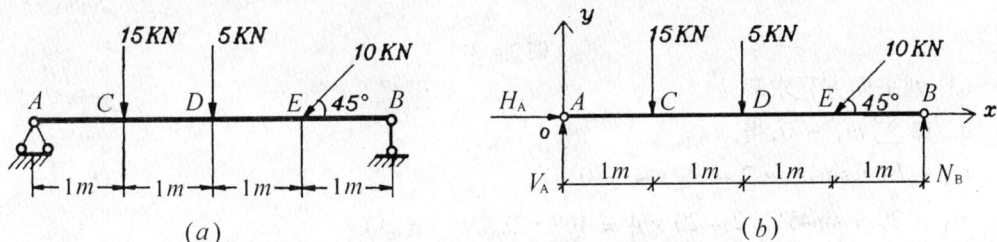

图 2 - 30

[解]:(1) 取梁 AB 为研究对象,画受力图(图 2 - 30b)

(2) 建立图 2 - 30b 示 Axy 系;

(3) 列平衡方程求解

a. 由 $\sum x = 0$,得

$H_A - 10 \times \cos45° = 0$,

$H_A = 10 \times \cos45° = 7.07 KN(\rightarrow)$

b. 由 $\sum m_A = 0$,得

$- 15 \times 1 - 5 \times 2 - 10 \times \sin45° \times 3 + N_B \times 4 = 0$,

$N_B = \dfrac{1}{4}(15 + 10 + 30 \times \sin45°) = 11.55 KN(\uparrow)$

c. 由 $\sum y = 0$,得

$V_A - 15 - 5 - 10 \cdot \sin45° + N_B = 0$

$V_A = 15 + 5 + 10 \cdot \sin45° - 11.55 = 15.52 KN(\uparrow)$

(4) 检验计算结果的正确性

$\because \sum m_B = - V_A \times 4 + 10\sin45° \times 1 + 5 \times 2 + 15 \times 3$

$= - 15.52 \times 4 + 10 \times \sin45° \times 1 + 10 + 45$

$= - 62.08 + 7.07 + 10 + 45 = 0$

$\therefore$ 计算结果无误。

(注:检验计算结果是否正确的平衡方程,必须是在计算待求量时,从未使用过的平衡方程。)

例 $2-20$　求图 $2-31a$ 所示悬臂梁 A 端的反力

[解]:(1) 取梁 AB 为研究对象画受力图(图 $2-31b$);

(2) 建立图 $2-31b$ 所示 Axy 系;

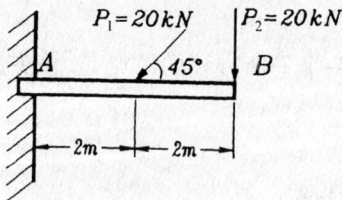
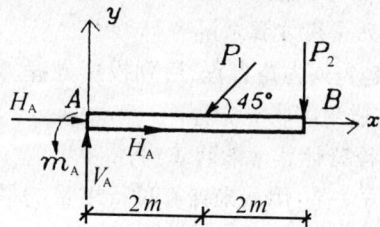

(a)　　　　　　　　　(b)

图 $2-31$

(3) 列平衡方程求解

a. 由 $\sum m_A = 0$,得

$m_A - P_1 \cdot \sin45° \times 2 - P_2 \times 4 = 0$

$m_A = 20 \times \sin45° \times 2 + 20 \times 4 = 108 \cdot 28 KN \cdot m(\circlearrowleft)$

b. 由 $\sum x = 0$,得

$H_A - P_1\cos45° = 0$

$H_A = P_1\cos45° = 20 \times 0.707 = 14.14 KN(\rightarrow)$

c. 由 $\sum y = 0$,得

$V_A - P_1\sin45° - P_2 = 0$

· 62 ·

$$V_A = 20 \cdot \sin 45° + P_2 = 34.14 KN (\uparrow)$$

(4) 检验计算结果正确性

$$\because \sum m_B = P_1 \sin 45° \times 2 + m_A - V_A \times 4$$
$$= 20 \times 0.707 \times 2 + 108.28 - 34.14 \times 4$$
$$= 28.28 + 108.28 - 136.56 = 0$$

∴ 计算结果无误。

例 2 – 21 求图 2 – 32a 所示梁 ACB 的支座反力,$a = 2m$。

[解]:(1) 取梁 ACB 为研究对象,画其受力图(图 2 – 32b);

(2) 建立图 2 – 32b 示 Axy 系;

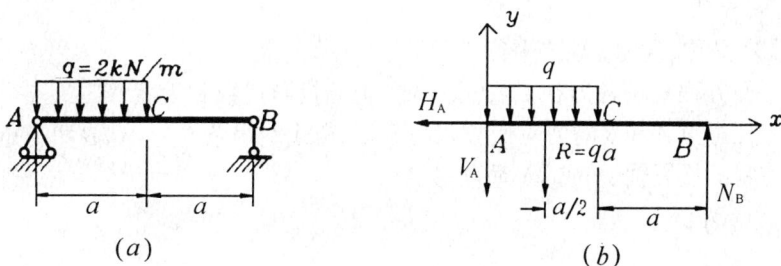

图 2 – 32

(3) 列平衡方程求解

a. 由 $\sum m_A = 0$,得

$$N_B \times 2a - q \times a \times \frac{a}{2} = 0$$

$$N_B = \frac{1}{2a} \left(q \times a \times \frac{a}{2} \right) = \frac{qa}{4} = \frac{2 \times 2}{4} = 1 KN (\uparrow)$$

b. 由 $\sum y = 0$,得

$$-V_A - q \times a + N_B = 0$$

$$V_A = N_B - qa = 1 - 2 \times 2 = -3 KN, \text{“–” 号说明 } \vec{V_A} \text{ 方向与图示相反。}$$

c. 由 $\sum x = 0$,得

$$H_A = 0$$

(4) 检验计算结果正确性

$$\because \sum m_B = V_A \times 2a + q \times a \times \frac{3}{2} a = -3 \times 2 \times 2 + 2 \times 2 \times \frac{3}{2} \times 2 = 0$$

∴ 计算结果无误

(5) 分析讨论

a. 力计算结果为负时,要声明负号表示力的真实方向与图示相反;

b. 遇到分布荷载时,可按本例方法处理。要注意用合力 R 替代 qa 后,不能再重复考虑 q 的作用。

c. 结构(或构件)只受竖向荷载作用时,固定铰支约束不产生水平反力 $\vec{H_A}$,因此结构(或构件)受力图上可不画固定铰支约束的水平反力 $\vec{H_A}$。

第八节　平面力系平衡方程的其它形式

一、其它形式的平衡方程

为便于处理工程实际问题,平面力系平衡方程式除(2－12)式的形式之外,还有以下两种形式:

1.
$$\left. \begin{array}{l} \sum x = 0(或\sum y = 0) \\ \sum m_A = 0 \\ \sum m_B = 0 \end{array} \right\}$$
(2－13)

式(2－13)又称二(力)矩式平衡方程。

第一个平衡方程式是各力在 x 轴(或 y 轴)上的投影代数和为零;第二、三个方程是各力分别对物体上任意点 A 和 B 的力矩代数和为零。二矩式使用条件为:A、B 两个矩心的连线不能和第一个方程的投影轴 x(或 y)垂直。

2.
$$\left. \begin{array}{l} \sum m_A = 0 \\ \sum m_B = 0 \\ \sum m_C = 0 \end{array} \right\}$$
(2－14)

式(2－14)又称三力矩式平衡方程,这三个方程是各力对物体上任意三点 A、B、C 的力矩代数和为零。三矩式使用条件为:A、B、C 三点不能在一条直线上。

式(2－12),(2－13),(2－14)分别称为平面力系平衡方程的一矩式,二矩式、三矩式。

这些不同形式的方程组都使平面力系的合力为零而处于平衡状态。在此不作证明,读者可自己思考证明。选用哪一类平衡方程方便,须根据问题的具体条件来决定,选用的原则是:尽量避免解联立方程,一个方程中只含一个待求量。

例2－22　悬臂吊车如图2－33a 所示。梁 AB 自重 $P = 20KN$,电葫芦连同重物 $Q = 50KN$,试求物重在图示位置时,铰 A 的支座反力和绳索 BC 所受力。

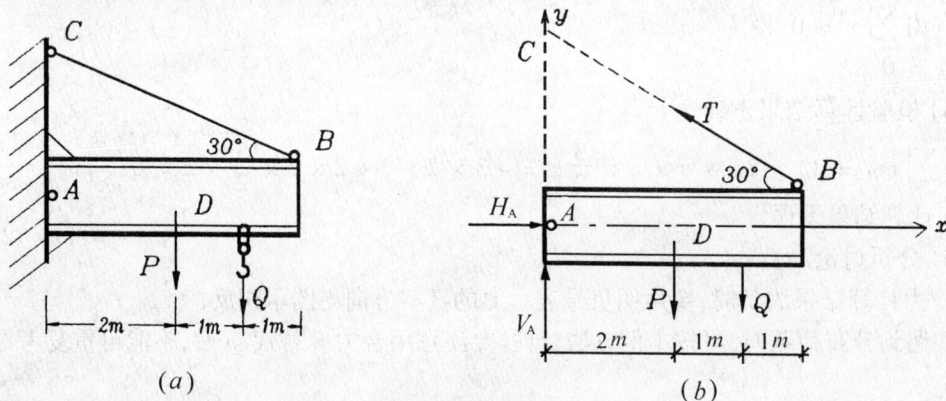

图 2－33

[解]:1. 取梁 AB 为研究对象,画其受力图(b) 建立图示 Axy 系;

2. 列平衡方程求解

下面分别用一矩式,二矩式,三矩式列平衡方程求解

(1) 用一矩式求解

a. 由 $\sum m_A = 0$,得

$T \cdot \sin\alpha \times 4 - Q \times 3 - P \times 2 = 0$,

$T = \dfrac{20 \times 2 + 50 \times 3}{4\sin30^\circ} = 95KN(\nwarrow)$

b. 由 $\sum x = 0$,得

$H_A - T\cos30^\circ = 0$,

$H_A = T\cos30^\circ = 95 \times 0.866 = 82.27KN(\rightarrow)$

c. 由 $\sum y = 0$,得

$V_A - P - Q + T \cdot \sin30^\circ = 0$,

$V_A = P + Q - T \cdot \sin30^\circ = 20 + 50 - 95 \cdot \sin30^\circ = 22.5KN(\uparrow)$

d. 检验

$\because \sum m_B = Q \times 1 + P \times 2 - V_A \times 4 = 50 \times 1 + 20 \times 2 - 22.5 \times 4 = 0$

$\therefore$ 计算无误。

(2) 用二矩式求解

a. 由 $\sum m_A = 0$,得

$T \cdot \sin30^\circ \times 4 - P \times 2 - Q \times 3 = 0$,

$T = 95KN(\nwarrow)$

b. 由 $\sum m_B = 0$,得

$Q \times 1 + P \times 2 - V_A \times 4 = 0$,

$V_A = \dfrac{1}{4}(Q + 2P) = \dfrac{1}{4}(50 + 40) = 22.5KN(\uparrow)$

c. 由 $\sum x = 0$,得 $\quad H_A = 82.27KN(\rightarrow)$

(注:由于 y 轴与两个矩心 A、B 连线垂直,所以不能列 $\sum y = 0$ 平衡方程。)

d. 检验

$\because \sum m_D = V_A \times 2 - Q \times 1 + T\sin30^\circ \times 2 = -22.5 \times 2 - 50 \times 1 + 95 \times 0.5 \times 2 = -45$

$-50 + 95 = 0$,

$\therefore$ 计算无误。

(3) 用三矩式求解

a. 由 $\sum m_A = 0$,得 $\quad T = 95KN(\nwarrow)$

b. 由 $\sum m_B = 0$,得 $\quad V_A = 22.5KN(\uparrow)$

c. 由 $\sum m_C = 0$,得

$H_A \times (4 \times tg30^\circ) - P \times 2 - Q \times 3 = 0$

$H_A = \dfrac{2P + 3Q}{4tg30^\circ} = \dfrac{2 \times 20 + 3 \times 50}{2.31} = 82.27KN(\rightarrow)$

d. 检验

$\therefore \sum x = H_A - T\cos 30° = 82.27 - 95 \times 0.866 = 0$

$\therefore$ 计算结果无误

比较三种结果可知,对于同一个平面力系问题,采用任何一种平衡方程求解,所得结果相同。但是,必须注意:在使用二矩式或三矩式时要关注它们相应的使用条件。

二、特殊平面力系平衡方程

(一) 平面汇交力系

前面已研究过的平面汇交力系,实质上是平面力系的特殊情况。它的平衡方程完全可由平面力系的平衡方程式(2 - 12) 导出。

只要取各力的汇交点 0 点作为矩心。则 $\sum M_0 = 0$ 的条件自然满足(因各力的力臂均为零),这样平衡方程(2 - 12)式只剩下两个平衡方程式:

$$\sum x = 0$$

$$\sum y = 0$$

所得的平衡方程就是第二章第一节平面汇交力系数解法所得的(2 - 4) 式。

(二) 平面力偶系

平面力偶系也是平面力系的特殊情况。因为各力偶在坐标轴上的投影代数和总是为零,所以 $\sum x = 0, \sum y = 0$ 的条件自然满足,这样平衡方程式(2 - 12) 式就剩下一个力矩平衡方程式:

图 2 - 34

$\sum m_A(\vec{F}) = 0$,由于 $\sum m_A(\vec{F}) = \sum m$,所以

$\sum m = 0$,这个平衡方程就是第二章第三节平面力偶系平衡方程式(2 - 6)。

(三) 平面平行力系

平面力系的各力作用线互相平行时,称平面平行力系,如图(2 - 34) 所示。

它也是平面力系的一种特殊情况。如果 X 轴与各力作用线垂直,那么各力在 X 轴上的投影均为零,所以 $\sum x = 0$ 的条件自然满足。这样平衡方程式(2 - 12)

就只剩下两个方程:

$$\left.\begin{array}{l} \sum y = 0 \\ \sum m_A = 0 \end{array}\right\} \qquad (2 - 15)$$

$\sum y = 0$ 的式子,表示各力在 Y 轴上投影的代数和为零,因各力作用线与 Y 轴平行,投影值和原力值相同,这就表明各力的投影代数和零。

式(2 - 15) 称平面平行力系一矩式平衡方程。

平面平行力系平衡方程也可以采取二矩式的形式:

$$\left.\begin{array}{l} \sum m_A = 0 \\ \sum m_B = 0 \end{array}\right\} \qquad (2 - 16)$$

平面平行力系二矩式平衡方程的使用条件是:两个矩心 A 和 B 的连线与各力作用线不

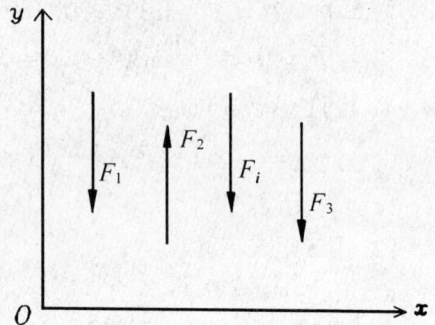

得平行。

例 2 - 23   外伸梁受力及尺寸如图 2 - 35a 所示,求梁支座 A、B 反力。

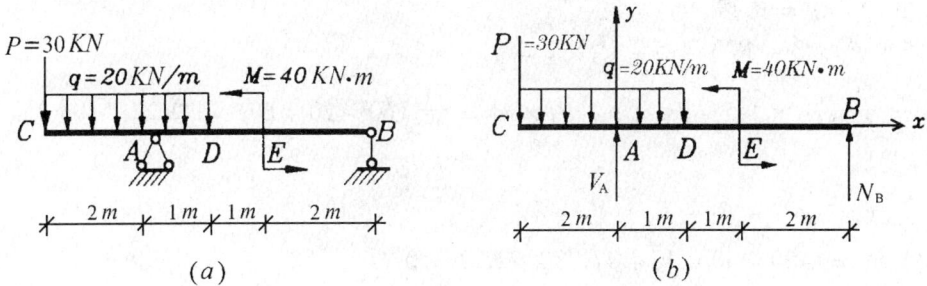

图 2 - 35

[解]:(1) 取外伸梁为研究对象,画其受力图(图 2 - 35b);建立图示 Axy 系,

(2) 列平衡方程求解

a. 由 $\sum m_A = 0$,得

$$N_B \times 4 + M + q \times 3 \times 0.5 + P \times 2 = 0$$

$$N_B = \frac{-1}{4}(M + 1.5q + 2P) = -\frac{1}{4}(40 + 30 + 60) = -32.5KN$$

"-"说明 $\overrightarrow{N}_B$ 方向与图示相反。

b. 由 $\sum m_B = 0$,得

$$q \times 3 \times 4.5 + M + P \times 6 - V_A \times 4 = 0$$

$$V_A = \frac{1}{4}(q \times 13.5 + M + 6P) = \frac{1}{4}(20 \times 13.5 + 40 + 180) = 122.5KN (\uparrow)$$

c. 检验

$$\because \sum y = N_B - q \times 3 - P + V_A$$

$$= -32.5 - 60 - 30 + 122.5 = 0$$

$\therefore$ 计算无误。

例 2 - 24   某房屋的外伸梁尺寸与受力如图 2 - 36a 所示,试求支座 A、B 反力。

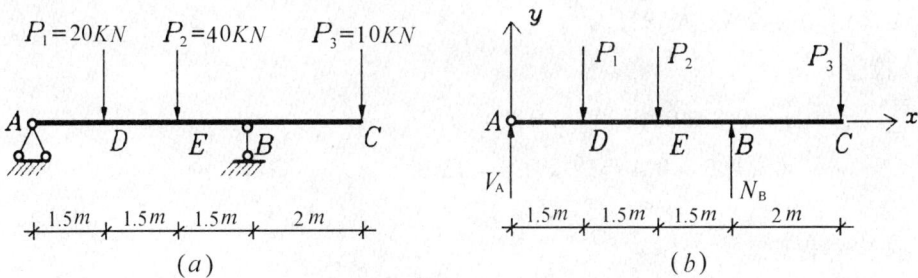

图 2 - 36

[解]:(1) 取外伸梁 ABC 为研究对象,画其受力图(2 - 36b),建立图示 Axy 系

(2) 列平衡方程求解

a. 由 $\sum m_A = 0$,得

$$N_B \times 4.5 - P_3 \times 6.5 - P_2 \times 3 - P_1 \times 1.5 = 0$$

$$N_B = \frac{1}{4.5}(P_1 \times 1.5 + P_2 \times 3 + P_3 \times 6.5) = \frac{1}{4.5}(30 + 120 + 65) = 47.78KN(\uparrow);$$

b. 由 $\sum m_B = 0$，得

$$P_2 \times 1.5 + P_1 \times 3 - V_A \times 4.5 - P_3 \times 2 = 0$$

$$V_A = \frac{1}{4.5}(P_2 \times 1.5 - P_3 \times 2 + P_1 \times 3) = \frac{1}{4.5}(60 - 20 + 60) = 22.22KN(\uparrow)$$

(3) 检验

$$\because \sum y = -P_1 - P_2 - P_3 + V_B + V_A$$

$$= -20 - 40 - 10 + 47.78 + 22.22 = 0$$

$\therefore$ 计算结果无误。

例 2 – 25 悬臂梁受力及尺寸如图 2 – 37a 所示。试求其支座反力。

[解]:(1) 取悬臂梁 AB 为研究对象,画其受力图(2 – 37b)建立图示 Axy 系;

(2) 列平衡方程求解

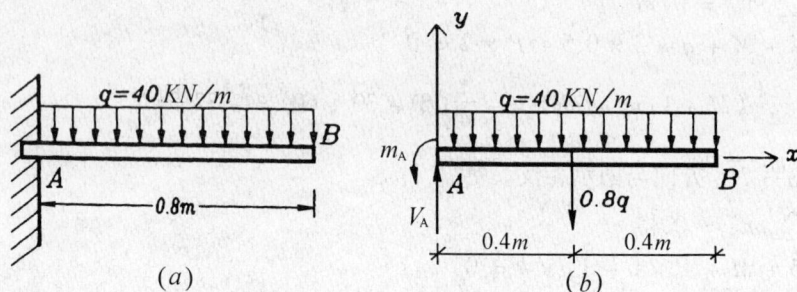

图 2 – 37

a. 由 $\sum m_A = 0$,得

$$m_A - q \times 0.8 \times 0.4 = 0,$$

$$m_A = 40 \times 0.8 \times 0.4 = 12.8KN \cdot m(\circlearrowleft);$$

b. 由 $\sum y = 0$,得

$$V_A - q \times 0.8 = 0,$$

$$V_A = 40 \times 0.8 = 32KN(\uparrow)。$$

(3) 检验

$$\because \sum m_B = q \times 0.8 \times 0.4 - V_A \times 0.8 + m_A$$

$$= 40 \times 0.8 \times 0.4 - 32 \times 0.8 + 12.8$$

$$= 0$$

$\therefore$ 计算结果无误。

例 2 – 26 如图 2 – 38 所示一起重量 $P = 100kN$ 的塔吊。其自重 $G = 400kN$。作用线距离塔身中心线 $O - O'$ 为 $0.5m$。塔身最下面四个轮子可在轨道上行走。为使在起吊过程中不倾倒,必须放置配重 W,配重作用线位置如图所示。试问 W 为多少 kN 时,该塔吊不会发生倾倒。

[解]:1. 确定合力 $\vec{R}$ 的大小及作用线位置

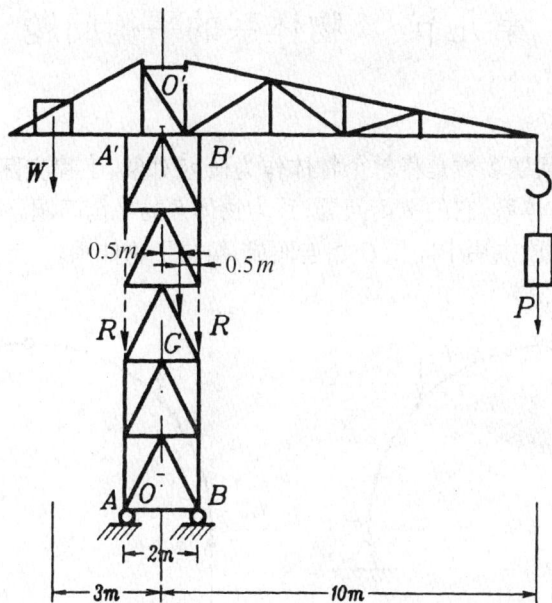

图 2 - 38

分析:该塔吊受平面平行力系 $\vec{W}$、$\vec{G}$、$\vec{P}$,为使其不倾倒,力系的合力 $\vec{R}$ 作线范围必须在 AB 之间。

(1)计算合力 $\vec{R}$ 大小

$$R = W + G + P = W + 400 + 100 = W + 500(KN)$$

(2)确定合力 $\vec{R}$ 作用线位置

a. 若合力 $\vec{R}$ 作用线在 AA',各力对塔身中心线 OO' 取矩,据合力矩定理 $m_{OO'}(\vec{R}) = \sum m_{OO'}(\vec{F})$

$$R \times 1 = W \times 3 - G \times 0.5 - P \times 10,$$

$$W = \frac{(W + 500) \times 1 + 400 \times 0.5 + 100 \times 10}{3} = 850(KN)$$

b. 若合力 $\vec{R}$ 作用线位置在 BB',各力对塔身中心线 OO' 取矩,同上理,

$- R \times 1 = - G \times 0.5 - P \times 10 + W \times 3$,解得 $W = 175(KN)$

2. 确定配重 W 范围

当塔吊有最大重量 $P = 100KN$ 时,配重范围为:$850KN > W > 175KN$。

思考问题:在塔吊未起吊重量($P = 0$)时,配重 W 最大不得超过多少 KN?

第九节　物体系的平衡问题

一、物体系的平衡

前面研究的平衡问题多数是将单个物体作为研究对象。工程实际中常遇到几个物体联系在一起的情况,称物体系,它的平衡问题,称为物体系的平衡问题。例如图 2 – 39a 所示的三铰拱是由 AC、BC 两段拱用中间铰 C 相连而成,组成了物体系。

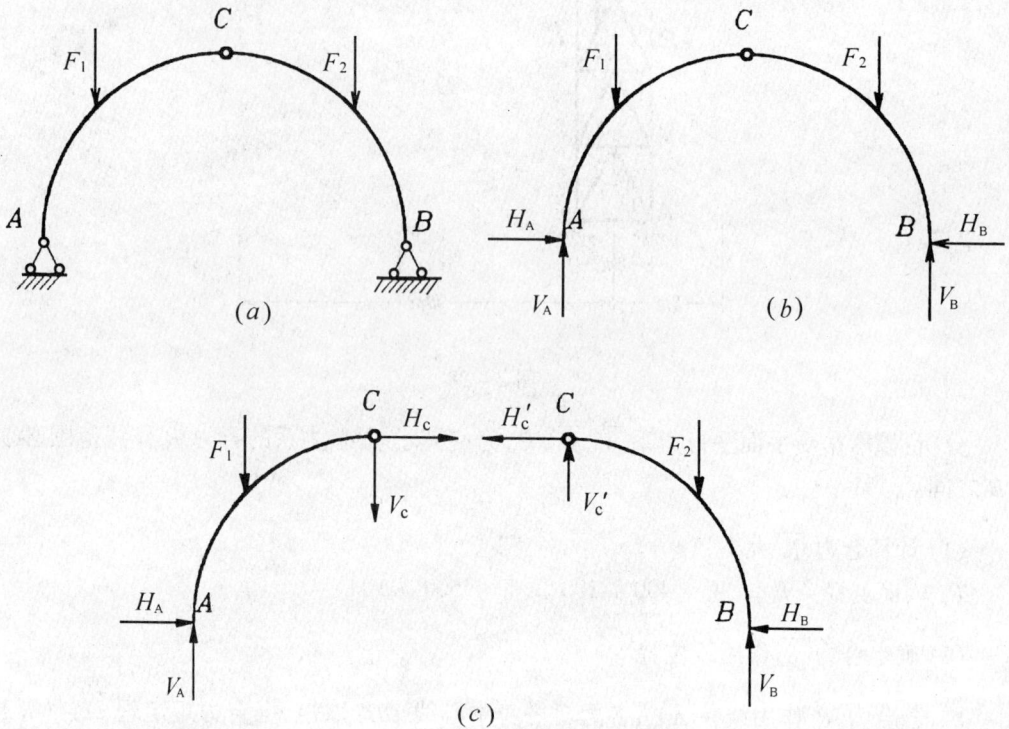

图 2 – 39

(一) 研究物体系平衡问题原理

一个物体系处于平衡状态时,它的各个部分相应地也就处于平衡状态。因此,除了作用在整个物体系上的力满足平衡条件外,作用在物体系中每个局部物体上的力也满足平衡条件。

(二) 物体系的外力和内力

1. 外力

物体系以外的物体施于该物体系的作用力称外力。例如三铰拱所受的荷载 $\vec{F_1}$、$\vec{F_2}$ 及支座 A、B 的反力 $\vec{V}_A$、$\vec{H}_A$、$\vec{V}_B$、$\vec{H}_B$ 是外力。

2. 内力

物体系统内部的,这部分物体对那部分物体的相互作用力称内力。例如,三铰拱的铰 C 处,左,右两个半拱的相互作用力 $\vec{V}_C$、$\vec{V}_{C'}$、$\vec{H}_C$、$\vec{H}_{C'}$ 是内力。若要计算内力时,则必须把各部分拆开,按各部分平衡条件去求出。

二、物体系平衡问题解法

在求解物体系平衡问题时,可用两种方法:

1. 先取整体(即物体系)为研究对象,由整体平衡,列出平衡方程式,求出某些待求量。然后再逐次选取局部物体为研究对象,直至求解出全部待求量。

2. 按运动传递的顺序,逐次选取局部物体为研究对象,直至求解出全部待求量。

三、应用举例

下面通过一些例题来说明物体系平衡问题解法,所举的例均是土建工程中一些常见的结构,例 2 - 27,例 2 - 28 是计算结构物支反力例,例 2 - 29、例 2 - 30 是研究计算桁架的两种常用方法,请读者注意。

例 2 - 27 三铰拱的受力和尺寸如图 2 - 40a 所示,求支座 A、B 的反力。

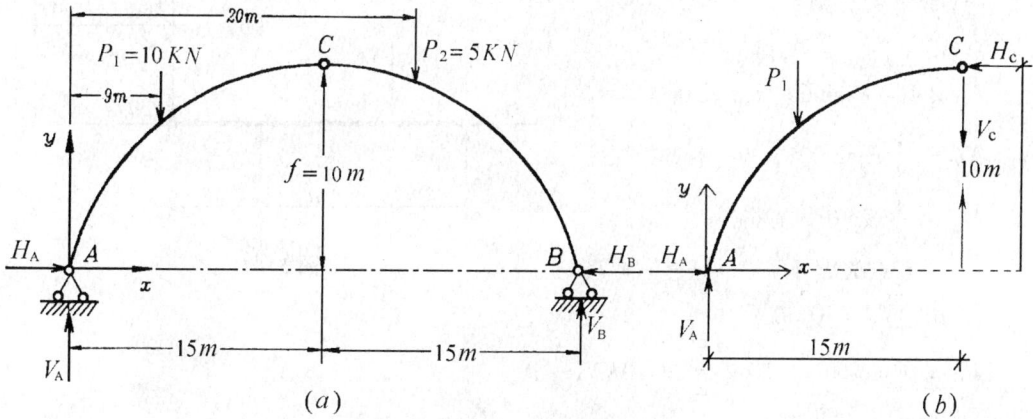

图 2 - 40

[解]:本例按第一种方法计算待求力

(1) 取三铰拱整体为研究对象,画其受力图 2 - 40a 所示,建立图示 Axy 系;

(2) 列平衡方程求解

a. 由 $\sum m_A = 0$,得

$$30V_B - P_1 \times 9 - P_2 \times 20 = 0$$

$$V_B = \frac{1}{30}(P_1 \times 9 + P_2 \times 20) = \frac{1}{30}(10 \times 9 + 5 \times 20) = 6.33KN \ (\uparrow)$$

b. 由 $\sum m_B = 0$,得

$$P_2 \times 10 + P_1 \times 21 - 30 \times V_A = 0$$

$$V_A = \frac{1}{30}(P_2 \times 10 + P_1 \times 21) = \frac{1}{30}(5 \times 10 + 10 \times 21) = 8.67KN \ (\uparrow)$$

c. 由 $\sum x = 0$,得

$$H_A = H_B \quad (注:当支座 A、B 不在同一水平时,V_A \neq V_B)$$

只表示 H_A 与 H_B 的关系,两者具体值尚未算出。

(3) 再取左半拱 AC 为研究对象,画其受力图 2 - 40b 所示,列平衡方程如下:

由 $\sum m_C = 0$,得

$$P_1 \times 6 - V_A \times 15 + H_A \times 10 = 0$$

$$H_A = \frac{1}{10}(V_A \times 15 - P_1 \times 6) = \frac{1}{10}(8.67 \times 15 - 10 \times 6) = 7KN\,(\rightarrow)$$

由前面已得关系知

$$H_B = H_A = 7KN(\leftarrow)。$$

(4) 检验

由读者独立完成。

例 2 – 28 组合梁的支座及荷载如图 2 – 41a 所示,求支座 A、B、D 反力。

[解]:本例按第二种方法求解待求量

(1) 取 CD 段梁为研究对象,画其受力图 2 – 41b,建立图示 cxy 系;

(2) 列平衡方程

a. 由 $\sum m_C = 0$,得

$$N_D \times 4 - P_2\sin60^\circ \times 2 = 0$$

$$N_D = \frac{1}{4}P_2\sin60^\circ \times 2$$

$$= \frac{1}{4} \times 20 \times 0.866 \times 2$$

$$= 8.66KN(\uparrow)$$

b. 由 $\sum x = 0$,得

$$H_C = P_2\cos60^\circ = 20 \times \frac{1}{2} = 10KN(\rightarrow)$$

c. 由 $\sum y = 0$,得

$$V_C + N_D - P_2\sin60^\circ = 0$$

$$V_C = P_2\sin60^\circ - N_D = 20 \times 0.866 - 8.66 = 8.66KN(\uparrow)$$

(3) 检验

由读者独立完成。

(4) 再取 AC 段梁为研究对象,画其受力图 2 – 41c 所示,建立图示 Axy 系;

(5) 列平衡方程

a. 由 $\sum m_A = 0$,得

$$N_B \times 6 - V_C' \times 8 - P_1 \times 2 = 0$$

$$N_B = \frac{1}{6}(V_C' \times 8 + P_1 \times 2) = \frac{1}{6}(8.66 \times 8 + 30 \times 2) = 21.5\,KN(\uparrow)$$

b. 由 $\sum x = 0$,得

$$H_A = H_C' = 10KN(\rightarrow)$$

c. 由 $\sum y = 0$,得

$$V_A - P_1 + N_B - V_C' = 0$$

$$V_A = P_1 - N_B + V_C' = 30 - 21.5 + 8.66 = 17.16KN(\uparrow)$$

(6) 检验

由读者独立完成

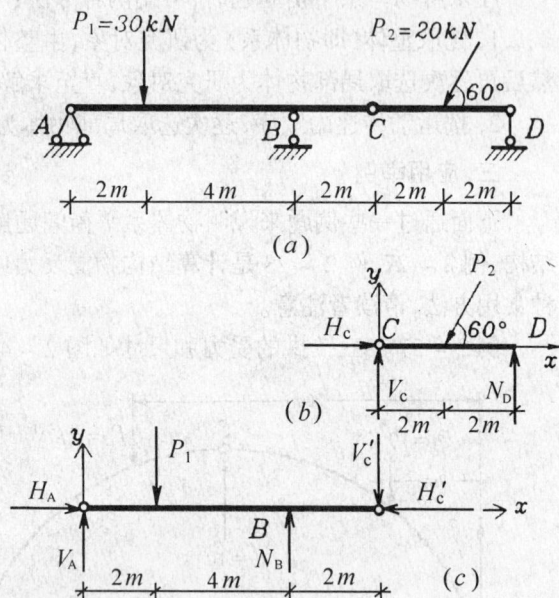

图 2 – 41

例2-29 求图2-42a所示桁架各杆内力,已知$P_1 = P_5 = 1.15KN$,$P_2 = P_3 = P_4 = 2.3KN$,$Q_1 = Q_2 = Q_3 = 0.5KN$。

[解]:1.首先求支座反力

(1) 取桁架整体为研究对象,画其受力图建立图2-42所示Axy系;

(2) 由$\sum m_A = 0$,得

$$N_B \times 4 - P_5 \times 4 - P_4 \times 3 - P_3 \times 2 - P_2 \times 1 - Q_1 \times 1 - Q_2 \times 2 - Q_3 \times 3 = 0$$

$$N_B = \frac{1}{4}(P_5 \times 4 + P_4 \times 3 + P_3 \times 2 + P_2 \times 1 + Q_1 \times 1 + Q_2 \times 2 + Q_3 \times 3)$$

$$= \frac{1}{4}(1.15 \times 4 + 2.3 \times 3 + 2.3 \times 2 + 2.3 \times 1 + 0.5 \times 1 + 0.5 \times 2 + 0.5 \times 3)$$

$$= 5.35KN(\uparrow)$$

(3) 由$\sum m_B = 0$,得

$$P_1 \times 4 + P_2 \times 3 + P_3 \times 2 + P_4 \times 1 + Q_1 \times 3 + Q_2 \times 2 + Q_3 \times 1 - V_A \times 4 = 0$$

$$V_A = 5.35KN(\uparrow)$$

在工程中,若所研究的结构是对称的并且结构上的竖向荷载亦对称,则竖向反力亦对称。遇到这类结构,在计算竖向支反力时,不必再列平衡方程,竖向反力各为竖向荷载总和的$\frac{1}{2}$,例如本例的$V_A = N_B = \frac{1}{2}(P_1 + P_2 + P_3 + P_4 + P_5 + Q_1 + Q_2 + Q_3) = 5.35KN$。

2.计算各杆内力

设想将组成桁架的各杆连结点(称结点)截取出,因每根杆是二力杆,每根杆的内力作用线都与杆轴线重合的,这样每个结点所连接的杆,其内力都汇交于结点,并处于平衡状态,于是可用平面汇交力系平衡条件计算杆件内力。平面汇交力系平衡方程式有两个,在计算时只能求出两个未知数,所以解题时应从只含两个未知内力的结点开始。由于各杆内力方向未定,在计算前一律先假设为拉力(其指向是背离结点)。先对各杆编序号,各杆内力分别用$\vec{N}_1$、$\vec{N}_2$…$\vec{N}_i$示,内力计算结果出现负号说明该杆受压,反之受拉。

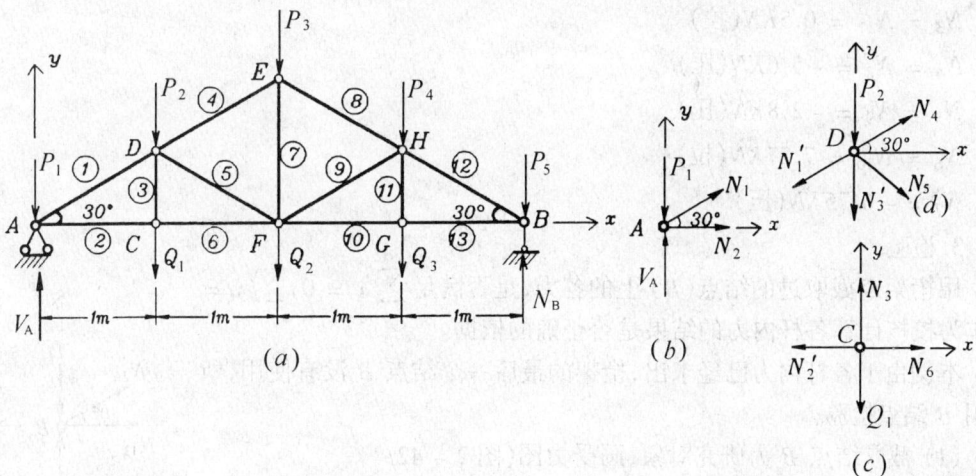

图 2 - 42

(1) 取结点 A 为研究对象,画其受力图(图 2 – 42b)

由 $\sum y = 0, N_1\sin30° + V_A - P_1 = 0$

$N_1 = (P_1 - V_A)/\sin30° = (1.15 - 5.35)/0.5 = -8.4KN$(压)

由 $\sum x = 0, N_1\cos30° + N_2 = 0, N_2 = -N_1\cos30° = -(-8.4)\times0.866 = 7.27KN$(拉)

(2) 截取结点 C 为研究对象,画其受力图(图 2 – 42c)

由 $\sum x = 0$,得

$N_6 = N_2' = 7.27KN$(拉)

由 $\sum y = 0$,得

$N_3 = Q_1 = 0.5KN$(拉)

(3) 截取结点 D 为研究对象,画其受力图(图 2 – 42d)

由 $\sum x = 0$ 及 $\sum y = 0$,分别得

$-N_1'\cos30° + N_4\cos30° + N_5\cos30° = 0$

$-P_2 - N_3' - N_1'\sin30° + N_4\cdot\sin30° - N_5\cdot\sin30° = 0$

联立方程组解得

$N_4 = -5.6KN$(压); $N_5 = -2.8KN$(压)

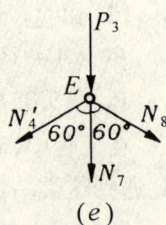

(e)

(4) 截取结点 E 为研究对象,画其受力图(图 2 – 42e)

由 $\sum x = 0$,得

$N_8\cos30° - N_4'\cos30° = 0, N_8 = N_4' = -5.6KN$(压);

由 $\sum y = 0$,得

$-P_3 - N_7 - 2N_4'\sin30° = 0$

$N_7 = -P_3 - 2N_4'\sin30° = -1.15 - 2\times5.6\times\dfrac{1}{2} = -6.75KN$(压)

(5) 由于桁架结构对称,所受竖向荷载对称,故杆件内力亦对称,则

$N_1 = N_{12} = -8.4KN$(压)

$N_2 = N_{13} = 7.27KN$(拉)

$N_3 = N_{11} = 0.5KN$(拉)

$N_4 = N_8 = -5.6KN$(压)

$N_5 = N_9 = -2.8KN$(压)

$N_6 = N_{10} = 7.27KN$(拉)

$N_7 = -6.75KN$(压)

3.检验

用桁架未截取过的结点(B)上的各力,是否满足 $\sum x = 0$; $\sum y = 0$,作为校核计算各杆内力的结果是否正确的依据。

本例由于各杆内力已经求出,桁架的最后一个结点 B 没有使用,所以用 B 结点检验。

(1) 截取结点 B 为研究对象,画受力图(图 2 – 42f)

(2) $\because \sum x = -N_{12}\cos30° - N_{13}$

$\quad\quad\quad = -(-8.4)\times0.866 - 7.27$

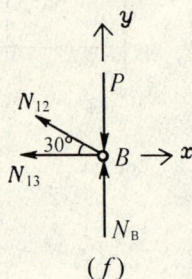

(f)

$$= 7.27 - 7.27 = 0$$

(3) $\because \sum y = - P_5 + N_{12} \times \sin 30^\circ + N_B$

$$= - (1.15) + (- 8.4 \times 0.5) + 5.35$$

$$= - 1.15 - 4.2 + 5.35 = 0$$

(4) $\therefore$ 桁架各杆内力计算无误。

四、分析总结

本例所用的计算桁架杆件内力的方法是应用各结点的平衡条件来计算,称为结点法。它适用于桁架全部杆件内力需要计算时。

例 2 - 30　求图 2 - 43a 示桁架 4、5、6 杆内力

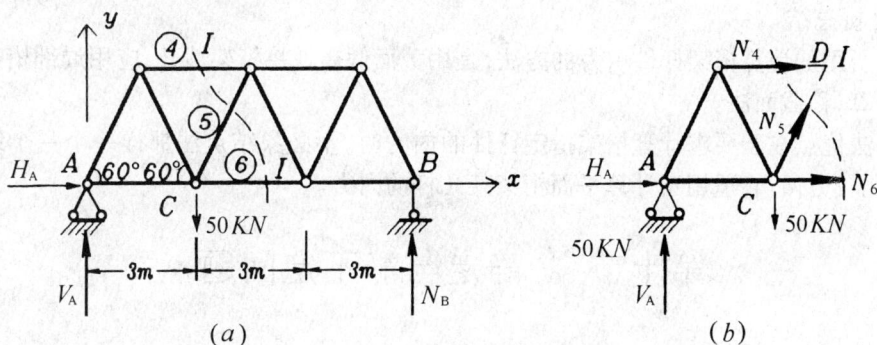

图 2 - 43

[解]:1. 计算桁架支座反力

(1) 取整个桁架为研究对象,画其受力图(图 2 - 43b),建立图 2 - 43a 所示 Axy 系;

(2) 列平衡方程

a. 由 $\sum m_A = 0$,得

$$- 50 \times 3 + N_B \times 9 = 0$$

$$N_B = \frac{50 \times 3}{9} = 16.7 KN(\uparrow)$$

b. 由 $\sum m_B = 0$,得

$$50 \times 6 - V_A \times 9 = 0$$

$$V_A = \frac{50 \times 6}{9} = 33.3 KN(\uparrow);$$

(3) 检验:读者独立完成。

2. 计算杆件 4、5、6 内力

(1) 用一截面 Ⅰ - Ⅰ,将桁架沿杆 4、5、6 假想地截开。

(2) 取截面 Ⅰ - Ⅰ 以左部分为研究对象,画其受力图(图 2 - 43b)。由于桁架处于平衡状态,所以截出的部分也应保持平衡状态。因此可列出桁架左部分的平衡方程。

a. 由 $\sum m_C = 0$,得

$$- V_A \times 3 - N_4 \times 3 \times \sin 60^\circ = 0,$$

$$N_4 = \frac{- 33.3 \times 3}{3\sin 60^\circ} = - 38.5 KN(压)$$

b. 由 $\sum m_D = 0$，得

$$N_6 \times 3 \times \sin 60^\circ - V_A \times 4.5 + 50 \times 1.5 = 0$$

$$N_6 = \frac{V_A \times 4.5 - 50 \times 1.5}{3\sin 60^\circ} = \frac{33.3 \times 4.5 - 50 \times 1.5}{3 \times 0.866} = 28.8 KN(拉)$$

c. 由 $\sum y = 0$，得

$$V_A - 50 + N_5 \cdot \sin 60^\circ = 0$$

$$N_5 = \frac{50 - V_A}{\sin 60^\circ} = \frac{50 - 33.3}{0.866} = 19.3 KN(拉)$$

3. 检验

由读者独立完成

4. 分析总结

本例所用的计算桁架杆件内力的方法，是用截面假想地将桁架截开，应用局部桁架的平衡条件计算，称截面法。

截面法优点在于要求计算桁架指定杆件的内力时，不必象结点法那样一个一个结点计算，显得比较方便。它适用于计算平面桁架某几杆的内力。

第十节　静定与静不定问题

一、静定问题

在前面研究过的各种力系中，每一种力系都有一定数目的平衡方程式。例如平面汇交力系和平面平行力系都有两个平衡方程式，平面一般力系有三个平衡方程式。

对于一个刚体，如能列出的独立平衡方程式数目大于或等于未知量数目，全部未知量可通过静力平衡方程求得，这类问题称为静定问题。前面各节的任何一个例题，每个问题所求的未知量数目，都没有超过这个问题中力系的平衡方程式数目，它们都是静定问题。

二、静不定问题

工程中有很多构件和结构，为了提高其刚度和坚固性，往往采用增加约束的方法，因而使未知量数目超过所能列出的独立平衡方程式数目，这时仅用静力学平衡方程不可能求出所有

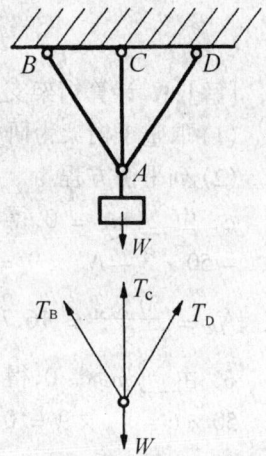

图 2 - 44

待求量，这类问题称静不定问题或超静定问题。求解超静定问题，需考虑物体的变形才能解决。今后在材料力学和结构力学中再讨论。

例如图(2 - 44)，为增加吊重物的可靠度，将两根绳索增加为三根绳索，这是个平面汇交力系，只能列出二个平衡方程式，无法求出三根绳索的内力。所以它是静不定问题。

*第十一节　考虑摩擦时物体的平衡

以前各章节,在分析物体受力时,均假定物体表面是光滑的。所以物体与物体间的作用力是通过接触点沿接触面的公法线方向。

由于物体完全光滑的表面事实上不存在。只是在研究的问题中摩擦的影响较小时,为简化计算起见,将它略去不计。

摩擦是一种普遍存在的现象,为便于研究,将摩擦现象作如下分类:

1. 按物体接触部分可能存在的相对运动形式,分为滑动摩擦与滚动摩擦。
2. 按两接触物体之间是否发生相对运动,分为静摩擦与动摩擦。
3. 按接触面是否有润滑,分为干摩擦与湿摩擦。

本节只限于讨论静滑动干摩擦的规律以及有摩擦的平衡问题的分析方法。

一、滑动摩擦

两个相互接触的物体,发生相对滑动(或相对滑动趋势时)彼此之间在接触表面产生阻碍滑动的力,此力称滑动摩擦力,简称摩擦力。摩擦力的大小在一定范围内,其方向与两物体相对运动趋势方向相反,其值由平衡条件来决定。下面用实验说明有关滑动摩擦力的一些规律。

(一) 静摩擦力与最大摩擦力

图 2 - 45a 所示在固定的水平面上放置一个重为 G 的物体,这时物体只受重力 G 和法向反力 $\vec{N}$ 作用处于平衡(图 2 - 45b)。因为物体没有滑动及滑动趋势,所以接触面之间不存在摩擦力。

如果用水平力 $\vec{P}$ 去拉物体(其大小由弹簧秤读出)。当拉力 $\vec{P}$ 由零逐渐增加,使物体沿水平产生滑动趋势(图 2 - 45c),由于 $\vec{P}$ 力不太大,故物体 G 与水平面间产生的摩擦力 $\vec{F}$(2 - 45d)。

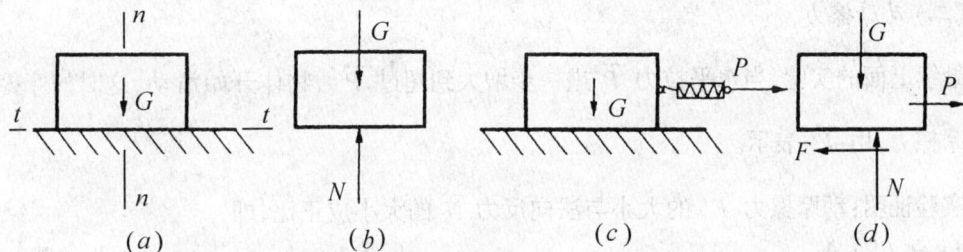

图 2 - 45

可由切向平衡条件求解

由 $\sum t = 0$, 　　　$P - F = 0$, 　　　$F = P$。

这种虽尚未滑动,但有滑动趋势而产生的摩擦力 $\vec{F}$ 叫静摩擦力,它是随 $\vec{P}$ 增大而增加的变量。静摩擦力也可视为阻止物体相对滑动的一种切向约束力。

当水平拉力 $\vec{P}$ 继续增大时,静摩擦力 $\vec{F}$ 也继续增大。当 $\vec{P}$ 达到一定值 $\vec{P}_K$ 时,物体处于即将开始被拉动的状态(即平衡的临界状态),这时的静摩擦力达到了最大值 $\vec{F}_m$,称最大静摩擦力。所以静摩擦力 $\vec{F}$ 的方向与相对滑动趋势相反,其大小范围是在零到最大静摩擦力之间:

$$0 \leqslant F \leqslant F_m$$

大量实验证明:最大静摩擦力与法向反力 $\vec{N}$ 的大小成正比,而与两物体接触面的面积无关,即

$$F = f \cdot N \tag{2-17}$$

这就是静摩擦定律。式(2-17)中比例常数 f 称静滑动摩擦系数(简称静摩擦系数),它的大小与相互接触物体的材料,表面粗糙程度、温度、湿度、有关、具体数值由实验方法测定。表2-1给出了部分材料的 f 值。式中的法向反力 $\vec{N}$,由接触面的法向平衡条件 $\sum n = 0$,决定 N 不一定等于正压力 $\vec{G}$。

表 2 - 1

两种接触物的材料	f	两种接触物的材料	f
钢对钢	0.10 ~ 0.20	土对木材	0.30 ~ 0.70
铸铁对木材	0.40 ~ 0.50	混凝土对岩石	0.50 ~ 0.80
铸铁对橡胶	0.50 ~ 0.70	混凝土对砖	0.70 ~ 0.80
铸铁对石棉基材料	0.30 ~ 0.40	混凝土对土	0.30 ~ 0.40
木材对木材	0.40 ~ 0.60	土对土	0.30 ~ 0.70

(二) 动摩擦力

继续上面的实验,当水平拉力 $\vec{P}$ 进一步增大到超过 $\vec{P}_K$,物体开始滑动,这时的摩擦力称动摩擦力,用 $\vec{F}'$ 表示。

实验证明:动摩擦力 $\vec{F}'$ 的大小与法向反力 $\vec{N}$ 的大小成正比,即
$$F' = f' \cdot N \tag{2-18}$$

动摩擦力 $\vec{F}'$ 小于最大静摩擦力 $\vec{F}_m$。

f' 称动摩擦系数,其值由实验方法测定。一般情况下 f' 略小于 f。表明拉动物体时,从静止到开始滑动起来,要维持物体继续滑动就比较省力了。

在工程计算中,通常近似地认为 $f' = f$。

例 2 - 31 图 2 - 46a 所示铸铁件,重 $G = 2KN$,沿水平轨道作匀速滑动,当铸铁和导轨间的动摩擦系数 $f' = 0.16$ 时。

求作用在铸铁件 A 点的 $\vec{P}$ 力为多少?动摩擦力为多大?

[解]:(1) 取铸铁件为研究对象,画受力图(2 - 46b);

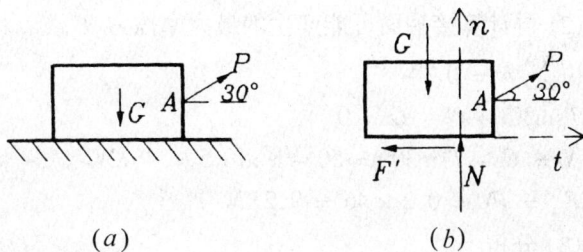

(2) 计算铸铁件法向反力 $\vec{N}$
由 $\sum n = 0$,得

$N - G + P\sin30° = 0$

$N = G - 0.5P = 2 - 0.5P$

(3) 计算力 P

依题意铸铁件作等速水平滑动,故

由 $\sum t = 0$,及 $F' = f'N = 0.16N$,得

$P\cos30° - F' = 0$

$P = \dfrac{F'}{\cos30°} = \dfrac{f'N}{\cos30°} = \dfrac{0.16(2 - 0.5P)}{0.866}$

$0.866P = 0.32 - 0.08P$

$0.946P = 0.32, \qquad P = 0.338(KN)$

(4) 计算动摩擦力 F'

$N = G - 0.5P = 2 - 0.5 \times 0.338 = 1.831(KN)$

$F' = f'N = 0.16 \times 1.831 = 0.292(KN)$

二、考虑摩擦的平衡问题

考虑摩擦时的平衡问题与不考虑摩擦时的平衡问题,在计算方法上是相同的。只不过在画受力图和列平衡方程式时,都要加上摩擦力。摩擦力作用在物体的接触面上,它的方向永远与滑动趋势方向相反。

考虑摩擦力时物体的平衡问题大致有两种情况:一种是已知外力作用于物体,检查物体是否平衡;另一种是求物体处于平衡时,有关未知量所应有的范围。

下面举例说明:

例2 - 32 图2 - 47a 所示重 $G = 50KN$ 的物 A 置于水平地面上,物体与地面之间的静摩擦系数 $f = 0.2$,绳与水平成 $\alpha = 30°$ 角。

试问:用 $T = 8KN$ 拉绳子,物体能否被拉动?

[解]:这是一个验算物体是否平衡的问题。

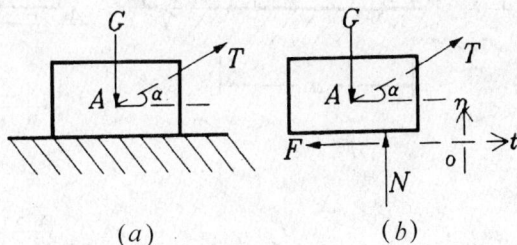

图2 - 47

(1) 先设物体处于平衡状态,计算此时水平接触面上应具有的切向约束力 $\vec{F}$
由 $\sum t = 0,T\cos30° - F = 0$

$F = T\cos30° = 8 \times 0.866 = 6.93KN$

(2)再计算接触面可能产生的最大摩擦力 $\vec{F}_m$

由 $\sum n = 0$，得

$T\sin30° + N - G = 0$

$N = G - T\sin30° = 50 - 8 \times 0.5 = 46KN$

$F_m = fN = 0.2 \times 46 = 9.2KN$

(3)分析

由于维持平衡所需切向约束力 $\vec{F}$ 尚未超过最大摩擦力 $\vec{F}_m$，故物体仍处于平衡状态，$\vec{T}$ 力不能拉动 A 物。

例2-33 图2-48a 所示挡土墙，自重 $\vec{W}$，受水平压力 $\vec{P}$ 作用，尺寸如图示。设挡土墙与地面之间的静摩擦系数为 f。试问要使墙既不滑动又不倾覆时，力 $\vec{P}$ 应满足什么条件。

[解]：这是求物体保持平衡时，计算有关未知量应具有的范围问题。

(1)分析挡土墙不滑动条件

取挡土墙为研究对象，土压力 $\vec{P}$ 作用下挡土墙有右滑动趋势，地面对墙的摩擦力应指向左方，画出受力图(2-48b)

a. 由 $\sum t = 0, P - F = 0, F = P$

b. 由 $\sum n = 0, N - W = 0, N = W$

由于 $F_m = fN = fW$

所以 $P \leqslant fW$，才能使墙身不滑动。

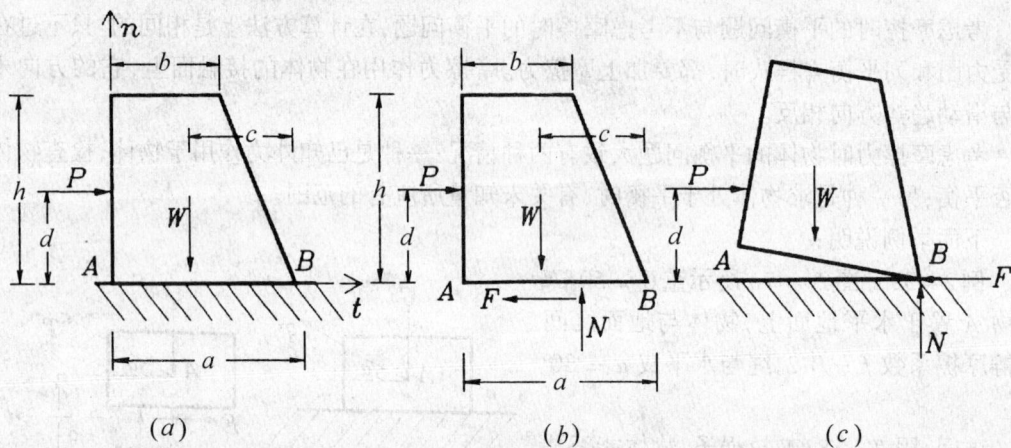

图2-48

(2)分析挡土墙不倾覆的条件

挡土墙倾覆时，力 $\vec{N}$ 与 $\vec{F}$ 将作用在 B 点，如图2-48c 所示。力 $\vec{P}$ 使墙绕 B 点倾覆的力矩 $P \times d$（称倾覆力矩），重力 W 阻止墙绕 B 点倾覆的力矩 $W \times C$（称稳定力矩），欲使墙不发生倾覆，稳定力矩必须大于倾覆力矩即

$W \times C \geqslant P \times d$

故　$p \leqslant \dfrac{c}{d}W$

经过以上两方面分析,要使墙即不滑动又不倾覆,$\vec{P}$ 力的值必须同时满足:

$P \leqslant \dfrac{c}{d}W$　　及 $P \leqslant fW$ 两个条件

例 2 – 34　如图 2 – 49a 所示物体重 $G = 98KN$,置于倾角 $\alpha = 30^\circ$ 斜面上。已知接触面间的静摩擦系数 $f = 0.2$,现有力 $Q = 58.8KN$ 沿斜面推物体。问物体在斜面上是否平衡?

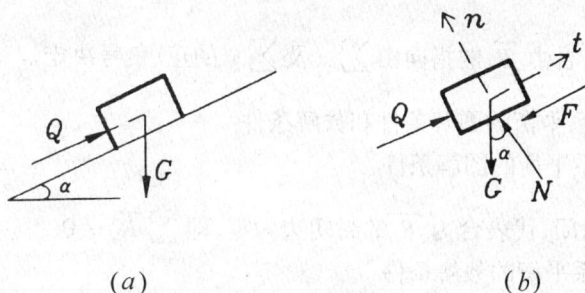

(a)　　　　　　　　　　　　(b)

图 2 – 49

[解]:(1) 暂设物体沿斜面有向上滑动趋势,画出受力图(图 2 – 49b)注意图中 $\vec{F}$ 力与物体滑动趋势方向相反;$\vec{N}$ 为斜面法向反力。

(2) 计算摩擦力 F

由 $\sum t = 0$,$- F + Q - G\sin\alpha = 0$

$F = Q - G\sin\alpha = 58.8 - 98 \times \sin30^\circ = 9.8(KN)$

(3) 计算最大摩擦力 $\vec{F}_m$

由 $\sum n = 0$,$N - G\cos\alpha = 0$

$N = G \cdot \cos\alpha = 98 \times \cos30^\circ = 84.9(KN)$

$F_m = fN = 0.2 \times 84.9 = 17(KN)$

(4) 分析物体在斜面上是否平衡

由于摩擦力 $F = 9.8KN$,说明物体在斜面上并没有达到要发生滑移的状态,即尚处于静止。

(5) 思考问题:若物体沿斜面有向下滑动趋势,静摩擦力 $F = $?

本章小结

一、用图解法和数解法简化平面汇交力系的依据和方法

1. 图解法

以平行四边形公理为依据,用力多边形法则确定合力。

力多边形封闭边的大小与方向即为合力 $\vec{R}$ 的大小与方向,$\vec{R} = \sum \vec{F}$,作用点仍在各分力的汇交点。

2. 数解法

以力在坐标轴上的投影为根据,用各分力投影的代数和相加求合力 $\overrightarrow{R}$ 的投影。

合力 $\overrightarrow{R}$ 的大小可用合力投影定理确定:

$$R = \sqrt{R_x^2 + R_y^2} = \sqrt{(\sum x)^2 + (\sum y)^2}$$

合力 $\overrightarrow{R}$ 与 x 轴所夹锐角 α,可由下式确定

$$\text{tg}\alpha = \frac{|\sum y|}{|\sum x|}, 合力 \overrightarrow{R} 的指向由 \sum x 及 \sum y 的正、负号决定。$$

二、平面汇交力系平衡的图解条件和数解条件

1. 平面汇交力系平衡的图解条件

力多边形自行封闭,代表合力 $\overrightarrow{R}$ 的封闭边为零,即 $\sum \overrightarrow{R} = 0$.

2. 平面汇交力系平衡的数解条件

各分力在任意两根坐标轴上的投影代数和分别为零,即

$$\left.\begin{array}{l} \sum x = 0 \\ \sum y = 0 \end{array}\right\} \cdots\cdots 平面汇交力系平衡方程。$$

使用上述平衡方程,可以求解两个未知量。

三、力偶是由等值,反向、平行的两个力组成。它是物体转动效果的度量(注意力矩和力偶皆是物体转动效果的度量,前者是绕矩心的转动,后者与矩心无关)。力偶不能与一个力等效。这是因为力偶在任一轴上的投影代数和为零,所以力偶只能与力偶平衡。

力偶使物体转动的效果是用力偶矩衡量,只要保证力偶矩大小,转向不变,则力偶可在其作用面内任意移、转或可同时改变组成力偶的力的大小和力偶臂的长短。

四、平面力偶系可简化为一个合力偶,合力偶之矩等于各分力偶矩的代数和。即 $M = \sum m$。显然,平面力偶系的平衡条件是各分力偶之矩的代数和等于零,即 $\sum m = 0$。

五、力的平移定理表明,一个力平行移动时,必须附加一个力偶才与原力等效,附加力偶之矩等于原力对平移点之矩。力的平移定理是平面(一般)力系简化的依据。

六、在一般情况下,平面力系向力系平面内任一点简化后,可得到一个力(主矢量 $\overrightarrow{R'}$)和一个力偶(主矩 M_0):主矢($\overrightarrow{R'}$)等于原力系中各分力的矢量和,即 $\overrightarrow{R'} = \sum \overrightarrow{F}$,主矢 $\overrightarrow{R'}$ 与简化中心无关;主矩(M_0)等于原力系中各力对简化中心之矩的代数和,即 $M_0 = \sum m_0(\overrightarrow{F})$,主矩 M_0 的大小和转向与简化中心位置有关。

平面力系向力系平面内任一点简化的结果是一个力或者是一个力偶,或者平衡即主矢 $\overrightarrow{R'} = 0$ 和主矩 $M_0 = 0$.

七、平面力系平衡方程的三种形式:

(1) 基本形式(一矩式)

$$\begin{cases} \sum x = 0 \\ \sum y = 0 \\ \sum m_A = 0 \end{cases}$$

(2) 二矩式

$$\begin{cases} \sum x = 0(或\sum y = 0) \\ \sum m_A = 0 \\ \sum m_B = 0 \end{cases}$$ 其中 x 轴(或 y 轴)不得与两个矩心 A、B 的连线垂直

(3) 三矩式

$$\begin{cases} \sum m_A = 0 \\ \sum m_B = 0 \\ \sum m_C = 0 \end{cases}$$ 其中三个矩心 A、B、C 不得共直线

通常,在使用平衡方程求解待求量时,应尽量力求先列出只含有一个待求量的平衡方程,以避免解联立方程的麻烦。但不论采用何种平衡方程,都只能列出三个独立的平衡方程,因而只能求解三个待求量。

八、平面汇交力系、平面力偶系、平面平行力系皆属平面力系的特殊情况。均可由平面力系的平衡方程直接导出它们的平衡方程式。平面汇交力系、平面力偶系、平面平行力系的平衡方程式分别为:

1. 平面汇交力系平衡方程式

$$\begin{cases} \sum x = 0 \\ \sum y = 0 \end{cases}$$

2. 平面力偶系平衡方程式

$$\sum m = 0$$

3. 平面平行力系方程式

(1) $$\begin{cases} \sum x = 0(或\sum y = 0) \\ \sum m_A = 0 \end{cases}$$

(2) $$\begin{cases} \sum m_A = 0 \\ \sum m_B = 0 \end{cases}$$ 其中两个矩心 A、B 的连线不得与平面平行力系中各分力作用线平行。

九、解算单个物体在平面力系作用下的平衡问题,其方法与平面汇交力系作用时一样,只是多了一个力矩平衡方程式。解算物体系的平衡问题时,可取整个物体系统或其中任何一个局部物体为研究对象。

解算单个物体或物体系统的平衡问题时,首先要选取合适的研究对象,正确画出其受力图,然后建立适当的参考坐标系,列出合适的平衡方程(应尽力首先列出只含一个待求量的平衡方程)求解待求量。最后的计算结果还需作校核。

十、静摩擦力 $\vec{F}$ 是阻止物体相对滑动的切向约束力,它的指向总是与相对滑动趋势的方向相反。静摩擦力 $\vec{F}$ 介于零与最大静摩擦力 $\vec{F}_m$ 之间即 $0 \leq F < F_m$,其数值由切向平衡条件确定。最大静摩擦力 $\vec{F}_m$ 由静摩擦定律决定,即 $F_m = f \cdot N$,式中 f 为静摩擦系数,N 为法向反力,其数值由法向平衡条件确定。

求解有摩擦的平衡问题,方法与不考虑摩擦的平衡问题一样,只是在列平衡方程式时要添加上摩擦力。

思 考 题

2-1 平面汇交力系的图解法是以哪个公理为依据?

2-2 力多边形中、分力的箭头与合力的箭头方向各有什么规律?

2-3 平面汇交力系平衡的几何条件是什么?

2-4 指出下列图示的各力多边形中,哪些是自行封闭或不自行封闭?在不封闭的力多边形中,哪个力是合力,哪些力是分力?

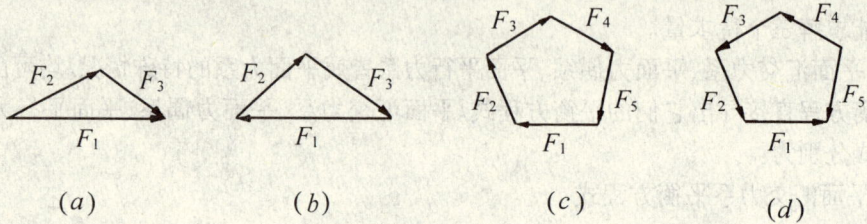

(a) (b) (c) (d)

思 2-4 图

2-5 两个力在同一轴上的投影相等,这两力是否相等?

2-6 两根轴 x_1 与 x_2 间夹角 $120°$,力 $F = 100N$,并与 x_1 轴夹 $\alpha = 30°$,分别求出此力沿 x_1,x_2 轴的分力及在 x_1,x_2 轴上的投影,由此说明力在坐标轴上投影与分力的区别。

2-7 平面汇交力系平衡的数解法以什么作为为依据?平衡的数解条件是什么?如何求解平面汇交力系平衡问题?

2-8 平面力偶系的合成结果是什么?平衡条件又是什么?

2-9 如图所示,在物体上作用两对力 $\vec{F}_1 = -\vec{F}_1{}'$,$\vec{F}_2 = -\vec{F}_2{}'$,其力多边形为一闭合图形。试问,物体是否平衡?为什么

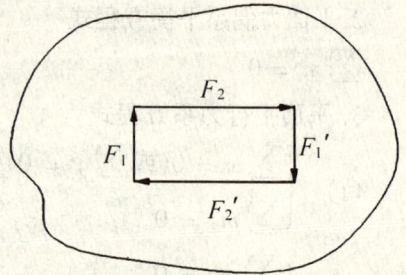

思 2-9 图

2-10 当简支梁 AB 只受主动力偶作用时,简

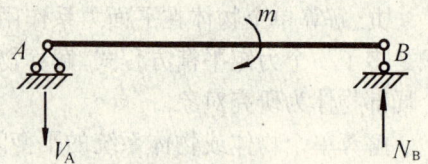

思 2-10 图

支梁 AB 的两个支座反力必须组成一个约束反力偶,为什么?

2-11 力的平移定理实质是什么?是否可将力 $\vec{F}$ 由 A 物体平移到 B 物体?为什么?

2-12 图中已知力 $\vec{P}$ 作用线经过 C 点,试求作用在 D 点与 $\vec{P}$ 力等效的力和力偶。

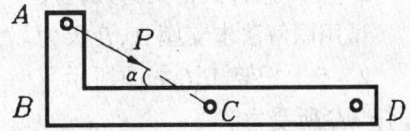
思2-12图

2-13 如图 $a)$、$b)$ 所示,两轮的半径均为 r,这两种情况下,力 $\vec{F}$ 对轮轴 0 的作用有何不同?

2-14 平面力系向一点简化时,可能产生几种结果?

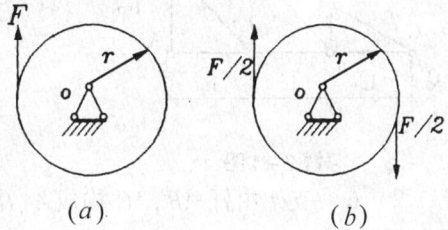
(a) (b)
思2-13图

2-15 平面力系平衡的数解条件是什么?写出三组平衡方程。

2-16 解物体系平衡问题的方法如何?什么是系统的外力?内力?在建立物体系统的平衡方程式时,为什么不需要考虑内力?

2-17 什么是静滑动摩擦力?它的大小随什么变化?是否可无限增大?

2-18 图示同一物体两种放置情况的最大静摩擦力是否相同?

2-19 最大静摩擦力 $F_m = f \cdot N$ 中的法向反力 $\vec{N}$,由哪个方向的平衡条件确定,它恒等于正压力吗?

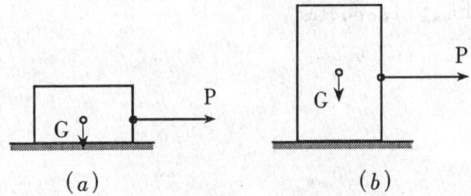
(a) (b)
思2-18

习　　题

2-1 一固定环受三根绳索的拉力,$T_1 = 1.5KN$,$T_2 = 2.1KN$,$T_3 = 1KN$,各力方向如图示。用图解法求这三个力的合力

2-2 一刚架如图所示,水平力 $P = 4KN$ 作用,若不计刚架自重,试求支座 A、D 反力(用图解法)。

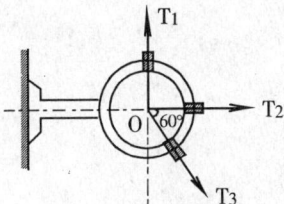
习题2-1图

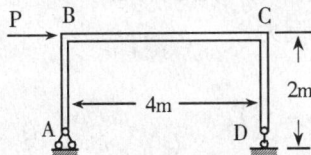
习题2-2图

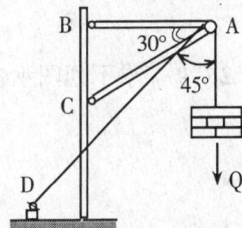
习题2-3图

2-3 起重用钢索绕过滑轮 A 吊起重物 $Q = 50KN$。如果不计结点摩擦。

试用数解法求杆 AB 和杆 AC 所受力。

2 – 4 悬臂式桁架的几何尺寸如图所示,承受荷载 $Q = 20KN$。
试用图解法求支座 A、B 反力。

2 – 5 托架 ABC 如图所示,$Q = 60KN$ 位于杆 AC 中点,如不计各杆自重,试用数解法求撑杆 BC 所受力。

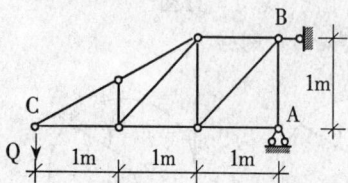

习题 2–4 图

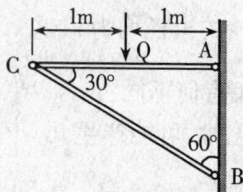

习题 2–5 图

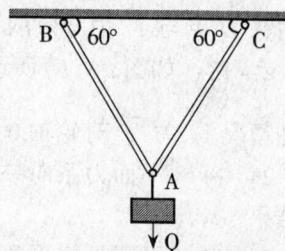

习题 2–6 图

2 – 6 支架由杆 AB、AC 构成 A、B、C 三处均是铰链,在 A 点悬挂重 G 的物体。试用数解法求 AB、AC 杆所受力。

2 – 7 某厂房柱高 $9m$,上柱重 $P_1 = 8KN$,下柱重 $P_2 = 37KN$,柱顶水平力 $Q = 6KN$,各力作用位置如图示。试将各力向柱底中心。简化。

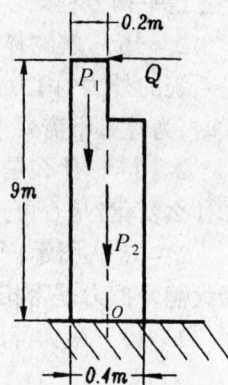

习题 2 – 7 图

2 – 8 梁受 $P_1 = 60KN$,$P_2 = 200KN$ 作用,梁尺寸如图示。求梁支座 A、B 的反力。

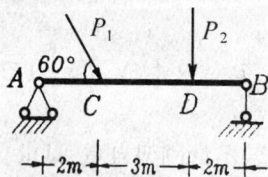

(a)

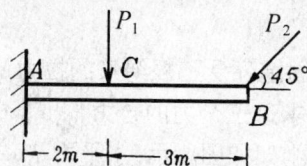

(b)

习题 2–8 图

2 – 9 求下列图示各梁支座反力。

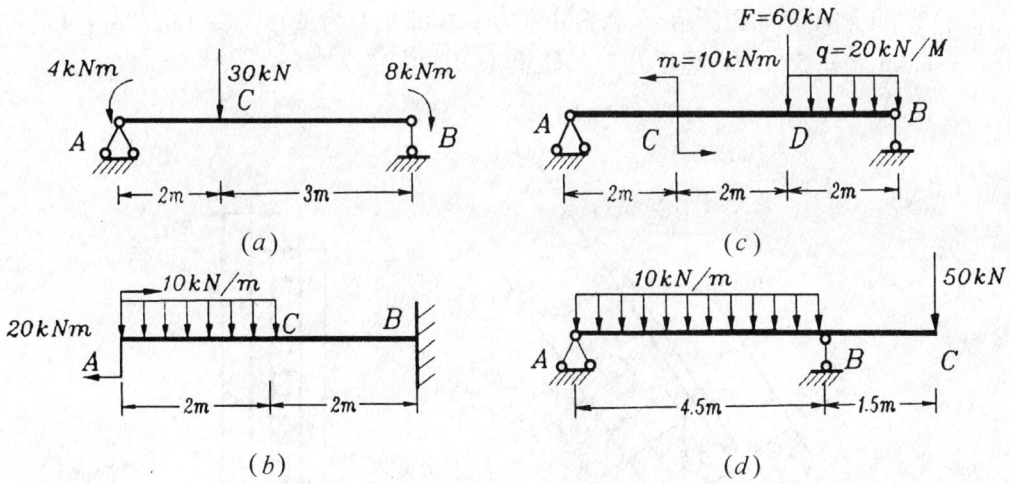

習題 2 – 9 图

2 – 10　求下列图示各刚架支座反力。

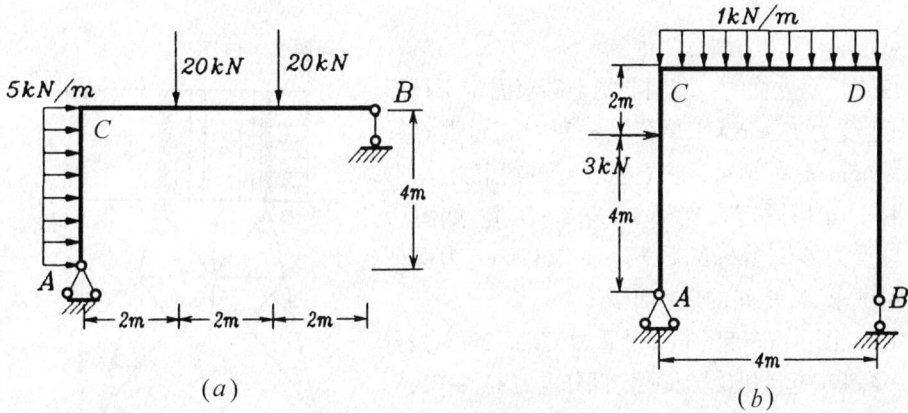

習題 2 – 10 图

2 – 11　图示起重机自重 $Q_1 = 100KN$，平衡物重 $Q_2 = 25KN$，尺寸如图示。问当起重机不致翻倒时，所允许吊起的最大重量 P 为多少？

（提示：翻倒是绕 B 点旋转）

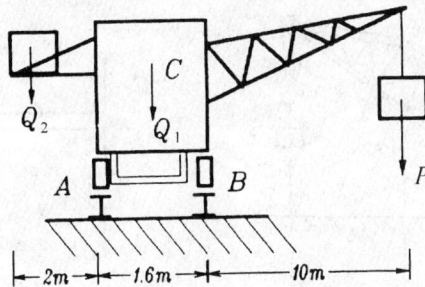

習題 2 – 11 图

2-12　上料小车如图所示。车和料共重 $G = 240\text{kN}$，C 为重心，$a = 1\text{m}$，$b = 1.4\text{m}$，$c = 1\text{m}$，$d = 1.4\text{m}$，$\alpha = 55°$，求钢绳拉力 F 和轨道 A，B 的支座反力。

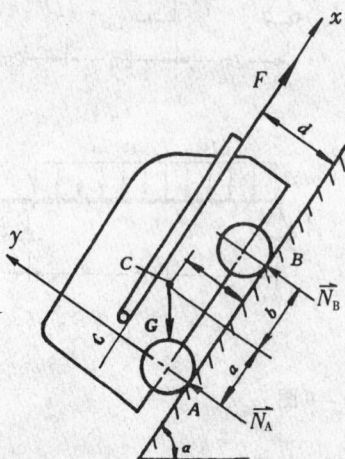

习题 2 - 12 图

2-13　厂房立柱的一端用混凝土砂浆固定于杯形基础中，其上受力 $F = 60\text{kN}$，风荷 $q = 2\text{kN/m}$，自重 $G = 40\text{kN}$，$a = 0.5\text{m}$，$h = 10\text{m}$，试求立柱 A 端的约束力。

2-14　水塔固定在支架 A，B，C，D 上，如图所示。水塔总重力 $G = 160\text{kN}$，风载 $q = 16\text{kN/m}$。为保证水塔平衡，试求 A，B 间的最小距离。

2-15　图示汽车起重机车体重力 $G_1 = 26\text{kN}$，吊臂重力 $G_2 = 4.5\text{kN}$，起重机旋转及固定部分重力 $G_3 = 31\text{kN}$。设吊臂在起重机对称面内，试求汽车的最大起重量 G。

2-16　汽车地秤如图所示，BCE 为整体台面，杠杆 AOB 可绕 O 轴转动，B、C、D 三点均为光滑铰链连接，已知法码重 G_1，尺寸 l，a。不计其它构件自重，试求汽车自重 G_2。

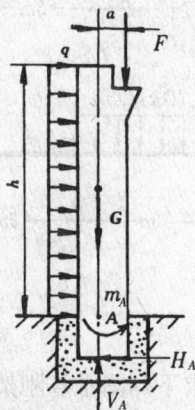

习题 2 - 13 图

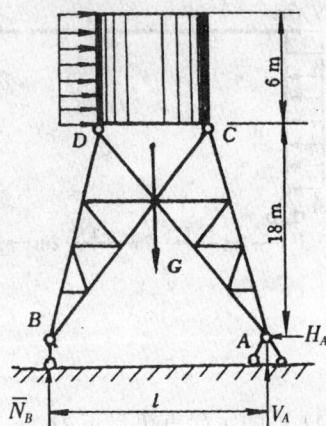

习题 2 - 14 图

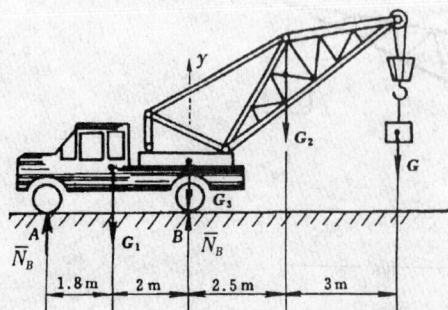

习题 2 - 15 图

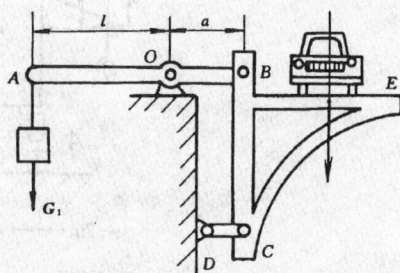

习题 2 - 16 图

2 – 17 求图示组合梁的支座反力。

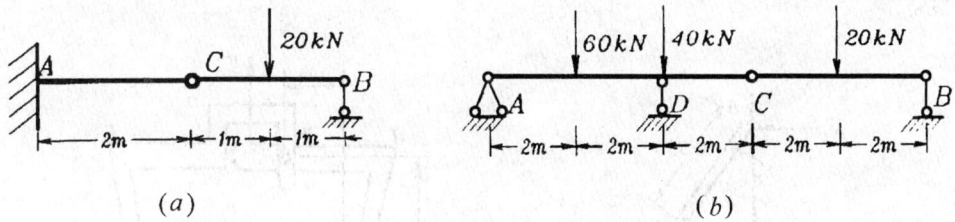

(a)   (b)

习题 2 – 17 图

2 – 18 用结点法求各杆内力。

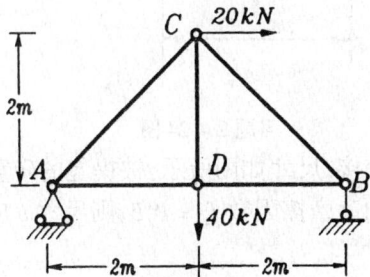

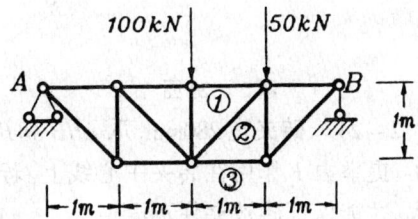

习题 2 – 18 图   题 2 – 19 图

2 – 19 用截面法求指定杆 ①,②,③ 的内力。

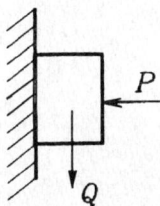

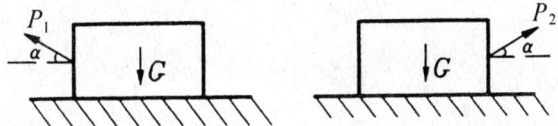

(a)   (b)

题 2 – 20 图   习题 2 – 21 图

2 – 20 物体重为 Q,用水平力 $\vec{P}$ 将它压在铅垂的墙面上,物体与墙面间的摩擦系数 $f = 0.3$,问下列两种情况下物体会不会下落。

(a) $Q = 100N, P = 400N$;

(b) $Q = 100N, P = 200N$。

2 – 21 物块重 G,在图示的两种受力情况下,如摩擦系数相同,问使物块开始滑动的力 P_1 与 P_2 的大小是否相等?为什么?

2 – 22 图示一吊运混凝土的简单起重装置。已知吊筒及混凝土共重 $G = 25kN$,吊筒与滑道间的摩擦系数 $f' = 0.3$。试求当吊筒匀速上升和下降时钢绳的拉力。

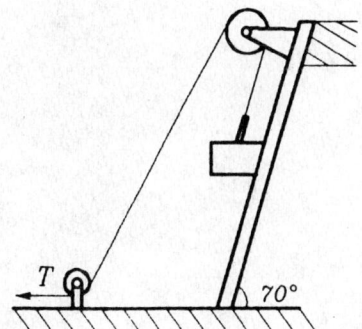

题 2 – 22 图

2 – 23 梯子 AB 重力为 $G = 200N$,靠在光滑墙上,梯子长为 $l = 3m$,已知梯子与地面间的静摩擦因数为0.25,今有一重力650N的人沿梯子向上爬,若 $a = 60°$,求人能够达到的最大高度。

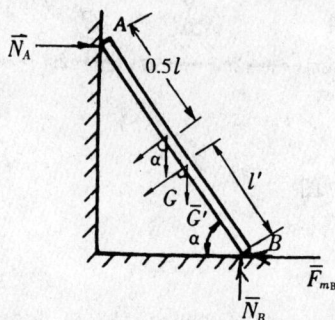

题2-23图

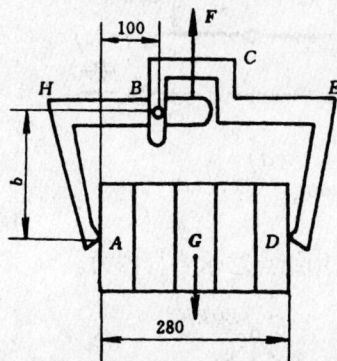

习题2-24图

2-24 砖夹宽280mm,爪 *AHB* 和 *BCED* 在 *B* 点处铰接,尺寸如图所示。被提起的砖重力为 *G* ,提举力 *F* 作用在砖夹中心线上。若砖夹与砖之间的静摩擦因数 $f_s = 0.5$,则尺寸 *b* 应为多大,才能保证砖被夹住不滑掉?

*第三章　空间力系、重心

第一节　空间力系概述

一、空间力系及其类型

平面力系是各力的作用线都在同一平面内的力系。

如果力系各力的作用线不在同一个平面内,则这样的力系称空间力系。

空间力系也类似平面力系那样,根据力的作用线位置分为三类。

1.力系中各力的作用线不共面且交于一点时称空间汇交力系。

2.力系中各力的作用线不共面且互相平行时称空间平行力系。

3.力系中各力的作用线不共面且在空间任意分布时(既不全汇交于一点,又不全相互平行)称空间任意力系(简称空间力系)。

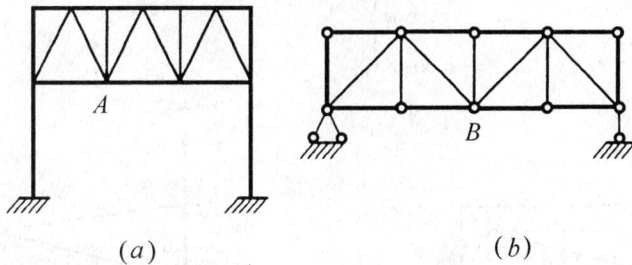

(a)　　　　　　　　(b)

图 3－1

二、工程中的空间力系实例

由于实际建筑是立体的,因此作用在其上的力系显然是空间力系。

具体计算时,常按荷载作用的情况,建筑物本身组成的情况把立体的建筑物分成若干个平面部分,而作为平面力系来处理。例如,工业厂房的骨架,横向可以分为一个个平面框架,(3－1、a)A,纵向可分为一个个支承在框架 A 上的平面桁架 B(图 3－1、b)。尽管如此,工程中毕竟还会遇到一些无法分解为平面的立体结构,它们必须按空间力系来计算。例如图(3－2、a)所示三根杆组成的支架和图(3－2、b)示的起重三脚架等。

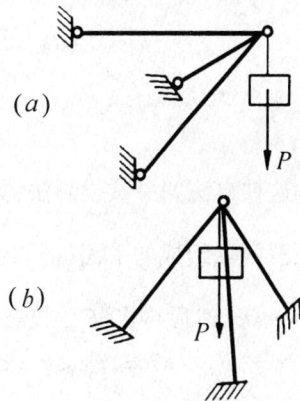

(a)

(b)

图 3－2

第二节　空间汇交力系

一、力在空间直角坐标轴上的投影

在对空间汇交力系分析时,需要应用力在空间直角坐标轴上的投影。

图(3 – 3、a)表示一个作用在0点任意方向的空间力 $\vec{F}$,x、y、z 是三根相互垂直的轴,它们构成的坐标系称空间直角坐标系。其中任意两根轴 x、y 在同一平面内,第三根轴 z 垂直于这个平面,如图(3 – 3、a)所示。

用力 $\vec{F}$ 作为对角线,以 x、y、z 轴为棱边作出一个直角六面体,力 $\vec{F}$ 与 x、y、z 三轴正方向的夹角分别记为 α、β、γ。由图 3 – 3a 可知 $\triangle OAB$ 为一直角三角形,$\angle OBA = 90°$,因此,力 $\vec{F}$ 在 y 轴上的投影为

$$y = F\cos\beta$$

同理可得:x 轴上的投影 $x = F\cos\alpha$

z 轴上的投影 $z = F\cos\gamma$

$$\left. \begin{aligned} x &= F\cos\alpha \\ y &= F\cos\beta \\ z &= F\cos\gamma \end{aligned} \right\} \tag{3 – 1}$$

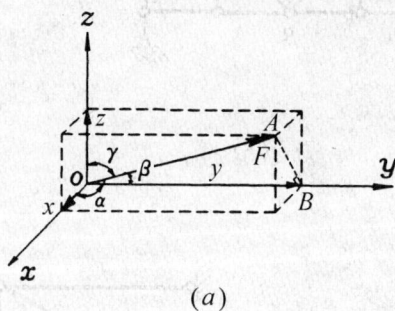

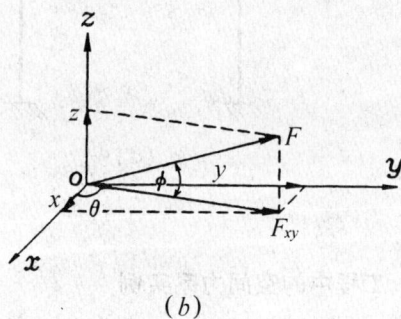

(a)　　　　　　(b)

图 3 – 3

这种方法叫一次投影法:如果不易找到空间 $\vec{F}$ 力和各坐标轴的夹角,可先将力 $\vec{F}$ 投影到任意两轴组成的平面(例如图 3 – 3b)中的 xoy 面,$\vec{F}$ 力在平面上的投影 $\vec{F}_{xy}$ 是矢量,$\vec{F}_{xy} = \vec{F}\cos\varphi$,然后再将 $\vec{F}_{xy}$ 投影到 x、y 轴上,则

$$\left. \begin{aligned} x &= F_{xy}\cos\theta = F\cos\varphi \cdot \cos\theta \\ y &= F_{xy}\sin\theta = F\cos\varphi \cdot \sin\theta \\ z &= F\sin\varphi \end{aligned} \right\} \tag{3 – 2}$$

这种方法叫力的二次投影法

若已知力 $\vec{F}$ 在 X、Y、Z 轴上的投影 x、y、z,则力 $\vec{F}$ 的大小、方向,可由下两式求得

$$F = \sqrt{x^2 + y^2 + z^2} \qquad\qquad (3-3)$$

$$\cos\alpha = \frac{|x|}{F}, \cos\beta = \frac{|y|}{F}, \cos\gamma = \frac{|z|}{F} \qquad\qquad (3-4)$$

例 3 – 1　已知力 $\vec{F}$ 的大小及 α、φ。求图 $(3-4a$、$b)$ 所示的力 $\vec{F}$ 在 x、y、z 轴上的投影。

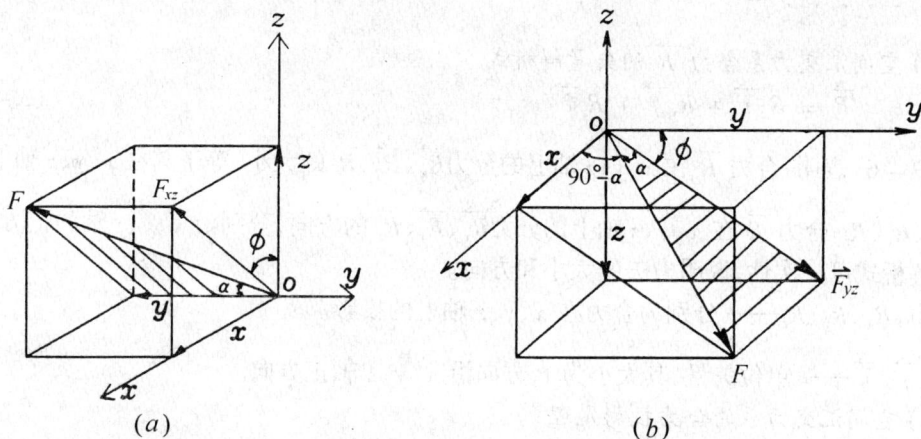

(a) 　　　　　　　　　　　　(b)

图 3 – 4

[解]:(1) 图 $3-4a$ 所示的 $\vec{F}$ 与 y 轴夹 α 角,故有

$$y = -F\cos\alpha$$

$$\vec{F}_{xz} = \vec{F}\sin\alpha$$

(2) 在 xoz 面内, $\vec{F}_{xz}$ 与 z 轴夹 φ 角,则

$$Z = F_{xz}\cos\varphi = F\sin\alpha \cdot \cos\varphi$$

$$X = F_{xy}\sin\varphi = F\sin\alpha \cdot \sin\varphi$$

(3) 图 $3-4b$ 所示的 $\vec{F}$ 与 x 轴夹 $(90° - \alpha)$ 角,故有

$$X = F\cos(90° - \alpha) = F\sin\alpha$$

$$\vec{F}_{yz} = \vec{F}\cos\alpha$$

(4) 在 yoz 平面内, $\vec{F}_{yz}$ 与 y 轴夹 φ 角,故有

$$Z = -F_{yz}\sin\varphi = -F\cos\alpha \cdot \sin\varphi$$

$$Y = F_{yz}\cos\varphi = F\cos\alpha \cdot \cos\varphi$$

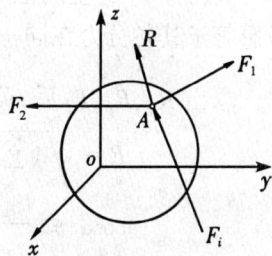

图 3 – 5

二、空间汇交力系的简化及平衡条件

(一) 空间汇交力系的简化

设在物体的 A 点,作用着一个空间汇交力系 $(\vec{F}_1$、$\vec{F}_2 \cdots\cdots \vec{F}_i)$ 如图 $3-5$ 所示,它的简化过程与平面汇交力系的简化相似,这是因为它其中的任意二个力一定共面,故连续应用平行四边形法则,就可将它最终简化为一个经过汇交点 A 的合力 $\vec{R}$,于是

$$\vec{R} = \vec{F_1} + \vec{F_2} + \cdots\cdots + \vec{F_i} = \sum_{i=1}^{n} \vec{F_i} \qquad (3-5)$$

即空间汇交力系简化的一般结果为一合力 $\vec{R}$，合力 $\vec{R}$ 通过各力的汇交点，合力矢 $\vec{R}$ 等于各分力矢的矢量和 $\sum_{i=1}^{n} \vec{F_i}$。

（二）空间汇交力系合力 $\vec{R}$ 的矢量解析式

$$\vec{R} = R_x \vec{i} + R_y \vec{j} + R_z \vec{k} \qquad (3-6)$$

式(3-6)表明：合力 $\vec{R}$ 在 x、y、z 轴上的分力 $\vec{R_x}$、$\vec{R_y}$、$\vec{R_z}$ 的大小，等于其在 x、y、z 轴上的投影 R_x、R_y、R_z；合力 $\vec{R}$ 在 x、y、z 轴上的分力 $\vec{R_x}$、$\vec{R_y}$、$\vec{R_z}$ 的方向，分别沿 x、y、z 轴的正方向。用矢量解析式可一次性，说明力矢的大小和方向。

式中，R_x、R_y、R_z——分别为合力在 x、y、z 轴上的投影。

$\vec{i}$，$\vec{j}$，$\vec{k}$——单位矢量，其大小为1，方向沿 x、y、z 轴正方向。

（三）空间汇交力系的合力投影定理

将式(3-5)：$\vec{R} = \vec{F_1} + \vec{F_2} + \cdots + \vec{F_i} = \sum_{i=1}^{n} \vec{F_i}$，两边分别向 x、y、z 三坐标轴投影，则得

$$\left. \begin{array}{l} R_x = x_1 + x_2 + \cdots\cdots + x_i = \sum_{i=1}^{n} x_i \\[2mm] R_y = y_1 + y_2 + \cdots\cdots + y_i = \sum_{i=1}^{n} y_i \\[2mm] R_z = z_1 + z_2 + \cdots\cdots + z_i = \sum_{i=1}^{n} z_i \end{array} \right\} \qquad (3-7)$$

式(3-7)称空间汇交力系的合力投影定理，它表明空间汇交力系的合力在某一轴上的投影等于其各分力在同一轴上投影的代数和。

求出 R_x、R_y、R_z 后，可按公式(3-3)、(3-4)求得空间汇交力系合力 $\vec{R}$ 的大小及方向。

$$R = \sqrt{(\sum x)^2 + (\sum y)^2 + (\sum z)^2} \qquad (3-8)$$

$$\left. \begin{array}{l} \cos\alpha = \dfrac{|\sum x|}{R} \\[4mm] \cos\beta = \dfrac{|\sum y|}{R} \\[4mm] \cos\gamma = \dfrac{|\sum z|}{R} \end{array} \right\} \qquad (3-9)$$

（四）空间汇交力系的平衡条件及平衡方程

如某一空间汇交力系的合力为零，则该力系必为平衡力系。反之，要使一个空间汇交力系成为平衡力系，必须是它的合力 $\vec{R}$ 为零。

因此，空间汇交力系平衡的必要与充分条件是合力 $\vec{R}$ 为零，即

$$\vec{R} = \sum_{i=1}^{n} \vec{F}_i = 0 \qquad\qquad (3-10)$$

将以上矢量形式的平衡条件向 x、y、z 轴投影,得

$$\left.\begin{array}{l} \Sigma x = 0 \\ \Sigma y = 0 \\ \Sigma z = 0 \end{array}\right\} \qquad (3-11)$$

式(3-11)表明,一个平衡的空间汇交力系其各分力在空间直角标轴 x、y、z 上的投影代数和均等于零,式(3-11)称空间汇交力系平衡方程。

例 3-2　图 3-6 所示一空间汇交力系,$F_1 = 3KN$,$F_2 = 4KN$,$F_3 = 5KN$。$\vec{F_1}$ 与 x 轴重合,$\vec{F_2}$ 与 y 轴夹 $60°$ 角,$\vec{F_3}$ 与 x 轴夹 $45°$ 角。

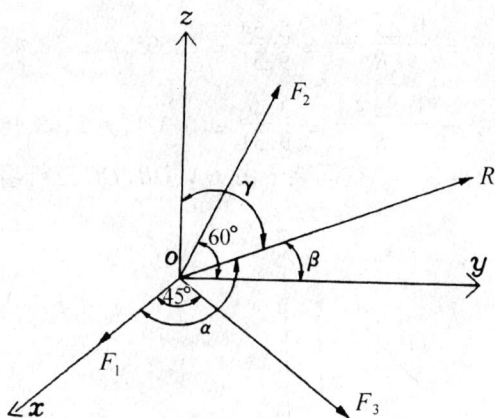

图 3-6

求空间汇交力系的合力 $\vec{R}$

[解]:(1)计算各力在 x、y、z 轴上的投影

$x_1 = F_1 = 3KN$,

$y_1 = 0$,

$z_1 = 0$;

$x_2 = 0$,

$y_2 = F_2\cos60° = 4 \times \cos60° = 2KN$,

$z_2 = F_2\sin60° = 4 \times \sin60° = 3.46KN$;

$x_3 = F_3\cos45° = 5 \times \cos45° = 3.54KN$,

$y_3 = F_3\sin45° = 5 \times \sin45° = 3.54KN$,

$z_3 = 0$;

(2)计算合力 $\vec{R}$ 在 x、y、z 轴上的投影

由式(3-7)得

$$R_x = \sum x = x_1 + x_2 + x_3 = 3 + 0 + 3.54 = 6.54KN$$

$$R_y = \sum y = y_1 + y_2 + y_3 = 0 + 2 + 3.54 = 5.54KN$$

$$R_z = \sum x = z_1 + z_2 + z_3 = 0 + 3.46 + 0 = 3.46KN$$

(3)计算合力 $\vec{R}$ 大小

$$R = \sqrt{\left(\sum x\right)^2 + \left(\sum y\right)^2 + \left(\sum z\right)^2}$$

$$R = \sqrt{(6.54)^2 + (5.54)^2 + (3.64)^2} = \sqrt{86.71} = 9.31(KN)$$

(4) 计算合力 $\vec{R}$ 的方向

$$\cos\alpha = \frac{|\sum x|}{R} = \frac{6.54}{9.31} = 0.702, \alpha = 45.37°;$$

$$\cos\beta = \frac{|\sum y|}{R} = \frac{5.54}{9.31} = 0.595, \beta = 53.48°;$$

$$\cos\gamma = \frac{|\sum z|}{R} = \frac{3.46}{9.31} = 0.371, \gamma = 68.18°;$$

例 3 – 3   一空间架子由 OA、OB、OC 三杆组成,如图 3 – 7a 所示,OA 和 OB 两杆是位

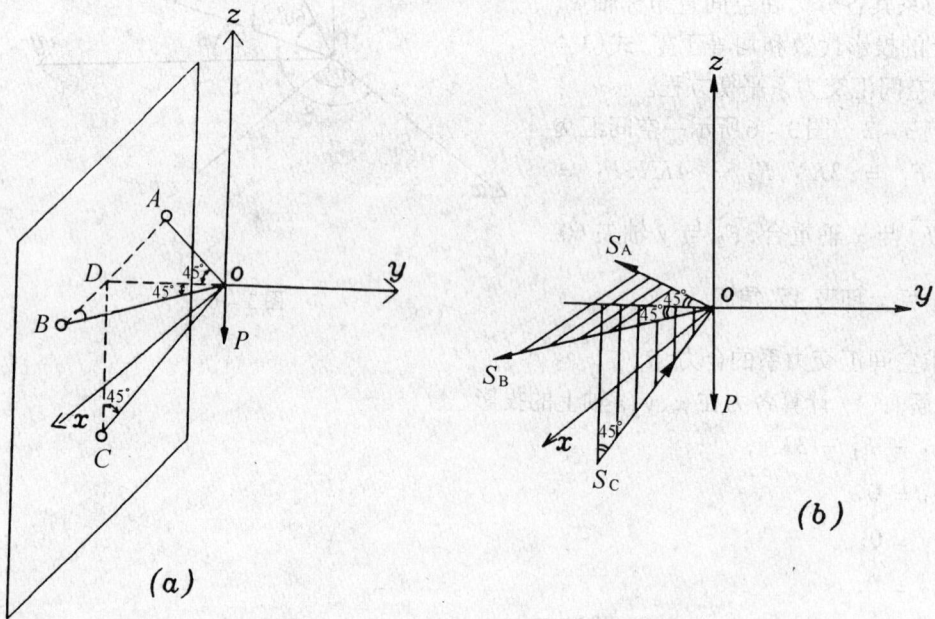

(a)   (b)

图 3 – 7

于同一水平平面上的等长杆件。A、B、C 三点在同一垂直平面内,C 点在 AB 中点的正下方。
今有竖直力 $P = 0.5KN$,作用在 0 点,图中尺寸为 $BD = AD = 10cm$,$0D = CD = 20cm$。
求三根杆所受的力。

[解]:(1) 取铰 O 为研究对象画受力图(图 3 – 7b);

(2) 建立图示 $oxyz$ 系及受力图的水平投影图(图 3 – 7c),

(3) 列平衡方程求解

a. 由 $\Sigma z = 0$,得

$$S_C\cos45° - P = 0,$$

$$S_C = \frac{P}{\cos45°} = \frac{500}{0.707} = 707.2(N)$$

b. 由 $\Sigma x = 0$,得

$$S_B\sin45° - S_A\sin45° = 0,$$

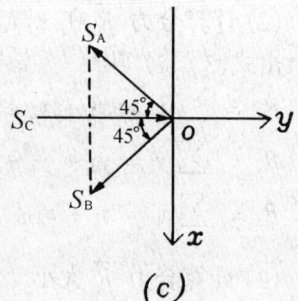

(c)

$$S_A = S_B$$

$c.$ 由 $\Sigma y = 0$，得

$$S_C \cdot \sin45° - S_A \cdot \cos45° - S_B \cdot \cos45° = 0,$$

$$S_C = 2S_A$$

$$S_A = \frac{S_C}{2} = \frac{707.2}{2} = 353.6N$$

$$S_B = S_A = 353.6N。$$

例 3 - 4　高为 $6m$ 的 OC 杆，在图 $3 - 8a$ 所示的 O 处，承受水平向下 $20°$ 角的拉力 $P = 15kN$，C 处因埋置较浅可视作球铰支座。为保持 OC 杆的垂直平衡状态，故用 OA，OB 两钢索固定。

试求每根钢索的拉力和 OC 杆所受的压力。

[**解**]：由于不计 OC 杆自重；O，C 两端可视为球铰联系，且该杆只在两端受力，故为二力杆。

(1) 取球铰 O 为研究对象，画受力图（图 $3 - 8b$）；

(2) 建立图示 $oxyz$ 系；

(3) 列平衡方程求解

$a.$ $\Sigma x = 0,$　　　　　$T_A\cos60° \times \sin30° - T_B\cos60°60 \times \sin30° = 0$

得　　　　　　　　　　　　　$T_A = T_B$

$b.$ $\Sigma y = 0,$　　　　$P\cos20° - T_A\cos60° \times \cos30° - T_B\cos60°60 \times \cos30° = 0$

将 T_B，T_A 代入上式：

$$2T_A\cos60° \times \cos30° = 15 \times \cos20°$$

得钢索 OA 受拉力

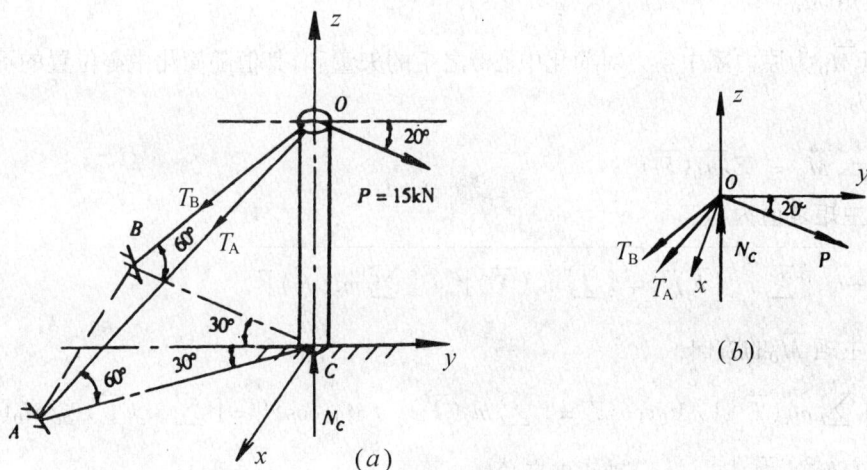

图 3 - 8

$$T_A = 16.3kN$$

$c.$ $\Sigma Z = 0,$　　　　$N_C - T_A\sin60° - T_B\sin60° - P\sin20° = 0$

以 $T_A = T_B = 16.3kN$ 代入上式，得 OC 杆受压力：

$$N_C = 33.7kN$$

第三节 空间任意力系的平衡条件及平衡方程

一、空间(任意)力系的简化

1.主矢量 $\vec{R'}$

与平面力系一样,空间力系向任一点简化后,可得一个空间汇交力系与一组空间力偶系,前者可简化为主矢量,后者则简化为主矩。

主矢量 $\vec{R'}$ 为原力系中各力的矢量和,其值与简化中心位置的选择无关。

主矢量 $\vec{R'}$ 为

$$\vec{R'} = \sum_{i=1}^{n} \vec{F_i}$$

(1) 主矢之值为 $R' = \sqrt{(\sum x)^2 + (\sum y)^2 + (\sum z)^2}$; (3 – 12)

(2) 主矢 $\vec{R'}$ 的方向:

$$\begin{cases} \cos\alpha = |\sum x| / R' \\ \cos\beta = |\sum y| / R' \\ \cos\gamma = |\sum z| / R' \end{cases} \quad (3-12')$$

α、β、γ——$\vec{R'}$ 与 x、y、z 轴正向夹角。

2.主矩 $\vec{M_0}$

主矩 $\vec{M_0}$ 为原力系中各力对简化中心 0 之矩的矢量和,其值随简化中心位置的不同而改变,主矩为

$$\vec{M_0} = \sum_{i=1}^{n} \vec{m_0}(\vec{F_i})$$

(1) 主矩之值为

$$M_0 = \sqrt{[\sum m_x(\vec{F})]^2 + [\sum m_y(\vec{F})]^2 + [\sum m_z(\vec{F})]^2} \quad (3-13)$$

(2) 主矩 $\vec{M_0}$ 的方向:

$$\cos\alpha' = |\sum m_x(\vec{F})| / M_0 ; \cos\beta' = |\sum m_y(\vec{F})| / M_0 ; \cos\gamma' = |\sum m_z(\vec{F})| / M_0 (3-13')$$

α'、β'、γ'——$\vec{M_0}$ 与 x、y、z 轴正向夹角。

二、空间力系的平衡条件与平衡方程

1.空间力系平衡的必要、充分条件

当空间力系向任一点简化后,所得的主矢量 $\vec{R'} = 0$ 与主矩 $\vec{M_0} = 0$ 时,该空间力系必为平衡力系。

因此,空间力系平衡的必要和充分条件是主矢量 $\vec{R'} = 0$,主矩 $\vec{M_0} = 0$

2.空间力系的平衡方程

$$由\ \overrightarrow{R'} = \Sigma\overrightarrow{F} = 0, 得 \begin{cases} \Sigma x = 0 \\ \Sigma y = 0 \\ \Sigma z = 0 \end{cases}$$

$$(3-14)$$

$$由\ \overrightarrow{M_0} = \Sigma\overrightarrow{m}_0(\overrightarrow{F}), 得 \begin{cases} \Sigma m_x(\overrightarrow{F}) = 0 \\ \Sigma m_y(\overrightarrow{F}) = 0 \\ \Sigma m_z(\overrightarrow{F}) = 0 \end{cases}$$

前三个方程称投影方程,表示空间力系的各力在三个相互垂直的坐标轴 x、y、z 上投影的代数和为零,表明空间力系对物体无任何方向的平动作用。后三个方程称为力矩方程,表示空间力系的各力对三个坐标轴 x、y、z 的力矩代数和为零,表明空间力系对物体无绕任何轴的转动作用,式(3－14)称空间力系平衡方程。

空间力系有 6 个独立的平衡方程,可以至多解 6 个未知量,若问题含有 6 个以上未知量,则为空间静不定问题。

例3－5 图3－9 a 所示水平放置的直角弯折杆,在 A 处用光滑的联轴节支承,D 处为球铰,B 处用 BC 绳拉住,

求 BC 绳的拉力及 A、D 处的支承反力。在 A 处的光滑联轴节仅在 x 轴和 y 轴方向有支反力。

[解]:(1) 建立图3－9 b 所示,$Dxyz$ 坐标系计算时注意力矩轴的选择,尽量利用力与轴平行或相交均不产生力矩的这一特点,使方程简化。并注意建立方程的次序,力求一个方程中只有一个未知量。

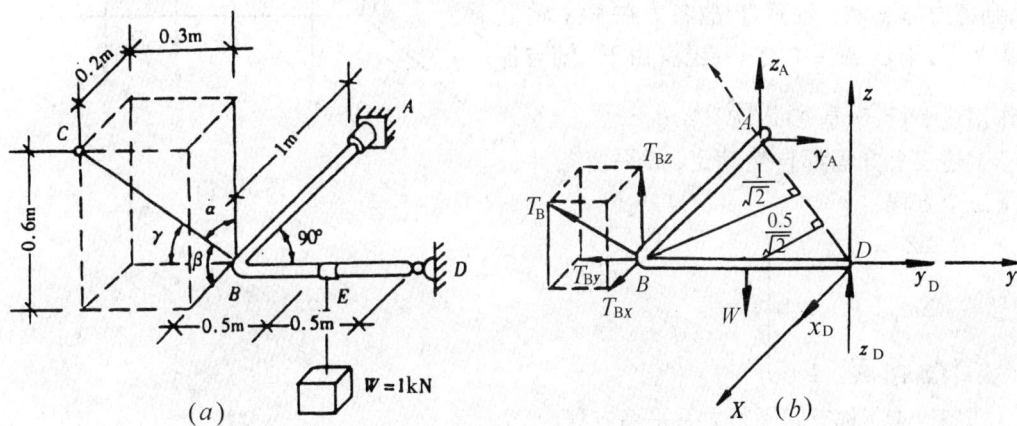

图 3－9

(2) 取弯折杆为研究对象,画弯折杆的受力图,(如图3－9 b 所示)。有六个未知量:球铰的三个分力 x_D,y_D,z_D,光滑联轴节的两个分力 z_A,y_A 以及绳的拉力 T_B。

将 BC 绳拉力 T_B 向三坐标轴分解为 T_{Bx},T_{By},T_{Bz} 分力。

(3) 列平衡方程求解

a. 由 $\sum M_{AD} = 0$. $\qquad T_{BZ} \times \dfrac{1}{\sqrt{2}} - W \times \dfrac{0.5}{\sqrt{2}} = 0$, 将 $W = 1000N$ 代入

得 $\qquad T_{BZ} = 500N$

又 $\qquad T_{BZ} = T_B\cos\left(\arctan\dfrac{\sqrt{0.2^2+0.3^2}}{0.6}\right)$

$\qquad\qquad\quad = T_B\cos 30.96°$

得 $\qquad T_B = 583N;$

同理 $\qquad T_{Bx} = T_B\cos\left(\arctan\dfrac{\sqrt{0.6^2+0.3^2}}{0.2}\right) = 166.60N;$

$\qquad\qquad T_{By} = T_B\cos\left(\arctan\dfrac{\sqrt{0.6^2+0.2^2}}{0.3}\right) = 250N;$

b. 由 $\sum M_{AB} = 0, z_D \times 1 - W \times 0.5 = 0, z_D = 500N;$

c. 由 $\sum M_{BD} = 0, z_A = 0;$

d. 由 $\sum M_z = 0, -y_A \times 1 + T_{Bx} \times 1 = 0, y_A = T_{Bx} = 166.6N;$

e. 由 $\sum y = 0, y_A + y_D - T_{By} = 0, y_D = T_{By} - y_A = 250 - 166.6 = 83.4N;$

f. 由 $\sum x = 0, T_{Bx} + x_D = 0, x_D = -T_{Bx} = -166.6N,$ "$-$"说明 $\overrightarrow{x}_D$ 方向与图示相反。

三、空间平行力系及平衡方程

它是空间力系的特殊情况。

当力系的各力不共面且各力的作用线相互平行时称空间平行力系,如图 3 – 10 所示。

若令坐标轴中的 Z 轴与力系各力作用线平行,则各力与 x 和 y 轴垂直,故各力在 x、y 轴上投影为零,于是 $\Sigma x = 0, \Sigma y = 0$,又由于 z 轴与各力作用线平行,于是 $\Sigma m_z(\overrightarrow{F}) = 0,$

上述三个方程都自然满足,故平衡条件只余下三个方程

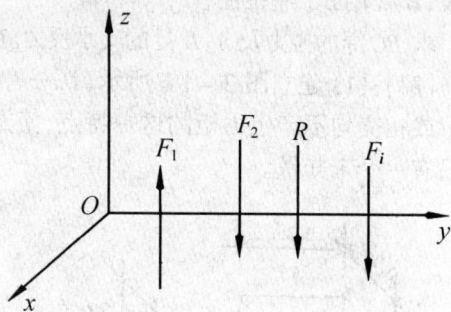

图 3 – 10

$$\left.\begin{array}{l} \Sigma Z = 0 \\[2mm] \Sigma m_x(\overrightarrow{F}) = 0 \\[2mm] \Sigma m_y(\overrightarrow{F}) = 0 \end{array}\right\} \qquad\qquad (3 – 15)$$

式(3 – 15)称空间平行力系平衡方程。

例 3 – 6 图 3 – 11 所示为三轮货车示意图、车身自重 $W = 50KN$、重物 $G = 100KN$,设 $BC = 1m, BD = CD = 0.5m, AD = 1.5m, BE = 0.4m, EK = 0.6m, DH = 0.5m$。

求 A、B、C 三轮对地面的压力。

[解]:(1) 取三轮货车为研究对象画受力图;

(2) 建立图示 $oxyz$ 系;

(3) 列平衡方程求解

a. 由 $\Sigma m_x(\overrightarrow{F}) = 0$,得

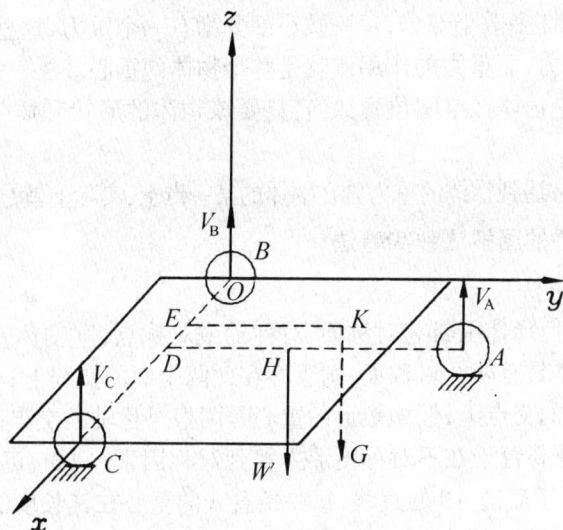

图 3－11

$- W \times DH - G \times EK + V_A \times AD = 0$

$V_A = \dfrac{W \times DH + G \times EK}{AD} = \dfrac{50 \times 0.5 + 100 \times 0.6}{1.5} = 56.7 KN$

$b.$ 由 $\Sigma m_y(\vec{F}) = 0$，得

$W \times BD + G \times EB - V_c \times BC - V_A \times DB = 0$

$V_C = \dfrac{W \times BD + G \times EB - V_A \times DB}{BC}$

$\quad = \dfrac{50 \times 0.5 + 100 \times 0.4 - 56.7 \times 0.5}{1}$

$\quad = 36.65 KN$

$c.$ 由 $\Sigma z = 0$，得

$V_A + V_C + V_B - W - G = 0$

$V_B = W + G - V_A - V_C$

$\quad = 50 + 100 - 56.7 - 36.65$

$\quad = 56.65 KN$

第四节　重　心

一、物体的重心

重心这个概念是经常碰到的,我们在实际中已有初步的认识。如日常生活中挑担,选择好位置挑起来省力,选择位置就是找好重心。

地球上的一切物体都受到地球引力的作用,这个引力就是物体的重力,重力的方向竖直向下,重力的大小就是习惯上说的重量。

如果把物体分成许多微小部分,每一微小部分都有一个重力,这些微小部分重力的合力也就是整个物体的重力,而重力的作用点就是整个物体的重心。

由实验知道,不论物体在空间位置如何,只要该物体的形状和质量不发生变化,重心的位置是不会改变。

前面各章例题中常遇到物体的重力画在物体的某一点上,实际上就是画在物体的重心上。

二、确定物体重心的图解法和实验法

(一)对称法(图解法)

如匀质物体的几何形体上具有对称面,对称轴或对称点、则物体重心必在对称面,对称轴或对称点上。若物体具有两个对称面,则重心在此两个面的交线上;若物体有两根对称轴,则重心就在此两根轴的交点上;例如矩形的重心是两根对称轴的交点。

应用对称法时,还要善于在不对称图形上找到对称因素。例如,可将任意 $\triangle ABD$(图 3-12a)分割成无数平行于底边 AB 的直线,每一条直线的重心在其长度的中点(对称点)上,这些中点连起来形成一条形心迹线 DE;用同样方法再确定另一条形心迹线 AH,两条形心迹线 DE 和 AH 的交点 C 即为任意 $\triangle ABD$ 的重心。

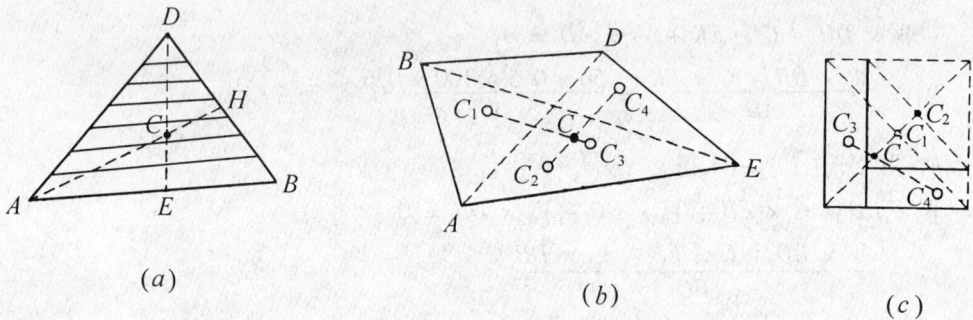

(a) (b) (c)

图 3-12

又如,对任意四边形 $ABDE$(图 3-12b),则可采用划分为不同的两对三角形的方法,找到两条形心迹线 C_1C_3 与 C_2C_4,两线的交点 C 即为四边形重心。

有时对面积的划分还可采用负面积法,图(3-12C)所示的角铁,第一次分割为 C_3、C_4 相加,第二次则分割为 C_1 与 C_2 之差,二条形心迹线 C_1C_2 与 C_3C_4 的交点 C 即为角铁重心。应用对称法不需计算,用作图方法即可确定图形重心。

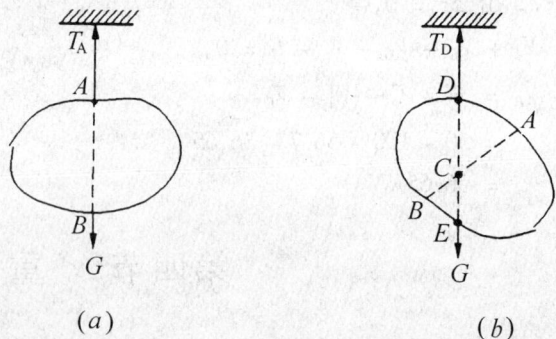

(a) (b)

图 3-13

(二)实验法(平衡法)

1. 悬挂法

对于形状复杂的的薄板,求重心位置时,可将板悬挂于任一点 A(图3-13a),

据二力平衡公理,板重力 $\vec{G}$ 与绳拉力 $\vec{T}_A$ 必在同一直线上,故重心一定在铅垂的挂绳延长线 AB 上。重复用上法,将板悬挂于另一点 D 上,平板的形心必在过 D 点的铅垂线 DE 上,AB 与 DE 的交点 C 即为平板重心。

2. 称重法

对形状复杂、体积庞大的物体,可用此法确定重心位置。例如连杆,本身具有两个相互垂直的纵向对称面,重心必在这两个平面的交线即连杆中心线 ab 上,即图图3-14所示的 x 轴上。

重心在 x 轴上的位置可用下述方法确定:先秤出连杆重量 G,然后将其一端支承于固定支点 A 上,并使中心线 ab 处于水平位置,另一端支于磅秤上读出磅秤读数 N_B 值,并量出两支点 A、B 间的水平距离 l,则由

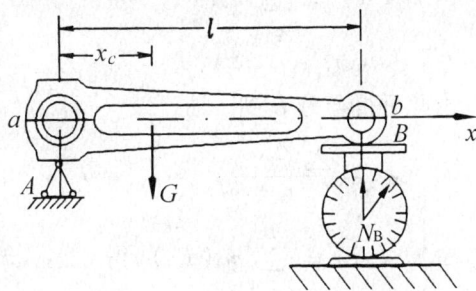

图 3-14

$$\Sigma m_A = 0 \qquad 可得$$

$$N_B \cdot l - G \cdot x_C = 0$$

$$x_C = \frac{N_B l}{G}$$

三、物体重心坐标的计算公式

可利用空间力系的合力矩定理:

$$m_x(\vec{R}) = \sum_{i=1}^{n} m_x(\vec{F}_i)、$$

$$m_y(\vec{R}) = \sum_{i=1}^{n} m,(\vec{F}_i)、$$

$$m_z(\vec{R}) = \sum_{i=1}^{n} m_z(\vec{F}_i)$$

推导物体重心位置的计算公式。

图3-15所示为一任意形状的物体,为确定其重心位置,建立一个

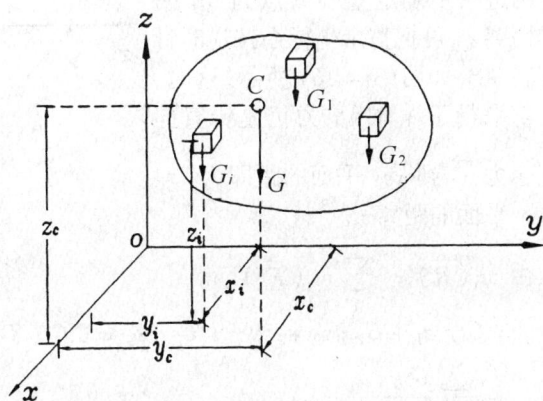

图 3-15

空间直角坐标系 $oxyz$ 作为参考系。如果把物体分割成若干小块,每一小块体积的重力用 $\vec{G}_i$ 表示(i 代表1、2、3……n 的任意一块),$\vec{G}_i$ 作用点在参考系中的坐标为(x_i、y_i、z_i)。

每一小块物体都是铅直向下,所以各小块重力构成了一个空间平行力系,其合力 $\vec{G}$ 的作用点即为物体的重心 C。

设物体重心为 C,其坐标为 x_c、y_c、z_c。

合力 $\vec{G}$ 的大小等于各微块重力的和,即

$$G = G_1 + G_2 + \cdots\cdots + G_i = \sum_{i=1}^{n} G_i$$

为确定 $\vec{G}$ 力位置,可以应用合力矩定理

由 $m_y(\vec{R}) = \sum_{i=1}^{n} m_y(\vec{F}_i)$,得

$$G \cdot x_C = G_1 x_1 + G_2 x_2 + \cdots\cdots + G_i x_i = \Sigma G \cdot x$$

由此可得合力 G 到 y 轴距离

$$x_C = \frac{\sum G \cdot x}{G}$$

由 $m_x(\vec{R}) = \sum_{i=1}^{n} m_x(\vec{F}_i)$,得

$$- G \cdot y_C = - G_1 \cdot y_1 - G_2 \cdot y_2 - \cdots\cdots - G_i \cdot y_i = -\Sigma G \cdot y$$

由此可得合力 $\vec{G}$ 到 x 轴距离

$$y_C = \frac{\sum G \cdot y}{G}$$

x_c 和 y_c 确定了 $\vec{G}$ 力作用线位置。

为进一步确定重心 c 点到 xoy 平面的距离 z_c,可把整个坐标系按逆时针向旋转 $90°$,如图(3 – 16)所示,这时,重力都平行于 y 轴(重力仍是铅直向下)。合力 $\vec{G}$ 到 xoy 平面的距即为 C 点到 xoy 平面的距离 z_c。

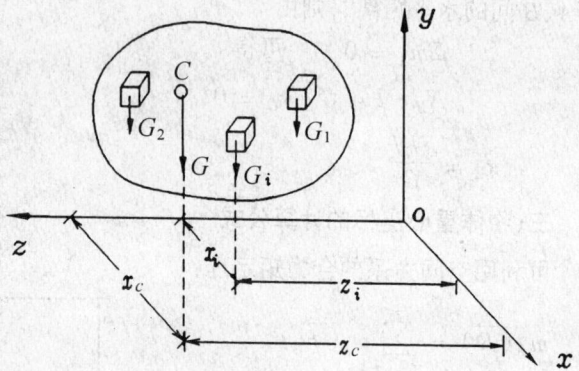

图 3 – 16

由 $m_x(\vec{R}) = \sum_{i=1}^{n} m_x(\vec{F}_i)$,得

$$G \cdot z_c = G_1 \cdot z_1 + G_2 \cdot z_2 + \cdots\cdots + G_i \cdot Z_i = \Sigma G \cdot Z$$

$$z_c = \frac{\sum G \cdot z}{G}$$

这样,物体重心 c 点的坐标 x_c、y_c、z_c 计算公式为:

$$\left. \begin{array}{l} x_c = \Sigma G \cdot x / G \\ y_c = \Sigma G \cdot y / G \\ z_c = \Sigma G \cdot z / G \end{array} \right\} \qquad (3 - 16)$$

四、形心

一块极薄的薄片面积 A,其重心必定在薄片平面内,即 $z_c = 0$。只要求出两个坐标 x_c、y_c 就可以确定重心 c 的位置、如图 3 – 17 所示。

设想把薄片分成无数多小块、每小块面积为:A_1、A_2……A_i,单位面积薄片的重量用 γ 表示,则每一小块的重量为

$$G_1 = \gamma \cdot A_1,$$

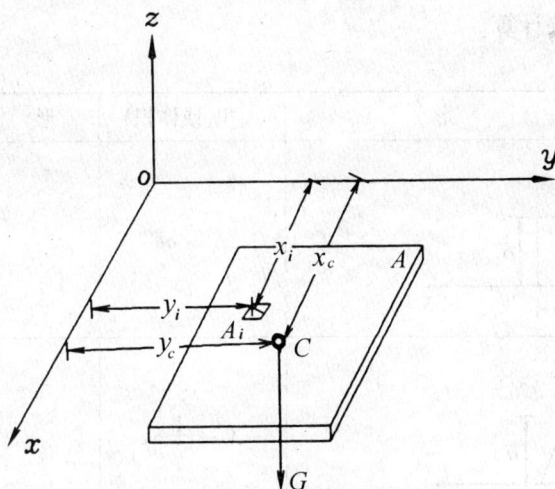

图 3 - 17

$G_2 = \gamma A_2, \cdots\cdots G_i = \gamma A_i$

薄片的总重量 $\quad G = G_1 + G_2 + \cdots\cdots + G_i = \gamma A_1 + \gamma A_2 + \cdots\cdots + \gamma A_i$

$$= \gamma(A_1 + A_2 + \cdots\cdots + A_i) = \gamma \cdot A$$

由(3 - 16)式,可得重心 c 的坐标

$$x_c = \frac{\sum G \cdot x}{G} = \frac{\gamma A_1 x_1 + \gamma A_2 x_2 + \cdots\cdots + \gamma A_i x_i}{\gamma A}$$

$$= \frac{\gamma(A_1 x_1 + A_2 x_2 + \cdots\cdots + A_i x_i)}{\gamma A} = \frac{A_1 x_1 + A_2 x_2 + \cdots\cdots + A_i x_i}{A} = \frac{\sum A \cdot X}{A}$$

同理可得

$$y_c = \frac{\sum A \cdot y}{A}$$

即

$$\left. \begin{array}{l} x_c = \dfrac{\sum A \cdot x}{A} \\[4mm] y_C = \dfrac{\sum A \cdot y}{A} \end{array} \right\} \tag{3 - 17}$$

由式(3 - 16)可见,匀质薄片重心的位置和材料的单位重量无关,只与面积的形状有关。

所以由式(3 - 17)求出的薄片重心又称为图形面积的形心。

用同样的方法,可求出匀质物体的形心公式:

$$\left. \begin{array}{l} x_C = \dfrac{V_1 \cdot x_1 + V_2 \cdot x_2 + \cdots + V_i \cdot x_i}{V} = \dfrac{\sum V \cdot x}{V} \\[4mm] y_C = \dfrac{V_1 \cdot y_1 + V_2 \cdot y_2 + \cdots + V_i \cdot y_i}{V} = \dfrac{\sum V \cdot y}{V} \\[4mm] z_C = \dfrac{V_1 \cdot z_1 + V_2 \cdot z_2 + \cdots + V_i \cdot z_i}{V} = \dfrac{\sum V \cdot z}{V} \end{array} \right\} \tag{3 - 18}$$

表 1-2 给出了常见图形的形心位置，可以直接查用，一些复杂图形的形心可以利用这些简单图形形心位置来计算。

表 1-2

	图　　　形	面积(或体积)	形　心(或　重　心)
矩 形		$A = ab$	$x_C = \dfrac{1}{2}a$ $y_C = \dfrac{1}{2}b$
三 角 形		$A = \dfrac{1}{2}bh$	$y_C = \dfrac{1}{3}h$
梯 形		$A = \dfrac{1}{2}(a+b)$	C 在上下底边中点连线上 $y_C = \dfrac{(2a+b)}{3(a+b)}h$
半 圆 形		$A = \dfrac{1}{2}\pi r^2$	$x_C = 0$ $y_C = \dfrac{4r}{3\pi}$
扇 形		$A = \alpha r^2$	$x_C = 0$ $y_C = 2r \cdot \dfrac{\sin\alpha}{3\alpha}$ α 以弧度计
长 方 体		$V = abc$	$x_C = \dfrac{1}{2}a$ $y_C = \dfrac{1}{2}b$ $z_C = \dfrac{1}{2}c$

圆锥体		$V = \dfrac{1}{3}\pi r^2 h$	$x_C = 0$ $y_C = 0$ $z_C = \dfrac{1}{4}h$
半球体		$V = \dfrac{2}{3}\pi r^3$	$x_C = 0$ $y_C = 0$ $z_C = \dfrac{3}{8}r$
圆柱体		$V = \pi r^2 h$	$x_C = 0$ $y_C = 0$ $z_C = \dfrac{1}{2}h$

五、计算重心的分割法（数解法）

工程中形状复杂的物体,往往可看成或近似看成由几个简单形状匀质物体组合而成,称为组合体。

分割法就是将组合体假想地分割成几个简单形体,先确定各简单形体的重心位置(通常是易求的),然后用重心(形心)坐标公式即可求出整个物体的重心位置。

应注意的是,公式中坐标 x_i、y_i、z_i 以及各部分的体积 V_i(或面积 A_i 或长度 l_i)应分别为分割出来的各简单形体的重心坐标和体积(或面积、或长度)。

若物体可视为由另一物体挖去一部分,则挖去部分的体积或面积作为负值代入计算公式。

图 3 - 18

例 3 - 7,T 形截面尺寸如图 3 - 18 所示,试求此截面形心位置

[解]:(1)建立参考系 c_1xy 并使 y 轴与此截面的对称轴重合。因此截面形心 c 在对称轴

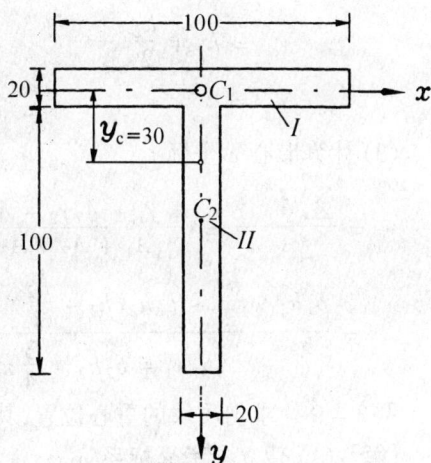

y 上,故形心坐标 $x_c = 0$。

(2) 将 T 形截面分割成矩形 Ⅰ 和 Ⅱ,它们的面积分别为 $A_1 = A_2 = 20 \times 100 = 2 \times 10^3 mm^2$

它们的形心分别为 C_1、C_2,相应的形心坐标为

$$y_1 = 0$$

$$y_2 = \frac{20}{2} + \frac{100}{2} = 60 mm$$

(3) 计算形心 C

$$y_c = \frac{\sum A \cdot y}{A} = \frac{A_1 y_1 + A_2 y_2}{A_1 + A_2} = \frac{2 \times 10^3 \times 0 + 2 \times 10^3 \times 60}{2 \times 2 \times 10^3} = 30 mm$$

故 T 形截面形心坐标为 $c(0,30)$。

例 3 - 8 图 3 - 19 所示为予应力钢筋混凝土梁截面的图形及尺寸。底部有三个圆孔是予留孔,直径 d。试求图形形心 c 的位置。

[解]:(1) 建立参考系 oxy,并且 y 轴与图形竖直对称轴重合,即 $x_c = 0$,只需确定 y_c

(2) 将图形分割为:矩形 Ⅰ,Ⅱ 及挖去的三个圆孔。它们的面积分别为:$A_1 = b_1 \times h_1, A_2 = b_2 \times h_2, A_3 = -3 \times \frac{\pi d^2}{4}$

它们的形心分别为 c_1、c_2、c_3,相应的形心坐标为

$$y_{c_1} = \frac{h_1}{2}$$

$$y_{c_2} = h_1 + \frac{h_2}{2}$$

$$y_{c_3} = a$$

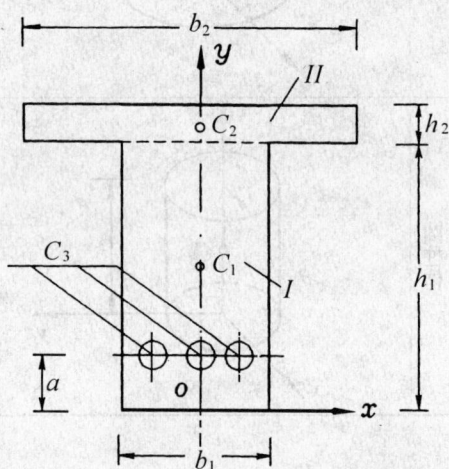

图 3 - 19

(3) 计算形心 c 坐标 y_c

$$y_c = \frac{\sum A \cdot y}{A} = \frac{A_1 y_1 + A_2 y_2 + A_3 y_3}{A_1 + A_2 + A_3}$$

$$= \frac{b_1 h_1 \times \frac{h_1}{2} + b_2 h_2 (h_1 + \frac{h_2}{2}) - \frac{3}{4} \pi d^2 \times a}{b_1 h_1 + b_2 h_2 - \frac{3}{4} \pi d^2}$$

例 3 - 9 求匀质块的重心位置,其尺寸如图 3 - 20 示

[解]:(1) 建立参考坐标系 $oxyz$

(2) 将块分割为块 Ⅰ、Ⅱ,它们的体积分别为:$V_1 = 4 \times 4 \times 1 cm^3$;$V_2 = 8 \times 4 \times 6 cm^3$;它们的形心分别为 C_1、C_2,相应的形心坐标为:$y_{C_1} = 2, z_{C_1} = -0.5, x_{C_1} = 6, y_{C_2} = 4, z_{C_2} = -3, x_{C_2} = 2$;

(3) 计算形心坐标 x_C、y_C、z_C

$$y_C = \frac{4 \times 4 \times 1 + 8 \times 4 \times 6 \times 4}{4 \times 4 \times 1 + 8 \times 4 \times 6}$$

$$= \frac{800}{208}$$

$$= 3.84 cm$$

$$z_C = \frac{4 \times 4 \times 1 \times (-0.5) + 8 \times 4 \times 6 \times (-3)}{4 \times 4 \times 1 + 8 \times 4 \times 6}$$

$$= -\frac{584}{208}$$

$$= -2.81 cm$$

$$x_C = \frac{4 \times 4 \times 1 \times 6 + 8 \times 4 \times 6 \times 2}{1 \times 4 \times 1 + 8 \times 4 \times 6}$$

$$= \frac{480}{208}$$

$$= 2.31 cm$$

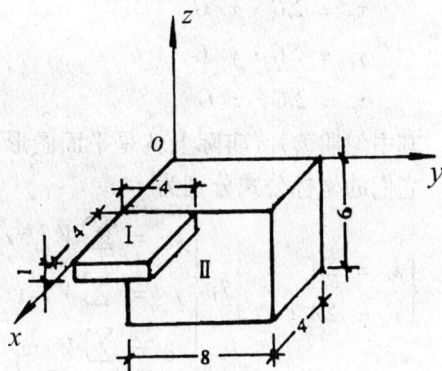

单位：cm

图 3 - 20

本章小结

本章用数解法讨论了空间力系的平衡问题。

一、力在空间直角坐标轴上的投影有一次投影和二次投影。两种方法都可应用，通常二次投影法用得较多。

二、空间力系的平衡条件，总的说来就是各力在三个相互垂直坐标轴上的投影代数和为零，各力对三个相互垂直坐标轴的力矩代数和为零。

具体有下列几种平衡方程：

空间汇交力系 $\begin{cases} \sum x = 0 \\ \Sigma y = 0 \\ \Sigma z = 0 \end{cases}$

空间平行力系(各力平行于 z 轴) $\begin{cases} \sum z = 0 \\ \Sigma m_x = 0 \\ \Sigma m_y = 0 \end{cases}$

空间一般力系 $\begin{cases} \Sigma x = 0 \\ \Sigma y = 0 \\ \Sigma z = 0 \\ \Sigma m_x = 0 \\ \Sigma m_y = 0 \\ \Sigma m_z = 0 \end{cases}$

三、重心是物体各部分重力所构成的平行力系的合力作用点。确定重心位置方法有图解法、实验法、计算法(解析法)。

计算法的重心坐标公式为

$$x_c = \Sigma G \cdot x / G$$
$$y_c = \Sigma G \cdot y / G$$
$$z_c = \Sigma G \cdot z / G$$

其中匀质薄片(实际上就是平面图形)和匀质物体的重心又称形心。

它们的坐标公式分别为

$$\begin{cases} x_c = \Sigma A \cdot x / A \\ y_c = \Sigma A \cdot y / A \end{cases} 和 \begin{cases} x_C = \sum V \cdot x / V \\ y_C = \sum V \cdot y / V \\ z_C = \sum V \cdot z / V \end{cases}$$

计算图形的形心 c 时,应注意:

1. 利用对称性。

凡是有对称轴的图形,形心 c 一定在对称轴上,如有两根对称轴,则两根轴的交点即为形心 c。

2. 利用简单图形的已知形心,计算比较复杂的图形形心 c 时,可采用分割法或负面积法计算形心位置。

思 考 题

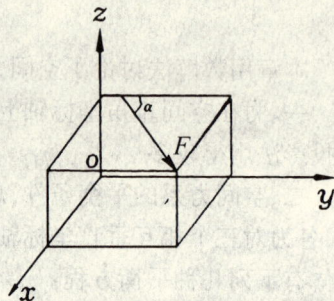

3 – 1　空间力在轴上的投影怎样计算?什么条件下用一次投影法?什么条件下用二次投影法?投影的正、负号是怎样确定?

3 – 2　在什么情况下力在轴上的投影等于零?

3 – 3　图中所示的力 $\vec{F}$ 平行 xoy 面,它在 z 轴上的投影是否为零?

思 3 – 3 图

3 – 4　计算图形形心的方法有分割法,负面积法,它们的根据是哪些?

习 题

3 – 1　已知力 $P = 100KN, a : b : c = 3 : 4 : 5$。
求力在三轴上的投影

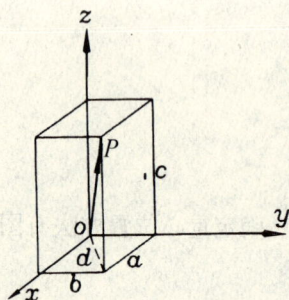

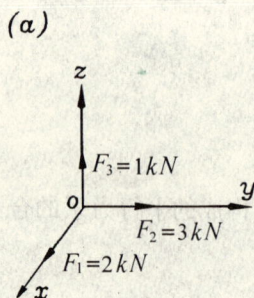

(a)

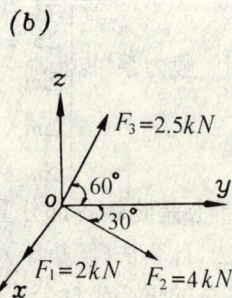

(b)

习题 3 – 1 图　　　　　　习题 3 – 2 图

3－2　求图示三个力的合力 $\vec{R}$。

3－3　荷载 $P = 100KN$，由杆 DA，DB，DC 支承，铰 B、C 为固定铰支，D 为中间球铰，$\alpha = 30°$，$\beta = \gamma = 60°$。

求各杆所受力？

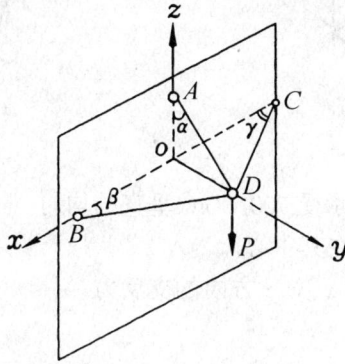

习题 3 - 3 图

3－4　图示为由 CD，AD，BD 杆组成的构架，在铰接点 D 悬挂重物 $W = 10kN$，如 A，B 和 C 三点用铰链固定。

求支座 A，B 和 C 的反力。不计架重。

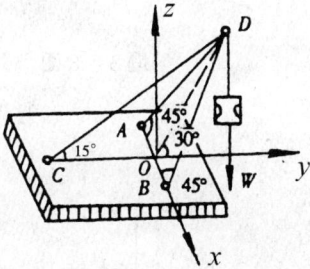

习题 3 - 4 图

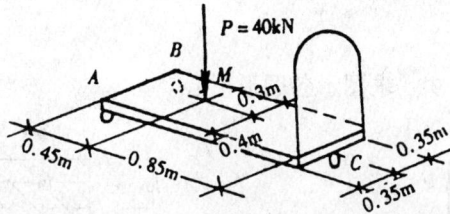

习题 3 - 5 图

3－5　在手推平车板的 M 点处放一重 $P = 40kN$ 的箱子。

求三个小脚轮 A，B，C 的垂直反力。不计手推车本身的重量。

3－6　一水平放置的直角悬臂折杆，在自由端 C 上作用铅垂荷载 $P = 10kN$。尺寸如图所示。

求固定支座 A 的约束反力。

3－7　三脚圆桌的半径 $r = 50cm$，重 $W = 600N$，圆桌的三只脚 A，B 和 C 形成一等边三角形。若在中线 CO 上距圆心 O 为 a 的 M 点处作用铅垂力 $P = 1500N$。

求使圆桌不致翻倒的最大距离 a。

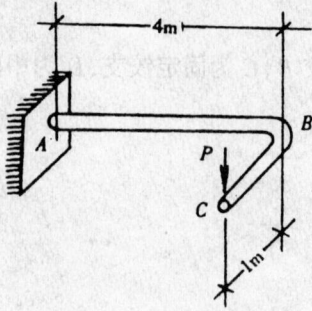

习题 3 – 6 图

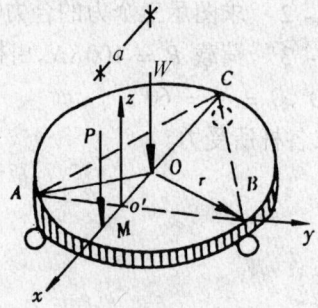

习题 3 – 7 图

3 – 8　图示公路信号标 S 承受 $700N/m^2$ 垂直的均匀风压,信号标重量为 $200N$,重心在其中心。

求固定端 A 处,柱的基础在 x,y,z 方向的支反力。

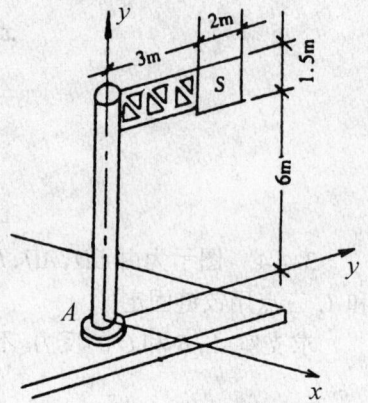

习题 3 – 8 图

3 – 9　求图示各图形形心。

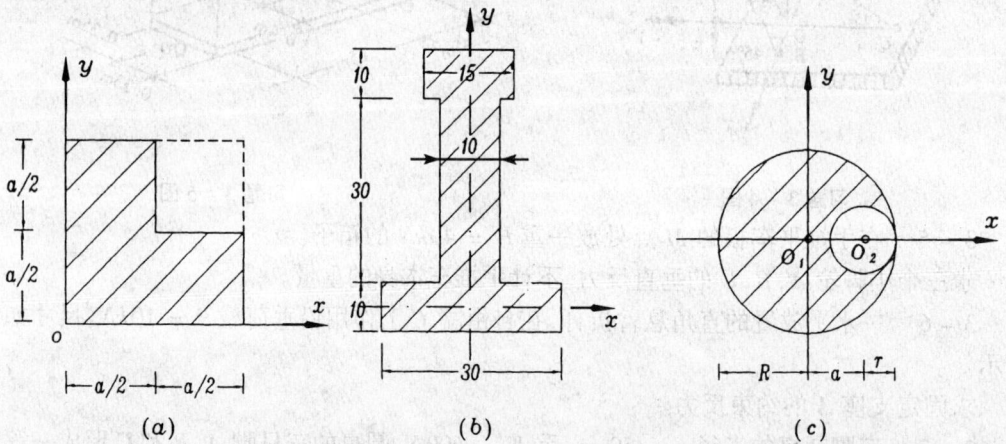

(a)　　　　　(b)　　　　　(c)

习题 3 – 9 图

第二篇　材料力学

第四章　　材料力学基本概念

第一节　　变形固体的基本假设

构件所用的材料如钢、铁、混凝土和木材等都是固体,这些固体材料在受力后都将发生变形,称为变形固体。当外力不超过某一限度时,绝大多数变形体在外力消除后,变形也会消失,这种变形称为"弹性变形"。但是,当外力过大而超过某一范围时,则外力消除后变形不能全部消失而留有残余,这种残留变形称为"塑性变形"。物体能够恢复变形的特性称为"弹性"。本课程主要研究物体在常温下处于弹性阶段的问题。

在材料力学中,根据变形固体的主要性质作出了如下基本假设:

1.均匀连续性假设

假设物体的整个体积内部充满着物质无一点空隙,且各点处的力学性能完全相同。

2.各向同性假设

假设材料在各个不同的方向具有相同的力学性能。

3.弹性小变形假设

假设外力的大小未超过一定的限度,构件只产生弹性变形,且构件在受力后,其形状和尺寸的改变量与原尺寸相比是很微小的。因此在分析构件上力的平衡关系时,变形的影响可以忽略不计、仍按构件的原有尺寸来进行计算。

实验结果表明,工程中使用的大多数材料根据这些假设得出的理论,结论基本上是正确的,说明这些假设是符合实际情况的。有一些材料,如木材,拉拔过的钢丝,轧制过的钢材等其力学性能具有方向性(称各向异性),但近似地应用上述假设也可以满足工程上所要求的精度。

第二节　　杆件的变形形式

一、杆件

所谓杆件是指长度方向即纵向的尺寸远比横向尺寸大得多的构件,如房屋中的柱、梁。杆件有两个主要的几何因素即轴线和横截面。轴线是指所有横截面形心的连线,横截面是指垂直于轴线的截面,如图 4 – 1 所示。

图 4 – 1

二、杆件的变形形式

杆件在不同的外力作用下,将发生不同形式的变形。杆件变形的基本形式有以下四种:

1.轴向拉伸(或压缩) 2.剪切 3.扭转 4.弯曲。它们分别如图 4 - 2a、b、c、d 所示。

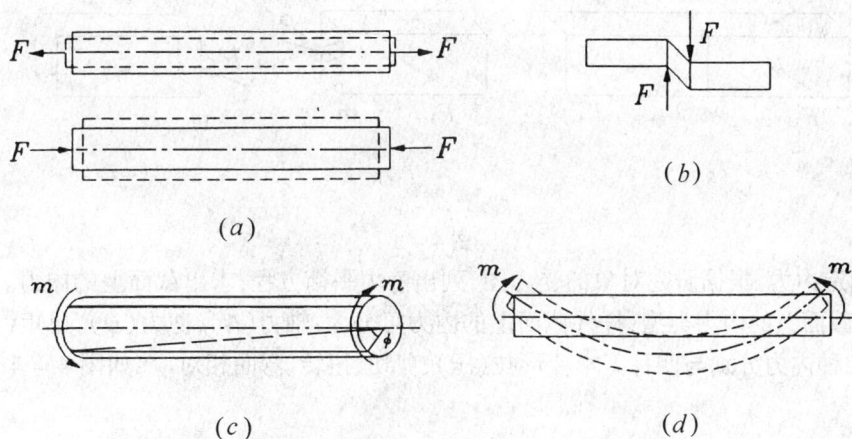

图 4 - 2

在工程实际中,有些构件的变形虽较复杂,但总可以归纳为这几种基本变形或这几种基本变形组合而成的变形。所以构件的变形形式有拉(压)、剪、扭、弯和组合变形。

第三节 内力 截面法 应力

一、内力

物体内各质点间原来就存在着互相作用的原始内力,以维持它们之间的联系及物体的原有形状。当外力使物体发生变形时,各质点之间发生相对位移,间距发生改变,质点间相互作用的原始内力也就有所改变,这种因外力作用而引起的质点间原始内力的改变量我们称为附加内力,简称内力。

显然,内力是由外力引起的,若外力消失,则内力也消失,外力增大,内力也增大。但对一定的材料而言,内力的增加只能在材料所特有的限度之内,超过这个限度,就会破坏。所以研究构件的承载能力必须首先研究构件的内力。

值得说明的是:材料力学中所指的内力与静力学中的内力是完全不相同的。前者是物体内部各部分之间的相互作用力;后者则是在讨论物体系统的平衡时,各个局部物体的相互作用力,它相对于物体系这个整体而言,是内力,但对于一个局部物体而言,就属于外力了。

二、截面法

在材料力学中,研究揭示内力和计算内力的方法是截面法。截面法的原理是平衡物体的各部分应保持平衡。要确定杆件某一截面上的内力,可以假想地将杆件沿欲求内力的截面截开,把杆件一分为二,任取其中一部份为研究对象,此时截(断)面上的内力被显示出来并成为研究对象上的外力,再由静力平衡条件求出内力。这就是截面法。

截面法可归纳为两个步骤:

1. 显示内力。用假想的截面 mm 将杆件沿欲求内力的截面截开(图 4 - 3a),把杆件一分为二,任取一部份为研究对象,用分布内力的合力来替代舍弃部分杆对保留部分杆的作用,画出其受力图(图 4 - 3b、c)。

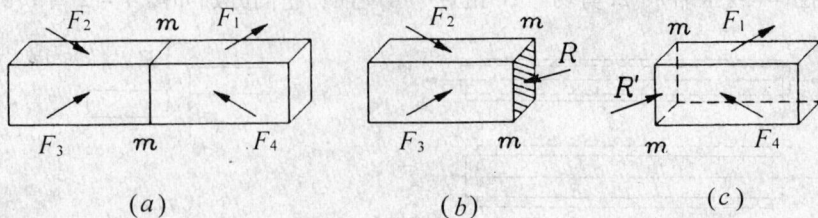

(a)　　　　　(b)　　　　　(c)

图 4－3

2. 确定内力。根据研究对象的受力图,列出静力平衡方程,求出截面上的内力。

杆件截面上的内力类型:杆件截面上的内力可分为:轴力(N),剪力(Q),扭矩(T),弯矩(M),这四种内力分别与四种基本变形拉(压)、剪切、扭转、弯曲相对应,如图 4－4a、b、c、d 所示。

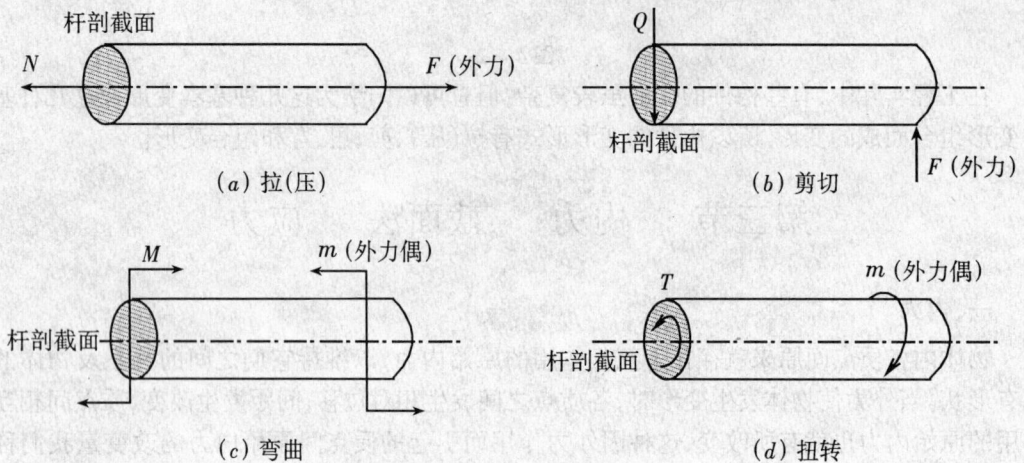

(a) 拉(压)　　　　　　　　　　(b) 剪切

(c) 弯曲　　　　　　　　　　　(d) 扭转

图 4－4

三、应力

由于杆件的材料是连续的,所以内力是连续分布在整个横截面上。由截面法求出的内力是整个横截面上分布内力的合力,仅知道内力的大小还不能解决杆件的强度问题。由经验可知、材料相同、粗细不同的两根直杆,在相同轴向拉力 F 作用下,两杆的内力 N 相同。随拉力 F 的增加,细杆将先被拉断,这是因为在轴力相同的情况下,细杆横截面积小,分布在横截面上各点内力就大。这一事实表明,杆件的强度不仅与内力

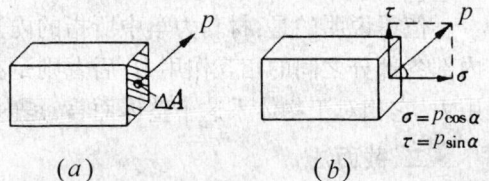

(a)　　　　(b)

$\sigma = p\cos\alpha$
$\tau = p\sin\alpha$

图 4－5

N 有关,还与内力 N 在横截面上各点受力强弱程度有关,因此,还需了解横截面上各点处的内力密集程度。

1. 应力

内力在一点处的密集程度称为应力。(图 4－5a)。一点处的应力 $\overrightarrow{p}$ 可分解为两个分量,垂直于截面的应力分量称为正应力,用 σ 表示 $\sigma = p\cos\alpha$;相切于截面的应力分量称为剪应

力,用 τ 表示(图 4 - 5b) $\tau = p\sin\alpha$.

2.应力的单位

应力的基本单位是"帕斯卡",简称"帕",符号为"Pa"。

$1Pa = 1N/m^2$

工程中,实际应力的数值较大,常用兆帕(MPa)和吉帕(GPa)作单位

$1MPa = 10^6 Pa = 10^6 N/m^2$

$1GPa = 10^9 Pa = 10^9 N/m^2$

工程图纸上,长度尺寸常以 mm 为单位,则

$1MPa = 10^6 N/m^2 = 10^6 N/10^6 mm^2 = 1N/mm^2$

本教材中,将按工程计算的方便,主要用 $1N/mm^2 = 1MPa$ 的单位。

本章小结

一、材料力学研究的构件,从材料来讲,是均匀连续的、各向同性的弹性体。从几何尺寸来讲,是杆件。从变形大小来讲,是小变形。

二、杆件的基本变形形式有:轴向拉(压),剪切,扭转,弯曲四种。

三、材料力学研究内力的方法是截面法,截面法确定杆件内力步骤为:1.用假想截面将杆件沿欲求内力截面处截开,把杆件一分为二;2.任取杆件的某一部分为研究对象画其受力图,然后列出研究对象平衡方程,求出剖截面上的内力。

四、内力在杆件截面上一点处的密集程度称应力 $\vec{p}$, $\vec{p}$ 可分解为与杆横截面垂直的正应力 σ 和与杆横截面平行的剪应力 τ。

思 考 题

一、变形固体的三点基本假设,内容如何?

二、杆件的变形形式有哪些?

三、确定杆件截面上内力的方法是截面法,其步骤如何?

四、什么是应力 $\vec{p}$?正应力 σ?剪应力 τ?

第五章 轴向拉伸和压缩

第一节 轴向拉(压)杆的概念

一、轴向拉抻和压缩的概念

当外力(合力)的作用线与杆件轴线重合时,杆件的变形将沿着轴线方向伸长或缩短。这种变形称为轴向拉伸或压缩。产生轴向拉伸(或轴向压缩)的杆件称为拉杆(或压杆)。

二、工程实例

工程结构中,拉杆和压杆是常见的。图5－1所示的三角支架中,*AB* 杆是拉杆,*AC* 杆是压杆。图示5－2所示的厂房立柱是轴向压缩。其它如起重用的钢绳、拧紧的螺栓都是受拉的例子,模板的支柱、桥梁的桥墩都是受压的例子。工程结构中常见的二力杆均属拉杆或压杆。

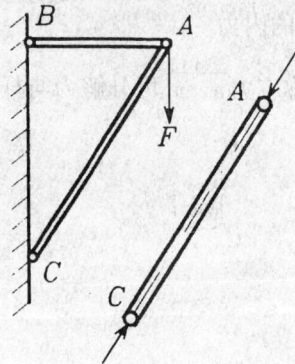

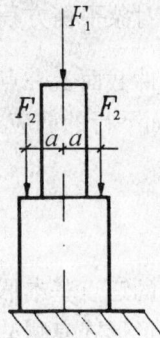

图5－1   图5－2

第二节 轴向拉(压)杆的内力及内力图

一、轴向拉(压)杆的内力 — 轴力

为建立拉(压)杆、满足强度和刚度要求所需的条件,必须了解拉(压)杆各横截面上的内力。现以图5－3a所示受拉杆为例,确定杆件任意横截面 $m-m$ 上的内力。运用截面法,假想用截面将杆件沿 mm 截面截断,取左段(剖截面的左边)为研究对象(图5－3b),用合力 N 来代替右段对左段的作用。通过平衡方程 $\sum X = 0$,可得 $N = F$,其方向与剖截面外法线方向一致。由于外力 F 的作用线与杆件轴线重合,内力 N 的作用线也必与杆件轴线重合。若取右段(截断面的右边)为研究对象,如图5－3c所示,同样可得 $N' = F$,其方向与剖截面外法线方向一致。结果相同。显然,求任一横截面上的内力时,无论选取杆的哪一部份来分析,都将得到同样的结果。

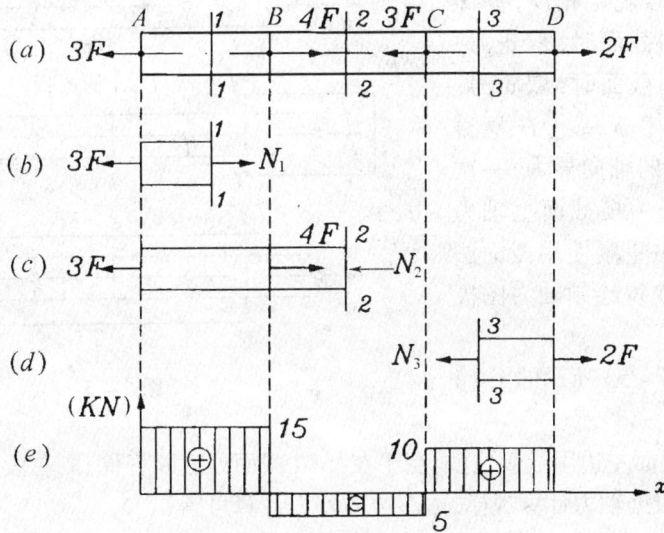

图 5 - 3

综上所述,可得如下结论:

1.拉(压)杆各的内力

拉压杆各横截面上的内力是一个与杆轴重合的内力,这种垂直于横截面并通过截面形心的内力称为轴力,用"$\vec{N}$"表示。

2.轴力的符号规定

轴力 N 的符号根据杆件的变形情况确定:当杆件受拉时,轴力离开剖截面,并规定为正;当杆件受压时,轴力指向剖截面,并规定为负。

3.轴力的单位

轴力的单位为 N(牛顿) 或是 KN(千牛顿)。

若杆件上同时承受两个以上的轴向外力作用时(称为多力杆),在多力杆的不同区段内,轴力不相同。求多力杆各区段的轴力仍用截面法,截面上的轴力均假设为正。

例 5 - 1   杆件 AD 受力如图 5 - 4a 所示,已知 $F = 5KN$,求杆件各段的轴力。

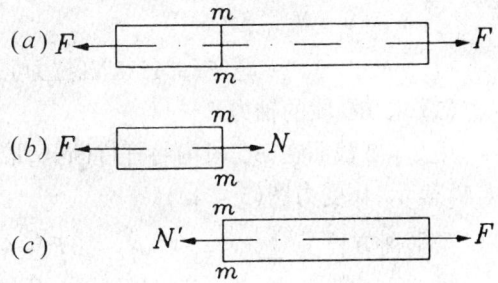

图 5 - 4

[解]:根据题意将杆件分段求轴力。多力杆的分段原则为:

以杆件上作用的轴向外力作用点所在截面(即控制截面)为界进行分段。此杆分为 AB、BC、CD 三段。

(1) 求 AB 段的轴力。

用 1 - 1 截面在 AB 段内假想地将杆件断开,取左段为研究对象,截面上的轴力均假定为拉力,以 N_1 表示,若计算结果为正值,说明轴力为拉力;若计算结果为负值,说明轴力为压力。作出受力图(5 - 4b)。列平衡方程

$$\sum X = 0 \quad N_1 - 3F = 0$$

得 $N_1 = 3F = \sum F = 15KN$(拉力)

(2) 求 BC 段的轴力。

用 $2-2$ 截面在 BC 段内将杆件断开,取左段为研究对象,并假定截面上的轴力为拉力,以 N_2 表示,作受力图($5-4c$)。

列平衡方程 $\sum X = 0 \quad N_2 - 3F + 4F = 0$

得 $N_2 = 3F - 4F = \sum F = -F = -5KN$(压力)

(3) 求 CD 段的轴力。

用 $3-3$ 截面在 CD 段内将杆件断开,取右段为研究对象,假定截面上的轴力为拉力,以 N_3 表示,画出受力图($5-4d$)。

由平衡方程 $\sum X = 0 \quad -N_3 + 2F = 0$

得 $N_3 = 2F = \sum F = 10KN$(拉力)

分析以上计算过程,可总结出轴力计算规律如下:

杆件任一横截面上的轴力,等于该剖截面一侧(左侧或右侧)杆上所有轴向外力的代数和即 $N = \sum F$。

式中轴向外力的正、负号规定与轴力的正、负号规定相反,亦即轴向外力指向剖截面时,取正号;轴向外力离开剖截面时,取负号。利用轴力计算规律 $N = \sum F$,可直接根据杆件所受的轴向外力,一次性计算出杆件任一横截面上轴力大小及符号,免去重复使用截面法计算轴力麻烦,使得绘制轴力图极为容易。

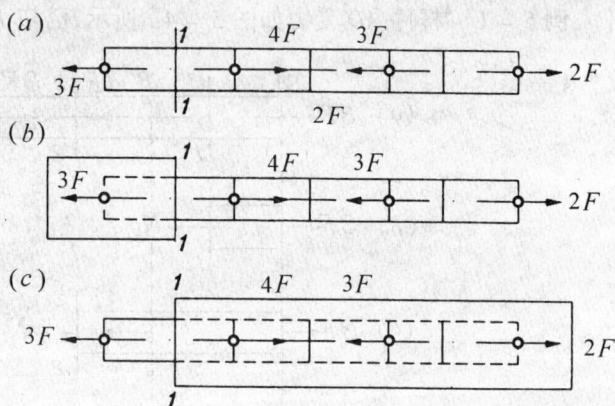

图 $5-5$

例如:求图 $5-5a$ 所示的 $1-1$ 剖截面的 N_1:

将 $1-1$ 剖截面左边用纸遮住(相当于在 $1-1$ 截面处截断杆件,取右段为研究对象,如图 $5-5b$ 所示。),根据轴力计算规律,由右边的外力计算可得:

$N_1 = \sum F = 4F - 3F + 2F = 3F = 15KN$(拉力)

将 $1-1$ 截面右边用纸遮住(相当于在 $1-1$ 截面处截断杆件,取左边为研究对象如图 $5-5c$ 所示。),由左边外力计算可得:

$N_1 = \sum F = 3F = 15KN$(拉力)

二、轴力图

当杆件受到两个以上的轴向外力作用时,杆件不同横截面上的轴力不相同。为了表明杆件各横截面上的轴力随横截面位置而变化的情况及确定轴力的最大值及其所在横截面的位置。工程中用平行于杆轴线的坐标轴 x 表示横截面位置、用垂直于 x 轴的坐标轴 N 表示相应横截面上的轴力大小,而绘出的表示轴力与横截面位置关系的图形,称轴力图(N 图)。N 轴正方向表示轴力的正值,负方向表示轴力负值。轴力图应与杆件的计算简图对齐。

通过轴力图,可以一目了然知道杆各横截面上轴力的变化规律以及最大轴力所在位置。

例如,将例 5 – 1 中杆各横截面的轴力大小,按设定的比例在 $N – x$ 坐标系中,描点并连接即得到杆 AD 的轴力图(图 5 – 4e)。

例 5 – 2　一等直杆受力情况如图 5 – 6a 所示。画其轴力图

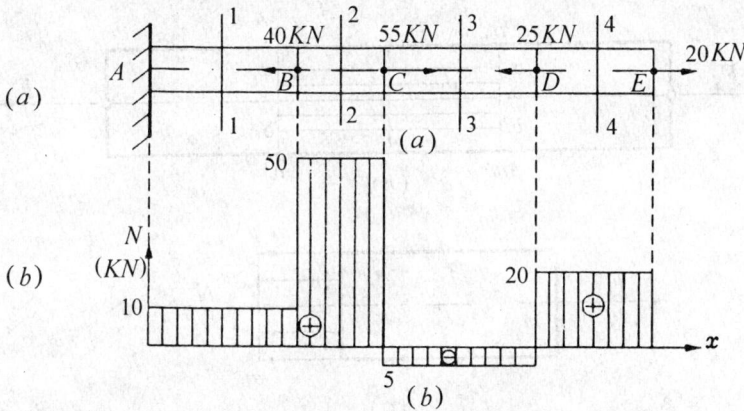

图 5 – 6

[解]:(1) 计算杆件各段的轴力

根据杆件受力情况,将杆分为 AB、BC、CD、DE 四段。由轴力计算规律 $N = \sum F$,可求出各段横截面上的轴力。由于杆 AE 的 E 端为自由端,故可不算固定端 A 的支反力,但必须保留含自由端部分杆为研究对象。

AB 段　$N_1 = \sum F = – 40 + 55 – 25 + 20 = 10KN$

BC 段　$N_2 = \sum F = 55 – 25 + 20 = 50KN$

CD 段　$N_3 = \sum F = – 25 + 20 = – 5KN$

DE 段　$N_4 = \sum F = 20KN$

(2) 画轴力图,如图 5 – 6b 所示。

第三节　轴向拉(压) 杆横截面上的应力

一、轴向拉(压) 杆变形实验

求出杆件的轴力后,通过实验,观察杆件受力后表面的变形情况,即可得出应力在横截面上的分布规律。

1.实验现象

取一等截面直杆,在其表面均匀地画上若干与轴线平行的纵向线 aa',bb' 和与轴线垂直的横向线 mm,nn(图 5 – 7a),然后在杆件两端施加一对轴向拉力使其变形(图 5 – 7b),可以观察到,所有的纵向线都伸长为 $a_1a'_1$,$b_1b'_1$,但仍互相平行。所有的横向线 $m'm'$,$n'n'$ 仍保持为直线,且仍垂直于杆轴,只是相对距离增大了。

2.实验假设

根据上述现象,可作如下假设:

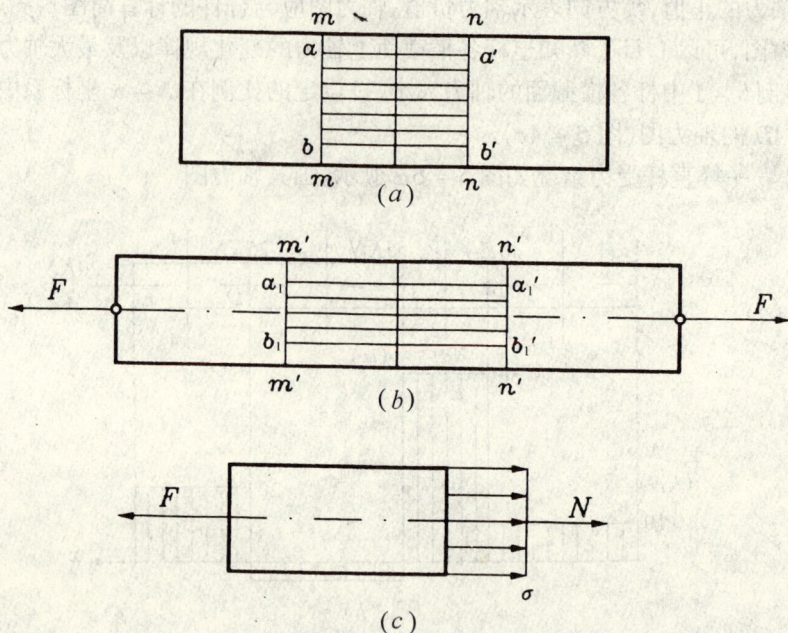

图 5 - 7

原为平面的杆横截面,在杆件变形后仍为平面,且仍垂直于杆件的轴线。这就是平面假设。

3. 实验结论

根据材料的均匀连续性假设,若变形相同,则受力也相同,因而可得结论:轴向拉(压)杆横截面上的轴力 N 是均匀分布的,如图 5 - 7c 所示。

二、轴向拉(压)杆横截面上的应力

由于轴向拉(压)杆横截面上的轴力 $\vec{N}$ 均匀分布,所以,若用 A 表示杆件横截面面积,$\vec{N}$ 表示该横截面上的轴力。则该横截面上的正应力 σ 为:

$$\sigma = \frac{N}{A} \qquad\qquad (5 - 1)$$

由公式(5 - 1)可以看出:当杆件的横截面面积 A 一定时,轴力愈大则正应力也愈大;当轴力 N 一定时,杆件的横截面面积愈大则正应力也愈小。这就表明,杆件的破坏不仅与内力(或外力)有关,且还与杆件横截面面积有关。

例 5 - 3   试计算例 5 - 1 中杆件各段横截面上的正应力。设杆件横截面面积 $A = 1000mm^2$。

[解]:(1) 计算各段杆的轴力

杆件各段的轴力已由例 5 - 1 中求出,由轴力图可知:$N_{AB} = 15KN$,$N_{BC} = -5KN$,$N_{CD} = 10KN$。

(2) 计算各段杆的正应力

将各段杆的轴力及横截面面积代入公式(5 - 1)可得:

AB 段　$\sigma_{AB} = \dfrac{N_{AB}}{A} = \dfrac{15 \times 10^3}{1000} = 15 (N/mm^2) = 15 MPa (拉应力)$

BC 段　$\sigma_{BC} = \dfrac{N_{BC}}{A} = \dfrac{-5 \times 10^3}{1000} = -5 (N/mm^2) = -5 MPa (压应力)$

CD 段　$\sigma_{CD} = \dfrac{N_{CD}}{A} = \dfrac{10 \times 10^3}{1000} = 10 (N/mm^2) = 10 MPa (拉应力)$

第四节　轴向拉压杆的变形、虎克定律

杆件在轴向拉伸(或轴向压缩)时,杆件的纵向尺寸沿杆件轴线方向的伸长(或缩短),称为纵向变形;与此同时,杆件的横向尺寸也将相应减小(或增大),称为横向变形。如图 5 – 8a,b 所示。

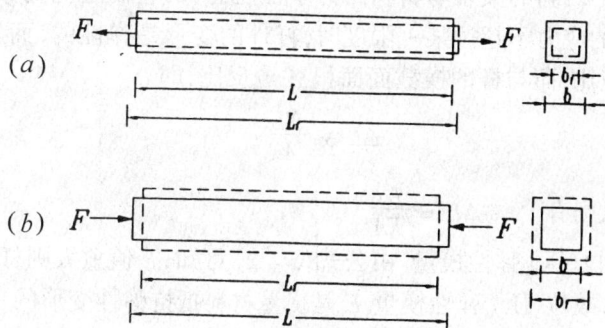

图 5 – 8

一、纵向变形

设杆的原长为 L,变形后长为 L_1,则杆的纵向变形,即伸长量为

$$\Delta L = L_1 - L$$

ΔL 只反映了杆的总变形,是纵向绝对变形,其大小与杆件的原长有关,而无法说明杆件纵向变形的强弱程度。为说明杆件变形的程度,通常采用单位长度内杆的伸长,即

$$\varepsilon = \dfrac{\Delta L}{L}$$

ε 称为纵向线应变,是纵向相对变形,简称线应变,是一个无单位的量。

二、横向变形

设杆的原横向尺寸为 b,变形后为 b_1,则杆的横向绝对变形,即缩短量为

$$\Delta b = b_1 - b$$

而杆的横向线应变则为

$$\varepsilon' = \dfrac{\Delta b}{b}$$

ε' 也是一个无单位的量。是横向相对变形。

上述有关变形的概念同样适用于轴向压缩。但应注意:拉杆的 ε 为正,ε' 为负;而压杆的 ε 为负,ε' 为正。

三、纵,横向变形之间的关系

实验表明,当材料处于弹性变形阶段时,横向线应变与纵向线应变之比的绝对值为一个常数,即

$$\mu = \left| \frac{\varepsilon'}{\varepsilon} \right|$$

μ 称为横向变形系数或泊松比。是一个无单位的量,它是材料的弹性常数。利用这一关系可以通过纵向线应变求出横向线应变,即

$$\varepsilon' = -\mu\varepsilon$$

式中的负号表示:杆件的纵向线应变和横向线应变总是相反的。

四、拉(压)虎克定律

杆件的轴力与变形之间的关系与材料的力学性能有关,它们之间的关系是通过实验确定。实验证明:当杆内的应力不超过某一限度时,杆件的变形是弹性的,而且杆的伸长量 ΔL 与轴力 N、杆长 L 成正比,而与杆的横截面面积 A 成反比,即

$$\Delta L \propto \frac{NL}{A}$$

引进比例常数 E,则有 $\qquad \Delta L = \dfrac{NL}{EA} \qquad\qquad\qquad (5-2)$

式中 E 为材料的拉(压)弹性模量。由公式(5-2)可知,E 值愈大则杆的变形愈小;E 值愈小则杆的变形愈大,故拉(压)弹性模量 E 是衡量材料抵抗弹性变形的一个重要指标它是材料的弹性常数。EA 则反映了杆件抵抗拉(压)变形的能力,称为抗拉(压)刚度。

公式(5-2)所表达的关系称为拉(压)虎克定律。拉(压)虎克定律还可以表达成另一种形式:

将式(5-2)改写成 $\dfrac{\Delta L}{L} = \dfrac{1}{E}\dfrac{N}{A}$ $\qquad$ 将,$\varepsilon = \dfrac{\Delta L}{L}$ $\qquad \sigma = \dfrac{N}{A}$,代入即得

$$\varepsilon = \frac{\sigma}{E} \qquad 或 \qquad \sigma = E\varepsilon \qquad\qquad\qquad (5-3)$$

公式(5-3)表明,当材料处于弹性变形范围内时,应力与应变成正比。在这一关系式中,由于 ε 是一个无单位的量,故 E 的单位与 σ 的单位相同,即弹性模量 E 的单位为 MPa 或 GPa。

弹性模量 E 和泊松比 μ,均由实验测定。表5-1列出了工程中常用材料的 E,μ 值。

表5-1 常用材料的 E,μ 值。

材料名称	弹性模量 E ($GPa = 10^9 N/mm^2$)	泊松比 μ
碳钢	200 ~ 220	0.24 ~ 0.28
锰钢	200 ~ 220	0.25 ~ 0.30
合金钢	186 ~ 216	0.25 ~ 0.30
铸铁	59 ~ 162	0.23 ~ 0.27
花岗石	49	
混凝土	147 ~ 36	0.16 ~ 0.18
木材(顺纹)	10 ~ 12	

例 5 – 4 图 5 – 9a 所示为一变截面钢杆,已知材料的拉(压)弹性模量 $E = 200GPa$,AC 段的横截面面积 $A_{AB} = A_{BC} = 500mm^2$,$CD$ 段的横截面面积 $A_{CD} = 200mm^2$,杆的各段长度及受力情况如图所示。试求:(1) 杆件横截面上的应力。(2) 杆件的总变形。

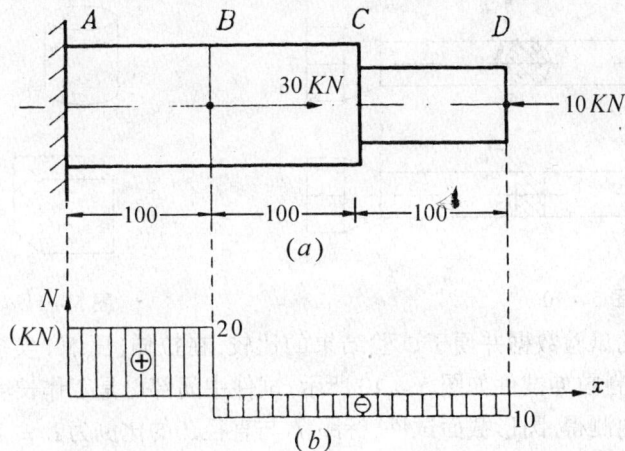

图 5 – 9

[解]:(1) 求各段轴力,画轴力图。

AB 段　$N_1 = 30 - 10 = 20\ KN$

BC、CD 段　$N_2 = -10\ KN$

(2) 计算各段正应力

AB 段　$\sigma_{AB} = \dfrac{N_1}{A_{AB}} = \dfrac{20 \times 10^3}{500} = 40\ MPa$

BC 段　$\sigma_{BC} = \dfrac{N_2}{A_{BC}} = \dfrac{-10 \times 10^3}{500} = -20\ MPa$

CD 段　$\sigma_{CD} = \dfrac{N_2}{A_{CD}} = \dfrac{-10 \times 10^3}{200} = -50\ MPa$

(3) 计算杆的总变形

杆的总变形等于各段杆变形的代数和,即 $\Delta l = \displaystyle\sum_{i=1}^{n} \Delta l_i$

$$\Delta l_{AD} = \Delta l_{AB} + \Delta l_{BC} + \Delta l_{CD} = \frac{N_1 l_{AB}}{EA_{AB}} + \frac{N_2 l_{BC}}{EA_{BC}} + \frac{N_2 l_{CD}}{EA_{CD}}$$

代入数据得

$$\Delta l_{AD} = \frac{1}{200 \times 10^3} \times \left(\frac{20 \times 10^3 \times 100}{500} - \frac{10 \times 10^3 \times 100}{500} - \frac{10 \times 10^3 \times 100}{200} \right)$$

$= 0.015mm$(负值说明杆件是缩短的)

第五节　材料在拉伸和压缩时的力学性能

由公式 $\sigma = N/A$ 求得的横截面上的应力,是杆件在工作时的实际工作应力,要判断杆件是否破坏,就必须知道杆件材料所能承受的应力;用虎克定律求杆件的变形,需要知道适用范围及弹性模量 E,泊松比 μ 等材料的有关数据,这些数据均属材料在强度和变形方面的力学性能。材料的性能是多方面的,其力学性能是指材料在外力作用下其强度和变形方面所表现出来的特性,它是强度计算和选用材料的重要依据。材料的力学性能都是通过实验获得的。本节介绍常用的且在常温、静载作用下,材料在拉伸和压缩时的力学性能。

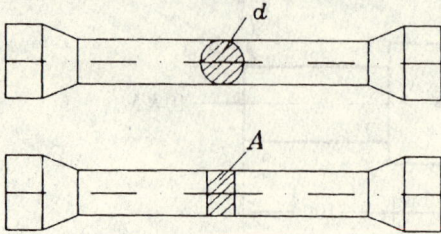

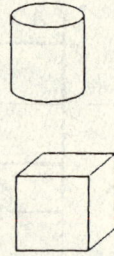

图 5 – 10　　　　　　　　　　　　　　　　　　　　**图 5 – 11**

为了得到可靠的试验数据并便于试验结果的比较,在拉伸(压缩)实验时,应采用国家标准规定的试件。材料拉伸试件如图 5 – 10 所示。试件中间部份是工作长度 L,称为标距,试验数据从工作长度内测得。圆形截面试件,标距 L 与直径 d 的比例为 $L = 10d$ 或 $L = 5d$;矩形截面试件标距 L 与截面面积 A 的比例为 $L = 11.3\sqrt{A}$ 或 $L = 5.56\sqrt{A}$。

材料压缩试件如图 5 – 11 所示,试件一般为圆形截面或正方形截面的短柱体。

一、材料在拉伸时的力学性能

(一)低碳钢在拉伸时的力学性能

1. 拉伸图($F – \Delta L$ 图),应力应变图($\sigma – \varepsilon$ 图)

低碳钢是一种工程中广泛使用的塑性材料,其力学性能具有一定的代表性。进行拉伸试验时,将试件安装在试验机上开动试验机,使试件承受逐渐增加的轴向拉力 F 的作用,同时试件逐渐变形伸长。拉力 F 的数据可从试验机的示力盘上读出,试件伸长量可由试验机上的变形仪测出并记录。拉力 F 逐渐增大,变形也随着增大。当拉力 F 增加到一定数值时试件就被拉断,试验结束。在试验过程中,拉力 F 与试件的伸长量 ΔL 有一一对应的关系,试验机上的自动绘图工具,可以绘出以拉力 F 为纵坐标,伸长量 ΔL 为横坐标的关系曲线,称为拉伸图,如图5 – 12所示。拉伸图描绘了低碳钢拉伸时外力 F 与变形 ΔL 的变化关系的全过程。但是拉伸图不宜用来表示材料拉伸时的力学性能,这是因为拉伸图与试件的尺寸有关,在相同的拉力作用下,细长试件的变形大,而短粗试件的变形则较小。为消除试件尺寸的影响,通常采用 $\sigma(= F/A)$ 为纵坐标、$\varepsilon(= \Delta L/L)$ 为横坐标,这样画出的曲线称为应力应变图($\sigma \sim \varepsilon$ 图),如图 5 – 13 所示。材料的应力应变图可较好地反映材料的力学性能,分析和总结应力应变图即可得到材料的力学性能。

2. 低碳钢的强度性能指标

低碳钢在拉伸过程中可分为四个阶段,现根据应力应变图来说明各个阶段中材料表现出的力学性能。

(1)第一阶段(OB 段)—弹性阶段

在这个阶段,试件上的应力不超过 B 点对应的应力值,材料的变形是弹性的,若我们把试件上作用的轴向外力去掉,变形可以全部消失,所以称为弹性阶段。弹性阶段最高点 B 对应的应力值称为材料的弹性极限,用 σ_e 表示。

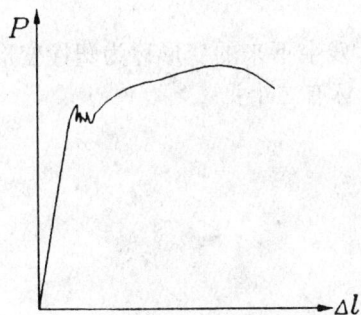

图 5 – 12

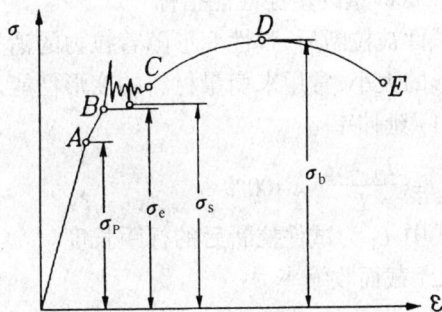

图 5 – 13

由图可知,在弹性阶段内,开始一段 OA 为直线段,它表明应力与应变成正比,材料服从虎克定律 $\sigma = E_\varepsilon$。超过 A 点后,图线变弯,应力与应变不再成正比。我们把直线 OA 的最高点 A 对应的应力值称为材料的比例极限,用 σ_P 表示。虽然 σ_P 和 σ_e 两个极限值含义不同,但在数值上极为接近,因此在工程实际应用中,对二者不作严格的区分,近似地认为在弹性范围内材料服从虎克定律。

另外,由数学知识可得,材料的弹性模量 E 就是直线 OA 的斜率,即弹性模量 E,可由 $E = \dfrac{\sigma}{\varepsilon} = \text{tg}\alpha$ 表示,这一表达式为我们提供了测定材料弹性模量的依据。

(2) 第二阶段(BC 段)—屈服阶段

当应力超过 B 点的对应值后,图线成为一段近似水平的锯齿形线段,它表明试件上的应力仅在很小的范围内波动,而应变增加很快,这种应力基本不变、应变明显增大的现象,好象材料丧失了抵抗能力,对外力屈服了一样,故此阶段称为屈服阶段。此时,在抛光的试件表面上可看到许多与轴线成 45° 方向的滑移线,这是由于最大剪应力使材料内部晶粒之间相互滑移所致。屈服阶段中的最低点 C 所对应的应力值称为屈服极限,用 σ_s 表示。

(3) 第三阶段(CD 段)—强化阶段

经过屈服阶段后,试件由于塑性变形使得内部晶粒结构发生了变化,材料又恢复了抵抗变形的能力,此时,应力又随着应变的增大而增大,在图中形成上升的曲线 CD 段,这种现象称为强化,这一阶段称为强化阶段。强化阶段的最高点 D 所对应的应力值称为强度极限,用 σ_b 表示。强度极限是试件被拉断前所能承受的最大应力值,它也是衡量材料强度的一个重要指标。

(4) 第四阶段(DE 段)—颈缩破坏阶段

当应力达到强度极限后,在试件薄弱处截面将发生急剧的收缩,出现"颈缩"现象。由于颈缩处的截面面积迅速减小,试件继续变形所需的拉力也相应减小,用原面积 A 算出的应力也随之下降,在图中形成下降的曲线 DE 段,至 E 点试件被拉断,如图 5 – 13 所示。

综上所述,低碳钢在拉伸的四个阶段中,与强度有关的性能指标有三个:一是比例极限 σ_p,它表明了材料的弹性范围,即虎克定律的适用范围;二是屈服极限 σ_s,它是衡量材料强度的一个重要指标,当应力达到 σ_s 时,构件几乎丧失了抵抗变形能力,产生了较大的塑性变形,使得构件不能正常工作;三是强度极限,它也是衡量材料强度的一个重要指标,当应力达到 σ_b 时,构件出现颈缩并很快被拉断。

3. 低碳钢的塑性性能指标

试件被拉断后,弹性变形随着拉力的消失而消失了,残余下来的变形称为塑性变形,塑性变形的大小,常用来衡量材料的变形性能,塑性性能指标有二个:

（1）延伸率 δ：

$$\delta = \frac{L_1 - L}{L} \times 100\%$$

式中 L_1 为试件拉断后的标距长度。

（2）截面收缩率 ψ：

$$\psi = \frac{A - A_1}{A} \times 100\%$$

式中 A_1 为试件拉断后,断裂处的最小横截面面积。

δ 或 ψ 是衡量材料塑性的重要指标,其值愈大,表示材料的塑性愈好。工程中把 $\delta > 5\%$ 的材料称为塑性材料 ,$\delta < 5\%$ 的材料称为脆性材料。

（二）铸铁在拉伸时的力学性能

铸铁是脆性材料的代表,其拉伸时的 $\sigma \sim \varepsilon$ 曲线如图 5 – 14 所示。图中没有明显的直线部分,没有屈服阶段,试件拉断时的应力就是强度极限 σ_b,是衡量脆性材料强度的唯一指标。试件拉断时应变极小,通常规定在产生 0.1% 的应变时所对应的应力范围作为弹性范围,认为材料在这范围内近似地服从虎克定律。它的弹性模量是用割线代替曲线,以割线的斜率为近似的 E 值,称为割线弹性模量。

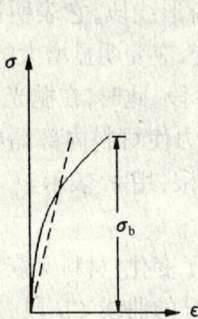

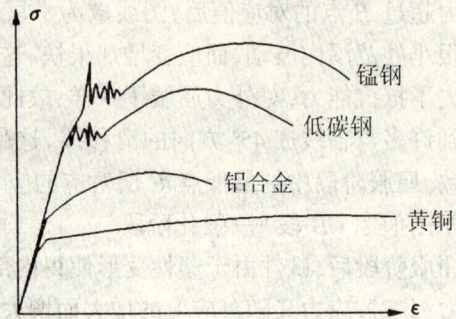

| 图 5 – 14 | 图 5 – 15 |

（三）其它材料在拉伸时的力学性能

锰钢、铝合金等塑性材料的 $\sigma \sim \varepsilon$ 曲线如图 5 – 15 所示。它们共同的特点是延伸率大。有的金属材料具有明显的屈服阶段,如锰钢,其屈服极限可以测出。而有的金属材料没有明显的屈服阶段,如铝合金、黄铜,其屈服极限不易测出,通常规定以产生 0.2% 塑性应变时的应力值作为名义屈服极限,用 $\sigma_{0.2}$ 表示。

二、材料在压缩时的力学性能

（一）低碳钢在压缩时的力学性能

低碳钢在压缩时 $\sigma \sim \varepsilon$ 曲线如图 5 – 16 实线所示,虚线为拉伸时 $\sigma \sim \varepsilon$ 的曲线,比较两者可以看出:在屈服阶段以前,压缩曲线与拉伸曲线重合,这说明低碳钢受压时的弹性模量 E、比例极限 σ_b、屈服极限 σ_s 与受拉时相同。不同的是:过了屈服极限后,随着压力的增大,试件将越压越扁产生很大的塑性变形,受压曲线不断上升。最终试件只压扁而不破坏,故不能测出材料压缩的强度极限。

（二）铸铁在压缩时的力学性能

铸铁在压缩时的 $\sigma \sim \varepsilon$ 曲线如图 5 - 17 实线所示,虚线为拉伸时的 $\sigma \sim \varepsilon$ 曲线。由图可知,铸铁在压缩时,无论是强度极限还是延伸率都比拉伸时大得多,压缩时的强度极限是拉伸时的 4 ~ 5 倍。其它脆性材料也有类似的性质。所以脆性材料适用于受压构件。

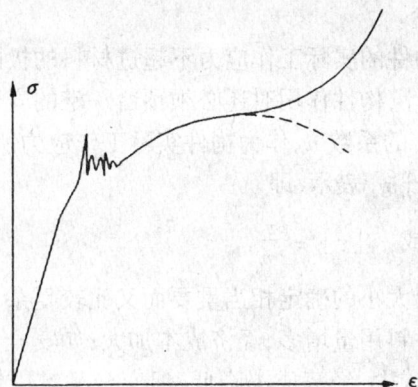 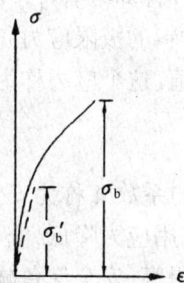

图 5 - 16   图 5 - 17

表 5 - 2   工程中几种常用材料的主要力学性能指标

材料名称或牌号	屈服极限 $\sigma_y(MFa)$	强度极限(MPa)		塑性指标(%)	
		拉伸	压缩	δ	ψ
$Q235$ 钢	216 ~ 235	380 ~ 470	380 ~ 470	24 ~ 27	60 ~ 70
$Q274$ 钢	255 ~ 274	490 ~ 608	490 ~ 608	19 ~ 21	
35 号钢	310	530	530	20	45
45 号钢	350			16	40
15Mn 钢	300	520	520	23	50
16Mn 钢	270 ~ 340	470 ~ 510	470 ~ 510	16 ~ 21	45 ~ 60
灰口铸铁		150 ~ 370	600 ~ 1300	0.5 ~ 0.6	
球墨铸铁	290 ~ 420	390 ~ 600	≥ 1568	1.5 ~ 10	
有机玻璃		755	> 130		
红松(顺纹)		98	≈ 33		
普通混凝土		0.3 ~ 1	2.5 ~ 80		

第六节   轴向拉(压)杆的强度计算

一、许用应力和安全系数

（一）材料的极限应力

材料丧失正常工作能力时的应力,称为极限应力,用 $\sigma^0(\tau^0)$ 表示。杆内应力 达到此值时,杆件会断裂或产生过大的变形,从而不能保证杆件安全正常的工作,杆件即告破坏。

由材料试验可知,塑性材料的应力达到屈服极限 $\sigma_s(\tau_s)$ 时,将出现显著的塑性变形;脆性材料的应力达到强度极限 $\sigma_b(\tau_b)$ 时会引起断裂。构件工作时发生断裂或产生显著的塑性变形都是不允许的,所以,

对于塑性材料 $\sigma^0 = \sigma_s$ 　或　 $\tau^0 = \tau_s$

对于脆性材料 $\sigma^0 = \sigma_b$ 　或　 $\tau^0 = \tau_b$

（二）许用应力和安全系数

为了保证构件安全正常的工作,必须使构件的实际工作应力不超过材料的极限应力。由于在实际设计计算时有许多不利因素无法预计,构件作用时还必须预留一定的安全储备。因此规定:将材料的极限应力 σ^0 除以一个大于1的系数 n,作为构件实际工作应力所不允许超过的应力数值。这个应力称为许用应力用符号 $[\sigma]$ 表示,即

$$[\sigma] = \frac{\sigma^0}{n} \quad 或 \quad [\tau] = \frac{\tau^0}{n}$$

大于1的系数 n 称为安全系数。安全系数大小的确定相当重要而又比较复杂,如安全系数偏大,则许用应力降低,安全储备增大,但材料用量增多,经济成本加大;如安全系数偏小,则许用应力提高,安全储备减小,虽材料用量减少,经济成本降低,但安全又难以保证。因此应合理地考虑安全和经济两方面的要求。在常温、静载下,塑性材料的安全系数一般为 $n_s = 1.4 \sim 1.7$;而脆性材料的均匀性较差,破坏时无任何"预告",则安全系数偏大,一般为 $n_b = 2.5 \sim 3.0$。各种材料的安全系数值,可由国家有关规范中查得。

二、轴向拉(压)杆的强度条件

轴向拉(压)杆横截面上的应力 $\sigma = \frac{N}{A}$ 是拉(压)杆工作时由荷载引起应力,又称实际工作应力,产生最大工作应力的截面称为杆件工作时的危险截面。为保证杆件安全正常的工作,杆件不致破坏的强度条件是危险截面的应力不得超过杆件材料的许用应力,即

$$\sigma_{max} = \frac{N}{A} \leq [\sigma] \tag{5-4}$$

式(5-4)称为拉(压)杆的强度条件,或称不破坏条件或强度方程。

式(5-4)中:N 为危险截面的轴力,A 为危险截面的截面面积。

对于等截面直杆,轴力最大的截面就是危险截面。对变截面杆,应综合轴力和横截面面积两个因素,确定危险截面的位置,计算最大工作应力。

根据强度条件,可解决工程构件强度计算的三类问题:

1. 强度校核

已知构件所受荷载及横截面面积,材料的许用应力,即可校核构件的强度是否满足强度条件。若 $\sigma_{max} \leq [\sigma]$,即满足强度条件,说明构件的强度足够;若 $\sigma_{max} > [\sigma]$,则不满足强度条件,说明构件不够安全。在工程实际中,若最大工作应力不超过许用应力数值的 5% 时,即 $\frac{\sigma_{max} - [\sigma]}{[\sigma]} \leq 5\%$,则仍认为构件是安全的。

$$\sigma_{max} = \frac{N}{A}$$

2. 截面尺寸

已知构件所受荷载及材料的许用应力$[\sigma]$,则由强度条件可算出构件所需横截面面积:

$$A \geqslant \frac{N}{[\sigma]}$$

3. 确定许可荷载

已知构件的横截面积A及材料的许用应力$[\sigma]$,则构件所能承受的许可轴力可由强度条件计算:

$$[N] \leqslant A[\sigma]$$

然后根据$[N]$,通过平衡条件转化为许可荷载。

例5-5 图5-18a所示为一托架,AB为圆钢杆,直径$d = 30mm$,许用应力$[\sigma] = 160MPa$;BC为方木杆,许用应力$[\sigma] = 4MPa$,荷载$F = 60KN$。试校核圆钢杆AB的强度并选择方木杆BC的截面边长b.

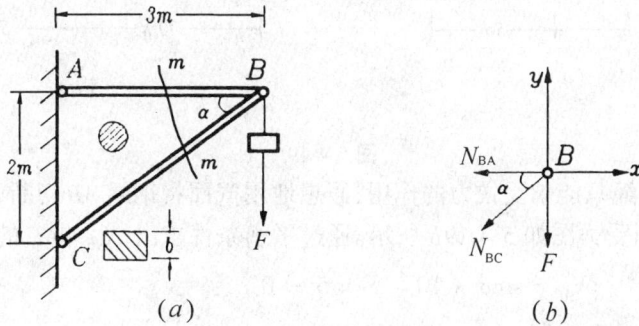

图5-18

[解]:(1) 计算各杆的内力

因AB、BC两杆的自重不计,均为二力杆,截面内力只有轴力。用截面法取$m-m$截面之右部分为脱离体,并设两杆轴力均为拉力,若计算结果为"+"则杆受拉,计算结果为"−"则杆受压。脱离体受力图如5-18b所示。列平衡方程:

$$\sum Y = 0 \qquad -N_{BC}\sin\alpha - F = 0$$

得 $N_{BC} = -\dfrac{F}{\sin\alpha} = -\dfrac{2 \times 60}{\sqrt{2^2 + 3^2}} = -108.2KN$(压)

$$\sum X = 0 \qquad -N_{BC}\cos\alpha - N_{AB} = 0$$

得 $N_{AB} = -N_{BC}\cos\alpha = -(-108.2) \times \dfrac{3}{\sqrt{2^2 + 3^2}} = 90KN$(拉)

由计算结果可知,AB杆为拉杆,BC为压杆

(2) 校核AB杆的强度

AB杆的横截面面积 $A_{AB} = \dfrac{\pi d^2}{4} = \dfrac{3.14 \times 30^2}{4} = 706.5 mm^2$

$$\sigma_{max} = \frac{N_{AB}}{A_{AB}} = \frac{90 \times 10^3}{706.5} = 127.38MPa < [\sigma] = 160MPa$$

所以AB杆抗拉强度足够。

(3) 设计BC杆截面边长b,根据强度条件,BC杆的横截面面积为

$$A_{BC} \geqslant \frac{N_{BC}}{[\sigma]} = \frac{108.2 \times 10^3}{4} = 27.05 \times 10^3 mm^2$$

因 $A = b^2$　　故　　$b = \sqrt{A_{BC}} = \sqrt{27.05 \times 10^3} = 164.4 mm$

取 $b = 165 mm$。

例 5 - 6　如图 5 - 19a 所示起重机，BC 杆由钢丝绳 AB 拉住。已知钢丝绳的横截面面积 $A = 500 mm^2$，许用应力 $[\sigma] = 40 MPa$，试求起重机能吊起多大的荷载。

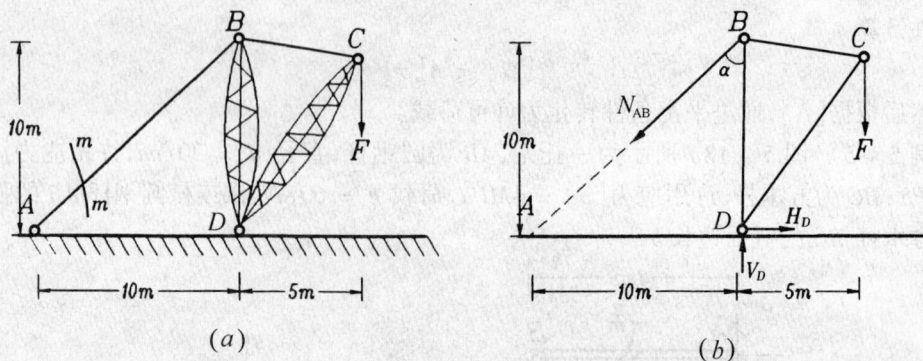

图 5 - 19

[解]:(1) 因钢绳只能承受拉力的作用，假想地用截面将钢绳 AB 切断，取截面 m - m 之右部分为脱离体，画受力图如 5 - 19b 所示。通过平衡条件求出 N_{AB} 与 F 的关系。

由 $\sum M_D = 0$　　$N_{AB} \cdot \sin\alpha \times 10 - F \times 5 = 0$

由几何关系得　$\alpha = 45°$

于是　　$F = \dfrac{N_{AB}\sin\alpha \times 10}{5} = 1.414\, N_{BA}$

(2) 由强度条件计算绳索 AB 所能承受的许可拉力 $[N_{BA}]$

$[N_{BA}] = A[\sigma] = 500 \times 40 = 20000 N = 20\, KN$

(3) 求起重机的许可荷重 F

$F = 1.414[N_{AB}] = 1.414 \times 20 = 28.28\, KN$

起重机能吊起 28.28KN 的荷载

工程中，当构件的自重与所受荷载相比很小，可以略去不计，但在实际工作中，有些构件例如混凝土柱、钻杆等，它们的自重占有很大的比例，在强度计算时就必须考虑自重的影响。

例 5 - 7　有一高度 $H = 12m$ 的正方形截面柱，如图 5 - 20a 所示，材料的容重 $\gamma = 23 KN/m^3$，许用应力 $[\sigma] = 1MPa$，在柱顶作用有轴心压力 $F = 500 KN$，考虑柱的自重，设计柱的横截面尺寸。

[解]:(1) 计算柱的轴力

由于考虑自重，故柱的各横截面上的轴力是变量，现求距柱顶为 x 的任意截面的轴力 $N(x)$。用截面 m - m 将柱从 x 截面截开，取 m - m 截面之上部分柱为脱离体，画其受力图(图 5 - 20b)，列平衡方程

$\sum X = 0$　　$F + G(x) - N(x) = 0$

得　　$N(x) = F + G(x) = F + \gamma \cdot A \cdot x$

由此可见，$N(x)$ 随 x 按直线变化。在柱顶截面 x = 0 处，$N = F$；在柱底截面 x = H 处，轴力 N 达到最大，其值为

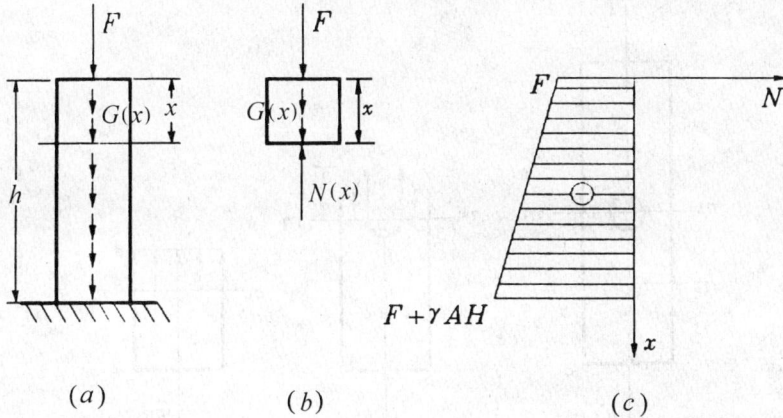

$$(a) \qquad\qquad (b) \qquad\qquad (c)$$

图 5 – 20

$$N_{max} = F + \gamma \cdot A \cdot H$$

画轴力图,如图 5 – 20c 所示。

(2) 计算柱的截面尺寸,将 N_{max} 代入强度条件,得

$$\sigma_{max} = \frac{N_{max}}{A} = \frac{F}{A} + \gamma \cdot H \leqslant [\sigma] \qquad \text{(考虑自重时构件的强度条件)}$$

于是 $\qquad A \geqslant \dfrac{F}{[\sigma] - \gamma \cdot H} \qquad \text{(考虑自重时构件应具有的横截面面积)}$

代入已知数值得 $A \geqslant \dfrac{500 \times 10^3}{1 - 23 \times 10^{-6} \times 12 \times 10^3} = 690 \times 10^3 \; mm^2$

正方形柱的边长 $\qquad a = \sqrt{A} = \sqrt{69 \times 10^4} = 830 \; mm$

取 $\qquad a = 850 mm$

*第七节　应力集中的概念

一、应力集中的概念

对于等截面直杆,受轴向拉伸(或压缩) 时,其横截面上的正应力是均匀分布的。但对于截面尺寸发生变化的杆件,如截面突变处,横截面上的正应力就不是均匀分布的了。例如等截面的直杆中开孔时(图 5 – 21a),在圆孔附近的局部区域内,应力急剧增加(图 5 – 21b);距圆孔相当距离后,应力趋于均匀(图 5 – 21c)。这种由于杆件外形的突然变化而引起局部应力急剧增加的现象,称为应力集中。

应力集中对塑性材料和脆性材料的影响是不同的。塑性材料具有屈服阶段,当最大应力值 σ_{max} 达到材料的屈服极限 σ_s 时,若外力继续增大,孔边缘处的应力 σ_s 保持不变而变形会继续增加,这样就将所增加的外力传递给相邻部份的材料,其余各点处的应力也逐渐达到材料的屈服极限 σ_s,这种应力重新分布的现象,实际上起着缓冲作用,避免杆件突然破坏,降低了应力集中的不利影响。所以,在静荷载作用下,对塑性材料可不考虑应力集中的不利影响。而脆性材料没有屈服阶段,当应力集中处的最大应力值 σ_{max} 达到材料的强度极限 σ_b 时,孔边最大应力处,将出现局部裂纹而导致杆件破坏。因此,对脆性材料必须考虑应力集中的不利影

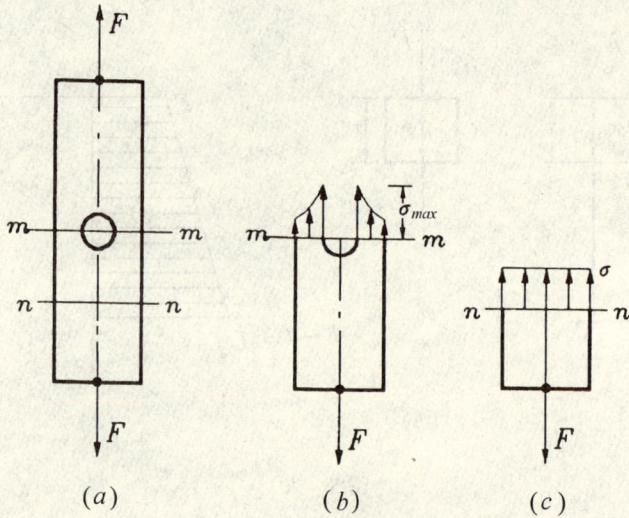

图 5 – 21

响。考虑到脆性材料内部的缺陷(杂质、气孔等)较为严重,缺陷处也有应力集中现象,为保证杆件安全正常的工作,采取了加大安全系数的方法。

一般来说,应力集中对杆件的工作是不利的。在设计时应尽量降低应力集中的影响。例如把杆件的截面突变部位,用渐变段或圆弧段连接,就可使局部应力大大降低。

本章小结

本章主要介绍了杆件在轴向拉伸和压缩时的内力、应力、变形等基本概念及它们的计算方法,讨论了拉(压)杆的强度计算,研究了材料在轴向拉伸和压缩时的力学性能。

一、拉(压)杆横截面上的内力是轴力 N,其作用线与杆件轴线重合。轴力的数值和方向用截面法计算。截面法是确定杆件内力的基本方法。

二、拉(压)杆横截面上的应力是正应力 σ,应力在横截面上是均匀分布,即横截面上各点的应力相等,计算公式为:$\sigma = \dfrac{N}{A}$

三、拉(压)杆的变形,主要是沿杆件轴线方向的变形量 ΔL,其计算公式(即虎克定律)为:

$$\Delta L = \frac{NL}{EA}$$

虎克定律的适用范围是材料在弹性范围内,杆内应力不得超过比例极限。计算时应注意:杆段轴力 N、截面面积 A 及材料的拉(压)弹性模量 E 均为定值,若有变化应分段计算。

四、材料的力学性能是通过实验获得的,是解决构件强度和刚度的重要依据。材料在常温、静载下的主要力学性能指标有:

1. 强度指标　表示材料抵抗破坏能力的指标:材料的屈服极限(σ_s)和强度极限(σ_b)

2. 刚度指标　表示材料抵抗弹性变形能力的指标:拉(压)弹性模量(E)和泊松比(μ)

3. 塑性指标　表示材料产生塑性变形能力的指标:延伸率(δ)和断面收缩率(ψ)

五、强度计算是材料力学研究的主要任务。拉(压)杆的强度条件为

$$\sigma_{max} = \frac{N}{A} \leqslant [\sigma]$$

强度计算的步骤是

1. 分析计算外力；

2. 用截面法计算杆件上的内力,若是多力杆则要画出轴力图；

3. 分析确定杆件危险截面的内力大小及其位置；

4. 计算危险截面的应力(即最大正应力),建立强度条件,根据要求进行相应的强度计算。

以上步骤同样适用于其它变形杆件的强度计算。

六、杆件拉(压)问题的研究方法反映了材料力学研究强度和变形的基本思路和方法。其方法可用流程图表示为：

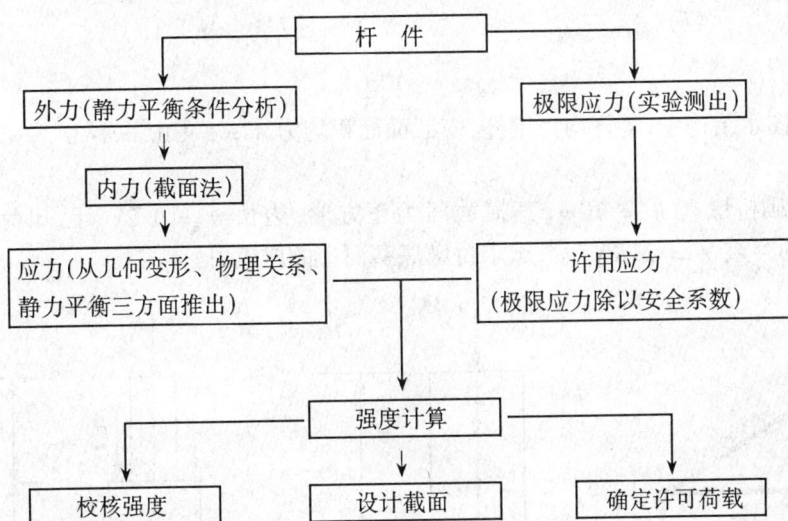

思 考 题

5 – 1 两根材料不同、截面不同的杆,受相同的轴向拉力的作用时,它们的内力是否相同?

5 – 2 轴力和横截面面积相同,而形状不同的两根拉杆,它们的应力是否相同?变形是否相同?

5 – 3 指出下列概念的区别?

1. 材料的拉伸图和应力 — 应变图。

2. 弹性变形和塑性变形。

3. 内力和应力。

4. 变形和应变。

5. 极限应力和许用应力。

5 – 4 轴向拉(压)杆的强度计算步骤是哪些?

5 – 5 杆件材料性质与应力集中有无关系?为什么?

习　　题

5－1　试求图示各杆指定截面上的轴力并画轴力图。

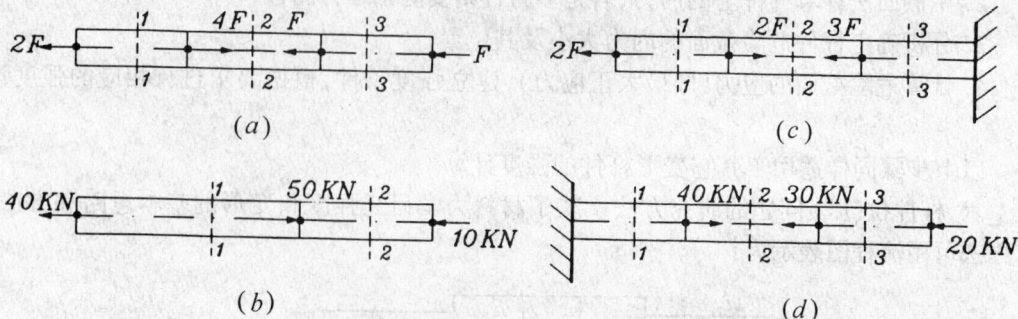

习题 5－1 图

5－2　在图示结构中，各杆均为钢杆，横截面面积均为 $A = 3 \times 10^3 mm^2$，$F = 100KN$。试求各杆的应力。

5－3　石砌桥墩高 $h = 10m$，其横截面为正方形，边长 $a = 1.2m$。已知荷载 $F = 1000KN$，材料的容重 $\gamma = 23KN/m^2$，试求桥墩底截面上的压应力。

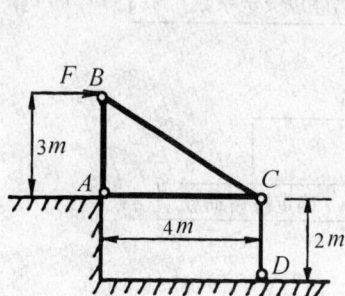 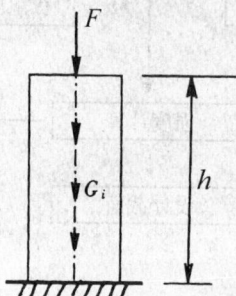 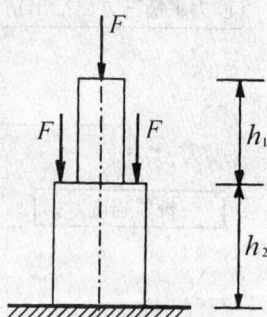

习题 5－2 图　　　　　习题 5－3 图　　　　　习题 5－4 图

5－4　横截面为正方形的的砖柱，由上下两段组成，已知上段的横截面面积 $A_1 = 24 \times 24 cm^2$，$h_1 = 3m$，下段的横截面面积 $A_2 = 37 \times 37 cm^2$，$h_2 = 4m$，$E = 0.3GPa$，受力情况如图所示，$F = 40KN$，自重不计，试求：

（1）上、下段的轴力和正应力；

（2）上、下段的变形；

（3）截面 A 向下位移多少？

5－5　已知钢和混凝土的弹性模量分别为 $E_g = 200GPa$，$E_h = 28GPa$，一钢杆和混凝土杆分别受轴向压力作用，试问：

（1）当两杆应力相等时，混凝土杆的应变 ϵ_h 为钢杆应变 ϵ_g 的多少倍？

（2）当两杆应变相等时，钢杆应力 σ_g 为混凝土杆应力 σ_h 的多少倍？

（3）当 $\epsilon_g = \epsilon_h = 0.001$ 时，两杆的应力各是多少？

5－6　用一根灰口铸铁圆管作受压构件，材料的许用应力〔σ〕 = 200MPa，轴向压力 F = 1000KN，管的外径 D = 130mm，内径 d = 100mm。试校核铸铁圆管的强度。

5－7　在桥梁桁架的 AB 钢杆上装置应变仪 K，标距 L = 10cm。当火车通过时，测出标距 L 的变形量 ΔL = 0.04mm，钢的拉（压）弹性模量 E = 200GPa，许用应力〔σ〕 = 100MPa。试校核 AB 杆的强度。

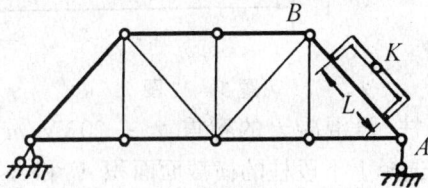

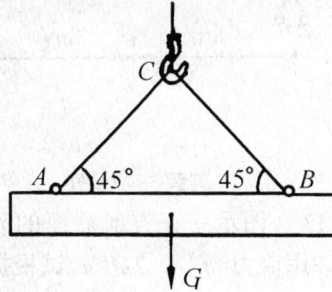

习题 5－7 图　　　　　　　　　习题 5－8 图

5－8　用绳索起吊重量 G = 10KN 的混凝土构件如图所示。设绳索直径 d = 20mm，许用应力〔σ〕 = 10MPa，试问绳索的强度是否足够？如果不够，试求绳索所需直径。

5－9　图示支架，杆 AB 为直径 d = 16mm 圆截面钢杆，许用应力〔σ〕 = 140MPa；杆 BC 为边长 b = 100mm 的正方形截面木杆，许用应力〔σ〕 = 4.5MPa，已知挂重 Q = 36KN，试校核两杆的强度。

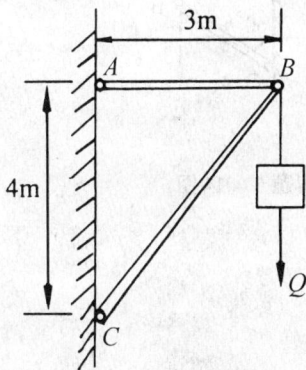

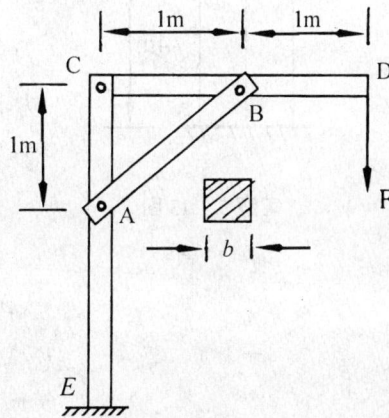

习题 5－9 图　　　　　　　　　习题 5－10 图

5－10　图示一简易托架，AB 为正方形截面木杆，许用应力〔σ〕 = 3MPa，已知荷载 F = 5KN，试求 AB 杆的截面边长 b。

5－11　三铰拱屋架如图所示，拉杆 AB 为圆截面钢杆，许用应力〔σ〕 = 170MPa，试按强度条件确定钢杆的直径。

5－12　图示雨篷结构简图，水平梁 AB 上受均布荷载 q = 10KN/m，B 端用斜杆 BC 拉住。

斜杆由两根等边角钢制造，材料许用应力〔σ〕 = 160MPa，选择角钢的型号；

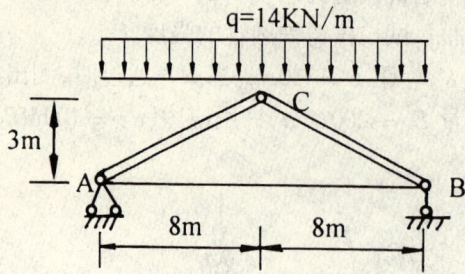

习题 5 – 11 图

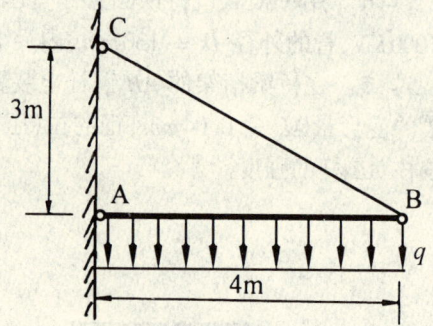

习题 5 – 12 图

5 – 13 图示一正方形截面的阶梯混凝土柱。设混凝土的容重 $\gamma = 20KN/m^3$，$F = 100KN$，许用应力 $[\sigma] = 2MPa$。试根据强度条件选择上下段柱的横截面面积 A_1 和 A_2。

5 – 14 图示结构中，杆 AB 为钢杆，其 $A_1 = 1000mm^2$，$[\sigma]_1 = 160MPa$；杆 BC 为木杆，其 $A_2 = 20000mm^2$，$[\sigma]_2 = 7MPa$。求结构的许可荷载 $[F]$。

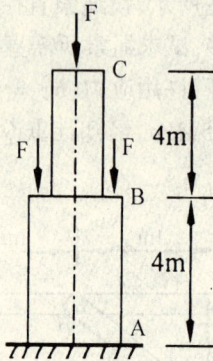

习题 5 – 13 图

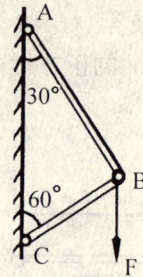

习题 5 – 14 图

第六章   剪切与挤压

第一节   剪切实用计算

一、剪切的概念

剪切变形是工程中常见的一种基本变形,与它相伴随的变形是挤压变形。

剪切变形主要发生在将若干构件连接成一体的连接件上,实际中常用的连接件有螺栓、销钉、铆钉、焊缝、平键、木结构中的榫头,连接地基与柱的混凝土基础板等如图(6-1a、b)所示。若干构件用连接件连成的整体称为连接。连接的强度计算包括连接件的剪切与挤压强度计算和被连接构件的拉(压)强度计算。

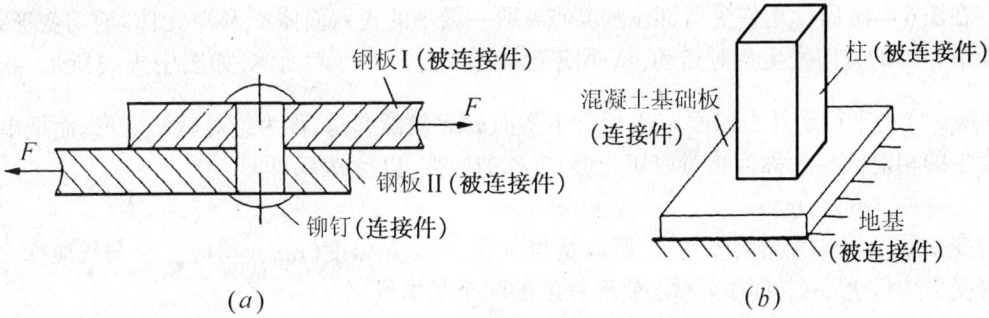

(a)   (b)

图 6-1

(一)剪切变形

构件的截面沿着外力作用线方向发生相对错动的现象称剪切变形。如图6-2所示。

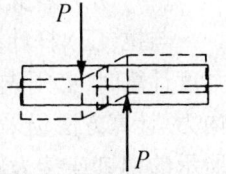

图 6-2

(二)剪切变形的受力特点与变形特点

铆钉的受力情况如图6-3a所示。两个外力的合力,作用在铆钉的两侧,大小相等,方向相反,且作用线相距很近,这时,铆钉的上、下两部分将沿着外力合力作用线之间的截面 $m-m$ 发生相对错动(图6-3、b)直到被剪断。

1.剪切变形受力特点

外力的合力(或分力)作用在构件的两侧,相互平行,大小相等,方向相反,作用线相距很近。

2.剪切变形特点

两个反向的外力的合力(或分力)作用线之间的截面发生相对的错动,这些截面称剪切面,其面积称剪切面积 A_Q、A_Q 上的内力为剪力 Q,与之相应的应力是剪应力 τ,它是剪切强度计算的关键,剪切面平行于外力作用线,且在两个反向并平行的外力作用线之间。据此可确定连接件剪切面面积 A_Q,A_Q 是剪切强度计算的关键。

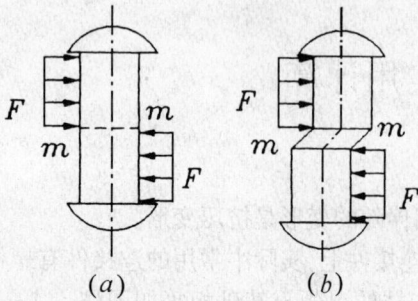

图6-3

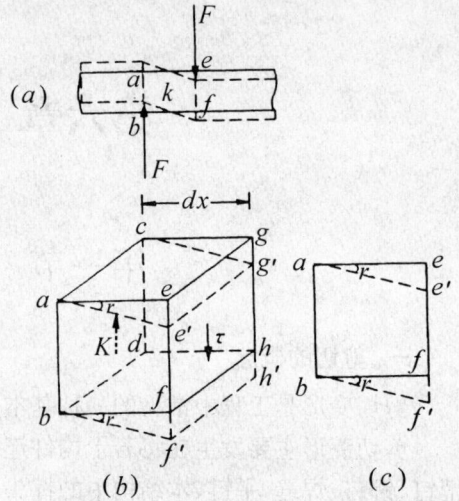

图6-4

（三）剪应变

在图6-4a所示构件受剪部位的某点K取一微小的正六面体K，称单元体。剪切变形时，截面沿外力的方向发生相对错动，从而使正六面体变为平行六面体，如图中虚线所示。线段$\overrightarrow{ee'}$（或$\overline{ff'}$）为平行于外力的面$efgh$相对于平面$abcd$的滑移量，称为绝对剪切变形。而把单位长度上的相对滑移量称为相对剪切变形，也称剪应变，以γ表示，即

$$ee'/dx = \mathrm{tg}\gamma = \gamma$$

剪应变γ是单元体直角的改变量，所以是角应变，单位是弧度（rad）。剪应变γ与线应变ε是度量受力构件上一点（即单元体）变形程度的两个基本量。

二、剪应力、剪切虎克定律

（一）剪力和剪应力

与拉（压）杆计算类似，对构件进行剪切强度计算时，必须先计算剪切面面积A_Q上的内力。计算方法仍采用截面法。仍以图6-1a所示的铆钉连接为例，为了计算铆钉剪切面上的内力，将铆钉沿$m-m$剪截面假想地切开成两段，任取一段为研究对象（图6-5a、b）。为了保持平衡，在剪切面上必然有与外力F大小相等、方向相反的内力Q存在，这个内力Q与剪切面相切，称剪力。剪力是剪切面上分布内力的合力。剪力的大小由平衡方程求出。

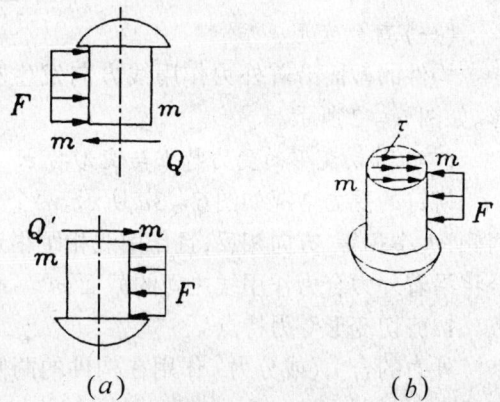

图6-5

由$\Sigma x = 0$，

$$F - Q = 0,$$

$$Q = F$$

· 140 ·

与剪力 Q 对应,剪切面上有剪应力 τ,如图 6 – 5b 所示。剪应力在剪切面上的分布规律较复杂,从理论上作精确分析十分困难和复杂。工程中常采用以试验、经验为基础的实用计算法,即假定剪应力在剪切面上是均匀分布的,故剪应力为

$$\tau = Q/A_Q \tag{6 – 1}$$

式中,Q— 剪切面上的剪力;

    A_Q— 受剪面面积。

（二）剪切虎克定律

试验证明,当剪应力不超过材料的剪切比例极限 τ_P 时,剪应力 τ 与剪应变 γ 成正比,如图 6 – 6 所示。即

$$\tau = G\gamma \tag{6 – 2}$$

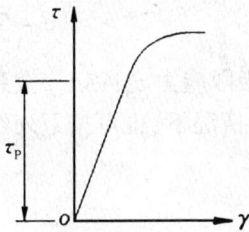

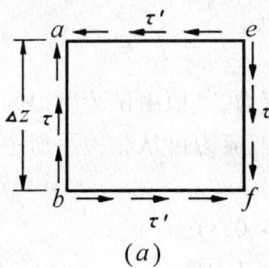

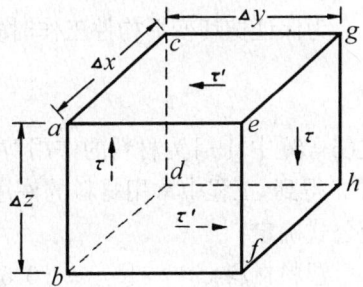

(a) (b)

图 6 – 6   图 6 – 7

式（6 – 2）称剪切虎克定律,式中比例常数 G 称剪切弹性模量,它表示材料抵抗剪切变形的能力,其单位与应力单位同,各种材料的 G 值由试验测定,也可从有关手册中查阅。常用材料的 G 值见表 6 – 1

常用材料的剪切弹性模量   表 6 – 1

材料	$G(MPa)$
钢	$8 \sim 8.1 \times 10^4$
铸铁	4.5×10^4
铜	$4 \times 4.6 \times 10^4$
铝	$2.6 \times 2.7 \times 10^4$
木材	5.5×10^2

前面讲过的拉压弹性模量 E,泊松比 μ 及剪切弹性模量 G 是材料的三个弹性系数。对于各向同性的弹性材料,这三者存在下列关系:

$$G = E/2(1 + \mu) \tag{6 – 3}$$

三个弹性系数中,知道其中两个,便可算出第三个。

（三）剪应力互等定理

设图 6 – 7a 所示的正六面体边长分别为 Δx、Δy、Δz,横截面 $efgh$ 上的剪应力为 τ,整个横截面上的合内力为 $\tau \times \Delta x \times \Delta z$。由 $\Sigma z = 0$,可知,$abcd$ 面上应具有大小相同,方向相反的合内力 $\tau \times \Delta x \times \Delta z$。这两个合内力组成一顺针转动的力偶,力偶矩为 $\tau \cdot \Delta x \cdot \Delta y \cdot \Delta z$。为保

持正六面体平衡,在其顶面和底面($acge$ 和 $bdhf$)上,必然有图 $6-7a$ 所示的剪应力 τ' 存在,由它们相应的合内力 $\tau' \cdot \Delta x \cdot \Delta y$ 组成一逆时针转动的力偶,其力偶矩为 $\tau' \Delta x \cdot \Delta y \cdot \Delta z$,即

$$\tau \cdot \Delta x \cdot \Delta y \cdot \Delta z = \tau' \Delta x \cdot \Delta y \cdot \Delta z$$

所以 $\qquad\qquad\qquad \tau = \tau' \qquad\qquad\qquad\qquad\qquad\qquad\qquad\qquad (6-4)$

对剪应力符号规定如下:使六面体顺时针方向转动的剪应力为正,反之为负。

式($6-4$)可叙述为:

在受力构件内的两相互垂直平面上,垂直于公共棱边的剪应力成对存在,且数值相等,符号相反。这种关系称剪应力互等定理。它是剪切的重要性质。

三、剪切强度计算

(一)剪切强度条件

为保证剪切变形构件工作时安全可靠,剪切强度条件(或不破坏条件)为

$$\tau = \frac{Q}{A_Q} \leqslant [\tau] \qquad\qquad\qquad (6-5)$$

式($6-5$)中,$[\tau]$ 为材料的许用剪应力,其值由试验测得的材料剪切极限应力 τ^o 除以安全系数 n 得到。工程中常用材料的许用剪应力可从相关手册中查得。一般情况下,也可按下列经验公式确定:

塑料材料 $\qquad [\tau] = (0.6 \sim 0.8)[\sigma_+]$

脆性材料 $\qquad [\tau] = (0.8 \sim 1.0)[\sigma_+]$

式中,$[\sigma_+]$ 为材料的许用拉应力。

(二)剪切强度计算 $\quad \tau = \frac{Q}{A_Q} \leqslant [\tau]$

使用剪切强度条件可解决剪切变形的三类强度计算问题。

1.校核剪切强度

用式 $\tau = \frac{Q}{A_Q}$ 求出 τ,再用 τ 与 $[\tau]$ 比较;

2.设计连接件截面尺寸

用式 $A_Q \geqslant \frac{Q}{[\tau]}$ 求出 A_Q,再用 $A_Q = \frac{\pi d^2}{4}$ 或 $A_Q = b \times h$ 计算截面尺寸;

3.计算连接件所能承受的最大许可荷载

用式 $[Q] \leqslant A_Q \times [\tau]$ 求出 $[Q]$,再将 $[Q]$ 通过平衡条件转换化外荷载。

(三)剪切强度计算方法

1.取连接件为研究对象,画受力图;

2.使用截面法确定连接件的受剪面面积 A_Q 及剪力 Q;

3.使用 $\tau = \frac{Q}{A_Q} \leqslant [\tau]$ 作相应的剪切强度计算。

例 $6-1$ 两块钢板用螺栓连接,如图 $6-8a$ 所示。每块钢板厚度 $\delta = 10mm$,作用在钢板上的力 $F = 12KN$,螺栓材料的许用剪应力 $[\tau] = 80MPa$。

试设计螺栓直径 d。

[解]:(1)取连接件(螺栓)为研究对象,画受力图(图 $6-8b$)

(2)确定 A_Q、Q

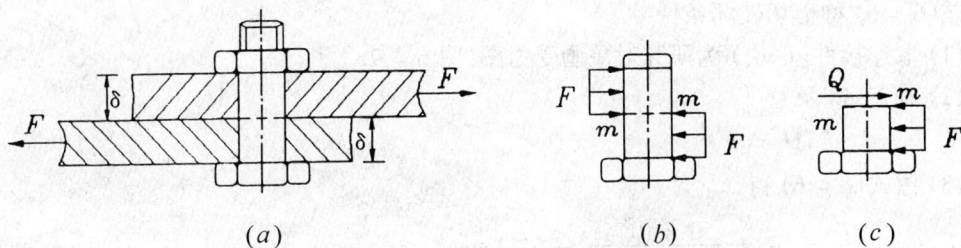

图 6 - 8

用假想截面将螺栓沿 $m-m$ 切开,保留螺栓下部分为研究对象,则 $A_Q = \dfrac{\pi d^2}{4}$, $Q = F = 12KN$

(3) 设计螺栓直径 d

由式(6 - 5) 得

$$A_Q \geqslant Q/[\tau] = \frac{\pi d^2}{4}$$

$$d \geqslant \sqrt{\frac{4Q}{\pi[\tau]}} = \sqrt{\frac{4 \times 12 \times 10^3}{\pi \times 80}} = 13.8mm$$

取 $d = 14mm$。

例 6 - 2   一冲床最大冲剪力 $F = 50KN$,如图 6 - 9a 示。钢板厚度 $\delta = 2mm$,剪切强度极限 $\tau_b = 360mpa$。

试求此冲床所冲最大圆孔直径 d

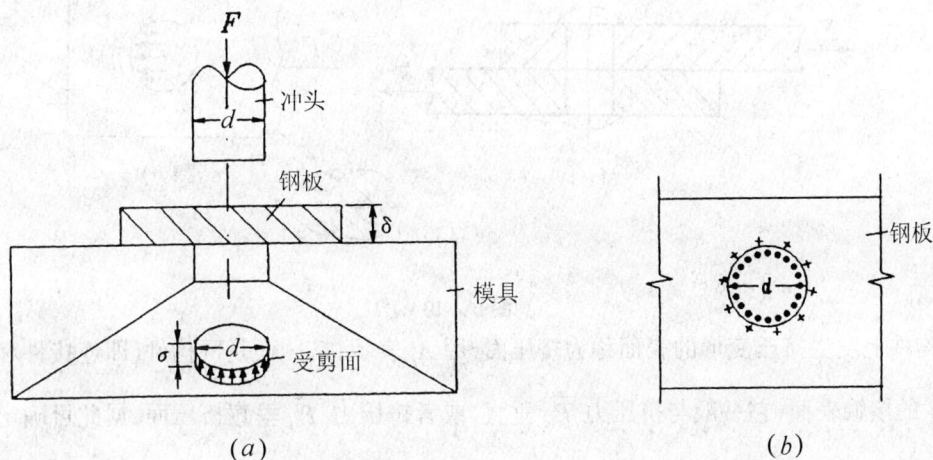

图 6 - 9

图 b)   ⊕:表示将 $\overrightarrow{F}$ 力分解为向下的直径为 d 的圆周形分力;

⊙:表示将板的反力分解为向上的直径为 d 的圆周形分力。

[解]:金属板材的剪断、冲孔等加工,必须使最大剪应力大于或等于材料的剪切强度极限 τ_b,即

$$\tau_{max} = \frac{Q}{A_Q} \geqslant \tau_b \tag{6 - 6}$$

式(6 - 6) 称剪切破坏条件

(1) 取连接件(钢块) 为研究对象画受力图(图6 - 9b)

(2) 确定 A_Q 及 Q

$A_Q = \pi d \cdot \delta, Q = F$

(3) 由式(6 - 6) 得

$$d \leqslant \frac{Q}{\pi \cdot \delta \cdot \tau_b} = \frac{50 \times 10^3}{3.14 \times 2 \times 360} = 22.1 mm$$

所以 $d_{max} = 22mm$。

注:本例的受剪面积 $A_Q = \pi \cdot d \cdot \delta$ 位于两反向的,圆柱形状(直径为 d)的外力的分力作用线之间。

第二节　挤压实用计算

一、挤压的概念

当螺栓杆(或铆钉) 较粗,所连接的板件相对较薄时,在两构件接触表面的接触面上,由于局部压力较大,使接触表面产生显著的塑性变形(压陷或起皱),这种现象称为挤压破坏。图(6 - 10b) 所示为铆钉与钢板的孔壁的挤压情况。作用在接触面上的正压力称为挤压力,用 P_j 表示。

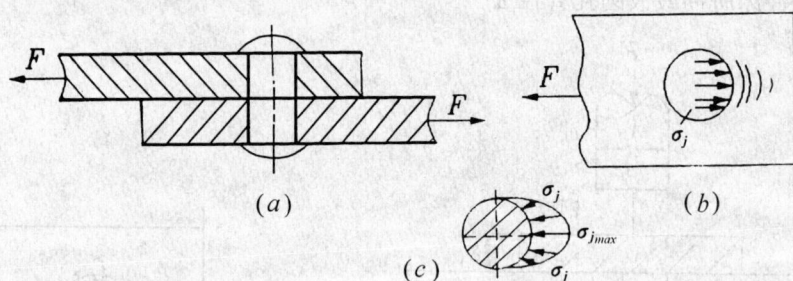

图 6 - 10

构件上发生挤压变形的表面称为挤压面,用 A_j 表示,挤压面是两构件(即连接件和被连接件) 的接触表面,它一般与挤压力 $\vec{P}_j$ 垂直,或者挤压力 $\vec{P}_j$ 垂直挤压面,据此可确定挤压力 $\vec{P}_j$。

二、挤压应力

在挤压面上,由挤压力引起的应力称为挤压应力,用 σ_j 表示。挤压应力 σ_j 在挤压面上的分布规律也很复杂(图6 - 10c),工程上同样采用实用计算法,即认为挤压应力在挤压面上是均匀分布的。故挤压应力为

$$\sigma_j = \frac{P_j}{A_j} \tag{6 - 7}$$

式(6 - 7) 中　P_j—— 挤压面上的挤压力

　　　　A_j—— 挤压面面积

当构件接触面为平面时,挤压面面积 A_j 为接触面面积。若接触面为半圆柱面(如铆钉、销等联接件,如图 6 – 11a 所示),按照挤压应力均布于半圆柱面上的假设,挤压面面积 A_j 为半圆柱面的正投影面积,所以,图 6 – 11b 中的直径平面 ABCD 面积,即为挤压面面积 $A_j = dt$,

式中,d—— 铆钉、销钉等的直径;t—— 铆钉、销钉等与孔的接触长度。

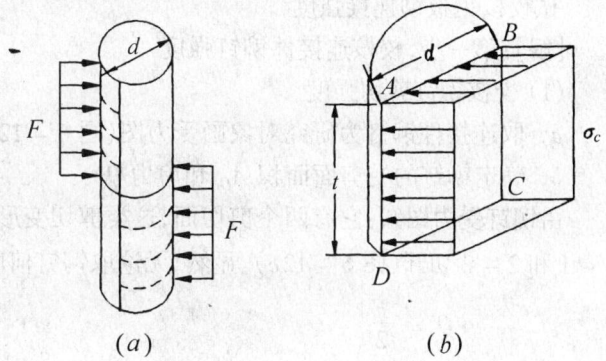

图 6 – 11

三、挤压强度计算

(一) 挤压强度条件

为保证连接工作时不产生挤压破坏,连接必须满足下列挤压不破坏条件。

$$\sigma_j = \frac{P_j}{A_j} \leqslant [\sigma_j] \qquad (6 - 8)$$

式(6 – 8)中,$[\sigma_j]$ 是材料的许用挤压应力,由试验确定,设计时可查有关手册。一般情况下也可以根据材料许用挤压应力和材料许用拉应力之间的近似关系确定:

塑性材料 $1.5 \sim 2.5[\sigma_+] = [\sigma_j]$

脆性材料 $0.9 \sim 1.5[\sigma_+] = [\sigma_j]$

必须提出,当连接件、被连接件材料不同时,应按许用挤压应力低的材料作挤压强度计算。

例 6 – 3　图 6 – 12a 所示为钢板铆连接,已知钢板材料的许用应力 $[\sigma] = 98MPa$,许用挤压应力 $[\sigma_j] = 196MPa$,钢板厚度 $\delta = 10mm$,宽度 $b = 100mm$;铆钉材料的许用剪应力 $[\tau] = 13MPa$,许用挤压应力 $[\sigma_j] = 314MPa$,铆钉直径 $d = 20mm$,钢板铆钉连接承受荷载 $F = 23.5KN$。

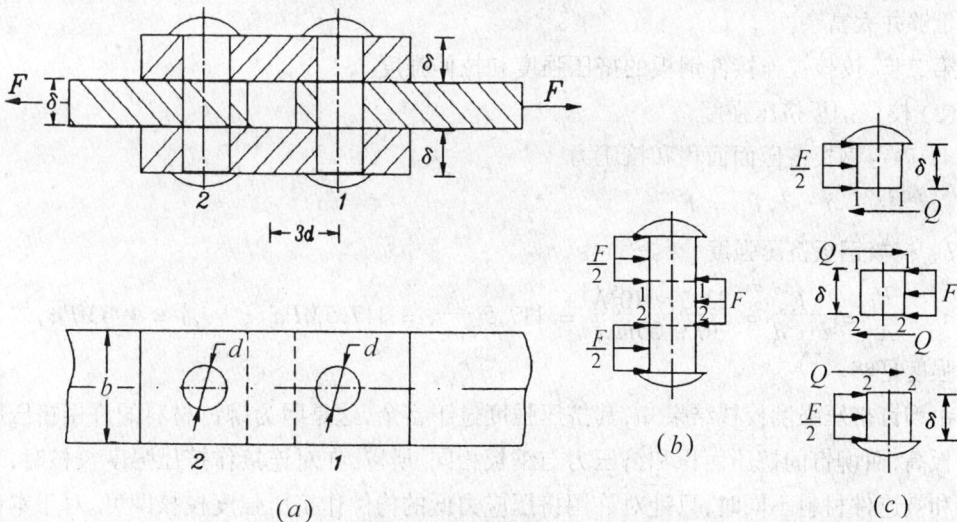

图 6 – 12

试校核钢板铆连接强度

[解]:第一步,校核连接件铆钉强度

(1) 校核铆钉剪切强度

a. 取连接件铆钉为研究对象画受力图(图 6 - 12b);

b. 确定铆钉的受剪面面积 A_Q 和剪力 Q

由铆钉受力图知:它有两个剪切面,这类剪切变形称双剪。使用截面法,将铆钉沿剪切面 1 - 1 和 2 - 2 切开(图 6 - 12c)。显然,无论取铆钉何段为研究对象,求得的剪力均为

$$Q = \frac{F}{2}$$

每个剪切面面积 A_Q 等于铆钉的横截面面积,即

$$A_Q = \frac{\pi d^2}{4}$$

c. 校核铆钉的剪切强度

由式(6 - 5)得

$$\tau = \frac{Q}{A_Q} = \frac{F/2}{\pi d^2/4} = \frac{2 \times 23.5 \times 10^3 N}{3.14 \times 20^2 mm^2} = 37.42 \frac{N}{mm^2} = 37.42 MPa < [\tau] = 137 MPa,故铆$$

钉剪切强度足够。

(2) 校核铆钉挤压强度

a. 确定铆钉挤压面 A_j,挤压力 $\overrightarrow{P_j}$

由图 6 - 12c,可知

$$A_j = \delta d, P_j = F$$

b. 校核铆钉挤压强度

由式(6 - 8)得

$$\sigma_j = \frac{P_j}{A_j} = \frac{F}{\delta d} = \frac{23.5 \times 10^3 N}{10 \times 20 mm} = 117.5 \frac{N}{mm^2} = 117.5 MPa < [\sigma_j] = 314 MPa,故铆钉挤压$$

强度足够并太富余。

第二步,校核被连接件钢板的挤压强度和拉伸强度。

(1) 校核钢板挤压强度

a. 确定钢板挤压面面积和挤压力

$$A_j = \delta \cdot d, P_j = F$$

b. 校核钢板挤压强度

$$\sigma_j = \frac{P_j}{A_j} = \frac{F}{\delta \cdot d} = \frac{23.5 \times 10^3 N}{10 \times 20 mm} = 117.5 \frac{N}{mm^2} = 117.5 MPa < [\sigma_j] = 196 MPa,故钢板$$

挤压强度足够。

由铆钉挤压强度校核结果知,其挤压强度过于富余,这是因为铆钉材料的许用挤压应力比钢板高,而铆钉的挤压面积和挤压力与钢板相同。所以,在对连接作挤压强度校核时,若连接件和被连件材料不同时,只针对许用挤压应力低的构件作挤压强度校核即可。对于本例而言,就只校核钢板的挤压强度。

（2）校核钢板抗拉强度

据 $\quad \sigma_{max} = \dfrac{N_{max}}{A_{min}} \leqslant [\sigma]$ 得

$$\sigma_{max} = \frac{N_{max}}{A_{min}} = \frac{F}{(b-d)\delta} = \frac{23.5 \times 10^3 N}{(100-20) \times 10 mm^2} = 29.4 \frac{N}{mm^2} = 29.4 MPa < [\sigma] =$$

$98MPa$，故钢板拉伸强度足够

综上述，由各类强度校核结果知，整个连接强度足够。

例6-4　木屋架端结点如图6-13a所示。上弦杆受力 $N = 40kN$，$a = 26°34'$，下弦杆为松木，顺纹许用剪应力 $[\tau] = 1MPa$，顺纹许用挤压应力 $[\sigma_j] = 8MPa$ 横纹许用挤压应力 $[\sigma_j]_{90°} = 2.4MPa$，顺纹许用拉应力 $[\sigma] = 10MPa$。上、下弦杆的宽度 $b = 150mm$，下弦截面高 $h = 200mm$。试计算下弦杆截面 mn 的长度 l、齿深 h_2，并校核抗拉强度。

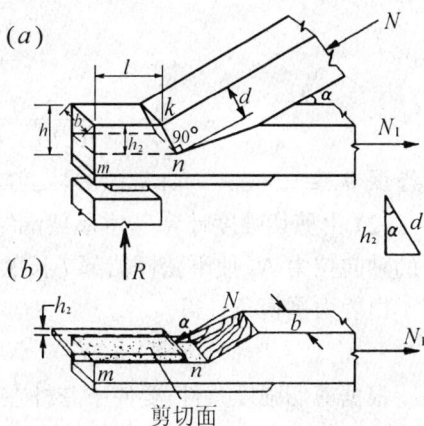

图6-13

[解]:[说明] 木材是一种各向异性的材料，木材的强度与外力对木纹的作用方向有关，因此，进行强度计算中，选用木材的许用应力时必须特别注意。《木结构计算标准》规定，当剪切或挤压与木纹方向成 α 角时，许用应力的值介于顺纹许用应力 $[\tau]$、$[\sigma_j]$ 及横纹许用应力 $[\tau]_{90°}$，$[\sigma_j]_{90°}$ 之间。其值可按下面公式计算：

$$[\sigma_j]_\alpha = \frac{[\sigma_j]}{1 + \left(\dfrac{[\sigma_j]}{[\sigma_j]_{90°}} - 1\right)\sin^3 \alpha}$$

$$[\tau]_\alpha = \frac{[\tau]}{1 + \left(\dfrac{[\tau]}{[\tau]_{90°}} - 1\right)\sin^3 \alpha}$$

解题思路　解决本题这样一类较复杂的连接件问题，首先要弄清楚力的传递路线，从而可以确定什么地方受剪切、什么地方受挤压。

本例上弦杆上的压力 N 是通过接触面 Kn 传到下弦杆齿面上的。很显然 Kn 面是一个挤压面，应该保证它的挤压强度。由挤压强度条件式6-8可决定所需要的挤压面面积 $A_j = d \times b$，b 为已知数，则由此可定出 d 的大小，然后由 $h_2 = d\cos\alpha$ 便可确定出 h_2 的数值。其次，N 力作用在 Kn 面后，它的水平分力 $N\cos\alpha$ 与下弦杆的作用力 N_1 是一对平衡力，这对力使 mn 面发生剪切。要保证不被剪切破坏，就要求 mn 面具有抵抗剪切破坏的大小。这样，根据剪切强度要求式6-5，即可以确定剪切面面积 $A = l \times b$。b 为已知，从而可定出所需 l 的尺寸。

下面进行具体运算。

（1）由挤压强度计算齿深 h_2

挤压发生在承压面 Kn 上，由于承压面与顺纹成 $\alpha = 26°34'$ 交角，许用挤压应力 $[\sigma_j]_{26°34'}$ 为

$$[\sigma_j]_\alpha = \frac{[\sigma_j]}{1 + \left(\frac{[\sigma_j]}{[\sigma_j]_{90^\circ}} - 1\right)\sin^3\alpha}$$

$$= \frac{8}{1 + \left(\frac{8}{2.4} - 1\right)\sin^3 26^\circ 34'} = 6.6MPa$$

根据挤压强度条件(6 - 8)式

$$\sigma_j = \frac{P_j}{A_j} = \frac{N}{bd} \leqslant [\sigma_j]$$

所以

$$d \geqslant \frac{N}{b[\sigma_j]} = \frac{40 \times 10^3}{0.15 \times 6.6 \times 10^6} = 40.4 \times 10^{-3}m \approx 41mm$$

故齿深 $h_2 = d\cos\alpha = 41 \times 0.894 \approx 37mm$

(2) 由剪切强度计算 l。木屋架端结点上弦杆轴力 N 的水平分力 $N_\alpha = N\cos\alpha$。它和下弦杆的轴向拉力 N_1 使下弦杆端部 l 长的部分发生剪切变形,剪切面为 mn。

由静力平衡条件得

$$N_1 = N_\alpha = N\cos\alpha = 40 \times 0.894 = 35.8kN$$

根据剪切强度条件,要使下弦杆在 mn 截面处不被剪坏,应满足

$$\tau = \frac{N_1}{lb} \leqslant [\tau]$$

此时,剪切面沿顺纹方向,所以应该用顺纹剪切许用应力。

所以

$$l \geqslant \frac{N_1}{b[\tau]} = \frac{35.8 \times 10^6}{0.15 \times 1 \times 10^6} = 0.239(m) \approx 240mm$$

(3) 校核拉杆(下弦杆)拉伸强度

据拉(压)强度条件,要使下弦杆在其最小横截面处不被拉断,应满足

$$\sigma = \frac{N_1}{A_{min}} \leqslant [\sigma]$$

此时,$N_1 = 35.8kN$, $A_{min} = b(h - h_2) = 150(200 - 37) = 24450mm^2$

$$\sigma = \frac{N_1}{A_{min}} = \frac{35.8 \times 10^3 N}{24450 mm^2} = 1.46\frac{N}{mm^2} = 1.46MPa < [\sigma] = 10MPa$$

所以,下弦杆抗拉强度足够。

本章小结

一、剪切变形是构件的基本变形之一。当构件两侧受到一对大小相等,方向相反且作用线相距很近的外力的合力(或分力)作用时,相邻截面会发生错动。受剪部位的正六面体变为平行六面体,原来的直角改变了微小的角度 γ;γ 称剪应变。剪切时与剪切面相切的内力称剪力 $\vec{Q}$,它相应的应力称剪应力 τ。

二、剪切实用计算主要假设是:

1.剪切面上的剪应力均匀分布。由此得到剪切强度条件为

$$\tau = \frac{Q}{A_Q} \leqslant [\tau]$$

2.挤压面上的挤压应力均匀分布。由此得到挤压强度条件为

$$\sigma_c = \frac{P_j}{A_j} \leqslant [\sigma_j]$$

各类连接件剪切强度计算关键在于确定剪切面,剪切面与外力的合力(或分力)作用线平行,且在两个反向的外力的合力(或分力)作用线之间。

实用计算中,挤压面为半圆柱面时,采用其直径平面作为挤压面,挤压力垂直挤压面。

三、剪切变形的理论中有两个关于剪应力的重要结论:

1.剪切虎克定律　　　$\tau = G\gamma$

2.剪应力互等定律　　　$\tau = \tau'$

这两个结论与前章的拉(压)虎克定律一样,是材料力学中的基本理论。

思　考　题

6 – 1　剪切变形的受力特点与变形特点与拉(压)变形比较,有什么不同?

6 – 2　剪应力 τ 与正应力 σ 有什么区别?

6 – 3　剪切与挤压的计算作了什么假设?

6 – 4　确定剪切面面积 A_Q,挤压面面积 A_j 的根据是什么?

6 – 5　指出图中构件的剪切面和挤压面

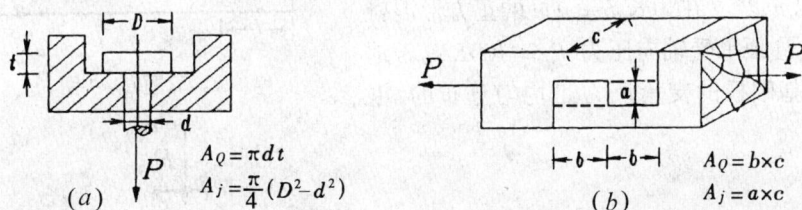

$$A_Q = \pi d t$$
$$A_j = \frac{\pi}{4}(D^2 - d^2)$$
(a)

$$A_Q = b \times c$$
$$A_j = a \times c$$
(b)

思 6 – 5 图

6 – 6　如图 a、b 所示立方体,已知其中一个面上的 τ,其它几个面上的剪应力是否可确定?

6 – 7　剪切虎克定律条件是什么?内容是什么?

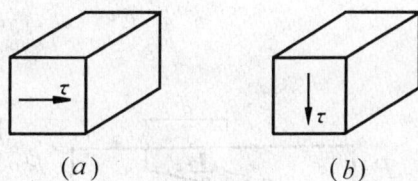

(a)　　　　　　　(b)

思 6 – 6 图

习　　题

6 – 1　一个直径 $d = 40mm$ 的螺栓,受拉力 $P = 100KN$ 作用,已知 $[\tau] = 60MPa$。求螺母所需的最小高度 h。

6 - 2　两块厚度均为 $\delta = 10mm$ 的钢板,用两个直径 $d = 17mm$ 的铆钉搭接在一起如图所示,钢板、铆钉为同类钢材,钢材的 $[\tau] = 140MPa$,$[\sigma_j] = 280MPa$,$[\sigma] = 160MPa$。试校核整个连接强度。

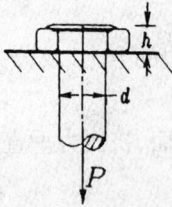

习题 6 - 1 图

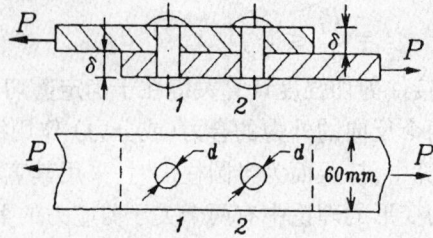

习题 6 - 2 图

6 - 3　桁架端点的接合如图所示,斜杆以 $b = 60mm$ 的榫头和横梁连在一起。设 $[\sigma_j] = 5MPa$,$[\tau] = 0.8MPa$,作用于斜杆上的力 $P = 20KN$,求榫头的高度 h 和横梁末端的长度 l

6 - 4　高为 h,宽为 $b = 100mm$ 的齿形接头如图示,承受轴向拉力 $P = 3KN$ 作用。试求它的尺寸 a、c、d、h。已知许用拉应力 $[\sigma] = 6MPa$,许用挤压应力 $[\sigma_j] = 10MPa$,许用剪应力 $[\tau] = 1.2MPa$

6 - 5　图示一混凝土柱,其横截面为正方形,边长 $a = 0.2m$,竖立在边长 $b = 1m$ 的正方形混凝土基础板上,柱顶承受轴向压力 $P = 100KN$。若地基对混凝土基础板的支承反力是均匀分布的,混

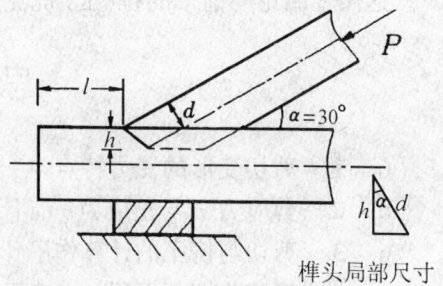

榫头局部尺寸

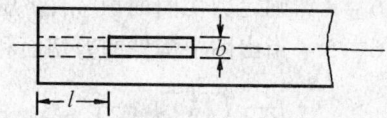

习题 6 - 3 图

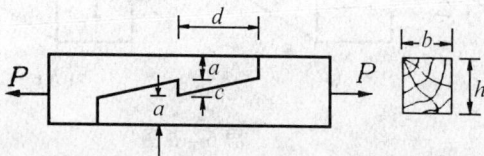

习题 6 - 4 图

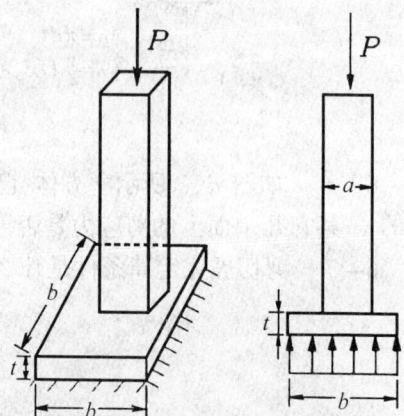

习题 6 - 5 图

凝土的许用剪应力 $[\tau] = 1.5MPa$,欲使混凝土柱不会穿过混凝土基础板,求板应有的最小厚度 t。

6 - 6　两块宽度为 150mm 的受拉钢板按图示的铆钉布置对接相连。已知 $t_1 = 10mm$,$t_2 = 20mm$,铆钉直径 $d = 26mm$。板与铆钉的材料相同,许用应力 $[\tau] = 100MPa$,$[\sigma_j] =$

$280MPa$，$[\sigma] = 170MPa$。求接头能承受的最大轴向拉力 $P = ?$

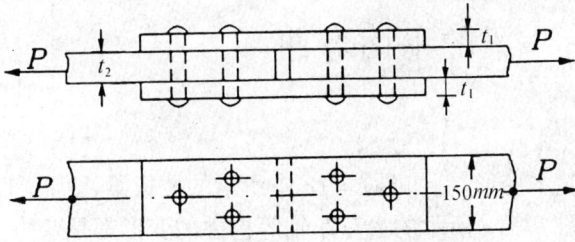

习题 6 – 6 图

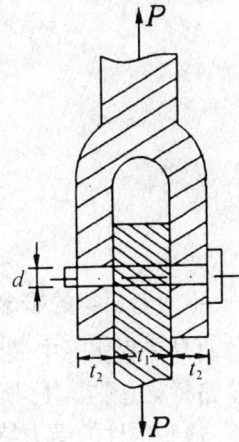

习题 6 – 7 图

6 – 7　图示起重机吊具、起吊物重 P。已知：$P = 20kN$，板厚 $t_1 = 10mm$，$t_2 = 6mm$，销钉与板的材料相同，许用应力 $[\tau] = 60MPa$，$[\sigma_j] = 200MPa$。试设计销钉的直径。

第七章　梁的弯曲

第一节　梁的平面弯曲

一、平面弯曲梁的概念

弯曲是工程实际中最常见的一种基本变形。例如图7-1a中所示的楼板梁、图7-1b所示的公路桥梁、图7-1c所示的墙身、图7-1d所示的火车车轴等构件的变形都是弯曲变形的实例。这些构件的受力特点是：外力的作用线垂直于杆件的轴线或外力偶的作用面垂直于杆件的横截面。其变形特点是：杆件的轴线由直线变成曲线。这种变形称为弯曲变形。以弯曲变形为主要变形的杆件统称为梁。

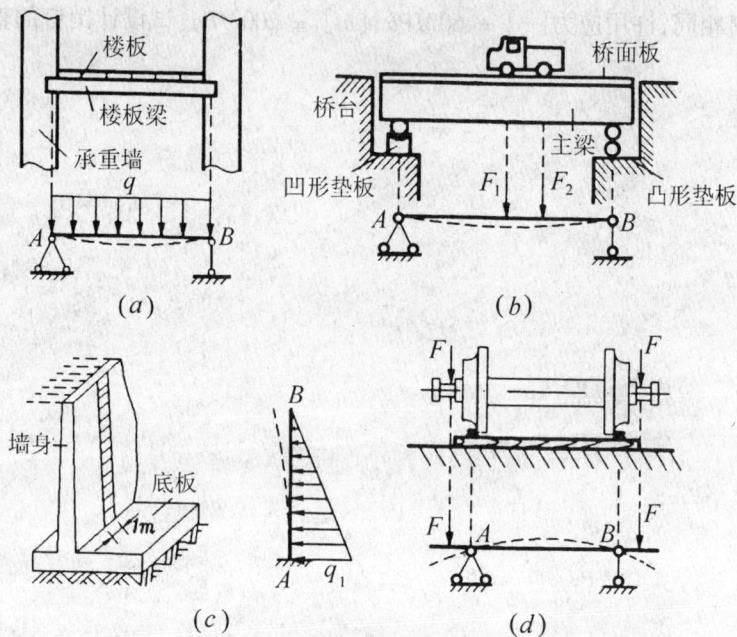

图 7-1

工程中的梁，其横截面一般都具有一根纵向对称轴 y，如图7-2所示。由梁横截面的纵向对称轴 y 与梁的轴线 x 组成的平面称为梁的纵向对称面。如图7-3所示。当梁上外力（包括荷载和支座反力）的作用线或外力偶的作用面都位于梁的纵向对称面时，梁的轴线在纵向对称面内被弯曲成一条光滑的平面曲线，这种弯曲变形称为平面弯曲。平面弯曲是一种最简单，最常见的弯曲变形。

二、梁的类型

梁的支座反力，能用静力平衡方程全部求解的梁称为静定梁。梁在两支座之间的部分称

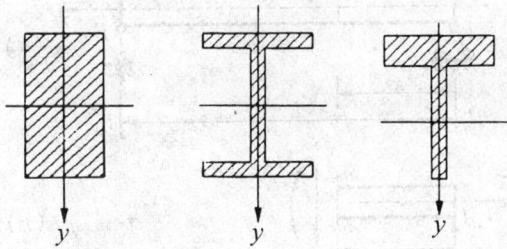

图 7 - 2

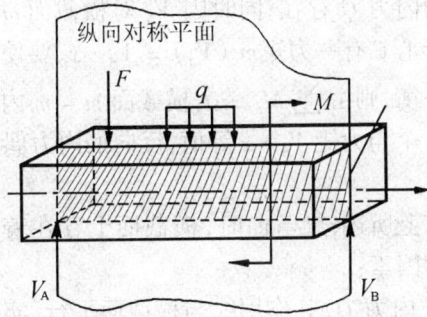

纵向对称平面

图 7 - 3

为跨,其长度则称为跨长或跨度。工程中的单跨静定梁按其支座情况可分为三类:

1. 悬臂梁 梁的一端为固定端支座,另一端为自由端,如图 7 - 4a。

2. 简支梁 梁的一端为固定铰支座,另一端为活动铰支座,如图 7 - 4b。

3. 外伸梁 一端或两端伸出支座以外的简支梁,如图 7 - 4c、d。

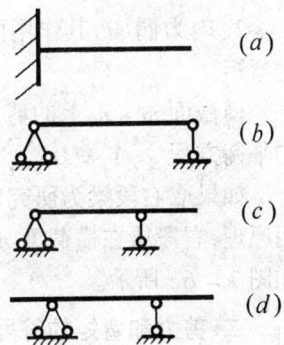

图 7 - 4

三、梁的荷载

工程中作用在梁上的荷载有下列几类:

1. 集中力 作用在梁上微小局部的横向力,如图 7 - 5 中的力 F。

2. 集中力偶 作用面在梁的纵向对称面内的力偶。如图 7 - 5 中的力偶 m。

3. 分布荷载 沿梁的长度连续分布的横向力,如图 7 - 5 中的荷载 q。分布荷载可分为均布荷载和非均布荷载。如梁的自重是均布荷载,水对水坝的压力、土对挡土墙的压力是非均布荷载。

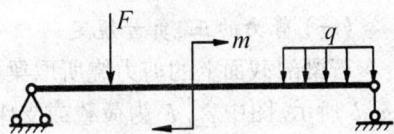

图 7 - 5

第二节　梁的内力

一、剪力和弯矩

为了计算梁的强度和刚度,就必须先计算梁横截面上的内力。当作用在梁上的全部外力(包括荷载和支座反力)均为已知时,用截面法可求出梁上任意横截面的内力。

如图 7 - 6a 所示为一简支梁,受集中荷载 F 的作用,支座反力 V_A、V_B 可由平衡条件求出。现用截面法分析任意横截面 $m - m$ 上的内力。假想地用截面沿 $m - m$ 将梁分为左、右两段,由于原梁是平衡的,所以左、右两段梁也应处于平衡状态。现取左段梁分析。从图 8 - 6b 可知,由于 V_A 的作用,要使左段梁平衡则由 $\sum Y = 0$,横截面 $m - m$ 上必有一个与 V_A 等值,

反向的内力 Q 存在;同时因 V_A 对横截面 $m-m$ 的形心 C 有一力矩 $m_c(V_A)=V_A\cdot x$,要使左段梁平衡,则由 $\sum M_c=0$,横截面 $m-m$ 内还必有一个与力矩 $V_A\cdot x$ 等值,反向的内力偶 M 存在。

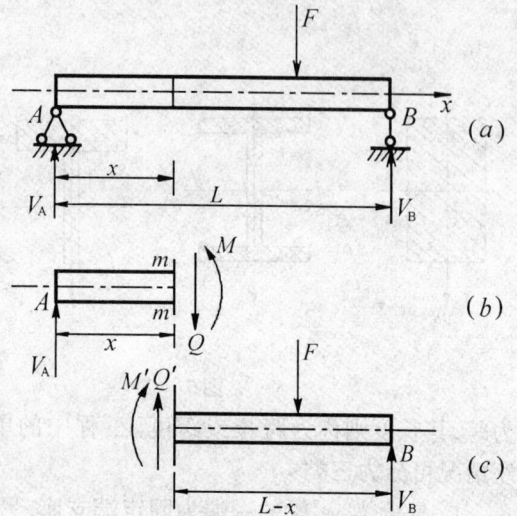

图 7 – 6

综上所述,梁弯曲时,横截面上存在着两种内力因素:

1. 内力 Q,其作用线与横截面平行,实质上是横截面 $m-m$ 上切向分布内力的合力,称为剪力。

2. 内力偶 M,其作用面与横截面垂直,称为弯矩。

横截面 $m-m$ 上的剪力、弯矩可由左段梁的平衡方程 $\sum Y=0$,$\sum M_c=0$ 求出。

如果取右段梁为研究对象,同样可求出截面 $m-m$ 上的剪力和弯矩。根据作用和反作用原理,右段梁在横截面 $m-m$ 上的 Q'、M' 与左段梁在截面 $m-m$ 上的 Q、M 等值,反向。如图 7 – 6c 所示。

二、剪力和弯矩的符号规则

为了使得无论取右段梁还是取左段梁,求出的同一横截面上的 Q、M 具有相同的符号,通常根据梁的变形来规定它们的正、负号,内力的正、负号表明了内力的方向。

(一)剪力的正、负号规定

若梁剖截面上的剪力绕所取梁段内任一点顺时针转动,则取正号。反之取负号。如图 7 – 7a、b 所示。图中 $\sum F$ 为荷载或支座反力,Q 为剪力。

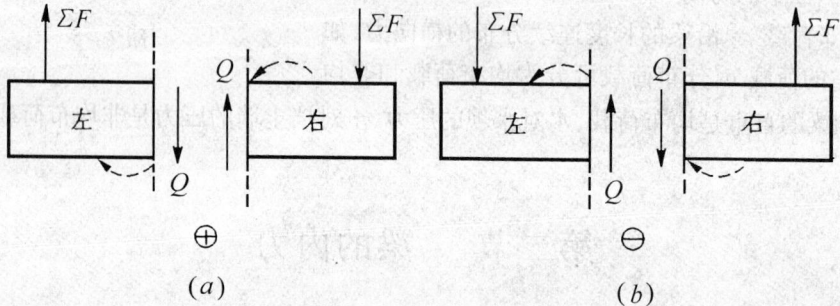

图 7 – 7

(二)弯矩的正、负号规定

若梁剖截面上的弯矩,使所取梁段产生下凸上凹(即下边缘受拉、上边缘受压的弯曲变形)变形时,则取正号,反之取负号。如图 7 – 8(a)、(b)所示,图中 $\sum m$ 为外力偶或支座反力偶,M 为弯矩。

正确判断剪力和弯矩的正、负号,有着极其重要的实用意义。例如在钢筋混凝土构件中,由于混凝土的抗拉性能很差,所以在受拉区应配置抗拉性能好的钢筋来承担拉力。而截面的

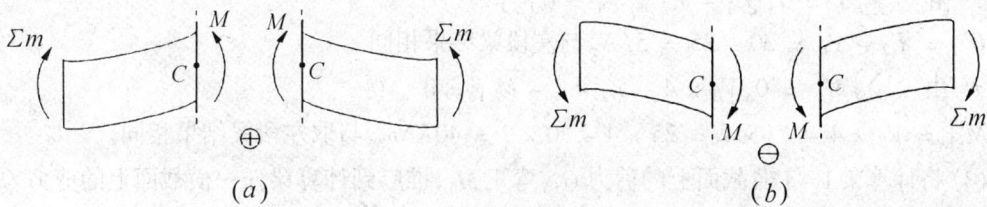

图 7 - 8

受拉区和受压区是由弯矩的正、负号来判断的。显然,弯矩符号的错误,将造成钢筋配置方向的错误,从而降低了钢筋混凝土构件的强度,导致工程事故的发生。

三、梁任意横截面上的剪力和弯矩

用截面法计算梁任意横截面上的剪力和弯矩是材料力学的基本方法。

现举例说明剪力和弯矩计算。

例 7 - 1 简支梁如图 7 - 9a 所示。已知 $F_1 = 30\ KN$, $F_2 = 30KN$,试求梁横截面 1 - 1 上的剪力和弯矩。

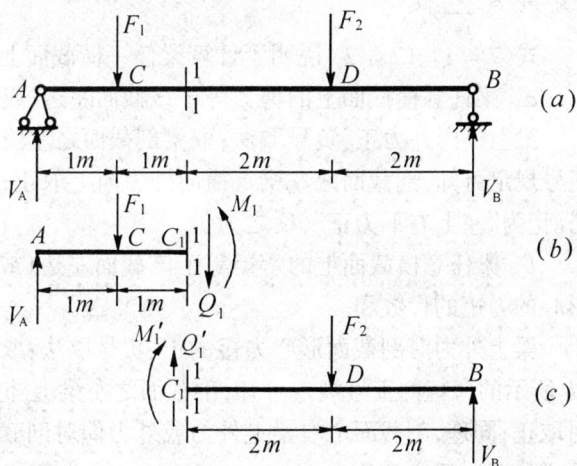

图 7 - 9

[解]:(1) 计算梁支座反力

取梁的整体为研究对象,画受力图列平衡方程

由 $\sum M_A = 0$

$$V_B \times 6 - F_1 \times 1 - F_2 \times 4 = 0$$

得 $V_B = 25\ KN$

由 $\sum M_B = 0$ $\quad F_1 \times 5 + F_2 \times 2 - V_A \times 6 = 0$ 得 $V_A = 35\ KN$

校核: $\sum Y = V_A + V_B - F_1 - F_2 = 35 + 25 - 30 - 30 = 0$ 计算无误

(2) 计算梁横截面 1 - 1 的剪力 Q_1 和弯矩 M_1

沿截面 1 - 1 将梁截成两段,取左段梁为研究对象,设剪力 Q_1 和弯矩 M_1 均为正,画受力图(图 7 - 9b),

列平衡方程,

a. 由 $\sum Y = 0, V_A - F_1 - Q_1 = 0$ 得

$$Q_1 = V_A - F_1 = \sum F = 35 - 30 = 5KN,即$$

$$Q_1 = \sum F$$

b. 由 $\sum M_{c_1} = 0, -V_A \times 2 + F_1 \times 1 + M_1 = 0$ 得

$$M_1 = V_A \times 2 - F_1 \times 1 = \sum M_{c_1} = 35 \times 2 - 30 \times 1 = 40KNm,即$$

$$M_1 = \sum M_{c_1}$$

若取右段为研究对象,设 Q'_1、M'_1 均为正(图 7 - 9c),

列平衡方程

c. 由 $\sum Y = 0, Q'_1 - F_2 + V_B = 0$ 得

$Q'_1 = F_2 - V_B = 30 - 25 = 5KN$，与左段梁结果相同。

d. 由 $\sum M_{c_1} = 0, V_B \times 4 - F_2 \times 2 - M'_1 = 0$ 得

$M'_1 = V_B \times 4 - F_2 \times 2 = 25 \times 4 - 30 \times 2 = 40KNm$，与取左段梁结果相同。

(3) 将计算梁 1 - 1 横截面上的剪力 Q_1，弯矩 M_1，推广到计算梁任一横截面上的剪力 Q，弯矩 M，则

$$Q = \sum_{i=1}^{n} F_i \tag{7-1}$$

$$M = \sum_{i=1}^{n} M_{c_i} \tag{7-2}$$

式(7 - 1)、(7 - 2)说明了计算梁任一横截面上内力的规律：

a. 梁任意横截面上的剪力等于该截面左边(或右边)梁上所有横向外力的代数和。

梁上横向外力正、负号取法：取梁剖截面之左段为研究对象时，由图 7 - 7a 所示剪力的正号规定可知，剖截面之左梁上横向外力向上取正；同理，剖截面之右梁上横向外力向下取正。记为"左上右下为正"，反之为负。

b. 梁任意横截面上的弯矩等于该截面左边(或右边)梁上所有外力、外力偶对该截面形心的力矩的代数和。

梁上外力对剖截面形心力矩的正、负号取法：取梁剖截面之左段为研究对象时，由图 7 - 8b 所示的弯矩的正号规定可知，剖截面之左梁上外力或外力偶对剖截面形心力矩顺时针转时取正；同理，剖截面之右梁上外力或外力偶对剖截面形心力矩逆时针转时取正。记为"左顺右逆为正"，反之为负。

使用式(7 - 1)、(7 - 2)可直接根据梁上外力求出梁截面的内力，可免去重复使用截面法的麻烦使得绘制弯矩图、剪力图极为容易。现举例说明。

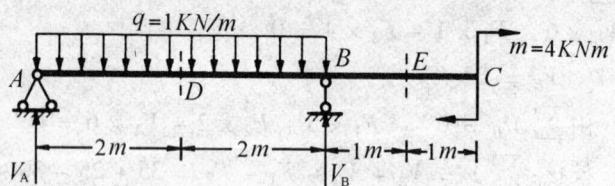

图 7 - 10

例 7 - 2 图 7 - 10 所示一外伸梁，在 AB 梁段上受均布荷载 $q = 1KN/m$ 的作用，在截面 C 处受集中力偶 $m = 4KNm$ 的作用，梁的尺寸如图所示。试求截面 D、E 上的剪力和弯矩。

[解]:(1) 计算梁支座反力

取梁整体为研究对象，画受力图，

列平衡方程

a. 由 $\sum M_B = 0, q \times 4 \times 2 - m - V_A \times 4 = 0$ 得 $V_A = 1\ KN$

b. 由 $\sum Y = 0, V_A + V_B - q \times 4 = 0$ 得 $V_B = 3\ KN$

校核 $\because \sum M_A = V_B \times 4 - m - q \times 4 \times 2 = 3 \times 4 - 4 - (1 \times 4 \times 2) = 0, \therefore$ 计算无误。

(2) 计算截面 D 的剪力和弯矩

取截面 D 之左段梁计算

$$Q_D = V_A - q \times 2 = 1 - (1 \times 2) = -1 \, KN$$

$$M_D = V_A \times 2 - q \times 2 \times 1 = 1 \times 2 - (1 \times 2 \times 1) = 0$$

(3) 计算截面 E 的剪力和弯矩

取截面 E 之右段梁计算　　$Q_E = 0$

$$M_E = -m = -4 \, KNm$$

或取截面 E 之左段梁计算　$Q_E = V_A - q \times 4 + V_B = 1 - (1 \times 4) + 3 = 0$, $M_E = V_A \times 5 - q \times 4 \times 3 + V_B \times 1 = 1 \times 5 - (1 \times 4 \times 3) + 3 \times 1 = -4(KN \cdot m)$。

例 7 – 3　外伸梁如图 7 – 11 所示。已知 $q = 20KN/m$, $m = 20KNm$。求下列指定截面的内力。①A 处左侧截面和右侧截面、②C 处左侧截面和右侧截面。

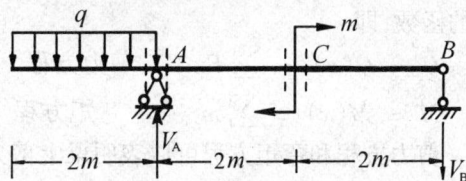

图 7 – 11

[解]:(1)计算梁支座反力　取梁整体为研究对象,画受力图。

列平衡方程

a. 由　$\sum M_A = 0$, $-V_B \times 4 - m + q \times 2 \times 1 = 0$　得　$V_B = 5 \, KN(\downarrow)$

b. 由　$\sum M_B = 0$, $-V_A \times 4 - m + q \times 2 \times 5 = 0$　得　$V_A = 45 \, KN(\uparrow)$

校核:$\because \sum Y = V_A - V_B - q \times 2 = 45 - 5 - (20 \times 2) = 0$　$\therefore$ 计算无误。

(2)计算 A 处左侧截面和右侧截面的内力

$$Q_{A左} = -q \times 2 = -20 \times 2 = -40 \, KN$$

$$M_{A左} = -q \times 2 \times 1 = -20 \times 2 \times 1 = -40 \, KNm$$

$$Q_{A右} = -q \times 2 + V_A = -20 \times 2 + 45 = 5 \, KN$$

$$M_{A右} = -q \times 2 \times 1 + V_A \times 0 = -20 \times 2 \times 1 = -40 \, KNm$$

(3)计算 C 处左侧截面和右侧截面的内力

$$Q_{C左} = V_B = 5 \, KN$$

$$M_{C左} = -V_B \times 2 - m = (-5 \times 2) - 20 = -30 \, KN \cdot m$$

$$Q_{C右} = V_B = 5 \, KN$$

$$M_{C右} = -V_B \times 2 = -5 \times 2 = -10 \, KN \cdot m$$

分析计算过程,可得:

1. 求截面内力时,可取截面以左部分为研究对象,也可取截面以右部分为研究对象,一般取外力较少的部分为研究对象。

2. 在集中力作用截面,左右两侧截面剪力值不相等。因此在计算集中力作用截面的剪力时,必须指明是集中力的左侧截面还是集中力的右侧截面,两者是不同的。

3. 在集中力偶作用截面,左右两侧截面弯矩值不相等。因此在计算集中力偶作用截面的弯矩,必须指明是集中力偶的左侧截面还是集中力偶的右侧截面,两者也是不同的。

第三节　梁的剪力图和弯矩图

一、剪力方程　弯矩方程

为了计算梁的强度和刚度,不仅要计算梁任意横截面上的剪力和弯矩,还必须知道剪力和弯矩沿梁轴线的变化规律。在一般情况下,梁截面位置不同,则剪力和弯矩也不同。若横截面的位置用沿梁轴线的坐标 x 来表示,则各横截面上的剪力和弯矩都可以表示为位置坐标 x 的函数,即

$$Q = Q(x) = \sum F \qquad 剪力方程$$

$$M = M(x) = \sum m_c \qquad 弯矩方程$$

剪力方程和弯矩方程可以表明梁上剪力和弯矩沿梁轴线的变化规律。

二、列方程画剪力图和弯矩图

为了一目了然地表明剪力和弯矩沿梁轴线的变化规律,找到梁内剪力和弯矩的最大值以及它们所在的截面位置,可以根据剪力方程和弯矩方程绘制梁的剪力图和弯矩图。

按选定的比例,用与梁轴线平行的坐标轴 x 表示梁沿轴线的截面位置,用与 x 轴正交的 Q(或 M)坐标轴表示相应截面的剪力(或弯矩),描点画出 $Q(x)$、$M(x)$ 所表示的函数图象,分别称为剪力图、剪矩图。在土建工程中,习惯把正剪力画在 Q 轴的正向,负剪力画在 Q 轴的负向,并注明 $(+)$、$(-)$ 号;弯矩图总是画在梁受拉的一侧,并注明 $(+)$、$(-)$ 号。

例 7 - 4　图 7 - 12 所示悬臂梁受集中力 F 作用,试画此梁的剪力图和弯矩图。

[解]:由于是悬臂梁、可不求支反力,但必须保留含自由端的梁段为研究对象。

(1)列出剪力方程和弯矩方程

以梁轴线为 x 轴,以 A 为 x 轴原点。分别列 x 截面的剪力方程 $Q(x)$、弯矩方程 $M(x)$:

$$Q(x) = - F \qquad\qquad (a)$$

$$M(x) = - F \cdot x \qquad\qquad (b)$$

(2)画剪力图和弯矩图

由式 (a) 可知,$Q(x)$ 是一个常数,即梁内各截面的剪力相同,剪力图是一条平行于 x 轴的直线,位于 Q 轴的负向,如图 7 - 12b 所示。

由式 (b) 可知,$M(x)$ 是 x 的一次函数,弯矩图是一条斜直线。根据直线的性质,只须计算出梁上任意两截面的弯矩值,便可描点画出 $M(x)$ 所表示的函数图象即 M 图。

截面 A　$\because x_A = 0$　$\therefore M_A = 0$

截面 B 的稍偏左位置　$\because x_{B左} = L$

$\therefore M_{B左} = - FL$

描点画出 M 图。如图 7 - 12c 所示。

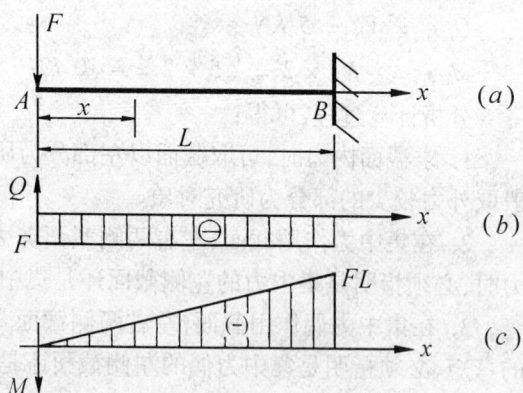

图 7 - 12

由 Q、M 图可以看到，$|Q|_{max} = F$，位于梁的任一横截面处。

$|M|_{max} = FL$，位于梁固定端截面 B 的稍左位置。

例 7 - 5 图 7 - 13a 所示简支梁受集中力偶 M 作用，试画此梁的剪力图和弯矩图。

[解]：(1) 求支座力。取梁的整体为研究对象

由 $\sum M_A = 0$ $V_B \times L - M = 0$ 得

$$V_B = \frac{M}{L}$$

再由 $\sum M_B = 0$ $V_A \times L - M = 0$ 得

$$V_A = \frac{M}{L}$$

校核：$\because \sum Y = 0$ $-V_A + V_B = -\frac{M}{L} + \frac{M}{L}$

$= 0$，

$\therefore$ 计算无误。

(2) 确定控制截面。

AB 梁的控制截面为：A、C、B。

(3) 画剪力图。

AC 段和 CB 段：

无分布荷载作用，即无荷梁段，剪力图为水平直线，控制截面剪力为：

A 处的右侧截面 $Q_{A右} = -V_A = -\frac{M}{L}$

C 处截面 $Q_C = -V_A = -\frac{M}{L}$

B 处的左侧截面 $Q_{B左} = -V_B = -\frac{M}{L}$

描点连接画出 AC 段、CB 段的 Q 图为水平直线，全梁 Q 图如图 7 - 14b 所示。

(4) 画弯矩图

AC 段和 CB 段：

无分布荷载作用，即无荷梁段，弯矩图为斜直线，控制截面弯矩为

$M_A = 0$ $M_{C左} = -V_A \times a = -\frac{Ma}{L}$

$M_{C右} = V_B \times b = \frac{Mb}{L}$ $M_B = 0$

描点连接画出 AC 段、CB 段的 M 图为斜直线，全梁 M 图如图 7 - 14c 所示。

由 Q、M 图可知，$|Q_{max}| = \frac{M}{L}$，$|M_{max}| = \frac{M}{L}a$

例 7 - 6 图 7 - 14a 所示简支梁受均布荷载 q 作用，试画此梁的剪力图和弯矩图。

[解]：(1) 求支座反力。取梁的整体为研究对象

由 $\sum M_A = 0$ $V_B \times L - q \times L \times \frac{L}{2} = 0$ 得 $V_B = \frac{1}{2}qL$

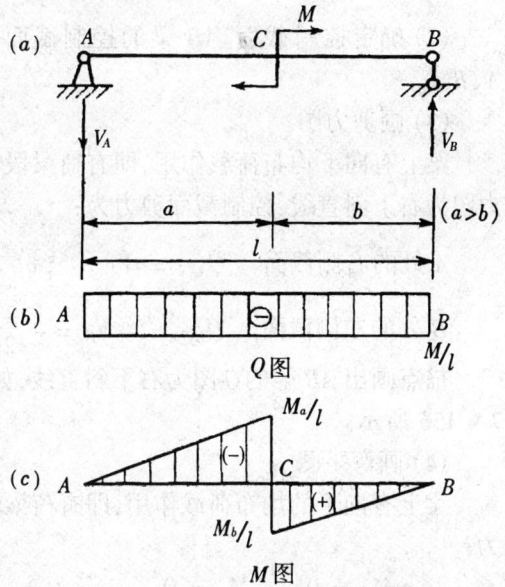

图 7 - 13

再由 $\sum Y = 0$ $V_A + V_B - q \times L = 0$

得 $V_A = \dfrac{1}{2}qL$

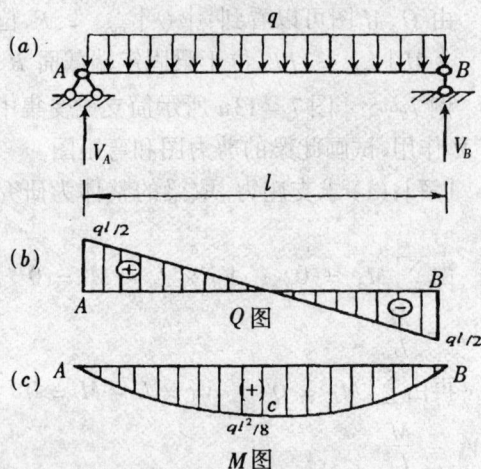

(2) 确定控制截面。AB 梁的控制截面为：
A、B。

(3) 画剪力图。

梁上有向下均布荷载作用,即有荷梁段,剪力图为右下斜直线,控制截面剪力为：

A 处的右侧截面 $Q_{A右} = V_A = \dfrac{1}{2}qL$

B 处的左侧截面 $Q_{B左} = -V_B = -\dfrac{1}{2}qL$

描点画出 AB 梁的 Q 图为右下斜直线,如图
7 – 15b 所示。

图 7 – 14

(4) 画弯矩图

梁上有向下的均布荷载作用,即有荷梁段($\downarrow$),弯矩图为下凸二次曲线,控制截面弯矩为：

$$M_A = 0 \qquad M_B = 0$$

由剪力图可知：梁段的中点 C 截面处,剪力为零,即该 C 截面弯矩存在极值,二次曲线在该处有顶点。

$$M_C = V_A \times \dfrac{L}{2} - q \times \dfrac{L}{2} \times \dfrac{L}{4} = \dfrac{1}{2}qL \times \dfrac{L}{2} - \dfrac{1}{8}qL^2 = \dfrac{1}{8}qL^2$$

连接 A,B 两点,由连线 AB 的中点向下竖直量取 $\dfrac{1}{8}qL^2$ 得另一点 C 的弯矩纵坐标,将 A、C、B 三点连接即画出 AB 梁的 M 图为下凸二次曲线,如图 7 – 15c 所示。

由 Q、M 图可知, $|Q_{max}| = \dfrac{1}{2}qL$ $|M_{max}| = \dfrac{1}{8}qL^2$

例 7 – 7   图 7 – 15a 所示简支梁受集中荷载 P 作用,试画此梁的剪刀图和弯矩图。

[解]:(1) 求支座反力。取梁的整体为研究对象

由 $\sum M_A = 0$ $V_B \times L - P \times a = 0$ 得 $V_B = \dfrac{Pa}{L}$

再由 $\sum M_B = 0$ $V_A \times L - P \times b = 0$ 得 $V_A = \dfrac{Pb}{L}$

校核:$\because \sum Y = 0$ $V_A + V_B - P = \dfrac{Pa}{L} + \dfrac{Pb}{L} - P = 0$。$\therefore$ 计算无误。

(2) 确定控制截面。

AB 梁的控制截面为:A、C、B。

(3) 画剪力图

AC 段和 CB 段:

无分布荷载作用,即无荷梁段,剪力图为水平直线,控制截面剪力为：

A 处的右侧截面 $Q_{A右} = V_A = \dfrac{Pb}{L}$

C 处的左侧截面 $Q_{C左} = V_A = \dfrac{Pb}{L}$

C 处的右侧截面 $Q_{C右} = -V_B = -\dfrac{Pa}{L}$

B 处的左侧截面 $Q_{B左} = -V_B = -\dfrac{Pa}{L}$

描点连接画出 AC 段、CB 段的 Q 图为水平直线。全梁 Q 图如 7-13b 所示。

(4) 画弯矩图

AC 段和 CB 段：

无分布荷载作用，即无荷梁段，弯矩图斜直线，控制截面弯矩为：

$$M_A = 0 \quad M_C = V_A \times a = \dfrac{Pab}{L} \quad M_B = 0$$

描点连接画出 AC 段、CB 段的 M 图为斜直线。全梁 M 图如 7-13c。

由 Q、M 图可知，$|Q_{\max}| = \dfrac{Pa}{L}$ $|Q_{\max}| = \dfrac{Pab}{L}$

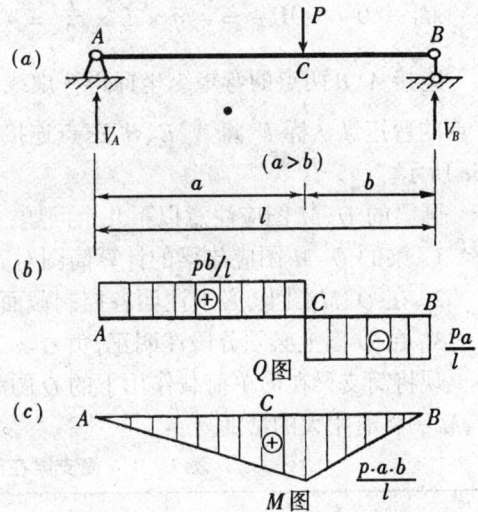

图 7-15

* 注意：简支梁受均布荷载 q 作用下的弯矩图画法，是结构力学内力分析时画二次曲线弯矩图的依据，必须熟练掌握。

例7-8 图 7-16a 所示悬臂梁受均布载荷 q 作用，试画此梁的剪力图和弯矩图。

[解]：(1) 求支座反力。(悬臂梁可以不求，但脱离体应含自由端。)

(2) 确定控制截面。

AB 梁的控制截面为：A、B。

(3) 画剪力图。

AB 梁段

有向下均布载荷作用，即有荷梁段，剪力图为右下斜直线，控制截面为剪力为：

A 截面 $\quad Q_A = 0$

B 处的左侧截面 $\quad Q_{B左} = -q$

$\times L = -qL$

描点画出 AB 梁的 Q 图为右下斜直线，如图 7-16b 所示。

(4) 画弯矩图

AB 梁段

有向下均布载荷作用，即有荷梁段($\downarrow$)，弯矩图为下凸二次曲线，控制截面弯矩为：

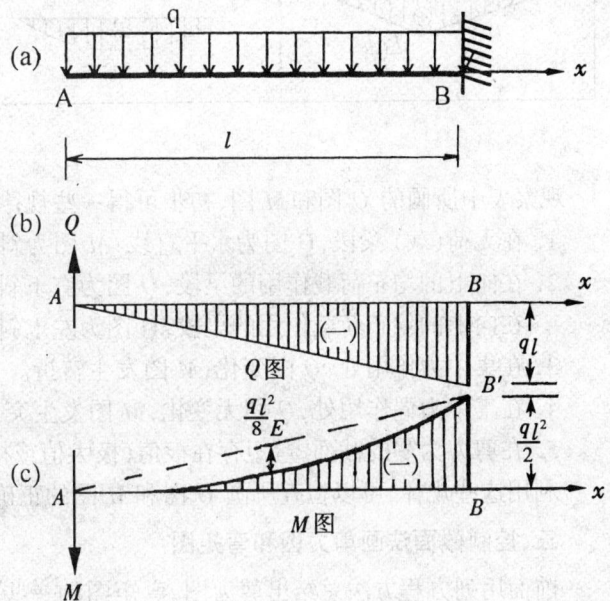

图 7-16

$$M_A = 0 \qquad M_{B左} = -q \times L \times \frac{L}{2} = -\frac{1}{2}qL^2$$

连接 A、B 两点的弯矩纵坐标得一虚线 AB'，由虚线 AB' 的中点向下竖直量取 $\frac{1}{8}qL^2$ 得另一点的弯矩纵从标 E，将 A、E、B' 三点连接即画出 AB 梁段的 M 图为下凸二次曲线，如图 7 – 16c 所示。

画梁的 Q、M 图应注意以下几个问题：

1. 梁的 Q、M 图应与梁的计算简图对齐，表明外力与剪力、弯矩的对应关系。

2. 在 Q、M 图上，必须注明各控制截面的剪力和弯矩的数值。

3. 在 Q 图上必须分段注明正、负号。

现将简支梁在简单荷载作用下的 Q 图和 M 图列于表 7 – 1 中，熟记这些图形对在现场画 Q、M 图将有很大的帮助。

表 7 – 1 简支梁在简单荷载作用下的 Q、M 图

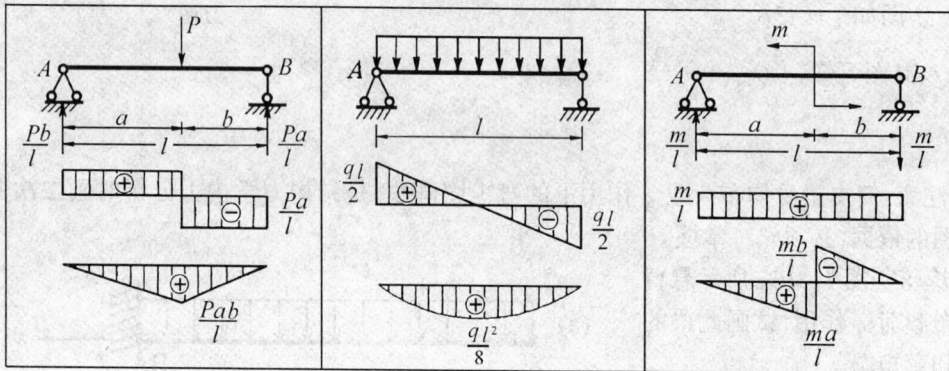

观察表中所画的 Q 图和 M 图，初步可得一些规律，现归纳如下：

1. 在无荷（载）梁段，Q 图为水平直线，M 图为斜直线。

2. 在向下的均布荷载作用的梁段，Q 图为右下斜直线，M 图为下凸曲线，
   在向上的均布荷载作用的梁段，Q 图为左上斜直线，M 图为上凸曲线。

3. 在集中力作用处，Q 图变化，M 图发生转折。

4. 在集中力偶作用处，Q 图无变化，M 图发生突变。

5. 在剪力为零的截面，弯矩存在极值（极大值或极小值）。

利用这些规律，可以检查所画 Q 图和 M 图的正确性。

三、控制截面法画剪力图和弯矩图

前面用列方程方法总结出剪力图、弯矩图的一些规律，现在从理论上进一步讨论剪力图、弯矩图与荷载之间的关系。

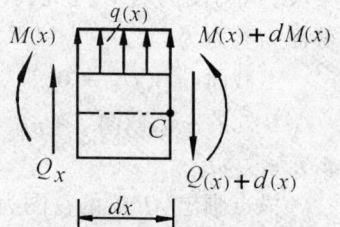

（一）剪力、弯矩与荷载之间的微分关系

图示微段梁，其上有任意的分布荷载 $q(x)$，设 $q(x)$ 向上为正。微段梁左侧截面上的剪力和弯矩分别为 $Q(x)$ 和 $M(x)$；微段梁右侧截面上的剪力和弯矩分别为 $Q(x) + dQ(x)$ 和 $M(x) + dM(x)$，并设它们都为正值。利用微段梁的平衡

条件:$\sum y = 0$,$\sum m_c = 0$,可得下列二个关系式:

$$\frac{dQ(x)}{dx} = q(x) \qquad \frac{dM(x)}{dx} = Q(x)$$

由数学知识可知,上两式的几何意义是:剪力图上任一点的切线的斜率等于梁上对应点处的荷载集度;弯矩图上任一点的切线的斜率等于梁在对应截面上的剪力。

利用 $M(x)$、$Q(x)$、$q(x)$ 之间的关系及其几何意义,可以分析画 Q 图和 M 图的一些规律,下面分析几种情况:

1. 在无(分布)荷(载作用的)梁段,由于 $q(x) = 0$,则 $Q(x)$ 为常数,$M(x)$ 为一次函数,因此剪力图为一条平行于 x 轴的直线,弯矩图为一条斜直线。

2. 在有(均布)荷(载作用的)梁段,由于 $q(x)$ 为常数,则 $Q(x)$ 为一次函数,$M(x)$ 为二次函数,因此剪力图为一条斜直线,当 $q(\downarrow)$ 时,Q 图为右下斜直线,或当 $q(\uparrow)$ 时,Q 图为右上斜直线,弯矩图为一条下凸或上凸的二次曲线。

注意　根据 M 图的坐标规则,当 $q(x)$ 向下时,对应梁段 M 图为下凸曲线（ ⌣ ）;当 $q(x)$ 向上时,对应梁段的 M 图为上凸曲线（ ⌢ ）。

3. 由 $\frac{dM(x)}{dx} = Q(x)$ 可知,在 $Q(x) = 0$ 处,$M(x)$ 有极值。即剪力等于零的截面上弯矩具有极值(极大值或极小值)。

4. 在集中力作用的截面上,由于此处 $Q(x)$ 函数不连续,截面左右两侧剪力值不相等,因此剪力图发生突变,且突变值等于该集中力的大小,突变方向与集中力方向一致。

5. 在集中力偶作用的截面上,由于此处 $M(x)$ 函数不连续,截面左右两侧弯矩值不相等,因此弯矩图有突变,且突变值等于该集中力偶矩。

根据梁段上的外力情况,利用以上各项规律就可判断出该段梁剪力图和弯矩图的形状,只要确定梁的控制截面并求出控制截面的剪力值和弯矩值,就可画出剪力图和弯矩图,而不需要列剪力方程和弯矩方程,因而非常简便。这种将内力规律与求控制截面内力结合起来绘制内力图的方法称为控制截面法。控制截面法画剪力图和弯矩图的步骤如下:

1. 以整体为研究对象,求梁的支座反力。(悬臂梁可以不求,但须保留自由端部分的梁段为研究对象)

2. 确定梁的控制截面

梁支座反力作用面、集中力、集中力偶的作用面,分布荷载的起点和终点作用面,就是控制截面。

3. 根据梁上的外力情况,确定各段梁剪力图和弯矩图的形状。

4. 根据各段梁剪力图和弯矩图的形状,求出控制截面的剪力值和弯矩值,逐段画出剪力图和弯矩图。应注意集中力、集中力偶作用处的左侧截面和右侧截面的相应内力计算。

下面举例说明。

例 7 - 9　一外伸梁如图 7 - 17a 所示。已知 $q = 4KN/m$,$F = 20KN$。画梁的 Q、M 图

[解]:(1)求支座反力。取梁整体为研究对象,

由　$\sum M_B = 0$,　　$V_D \times 4 - F \times 2 + q \times 2 \times 1 = 0$　得 $V_D = 8\,KN(\uparrow)$

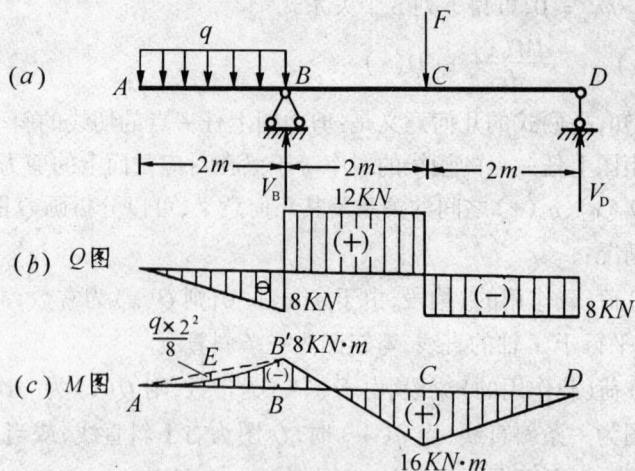

图 7 - 17

再由　$\sum M_D = 0$,　$q \times 2 \times 5 - V_B \times 4 + F \times 2 = 0$　得 $V_B = 20\,KN(\uparrow)$

校核: $\because \sum Y = V_B + V_D - q \times 2 - F = 20 + 8 - 4 \times 2 - 20 = 0, \therefore$ 计算无误。

(2) 确定梁控制截面

AD 梁控制截面分别为: A、B、C、D。

(3) 画剪力图

a. AB 段

有向下均布荷载作用, 即有荷梁段, 剪力图为一条右下斜直线, 控制截面剪力为:

A 截面　$Q_A = 0$

B 处的左侧截面　$Q_{B左} = -q \times 2 = -4 \times 2 = -8\,KN$

描点画出 AB 段梁的 Q 图为右下斜直线。

b. BC 段和 CB 段　　无分布荷载作用, 即无荷梁段, 剪力图均为水平直线, 控制截面剪力为:

B 处的右侧截面　$Q_{B右} = -q \times 2 + V_B = -4 \times 2 + 20 = 12\,KN$(或 $Q_{B右} = F - V_D = 20 - 8 = 12\,KN$)

C 处的左侧截面　$Q_{C左} = -q \times 2 + V_B = -4 \times 2 + 20 = 12\,KN$(或 $Q_{C左} = F - V_D = 20 - 8 = 12\,KN$)

C 处的右侧截面　$Q_{C右} = -q \times 2 + V_B - F = -4 \times 2 + 20 - 20 = -8\,KN$(或 $Q_{C右} = -V_D = -8\,KN$)

D 处的左侧截面　$Q_{D左} = -q \times 2 + V_B - F = -4 \times 2 + 20 - 20 = -8\,KN$(或 $Q_{D左} = -V_D = -8\,KN$)

描点画出 BC 段、CD 段的 Q 图为水平直线。

全梁 Q 图, 如图 7 - 17b 所示。

(4) 画弯矩图

$a.\ AB$ 段

有向下均布荷载作用,即有荷梁段 $q(\downarrow)$,弯矩图为下凸二次曲线,控制截面弯矩为:

$M_A = 0, M_B = -q \times 2 \times 1 = -4 \times 2 \times 1 = -8KNm$(或 $M_B = V_D \times 4 - F \times 2 = 32 -$

$40 = -8KN \cdot m$)

连接 A、B 两点的弯矩纵坐标得一虚线 AB',由虚线 AB' 中点向下竖直量取 $\frac{1}{8}ql^2 = \frac{1}{8} \times$

$4 \times 2^2 = 2KN \cdot m$,得另一点的弯矩纵坐标 E,将 A、E、B' 三点连接即画出 AB 段梁的 M 图为

下凸二次曲线。

$b.\ BC$、CD 段

无分布荷载作用,即无荷梁段,弯矩图均为斜直线,控制截面的弯矩为:

$M_B = -8KNm, M_C = V_D \times 2 = 16\ KNm$

$M_D = 0$

描点连接画出 BC 段、CD 段梁的 M 图均为斜直线。全梁 M 图如图 7-17c 所示

由 Q、M 图可知,

$|Q|\ max = 12KN$,位于 BC 段任一截面。

$|M|\ max = 16KNm$,位于 C 截面。

例 7-10   简支梁如图 7-18 所示。已知 $q = 6KN/m, m = 12KNm$。画梁的 Q、M 图。

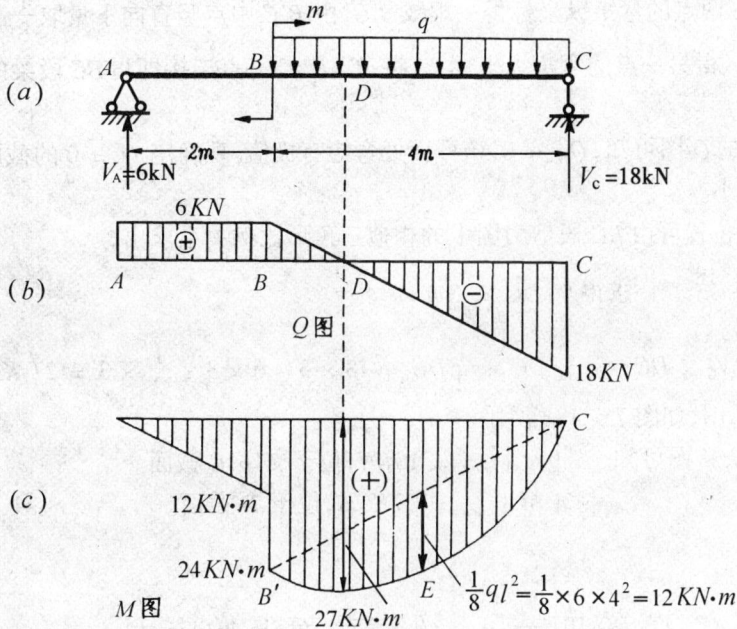

图 7-18

[解]:(1) 计算梁支座反力 取梁整体为研究对象

由 $\sum M_A = 0$, $V_C \times 6 - m - q \times 4 \times 4 = 0$ 得 $V_C = 18KN(\uparrow)$

再由 $\sum M_C = 0$, $-V_A \times 6 - m + q \times 4 \times 2 = 0$ 得 $V_A = 6KN(\uparrow)$

校核:$\because \sum Y = V_A + V_C - q \times 4 = 6 + 18 - 6 \times 4 = 0$,$\therefore$ 计算无误

(2) 确定梁控制截面

AC 梁控制截面分别为：A、B、C。

根据梁上的荷载情况，此梁分为 AB、BC 两段。

（3）画剪力图

a．AB 段

无分布荷载作用，剪力图为水平直线，控制截面剪力为：

$Q_{A右} = V_A = 6KN = Q_B$　　　画出 Q 图为水平直线

b．BC 段　　有向下均布荷载作用，剪力图为右下斜直线，控制截面剪力为：

$Q_B = V_{A右} = 6KN$，$Q_{C左} = -V_C = -18KN$，　　　画出 Q 图为右下斜直线。

全梁的 Q 图，如图 7 - 18b 所示

（4）画弯矩图

a．AB 段

无分布荷载作用，弯矩图为斜直线，控制截面弯矩为：

$M_A = 0$，　$M_{B左} = V_A \times 2 = 6 \times 2 = 12KNm$，　　　画出 M 图为斜直线

b．BC 段

有向下均布荷载作用，弯矩图为下凸二次曲线，控制截面弯矩为：

$M_{B右} = V_A \times 2 + m = 6 \times 2 + 12 = 24KNm$，$M_C = 0$

连接 B、C 两点的弯矩纵坐标得一虚线 $B'C$，由 $B'C$ 中点竖直向下量取 $\frac{1}{8}ql^2 = \frac{1}{8} \times 6 \times 4^2 = 12KN \cdot m$、得另一点的弯矩纵坐标 E，将 B'、E、C 三点连接即得 BC 段梁的 M 图为下凸曲线。

从 BC 段的 Q 图可知，$Q_D = 0$，该截面处弯矩有极值。现确定 $Q = 0$ 的截面位置并求出弯矩极值的大小。

D 截面的位置可由 BC 段剪力图上的相似三角形比例关系求出，

$$\frac{DC}{4 - DC} = \frac{18}{6}　　　求得　DC = 3m$$

则 $M_D = V_C \times DC - q \times DC \times \frac{1}{2}DC = 18 \times 3 - 6 \times 3 \times \frac{1}{2} \times 3 = 27\ KNm = M_{max}$

全梁的 M 图，如图 7 - 18c 所示。

从梁的 Q、M 图可知　　　$|Q|_{max} = 18KN$，位于支座 C 截面。

$|M|_{max} = 27KNm$，位于 D 截面。

第四节　　梁横截面上的应力

一、梁横截面上的正应力

前面讨论了如何计算梁横截面上的内力。为了对梁作强度计算，必须进一步讨论梁横截面上的应力情况。梁弯曲时，横截面上一般产生两种内力 — 剪力和弯矩，而应力是横截面上分布内力的集度，因此，横截面上与它们相应的应力也是两种。与剪力对应的是剪应力 τ，与弯矩对应的是正应力 σ。

（一）纯弯曲时的正应力

当梁发生弯曲变形时，若横截面上同时存在剪力和弯矩，称为横力弯曲梁，例如图 7 – 19a 所示梁的 AC 段，DB 段。若横截面上只有弯矩而无剪力称为纯弯曲梁，例如图 7 – 19a 所示梁的 CD 段。

现在以纯弯曲梁为研究对象，讨论横截面上的正应力。

1. 几何变形方面

取一等直的矩形截面梁，在其表面画上两条横向线 mm 和 nn，在两横向线之间画上两条纵向线 ab 和 cd 如图 7 – 19b 所示。然后在梁的两端各施加一个外力偶 m，使其发生纯弯曲变形如图 7 – 19c 所示，可观察到下列现象：

（1）纵向线变为曲线，靠近凸边的纵向线 cd 伸长了，靠近凹边的纵向线 ab 缩短了

（2）横向线仍为直线，且与变弯后的纵向线垂直。

根据所观察的现象，推测梁的内部变形，可得出如下结论：

（3）纯弯曲梁的横截面变形前是平面，变形后仍为平面，且仍垂直于梁弯曲后的梁轴线。此结论称为平面假设。

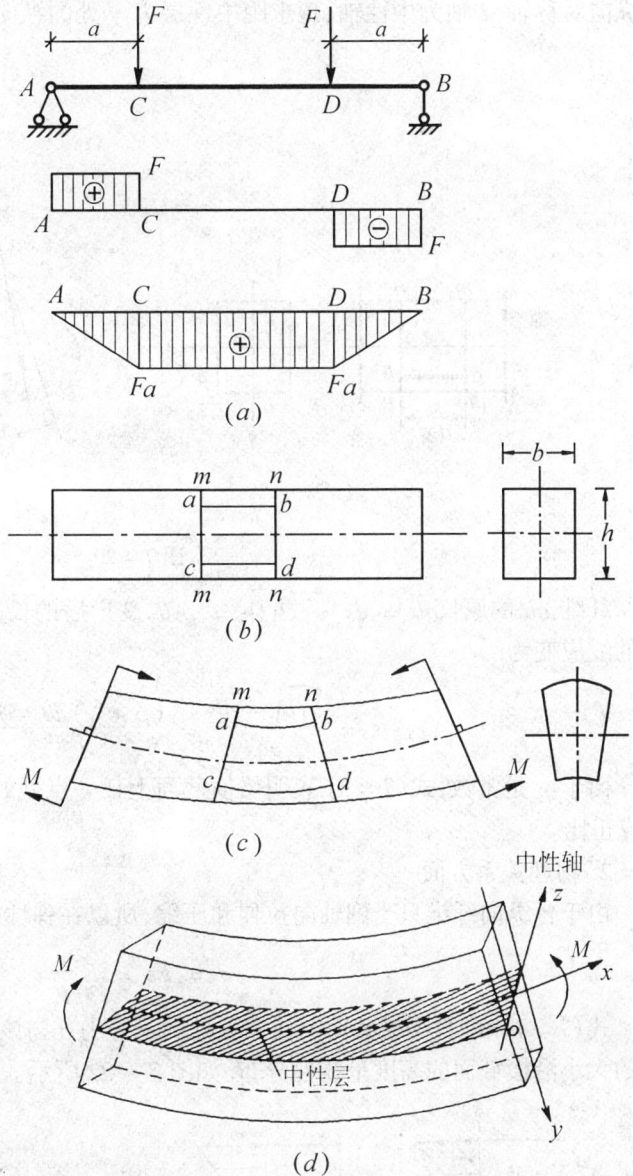

图 7 – 19

（4）将梁看成由无数根纵向纤维组成，各纤维只受到轴向拉伸或压缩。

（5）根据变形的连续性可知：梁内必有一层纤维既不伸长也不缩短。这层不变形的纤维称为中性层。中性层与横截面的交线称为中性轴 Z，如图 7 – 19d 所示。中性层将梁分为受拉和受压两个区域。

现计算组成梁的任意一根纤维的相对变形（线应变）。

用相邻两横截面 mm 和 nn 从梁上截出长为 dx 的微段梁（图 7 – 20a），分析微段梁的变形情况如图 7 – 20b 所示。设 O_1O_2 为中性层，横截面 mm 和 nn 转动后延长相交于 O 点，O 点为中性层的曲率中心，中性层的曲率半径用 ρ 表示。两截面间的夹角用 dθ 表示。y 轴为截面

的纵向对称轴，z 轴为中性轴，现求距中性层为 y 处的纵向纤维 ab 的线应变。

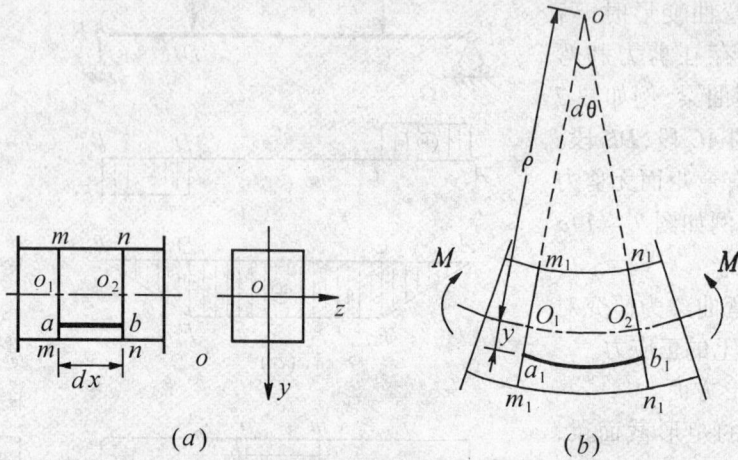

图 7-20

纤维 ab 的原长 $\overline{ab} = dx = \overset{\frown}{O_1 O_2} = \rho d\theta$，变形后的长度为 $a_1 b_1 = (\rho + y) d\theta$，故 ab 纤维的线应变为

$$\varepsilon = \frac{\overset{\frown}{a_1 b_1} - \overline{ab}}{\overline{ab}} = \frac{(\rho + y) d\theta - \rho d\theta}{\rho d\theta} = \frac{y}{\rho} \qquad (7-3)$$

由于 ρ 是常数，式(7-3)表明梁横截面上任一点处的线应变 ε 与该点到中性轴的距离 y 成正比。

2. 物理关系方面

由于各纵向纤维只受到轴向拉伸和压缩，所以在弹性范围内，由虎克定律可得

$$\sigma = E\varepsilon = E\frac{y}{\rho} \qquad (7-4)$$

式(7-4)表明，梁横截面上任一点处的正应力 σ 与该点到中性轴的距离 y 成正比。正应力的大小沿横截面的高度呈线性分布。如图 7-22 所示。

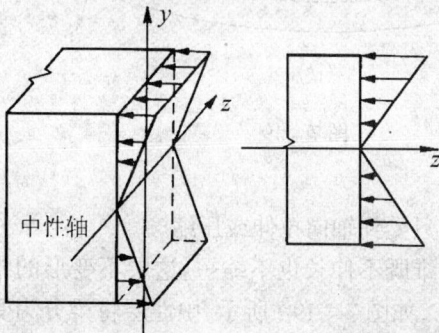

图 7-22

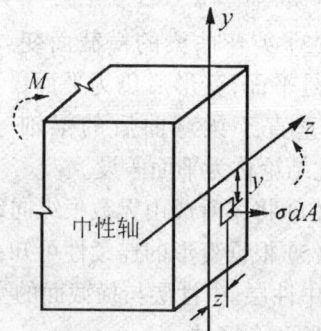

图 7-23

3. 静力学平衡方面

式(7-3)还不能用来计算正应力的大小，这是因为中性轴 Z 的位置没有确定，所以 y 的

大小就无法确定，ρ 的大小也不知道。因此还必须考虑横截面上正应力应满足的平衡条件。如图 7 - 23 所示，在梁的横截面上取微面积 dA，其上微内力为 σdA。由于横截面上的内力为所有微内力的合成，由静力平衡方程得

$$\sum X = 0 \qquad \int \sigma \cdot dA = 0 \qquad\qquad\qquad (a)$$

$$\sum m_z = 0 \qquad \int y \cdot \sigma \cdot dA = M \qquad\qquad\qquad (b)$$

分析式(a)：

$$\because \int_A \frac{E}{\rho} y \cdot dA = 0, \qquad 又 \because \frac{E}{\rho} \neq 0, 为满足(a)式$$

则有 $\quad \int_A y \cdot dA = 0$，积分式表明横截面对中性轴 z 的面积矩必须为零。

而 $\int_A y \cdot dA = y_c \cdot A = S_z = 0$

$\because A \neq 0 \quad \therefore y_c = 0$，由此可得中性轴必定通过横截面形心

分析式(b)：

$$\because \int_A \frac{E}{\rho} y^2 \cdot dA = M$$

则有 $\quad \dfrac{E}{\rho} \int_A y^2 \cdot dA = M$

积分 $\displaystyle\int_A y^2 \cdot dA$，称梁横截面对中性轴的惯性矩 I_z，即 $I_z = \displaystyle\int_A y^2 \cdot dA$。于是

$$\frac{1}{\rho} = \frac{M}{EI_z} \qquad\qquad\qquad (7 - 5)$$

式(7 - 5)是研究弯曲问题的基本公式，是计算梁弯曲变形的基础，在下一章将用到。

将式(7 - 5)代入式(7 - 4)得 $\quad \sigma = \pm \dfrac{M \cdot y}{I_z} \qquad\qquad\qquad (7 - 6)$

式(7 - 5)中：σ —— 梁任意横截面上任一点处的弯曲正应力

$\qquad\qquad M$ —— 梁任意横截面上的弯矩，由 M 图确定

$\qquad\qquad y$ —— 梁任意横截面上的任一点至中性轴 z 的距离

$\qquad\qquad I_z$ —— 梁横截面对其中性轴 z 的惯性矩

式(7 - 6)为纯弯曲梁任意横截面上任一点处的弯曲正应力计算公式。它表明：梁任意横截面上任意点处的弯曲正应力与该截面上的弯矩和该点到中性轴的距离成正比，与横截面对中性轴的惯性矩成反比。横截面上、下边缘处的正应力最大，中性轴上各点的正应力为零。

由式(7 - 6)知：横截面上、下边缘处的最大正应力为

$$\sigma = \pm \frac{M \cdot y_{max}}{I_z}$$

$$若令 \frac{I_z}{y_{max}} = W_z,$$

W_z 称为抗弯截面系数，是衡量横截面抗弯强度的几何量。于是

梁任一横截面上的最大弯曲正应力可表示为

$$\sigma_{max} = \pm \frac{M}{W_z} \qquad\qquad (7-7)$$

在计算弯曲正应力时,通常将 M 和 y 以其绝对值代入。弯曲正应力的正、负号可根据梁的变形情况决定。以中性轴为界,梁的凸边一侧为拉应力,取正号;凹边一侧为压应力,取负号。(如图 $7-24a$、b 所示)

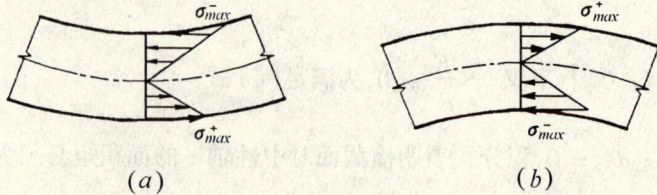

图 7 - 24

(二)横力弯曲梁的弯曲正应力

横力弯曲是梁常见的情况,梁横截面上不仅有正应力而且还有剪应力。虽然公式(8-6)是在纯弯曲梁情况下推导出的,但由实验和进一步的理论研究而知,剪力的存在对正应力分布规律影响很小,当梁的跨度与横截面高度之比 $\frac{l}{h} \geq 5$ 时,其影响可以忽略不计。例如受均布荷载的简支矩形截面梁,当 $\frac{l}{h} = 5$ 时,其误差仅为 1%。在工程中常见梁的 $\frac{l}{h}$ 值一般都远远大于5,所以在一般情况下,公式(7-6)可以足够精确地推广应用于横力弯曲梁横截面正应力的计算。

二、截面的惯性矩 $I_z(I_y)$ 和抗弯截面系数 $W_z(W_y)$

(一)I_z 和 W_z 计算公式

梁的弯曲正应力公式中,含有的梁截面惯性矩 $I_z(I_y)$ 和抗弯截面系数 $W_z(W_y)$。可由以下两式计算:

$$I_z = \int_A y^2 \cdot dA,(\text{或 } I_y = \int_A z^2 \cdot dA) \qquad\qquad (7-8)$$

$$W_z = \frac{I_z}{y_{max}},(\text{或 } W_y = \frac{I_y}{z_{max}}) \qquad\qquad (7-9)$$

由式(7-8)、(7-9)可知:① 截面对 z 轴的惯性矩或抗弯截面系数只与截面(或平面图形)的形状、尺寸有关。$I_z(I_y)$ 是衡量截面抗弯能力的几何量。

② 惯性矩 $I_z(I_y)$ 的常用单位为 m^4 或 mm^4;抗弯截面系数 $W_z(W_z)$ 的常用单位为 m^3 或 mm^3。

(二)工程中常用截面的惯性矩和抗弯截面系数。(推导从略)

1. 矩形截面(图 7 - 25)

$$I_z = \frac{bh^3}{12} \qquad W_z = \frac{bh^2}{6}$$

$$I_y = \frac{bh^3}{12} \qquad W_y = \frac{bh^2}{6}$$

2. 圆形截面(图 7 - 26)

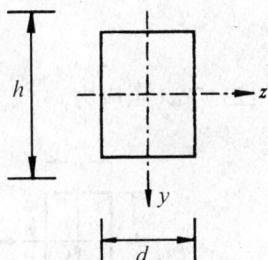
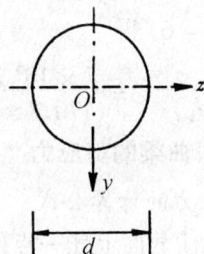

图 7 - 25　　　　　　　　　　图 7 - 26

由于圆截面以圆心对称，

故 $I_z = I_y = \dfrac{\pi \cdot d^4}{64}$

$W_z = W_y = \dfrac{\pi \cdot d^3}{32}$

例 7 - 11　如图 7 - 27a 所示悬臂梁，横截面为矩形。梁的自由端 B 受集中荷载 $F = 3.5KN$ 作用，试求梁的最大弯曲正应力和危险截面上 K 点的弯曲正应力。

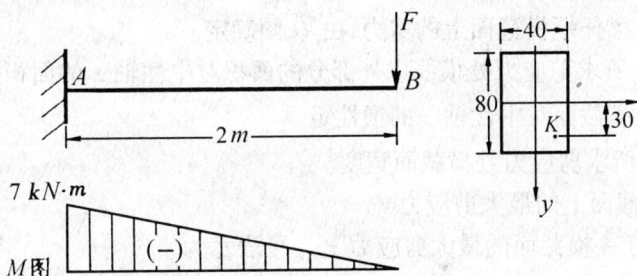

图 7 - 27

[解]：(1) 画梁的 M 图（图 7 - 27b）

由悬臂梁的 M 图知，危险截面在固定端 A 处，其最大弯矩为

$$| M_{max} | = 7KN \cdot m$$

(2) 计算梁固定端截面上的最大弯曲正应力

梁的抗弯截面系数为

$$W_z = \frac{bh^2}{6} = \frac{40 \times 80^2}{6} = 426.7 \times 10^2 mm^3$$

由公式 (7 - 7) 得

$$\sigma_{max} = \frac{M_{max}}{W_z} = \frac{7 \times 10^6}{426.7 \times 10^2} = 164N/mm^2 = 164MPa$$

(3) 计算梁固定端截面上 K 点处的弯曲正应力

梁的惯性矩为

$$I_z = \frac{bh^3}{12} = \frac{40 \times 80^3}{12} = 170.7 \times 10^4 mm^4$$

$y_\kappa = 30mm$

由 M 图可知 K 点在受压区域，

由公式(7 - 6) 得

$$\sigma_\kappa = \frac{M_{max} \cdot y_\kappa}{I_z} = \frac{7 \times 10^6 \times 30}{170.7 \times 10^4} = 123 N/mm^2 = 123 MPa(压应力)$$

三、横力弯曲梁的剪应力

(一) 剪应力的计算公式

1. 梁任一横截面上任一点的剪应力

如图7 - 28所示矩形截面,截面上有沿 y 轴方向作用的剪力 Q。

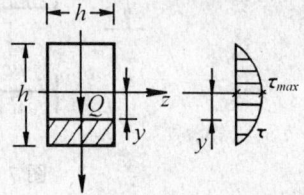

图 7 - 28

若此矩形截面梁的 $h > b$,

则可作如下假设:

(1) 截面上每一点处的剪应力的方向都平行于截面上剪力 Q 的方向。

(2) 距中性轴等距离的各点处的剪应力相等。

根据上述假设,可以证明梁任一横截面上任一点处的剪应力计算公式为

$$\tau = \frac{Q \cdot S_z^*}{I_z b} \qquad (7 - 10)$$

式中, Q——梁任一横截面上的剪力,由 Q 图确定。

S_z——所求剪应力处横线以外部分的面积对中性轴 z 的面积矩。

I_z——横截面对中性轴 z 的惯性矩。

b——所求剪应力处横截面宽度。

2. 梁任一横截面上的最大剪应力

等截面直梁任一横截面的最大剪应力 τ_{max} 可表示为

$$\tau_{max} = \frac{Q \cdot S_{zmax}^*}{I_z b} \qquad (7 - 11)$$

(二) 矩形截面梁横截面上的最大剪应力

矩形截面梁横截面上的剪应力 τ 沿截面高度呈二次抛物线规律分布(图7 - 28b),截面上、下边缘处的剪应力为零,中性轴处的剪应力最大,最大剪应力 τ_{max} 为平均剪应力的 1.5 倍,即

$$\tau_{max} \doteq 1.5 \frac{Q_{max}}{A}$$

(三) 工字形截面梁的最大剪应力

工字形截面梁的剪应力 τ 沿腹板高度方向呈抛物线规律变化, τ_{max} 在中性轴上(如图7 - 29b),其值为

$$\tau_{max} = \frac{Q_{zmax}}{d \cdot h_1}$$

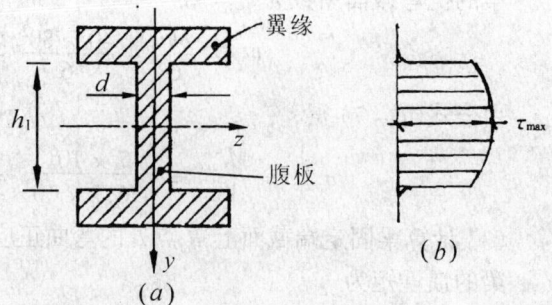

翼缘

腹板

(a)

(b)

图 7 - 29

d - 腹板宽度

h_1 - 腹板高度

（四）圆形截面梁的最大剪应力

$$\tau_{max} \doteq \frac{4}{3} \frac{Q_{max}}{A}$$

（五）圆环形截面梁的最大剪应力

$$\tau_{max} \doteq 2 \frac{Q_{max}}{A}$$

第五节　梁的强度计算

一、梁的正应力强度条件

对梁作强度计算时，必须求出全梁的最大正应力。

梁上产生最大正应力的截面称为危险截面。

对于等截面的直梁，弯矩最大的截面就是危险截面。

危险截面上的最大正应力就是全梁的最大正应力，它发生在危险截面的上、下边缘处。

为保证梁能安全正常的工作，必须使梁危险截面的的最大正应力不得超过梁材料的许用弯曲正应力，即 $\sigma_{max} \leq [\sigma]$。这就是梁的正应力强度条件，也称为梁的正应力强度方程。表示为

$$\sigma_{max} = \frac{M_{max}}{W_z} \leq [\sigma] \qquad (7-12) \text{用于塑性材料对称截面梁}$$

$$\sigma_{max} = (\frac{M \cdot y_{\pm}}{I_z})_{max} \leq [\sigma_{\pm}] \qquad (7-13) \text{用于脆性材料不对称截面梁}$$

y_+、y_- —— 危险截面上拉、压区域最远点至中性轴的距离

$[\sigma_+]$、$[\sigma_-]$ 脆性材料梁的许用拉、压应力

利用梁的正应力强度条件可解决有关正应力强度计算的三类问题。

（一）正应力强度校核

在已知梁材料的 $[\sigma]$、截面 W_z 及梁上荷载的情况下，可以检验梁是否满足正应力强度条件。若满足 $\sigma_{max} \leq [\sigma]$，表明梁的正应力强度足够，否则梁将发生破坏。

（二）梁截面尺寸设计

在已知梁材料的 $[\sigma]$ 及梁上荷载时，可由正应力强度条件计算梁所需的抗弯截面系数 W_z，即 $W_z \geq \frac{M_{mzx}}{[\sigma]}$，由 W_z 值进一步确定截面的具体尺寸（梁截面为矩形时，一般取 $\frac{h}{b} = 1.5 \sim 3$）。

（三）确定梁的许可荷载

如已知梁材料的 $[\sigma]$ 及截面的 W_z，则可先由正应力强度条件计算出梁所能承受的最大弯矩 M_{max}，即 $M_{max} \leq W_z[\sigma]$，然后由 M_{max} 与荷载间的关系，算出梁所能承受的许可荷载。

二、梁的剪应力强度条件

为保证梁能安全正常的工作，梁在满足正应力强度条件的同时，还应满足剪应力强度条件。

剪应力强度条件为梁的最大剪应力 τ_{max} 不得超过梁材料的许用剪应力 $[\tau]$，即

$$\tau_{max} \le [\tau]$$

对于等截面直梁,全梁的最大剪应力发生在剪力最大的截面上,故剪应力强度条件为

$$\tau_{max} = \frac{Q_{max} \cdot S_{zmax}^*}{I_z \cdot b} \le [\tau] \qquad (7-14)$$

矩形截面梁可表示为 $\quad \tau_{max} = 1.5 \frac{Q_{max}}{A} \le [\tau] \qquad (8-15)$

工字形截面梁可表示为 $\quad \tau_{max} = \frac{Q_{max}}{d \cdot h_1} \le [\tau] \qquad (8-16)$

圆形截面梁可表示为 $\quad \tau_{max} = \frac{4}{3} \frac{Q_{max}}{A} \le [\tau] \qquad (8-17)$

圆环形截面梁可表示为 $\quad \tau_{max} = 2 \frac{Q_{max}}{A} \le [\tau] \cdot \qquad (8-18)$

梁的剪应力强度条件可解决剪应力强度计算的三类问题:
① 剪应力强度校核;② 梁截面尺寸设计;③ 确定梁的许可荷载。

三、梁的强度计算

一般情况下,梁的横截面上既有弯矩又有剪力,在进行梁的强度计算时,应同时满足正应力强度条件和剪应力强度条件。即

$$\sigma_{max} = \le [\sigma] \quad 和 \quad \tau_{max} = \le [\sigma]$$

而在实际应用中,对于细长梁而言,按正应力强度条件设计的截面,一般都能满足剪应力强度条件,因此只需按正应力强度条件进行计算即可。但是,在以下几种情况下需作剪应力强度校核:① 短粗梁(短跨梁,即 $\frac{l}{h} < 5$);② 支座附近有较大集中荷载作用的梁;③ 木梁;④ 组合截面梁。

总之,在梁的强度计算中,一般是先按正应力强度条件进行计算,必要时再按剪应力强度校核。

例 7 - 12 图 7 - 30a 所示简支梁,由 No32b 工字钢制成。梁上作用有均布荷载 $q = 22KN/m$,

材料的许用应力 $[\sigma] = 150MPa$,跨长 $L = 6m$。

试校核梁的正应力强度。

[解]:(1)画梁的 M 图(图7 - 30b)

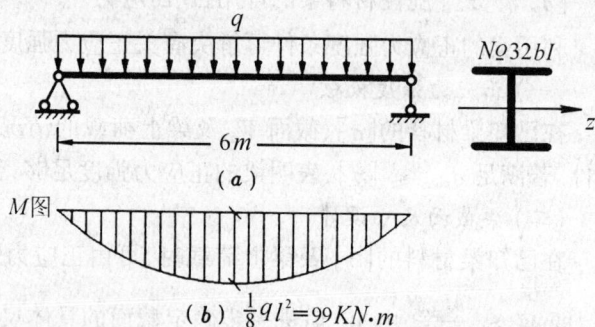

(b) $\frac{1}{8}ql^2 = 99KN \cdot m$

图 7 - 30

由弯矩图可知,梁跨中弯矩最大 $M_{max} = \frac{1}{8}ql^2 = \frac{1}{8} \times 22 \times 6^2 = 99KNm$

(2)校核梁的强度

查型钢表得 No32b 工字钢的抗弯截面系数,$W_z = 726.33cm^3 = 726.33 \times 10^3 mm^3$

$$\sigma_{max} = \frac{M_{max}}{W_z}$$

$$= \frac{99 \times 10^6 N \cdot mm}{726.33 \times 10^3 mm^3}$$

$$= 136.3 N / mm^2$$

$$= 136.3\ MPa\ < [\sigma] = 150 MPa$$

梁的正应力强度足够。

例 7 - 13 矩形截面木梁如图 7 - 31a 所示。已知 $F = 10KN, a = 1.2m$ 木梁材料的许用应力 $[\sigma] = 10MPa, [\tau] = 2MPa$

试求:(1) 当截面的高、宽比为 $h / b = 2$ 时,试设计梁的截面尺寸 $b、h$;

(2) 若梁采用 $b = 140mm, h = 210mm$ 的矩形截面,计算梁的许可荷载 $[F]$

[解]:(1) 画梁的 Q 图、M 图

由图 7 - 31b、7 - 31c 所示的 Q 图、M 图知:

$$Q_{max} = 1.5F = 1.5 \times 10 = 15KN$$

$$M_{max} = Fa = 10 \times 1.2 = 12KNm$$

(2) 设计截面尺寸 $b、h$

a. 由正应力强度条件得 $W_z \geqslant \dfrac{M_{max}}{[\sigma]} = \dfrac{12 \times 10^6}{10} = 1.2 \times 10^6 mm^3$

矩形截面木梁的抗弯截面系数 $W_z = \dfrac{bh^2}{6} = \dfrac{b(2b)^2}{6} = \dfrac{2}{3}b^3$ 则有

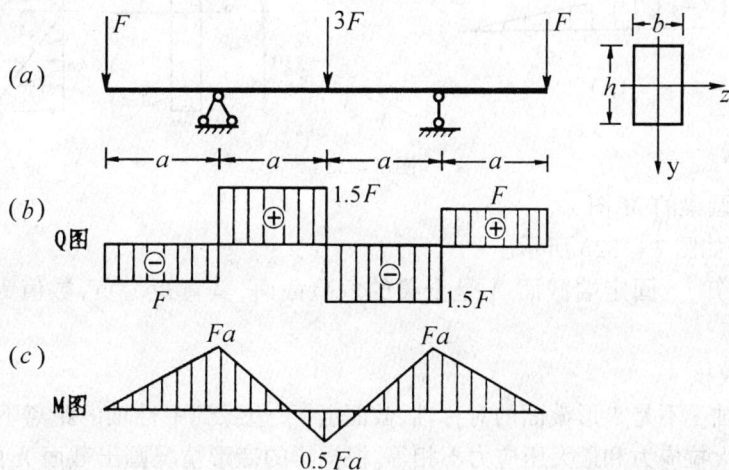

图 7 - 31

$b \geqslant \sqrt[3]{\dfrac{3}{2} \times 1.2 \times 10^6} = 122mm$ $h = 2b = 244mm$

圆整后,选用截面尺寸为 $b = 125mm, h = 250mm$.

b. 按选用的截面尺寸,校核梁的剪应力强度

由剪应力强度条件得 $\tau_{max} = 1.5 \dfrac{Q_{max}}{A} = 1.5 \times \dfrac{15 \times 10^3}{125 \times 250} = 0.72 MPza < [\tau] = 2MPa$

梁的剪应力强度满足要求,截面尺寸的设计可行。

(3) 求梁的许可荷载 $[F]$

若 $b = 140mm, h = 210mm$,则梁的抗弯截面系数为

$$W_z = \frac{bh^2}{6} = \frac{140 \times 210^2}{6} = 1.029 \times 10^6 mm^3$$

由正应力强度条件得梁所能承受的最大许可弯矩为

$$[M_{max}] \geq W_z[\sigma] = 1.029 \times 10^6 \times 10 = 10.29 \times 10^6 Nmm = 10.29 KNm$$

又因 $[M_{max}] = Fa = 10.29 KNm$

故 $[F] \leq \dfrac{[M_{max}]}{a} = \dfrac{10.29}{1.2} = 8.575(KN)$

例 7 - 14   图 7 - 32a 所示为 T 形截面悬臂梁,截面对中性轴的惯性矩 $I_z = 100 \times 10^6 mm^4$,几何尺寸和放置方式如图 7 - 32c,7 - 32d 所示。已知 $F = 20KN$,跨长 $l = 2m$,梁材料的许用拉应力 $[\sigma_+] = 30MPa$,许用压应力 $[\sigma_-] = 90MPa$。试校核梁的正应力强度。

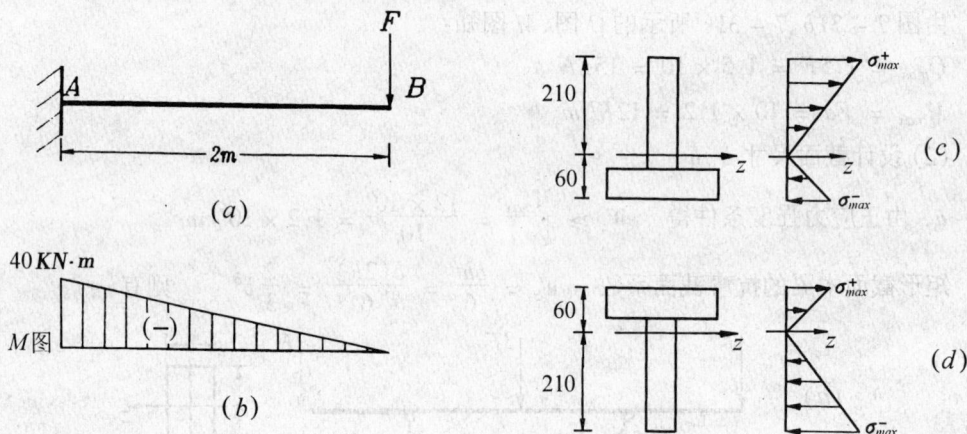

图 7 - 32

[解]:(1) 画梁的 M 图

梁的 M 图如图 7 - 32b 所示。

由 M 图可知   固定端截面 A 是全梁的危险截面,其弯矩为负,数值为:$|M_{max}| = 40 KNm$

(2) 强度校核

由于中性轴 z 不是 T 形截面的对称轴,截面上、下边缘到中性轴的距离不相等,所以危险截面上的最大拉应力和最大压应力不相等。根据梁的变形情况画出截面 A 的正应力分布图(图 7 - 32c)。

最大压应力发生在截面的下边缘处,其值为

$$\sigma_{max}^- = \frac{M_{max} \cdot y_-}{I_z} = \frac{40 \times 10^6 \times 60}{100 \times 10^6} = 24 N/mm^2 = 24MPa < [\sigma_-] = 90MPa$$

满足弯曲压应力强度条件

最大拉应力发生在截面的上边缘处,其值为

$$\sigma_{max}^+ = \frac{M_{max} \cdot y_+}{I_z} = \frac{40 \times 10^6 \times 210}{100 \times 10^6} = 84 N/mm^2 = 84MPa > [\sigma_+] = 30MPa$$

不满足弯曲拉应力强度条件

故此梁不满足梁正应力强度要求,在固定端截面 A 的上边缘处会被拉坏。

（3）讨论

若将此梁倒置，如图7-32d所示。此时

最大压应力仍发生在截面的下边缘处，但其距中性轴的距离由60mm改变为210mm，而最大压应力值为　　$\sigma_{max}^{-} = 84MPa < [\sigma_{-}] = 90MPa$　　满足弯曲压应力强度条件

最大拉应力仍发生在截面的下边缘处，但其距中性轴的距离由210mm改变为60mm而最大拉应力值为　　$\sigma_{max}^{+} = 24MPa < [\sigma_{+}] = 30MPa$　　满足拉应力强度条件

梁倒置后，其正应力强度要求完全能满足，梁不会被破坏。

四、提高梁弯曲强度的措施

在设计梁时，既要保证梁具有足够的强度，使梁能安全正常的工作，又要充分发挥材料的潜力，节省材料，减轻自重，达到既安全又经济的要求。

一般情况下，梁的弯曲强度是由正应力控制的，由梁的正应力强度条件

$$\sigma_{max} = \frac{M_{max}}{W_z} \leqslant [\sigma]$$

可知，提高W_z和降低M_{max}都能减少梁的最大正应力。因此提高梁的弯曲强度主要从这两方面着手。

（一）选择合理的截面形状，提高抗弯截面系数W_z

1. 根据比值W_z/A，选择截面。

合理的截面形状应该是在截面面积相同的情况下具有较大的抗弯截面系数。也就是比值W_z/A大的截面形状合理。

对相同高度不同形状截面的W_z/A值作比较得：圆形截面$W_z/A = 0.125h$，矩形截面$W_z/A = 0.167h$，槽形与工字形截面$W_z/A = (0.27 \sim 0.31)h$。可见工字形截面比矩形截面合理，矩形截面比圆形截面合理。

截面形状的合理性，还可以从正应力分布来说明。由于梁横截面的上、下边缘处正应力最大，而中性轴附近正应力很小，可将截面面积尽量布置在远离中性轴的地方，如工字形截面（图7-33b）。竖放的矩形截面也比平放的合理（图7-33a）。

2. 根据材料特性选择截面

对塑性材料制成的梁，由于其抗拉和抗压强度相等，可选择对称于中性轴的截面，如矩形、工字形、圆形等截面。对脆性材料制成的梁，由于其抗拉强度远远小于抗压强度，可选用中性轴偏于受拉一侧的截面，如T形截面（图7-33c）。

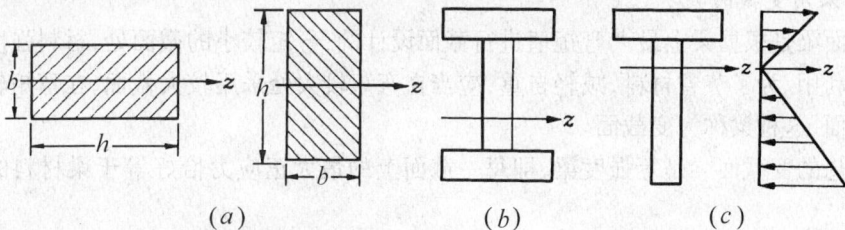

(a)　　　　　(b)　　　　　(c)

图7-33

（二）合理布置梁的荷载和支座　　降低最大弯矩M_{max}

1. 合理布置荷载、降低M_{max}

在可能的条件下,将集中荷载分散布置,可降低最大弯矩。图7-34a所示受集中荷载作用的简支梁,若在梁中部放置一根辅助梁,则梁的最大弯矩值可减少一半(图7-34b)。

2. 合理布置梁的支座

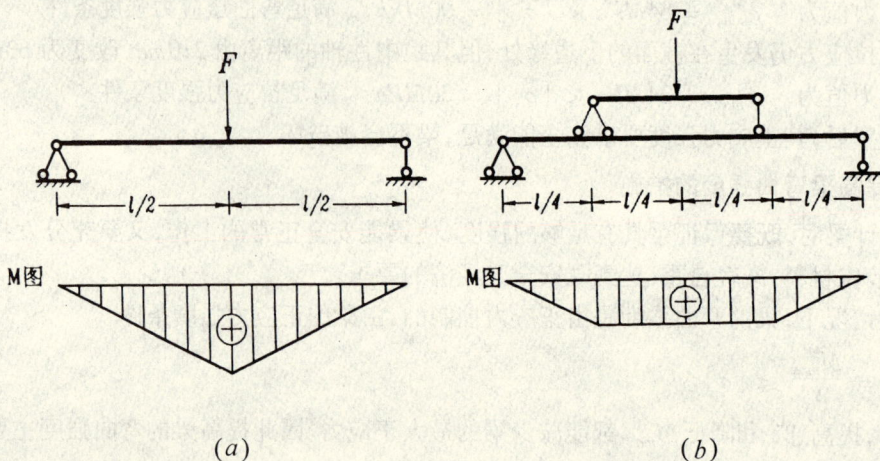

图 7 - 34

图7-35a所示受均布荷载的简支梁,若将梁的支座向跨中移动0.2l,则梁的最大弯矩值可减少1/5(图7-35b)。

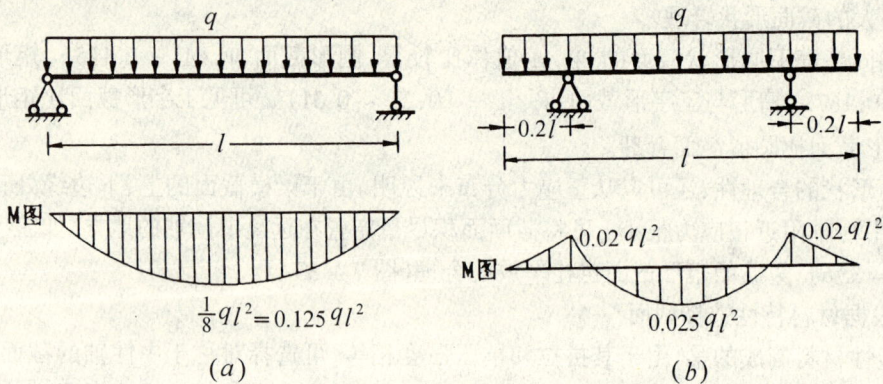

图 7 - 35

(三) 采用变截面梁

等截面梁是根据梁上最大弯矩值进行截面设计的,弯矩较小的截面处,材料强度未能得到充分的利用。为了节省材料,减轻自重,应当在弯矩较大处采用较大截面;在弯矩较小处采用较小截面,这种梁称为变截面。

最理想的变截面梁是等强度梁,即每一截面上的最大正应力恰好等于梁材料的许用正应力。

即 $$\sigma_{max} = \frac{M(x)}{W_z(x)} = [\sigma]$$

等强度梁在加工制造中存在一定的困难,工程中较多采用的是近似等强度的变截面梁,如图7-36a、b所示。

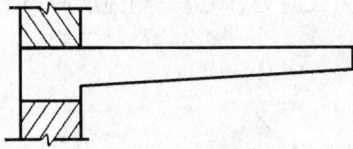

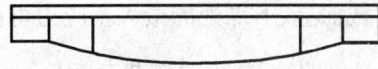

(a) 房屋雨篷   (b) 鱼腹式吊车梁

图 7 - 36

本章小结

本章主要介绍了梁弯曲时的内力和应力的基本概念及它们的计算方法。讨论了梁弯曲时的强度计算。

一、梁的内力

1. 梁弯曲时横截面上的内力有剪力 Q 和弯矩 M。确定它们的基本方法是截面法。剪力 Q 和弯矩 M 的正、负号由微梁段的变形确定。

2. 由外力直接求横截面上的内力的方法是：

(1) 梁任意截面的剪力等于该截面左边(或右边)梁上所有横向外力的代数和，即 $Q = \sum F$。

(2) 梁任意截面的弯矩等于该截面左边(或右边)梁上所有外力、外力偶对该截面形心的力矩的代数和，即 $M = \sum m_c$。

3. 绘制梁的剪力图和弯矩图的方法有两种

(1) 根据剪力方程和弯矩方程绘制剪力图和弯矩图。

(2) 控制截面法绘制剪力图和弯矩图，其步骤如下：

a. 求出的支座反力并校核其正确性(悬臂梁可以不求支反力，但必须保留含梁的自由端部分的梁段)。

b. 确定梁控制截面。

梁的支座反力作用点、集中力和集中力偶作用点，分布荷载的起点和终点，这些力作用点对应的截面是梁的控制截面。

c. 根据梁上的外力情况，应用剪力图和弯矩图的规律判断各段梁内力图的形状。

d. 求出梁控制截面上的剪力值和弯矩值，描点逐段画出剪力图和弯矩图。

e. 确定 $\mid Q_{max} \mid$，$\mid M_{max} \mid$ 及其位置。

二、梁的应力

一般情况下，梁弯曲时横截面上同时存在正应力和剪应力。

1. 梁的正应力

梁任一横截面上任一点处的弯曲正应力计算公式为 $\sigma = \pm \dfrac{M \cdot y}{I_z}$

正应力的大小沿截面高度呈线性分布，中性轴上各点的正应力为零。截面上、下边缘处的正应力最大。

中性轴通过截面形心，并将截面分为受拉和受压两个区域。弯曲正应力的正负号可根据梁的变形情况直接判断,以中性轴为界,梁的凸边一侧为拉应力,凹边一侧为压应力。

梁横截面上、下缘处的最大正应力可由下式计算

$$\sigma_{max} = \pm \frac{M}{W_z} \quad \text{其中抗弯截面系数:} W_z = \frac{I_z}{y_{max}}, \qquad W_y = \frac{I_y}{Z_{max}}$$

对矩形、圆形截面的惯性矩和抗弯截面系数应熟练掌握。

2. 梁的剪应力

梁横截面上任一点处的剪应力计算公式为 $\quad \tau = \dfrac{Q \cdot S_z^*}{I_z b}$

式中 Q 为横截面上的剪力;S_z^* 为所求剪应力处横线以外部分的横截面面积对中性轴的面积矩;I_z 为横截面对中性轴的惯性矩;b 为所求点处的横截面宽度。

剪应力沿截面高度呈抛物线形分布,中性轴上剪应力为最大值。

三、梁的强度计算

1. 梁的正应力强度条件为

$$\sigma_{max} = \frac{M_{max}}{W_z} \leqslant [\sigma] \qquad \text{用于中性轴是对称轴的截面(塑性材料梁)}$$

或 $\sigma_{max}^\pm = (\dfrac{M \cdot y \pm}{I_z}) \leqslant [\sigma \pm] \qquad$ 用于中性轴不是对称轴的截面(脆性材料梁)

2. 梁的剪应力强度条件为

$$\tau_{max} = \frac{Q_{max} \cdot S_{zmax}^*}{I_z \cdot b} \leqslant [\tau]$$

矩形截面梁 $\quad \tau_{max} = 1.5 \dfrac{Q_{max}}{A} \leqslant [\tau]$;工字形截面梁 $\quad \tau_{max} = \dfrac{Q_{max}}{d \cdot h_1} \leqslant [\tau]$

圆形截面梁 $\quad \tau_{max} = \dfrac{4}{3} \dfrac{Q_{max}}{A} \leqslant [\tau]$; $\quad \tau_{max} = 2 \dfrac{Q_{max}}{A} \leqslant [\tau] \quad$ 圆环形截面梁

3. 梁的强度计算

梁的强度主要是由正应力控制的。一般情况下,按正应力强度计算都能满足剪应力强度要求,只有几种特殊情况下,需作剪应力强度校核。梁强度计算的方法和步骤如下

(1) 计算梁待求量并检验后,画出梁的剪力图和弯矩图,确定危险截面的 Q_{max}、M_{max} 值及其相应位置。

(2) 核算危险点的最大正应力。对于等截面梁危险点在弯矩最大截面上的上、下边缘点。

如果梁的截面是不对称的,则 M_{max}^+ 和 M_{max}^- 截面的上、下边缘点都要作正应力强度校核计算。

(3) 必要时进行剪应力强度校核。其危险点在剪力最大截面的中性轴上。

提高梁弯曲强度的措施是根据正应力强度条件提出的。一是降低最大弯矩值,二是选择合理的截面形状。

思 考 题

7–1 如果矩形截面梁的高度 h 或宽度 b 分别增加一倍,梁的承载能力各增加几倍?

7 – 2 形状、尺寸、支承、荷载相同的两根梁,一根是铜梁,一根是木梁,问内力图相同吗?应力分布相同吗?

7 – 3 控制截面法绘梁的内力图步骤是哪些?

7 – 4 为什么矩形截面钢筋混凝土梁是竖放而不平放?

7 – 5 梁的危险截面就是梁弯矩最大的截面,这种说法对吗?

7 – 6 提高梁强度主要措施是哪些?

习　　题

习题 7 – 1　计算图示各梁指定截面上的剪力和弯矩。

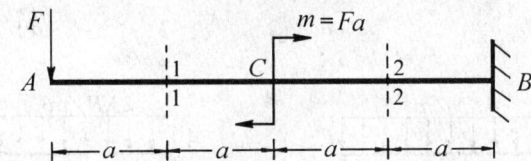

(a)

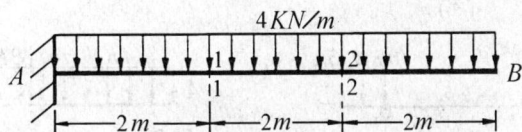

(b)

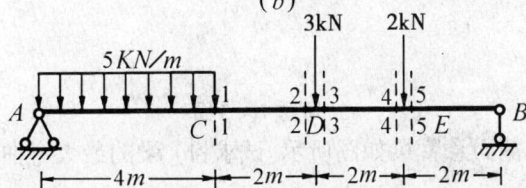

(c)

习题 7 – 1 图

习题 7 – 2　用列内力方程法,绘制图示梁的剪力图和弯矩图。

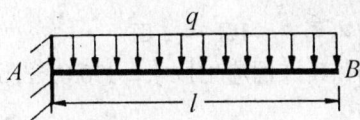

(a)

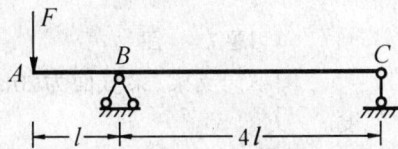

(b)

习题 7 – 2 图

习题 7 – 3　用控制截面法,绘图示梁的剪力图和弯矩图。并确定 Q_{max}, M_{max}。

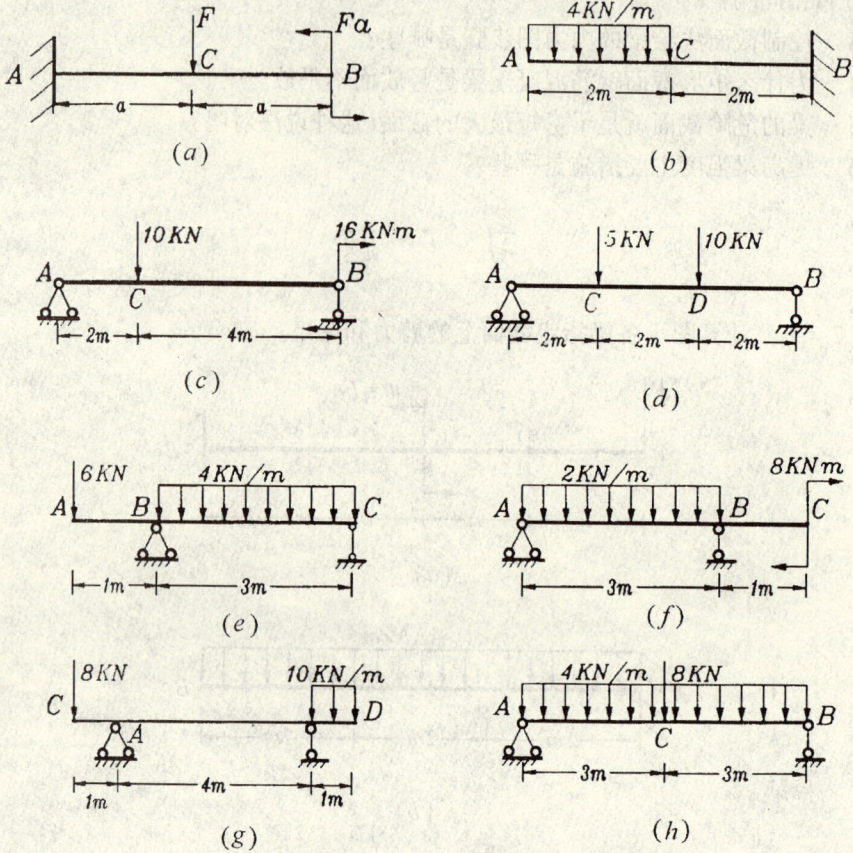

习题 7 – 3 图

习题 7 – 4　矩形截面悬臂梁如图所示。试求:1) 梁的最大弯曲正应力。2) 危险截面上 K 点的弯曲正应力。

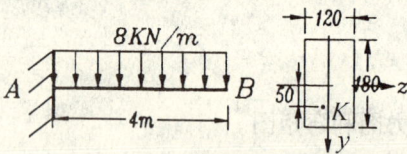

习题 7 – 4 图

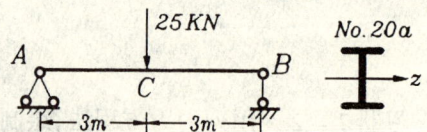

习题 7 – 5 图

习题 7 – 5　图示简支梁,梁截面为 20a 号工字钢,其许用应力 $[\sigma]$ = 170MPa,试校核梁的正应力强度。

习题 7 – 6　外伸圆形截面木梁如图所示。材料的许用正应力 $[\sigma]$ = 10MPa。试选择梁的截面尺寸 d = ?。

习题 7 – 7　图示外伸工字形截面梁。材料的许用应力 $[\sigma]$ = 170MPa。试选择工字钢的型号。

习题 7 – 8　图示简支梁受均布荷载作用。已知截面为矩形,b = 120mm,h = 180mm,材

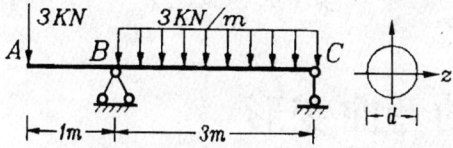

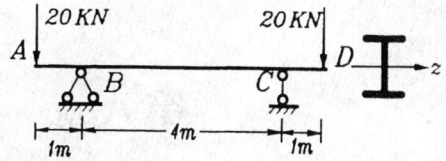

习题 7 – 6 图　　　　　　　　　习题 7 – 7 图

料的许用应力$[\sigma]=10MPa$,试求梁的许可荷载$[q]$。

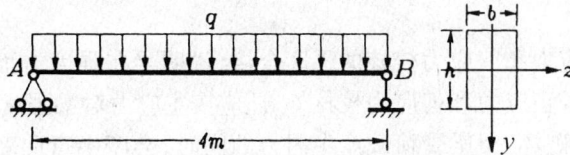

习题 7 – 8 图

习题 7 – 9　　图示简支梁受集中力偶作用,梁为 $No\,25a$ 槽钢制成,许用应力$[\sigma]=160MPa$,试求截面横放和竖放两种情况下的许用力偶矩 Me。

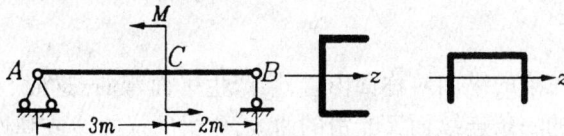

习题 7 – 9 图

习题 7 – 10　　图示矩形截面木梁,许用正应力$[\sigma]=10MPa$,许用剪应力$[\tau]=2MPa$,试校核梁的正应力强度和剪应力强度。

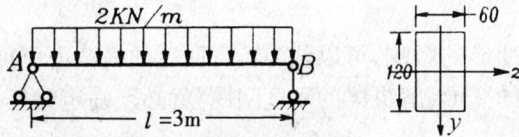

习题 7 – 10 图

习题 7 – 11　　图示外伸梁。材料的许用正应力$[\sigma]=160MPa$,$[\tau]=90MPa$。试选择工字钢型号。

习题 7 – 12　　图示槽形截面悬臂梁,材料的许用拉应力$[\sigma+]=46MPa$,$[\sigma-]=120MPa$,截面惯性矩 $I_z=198.3cm^4$,试校核梁的强度。

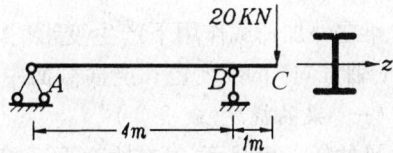

习题 7 – 11 图

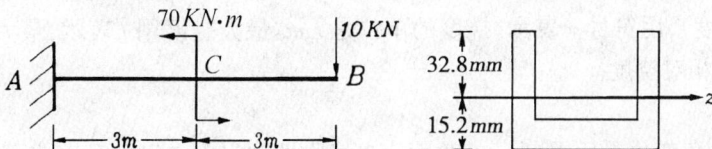

习题 7 – 12 图

第八章　　梁的弯曲变形

第一节　　梁的弯曲变形

如前所述、按正应力和剪应力校核的强度合格,说明梁在强度方面得到了保证(梁的强度能否得到保证、除了正应力和剪应力校核外,还应按主应力对梁强度作全面校核),梁在外加荷载作用下就不会破坏。但梁受荷载产生内力的同时,会产生弯曲变形,过大的弯曲变形使得梁不能正常安全工作。为此,对梁来说,不仅要有足够的强度,还要有足够的刚度。也就是说,要限制梁变形的大小,使梁在外加荷载作用下产生的最大弯曲变形(即最大变位),不得超过规定的允许值。所以,必须研究梁的变形,此外,在计算超静定梁时,必需要以计算梁的变形为基础。

一、梁的变位

当外加荷载作用在梁的纵向对称面内时,梁产生平面弯曲。这时,梁的轴线由原来的直线弯曲成在该平面内的一条连续而又光滑的曲线,称梁的挠曲线或弹性曲线。

梁受外加荷载作用发生弯曲变形时,其横截面上有弯矩和剪力两种内力同时存在。通过理论计算的结果证明,当梁的跨度与横截面高度比值(高跨比)$\dfrac{l}{h} \geqslant 5$ 时,剪力引起的变形相对于弯矩所引起的变形来说是很小的。为简化计算,通常忽略剪应力对变形的影响,只计算弯矩所产生的变形。

由于忽略了剪力对变形的影响,可以认为梁弯曲后的横截面仍保持为平面,且垂直梁的挠曲线。因此,要研究梁的变形,解决梁的刚度问题,就必须确定梁任一横截面位置的改变即确定梁的变位。

二、挠度和转角

梁在外加荷载作用下产生变形时,其横截面位置的改变有两种:沿垂直于梁轴线方向(即 y 轴方向)的线变位和挠横截面中性轴(Z)转动的角变位,如图 8 – 1a、b 所示。

(一) 梁的挠度(或垂度)

梁的任一横截面 C,在梁变形后将向下位移 C',CC' 就是 C 截面的线位移。CC' 本应不在与梁原来的轴线垂直的铅垂线上,这是由于梁弯曲后的曲率很小,通常将水平位移忽略,只保留竖直方向的线位移,所以横截面的线变位是用截面形心沿 y 轴方向的位移表示,称为梁的挠度(或垂度),用符号 y 表示。挠度的单位是 mm。最大挠度用 f 表示,最大挠度 f 与梁跨度 l 之比 f/l 称相对挠度。

(二) 转角

梁横截面的角变位是用梁任一横截面绕自身中性轴(Z)转过的角度表示,称为转角,用符号 θ 表示,转角的单位是 rad。

为描述梁的挠度和转角,可建立一直角坐标参考系,以梁的左端 A 为原点,变形前的梁

轴线为 X 轴(向右为 +);与 X 轴垂直的方向为 y 轴(向上为正)。这样,挠度 y 就以位于 X 轴上方者为 +,位于 X 轴下方者为 —。转角 θ 以横截面绕自身中性轴(Z)逆时针转为 +,顺时针转为 —。

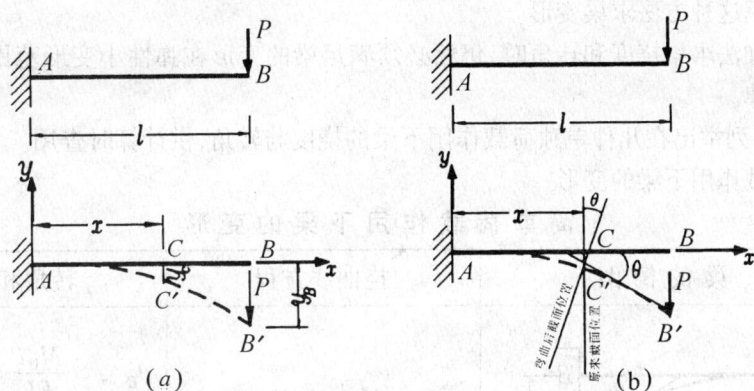

图 8 – 1

三、挠曲线方程

(一) 挠曲线方程

梁产生弯曲变形时,挠度 y 和转角 θ 都是随横截面位置 X 而变化的,即 y 和 θ 均是 X 的函数,所以图 8 – 1b 所示梁 AB 的挠曲线 $AC'B'$,可用数学式表示为

$$y = f(x) \tag{8 – 1}$$

式(8 – 1)称梁的挠曲线方程,

式中 y 是绕曲线上各点的纵坐标,也正好是梁上各点挠度。

(二) 转角 θ 与挠度 y 的关系

过梁挠曲线上一点 C' 作切线,该切线与 X 轴的夹角、即等于截面 C 的转角 θ。

由高等数学知识知,挠曲线 $y = f(x)$ 上任一点切线的斜率应等于该曲线函数的一阶导数,即

$$\mathrm{tg}\theta = \frac{dy}{dx} = y' = f'(x)$$

在工程实际中,梁的变形一般都很小,θ 通常极小(一般 $\theta < 1°$),所以 $\theta = \mathrm{tg}\theta$,因此

$$\theta = \frac{dy}{dx} = y' = f'(x)$$

即梁任一横截面的转角,等于该截面处挠度 y 对 x 的一阶导数。

显然,如果已知梁的挠曲线方程、则梁任一横截面的挠度 y 和转角 θ 均可确定。

四、计算梁变形的方法

(一) 二次积分法求梁变形

二次积分法是求梁变形的基本方法,其优点是可以建立梁的转角方程和挠度方程,缺点是运算过程繁锁,当梁上荷载比较复杂时,用二次积分法求梁变形就十分困难。

(二) 查表叠加求法梁变形

前面曾讨论过,当弯矩与荷载成线性关系时,可用叠加法绘弯矩图。

由于梁的挠度和转角与荷载均成线性关系,所以可采用叠加法求梁的挠度和转角。

具体方法是:先将各个荷载单独作用下梁截面的挠度和转角查变形表求出,然后将对应截面的挠度和转角代数相加,即得到若干荷载共同作用时梁截面的挠度和转角。

当作用在梁上的荷载比较复杂时,用查表叠加法求梁的变形,是极其方便的,因此工程实际中广泛用这种方法求梁变形。

使用叠加法求梁挠度和转角时,仍然必须满足梁的变形在弹性小变形范围内和梁材料服从虎克定律。

表 8-1 列举出在几种单独荷载作用下梁的挠度与转角,供计算时查用。

单独荷载作用下梁的变形

简 单 荷 载 作 用 下 梁 的 变 形 表 8-1

序号	梁 的 简 图	挠曲线方程	转角和挠度
1		$y = -\dfrac{Mx^2}{2EI}$	$\theta_B = -\dfrac{M_0 l}{EI}$ ⌒ $y_B = -\dfrac{M_0 l^2}{2EI}$ ↓
2		$y = -\dfrac{px^2}{6EI}(3l - x)$	$\theta_B = -\dfrac{pl^2}{2EI}$ ⌒ $y_B = -\dfrac{pl^3}{3EI}$ ↓
3		$0 \leqslant x \leqslant a$ $y = -\dfrac{px^2}{6EI}(3a - x)$ $a \leqslant x \leqslant l$ $y = -\dfrac{pa^2}{6EI}(3x - a)$	$\theta_B = -\dfrac{pa^2}{2EI}$ ⌒ $y_B = -\dfrac{pa^2}{6EI} - (3l - a)$ ↓
4		$y = -\dfrac{qx^2}{24EI}(x^2 + 6l^2 - 4lx)$	$\theta_B = -\dfrac{ql^3}{6EI}$ ⌒ $y_B = -\dfrac{ql^4}{8EI}$ ↓

序号	梁 的 简 图	挠曲线方程	转角和挠度
5		$y = -\dfrac{M_0 x}{6lEI}(l^2 - x^2)$	$\theta_A = -\dfrac{M_0 l}{6EI}$ ⌒ $\theta_B = \dfrac{M_0 l}{3EI}$ ⌒ $x = \dfrac{1}{2}$ $yc = -\dfrac{M_0 l^2}{16EI}$ ↓
6		$y = -\dfrac{M_0 x}{6lEI}(l - x)(2l - x)$	$\theta_A = -\dfrac{M_0 l}{3EI}$ ⌒ $\theta_B = \dfrac{M_0 l}{6EI}$ ⌣ $x = \dfrac{1}{2}$ $y_C = -\dfrac{M_0 l^2}{16EI}$ ↓
7		$0 \leqslant x \leqslant a$ $y = \dfrac{M_0 x}{6lEI}(l^2 - 3b^2 - x^2)$ $a \leqslant x \leqslant 1$ $y = -\dfrac{M_0(l - x)}{6lEI}[l^2 - 3a^2 - (l - x)^2]$	$\theta_A = \dfrac{M_0}{6lEI}(l^2 - 3b^2)$ ⌒ $\theta_B = \dfrac{M_0}{6lEI}(l^2 - 3a^2)$ ⌒ $\theta_C = -\dfrac{M_0}{6lEI}(3a^2 + 3b^2 - l^2)$ ⌒ $a = b = \dfrac{1}{2}$ $\theta_A = \theta_B = \dfrac{M_0 l}{24EI}$ ⌣
8		$0 \leqslant x \leqslant a$ $y = -\dfrac{M_0 x}{6lEI}(x^2 - l^2 + 3b^2)$ $a \leqslant x \leqslant l$ $y = -\dfrac{M_0}{6lEI}[x^3 - 3(x - a)^2 l - x(l^2 - 3b^2)]$	$\theta_A = -\dfrac{M_0}{6lEI}(l^2 - 3b^2)$ ⌒ $\theta_B = -\dfrac{M_0}{6lEI}(l^2 - 3a^2)$ ⌒ $\theta_C = \dfrac{M_0}{3lEI}(l^2 - 3la + 3a^2)$ ⌣

序号	梁 的 简 图	挠曲线方程	转角和挠度
9		$0 \leqslant x \leqslant \dfrac{l}{2}$ $y = -\dfrac{pl}{48EI}(3l^2 - 4x^2)$	$\theta_A = -\dfrac{pl^2}{16EI}\ \frown$ $\theta_B = \dfrac{pl^2}{16EI}\ \smile$ $y_C = -\dfrac{pl^3}{48EI}\ \downarrow$
10		$0 \leqslant x \leqslant a$ $y = -\dfrac{pbx}{6lEI}(l^2 - x^2 - b^2)$ $a \leqslant x \leqslant l$ $y = -\dfrac{pb}{6lEI}\big[(l^2 - b^2)x - x^3 + \dfrac{1}{b}(x - a)^3\big]$	$\theta_A = -\dfrac{pab(l + b)}{6lEI}\ \frown$ $\theta_B = \dfrac{pab(l + a)}{6lEI}\ \smile$ $y_C = -\dfrac{pa^2 b^2}{3lEI}\ \downarrow$ $x = \dfrac{1}{2}$ $y_D = -\dfrac{pb(3l^2 - 4b^2)}{48EI}\ \downarrow$
11		$y = -\dfrac{qx}{24EI}(l^3 - 2lx^2 + x^3)$	$\theta_A = -\dfrac{ql^3}{24EI}\ \frown$ $\theta_B = \dfrac{ql^3}{24EI}\ \smile$ $x = \dfrac{1}{2}\quad y_C = -\dfrac{5ql^4}{384EI}\ \downarrow$
12		$0 \leqslant x \leqslant a$ $y = -\dfrac{qa}{24lEI}\big(\dfrac{7}{2}a^2 x - x^3\big)$ $a \leqslant x \leqslant 2a$ $y = -\dfrac{q}{24EI}$ $\big[\dfrac{7}{2}a^3 x + (x - a)^4 - ax^3\big]$	$\theta_A = -\dfrac{7qa^3}{48EI}\ \frown$ $\theta_B = \dfrac{3qa^3}{16EI}\ \smile$ $x = a\quad y_C = -\dfrac{5qa^4}{48EI}\ \downarrow$

序号	梁 的 简 图	挠曲线方程	转角和挠度
13		$0 \leqslant x \leqslant l$ $y = -\dfrac{M_0 x}{6lEI}(l^2 - x^2)$ $l \leqslant x \leqslant (l + a)$ $y = \dfrac{M_0}{6EI}(3x^2 - 4lx + l^2)$	$\theta_A = -\dfrac{M_0 l}{6EI}\ \curvearrowleft$ $\theta_B = \dfrac{M_0 l}{3EI}\ \curvearrowright$ $\theta_C = \dfrac{M_0}{3EI}(l + 3a)\ \uparrow$ $y_C = \dfrac{M_0}{6EI}(2l + 3a)\ \uparrow$ $x = \dfrac{1}{2}\quad y_D = -\dfrac{M_0 l^2}{16EI}\ \downarrow$
14		$0 \leqslant x \leqslant l$ $y = \dfrac{pax}{6lEI}(l^2 - x^2)$ $l \leqslant x \leqslant (l + a)$ $y = -\dfrac{p(x - 1)}{6EI}[a(3x - l) - (x - l)^2]$	$\theta_A = \dfrac{pal}{6EI}\ \curvearrowleft$ $\theta_B = -\dfrac{pal}{3EI}\ \curvearrowleft$ $\theta_C = -\dfrac{pa}{6EI}(2l + 3a)\ \curvearrowleft$ $y_C = -\dfrac{pa^2}{3EI}(l + a)\ \downarrow$ $x = \dfrac{1}{2}\quad y_D = \dfrac{pl^2 a}{16EI}\ \uparrow$
15		$0 \leqslant x \leqslant l$ $y = \dfrac{qa^2 x}{12lEI}(l^2 - x^2)$ $l \leqslant x \leqslant (l + a)$ $y = -\dfrac{qa^2}{12EI}\Big[\dfrac{x^3}{l} - \dfrac{(2l + a)(x - l)^3}{al} + \dfrac{(x - l)^4}{2a^2} - lx\Big]$	$\theta_A = \dfrac{qa^2 l}{12EI}\ \curvearrowleft$ $\theta_B = -\dfrac{qa^2 l}{6EI}\ \curvearrowleft$ $\theta_C = -\dfrac{qa^2}{6EI}(l + a)\ \curvearrowleft$ $y_C = -\dfrac{qa^3}{24EI}(3a + 4l)\ \downarrow$ $x = \dfrac{1}{2}\quad y_D = \dfrac{qa^2 l^2}{32EI}\ \uparrow$

例 8 - 1　单轨吊车梁计算简图,如图 8 - 2a 所示,起重量为 P,吊车梁自重为 q。试用叠加法求梁的最大挠度。

[解]:单跨吊车梁可简化为简支梁,当吊车行驶到梁中点起吊重物时,梁的最大挠度发生在梁的中点。下面分别查出 P 和 q 作用下的挠度。

在均布荷载 q 作用下梁的跨中挠度

$$f_q = \dfrac{-5ql^4}{384EI}$$

在集中荷载 P 作用下,梁的跨中挠度

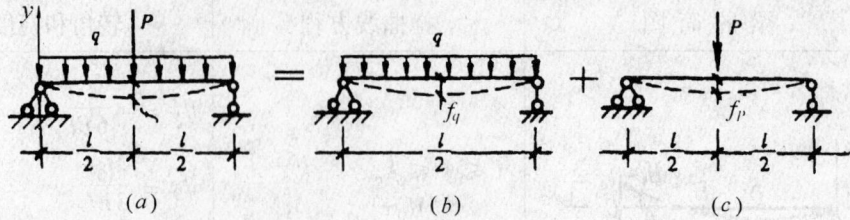

图 8 - 2

$$f_P = \frac{-Pl^3}{48EI}$$

应用叠加法,求 q 与 P 共同作用下的中点最大挠度

$$f = f_q + f_P = \frac{-5ql^4}{384EI} + \frac{-Pl^3}{48EI}$$

例 8 - 2　用叠加法求图示梁的挠度 f_B
和转角 θ_B

[**解**]:查表得

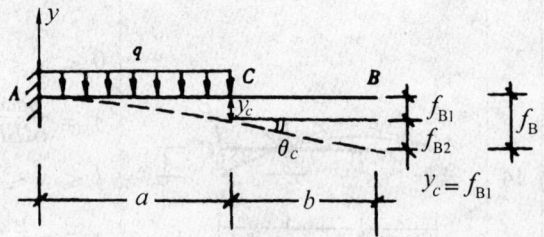

$$y_C = f_{B_1} = y_{B_1} = \frac{-qa^4}{8EI}, \theta_C = \frac{-qa^3}{6EI}$$

$$\theta_B = \theta_C = \frac{-qa^3}{6EI}$$

$$f_B = f_{B_1} + f_{B_2} = y_{B_1} + y_{B_2} = y_C + \theta_C \times b$$

图 8 - 3

$$= \frac{-qa^4}{8EI} + \frac{-qa^3}{6EI} \times b$$

$$= \frac{-qa^3}{24EI}(3a + 4b)$$

第二节　梁的刚度校核

前面已经提到,为了保证梁的正常工作,要求梁必须有一定的刚度,这就需要控制梁的变形,使梁在荷载作用下,产生的最大变形不超过允许的范围。

通常梁的刚度校核,是计算梁在荷载作用下的最大相对挠度 $\frac{f}{l}$,要求梁的 $\frac{f}{l}$ 不得大于许用的相对挠度 $\left[\frac{f}{l}\right]$,

即梁的刚度条件为:

$$y_{max} \leqslant [y]$$

$$或 \frac{f}{l} \leqslant \left[\frac{f}{l}\right]$$

在工程设计中,对于杆件弯曲位移的容许值,都有一定的规定。在土建工程方面对相对挠度提出的要求是:钢筋混凝土吊车梁的许用相对挠度 $\left[\frac{f}{l}\right] = \frac{1}{500} \sim \frac{1}{600}$,一般钢筋混凝土梁的许用相对挠度 $\left[\frac{f}{l}\right] = \frac{1}{200} \sim \frac{1}{300}$。

在机械制造方面当设计转动轴时,除对相对挠度需加以必要的限制外,还要求转角应在

允许范围内,即

$$\theta_{max} \leqslant [\theta]$$

一般土建工程中的杆件,强度如果能满足要求,刚度条件一般也都能满足。因此,在设计工作中,强度条件是主要的,刚度条件常处于从属地位。

设计时一般都是先按强度要求设计出杆件的截面尺寸,然后将这个尺寸按刚度条件进行校核,通常都能满足要求。只是当正常工作条件对杆件的变形限制得很严时,按强度设计的尺寸,有时也不能满足刚度条件,这时就应采取一些适当的措施,以提高梁的刚度。这在下一节中将予以介绍。

例8-3 试校核图8-4简支木梁的刚度,梁的截面为矩形,$b = 0.12m$,$h = 0.18m$,木材的弹性模量 $E = 10GPa$,许用相对挠度 $\left[\dfrac{f}{l}\right] = \dfrac{1}{250}$。

[**解**]:截面惯性矩 I_z 为

$$I_z = \frac{1}{12}bh^3 = \frac{1}{12} \times 0.12 \times 0.18^3 = 5832 \times 10^{-8} m^4$$

由表8-1第9项查得跨中承受集中荷载时,梁的最以大挠度 f 为

$$f = \frac{pl^3}{48EI} = \frac{6 \times 10^3 \times 4^3}{48 \times 10 \times 10^9 \times 5832 \times 10^{-8}} = 0.0137m \downarrow$$

$$\frac{f}{l} = \frac{0.0137}{4} = \frac{1}{292} < \left[\frac{f}{l}\right] = \frac{1}{250}(可)$$

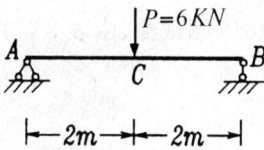

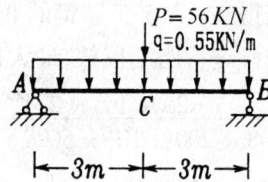

图8-4   图8-5

例8-4 图8-5为一吊车梁的计算简图,吊车梁跨度 $l = 6m$,承受荷载(包括自重)如图所示,许用相对挠度 $\left[\dfrac{f}{l}\right] = \dfrac{1}{500}$,材料的弹性模量 $E = 200GPa$,许用应力$[\sigma] = 160MPa$。试选择工字钢型号。

[**解**]:先按强度条件选择工字钢型号,然后再进行刚度校核。

最大弯矩发生在跨中 C 点截面,其值为:

$$M_{max} = \frac{1}{4}pl + \frac{1}{8}ql^2 = \frac{1}{4} \times 56 \times 6 + \frac{1}{8} \times 0.55 \times 6^2 = 86.5 \ kNm$$

根据强度条件$\dfrac{M_{max}}{W} \leqslant [\sigma]$ 得:

$$W \geqslant \frac{M_{max}}{W} = \frac{86.5 \times 10^3}{160 \times 10^6} = 541 \times 10^{-6} m^3 = 541 cm^3$$

由附录 A Ⅱ 型钢表查得 $No.32a$ 工字钢的 $W = 692.2cm^3$,$I = 11075cm^4$。

由于集中荷载和均荷布载引起的最大挠度均在距中 C 点,表8-1第9、11项查得:

$$y'_c = \frac{pl^3}{48EI} = \frac{56 \times 10^3 \times 6^3}{48 \times 200 \times 10^9 \times 11075 \times 10^{-8}} = 0.01138m$$

$$= 1.138 cm \downarrow$$

$$y''_c = \frac{5ql^4}{384EI} = \frac{5 \times 0.55 \times 10^3 \times 6^4}{384 \times 200 \times 10^9 \times 11075 \times 10^{-8}} = 0.00042m = 0.042cm \downarrow$$

由叠加法得梁在两种荷载共同作用时,跨中的最以大挠度 y_c 为:

$$y_c = y'_c + y''_c = 1.138 + 0.042 = 1.18cm \downarrow$$

于是得:

$$\frac{f}{l} = \frac{1.18}{600} = \frac{1}{508} < \left[\frac{f}{l}\right] = \frac{1}{500} \text{ 满足刚度要求。决定采用 } No.32a \text{ 工字钢。}$$

例 8 – 5　图 8 – 6 所示悬臂梁受均布荷载 $q = 20kN/m$,已知材料的弹性模量 $E = 200GPa$,许用应力 $[\sigma] = 160MPa$,梁的许用相对挠度 $\left[\frac{f}{l}\right] = \frac{1}{400}$。试选择工字钢的截面型号。

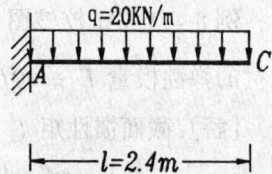

[解]:先按强度条件选择工字钢型号

最大弯矩发生在梁固定端截面 A,其值为:

$$M_{max} = \frac{1}{2}ql^2 = \frac{1}{2} \times 20 \times 2.4^2 = 57.6kNm,$$

根据梁正应力强度条件 $\frac{M_{max}}{W} \leqslant [\sigma]$

$$W \geqslant \frac{M_{max}}{[\sigma]} = \frac{57.6 \times 10^3}{160 \times 10^6} = 360 \times 10^{-6}m^3 = 360cm^3$$

由型钢表查得 $No.25a$ 工字钢的 $W = 402cm^3$,$I = 5024cm^4$。

再按刚度条件进行刚度校核,最大挠度发生在自由梁端裁面,由表 8 – 1 第 4 项查得:

$$f = \frac{ql^4}{8EI} = \frac{20 \times 10^3 \times 2.4^4}{8 \times 200 \times 10^9 \times 5024 \times 10^{-8}} = 0.00825m \downarrow$$

$$\frac{f}{l} = \frac{0.00825}{2.4} = 0.00344 = \frac{1}{291} > \left[\frac{f}{l}\right] = \frac{1}{400}$$

不满足刚度要求。因此,应按刚度要求重新选择截面。

$$\frac{f}{l} = \frac{ql^3}{8EI} \leqslant \left[\frac{f}{l}\right] = \frac{1}{400}$$

$$I \geqslant \frac{ql^3}{8E} = \frac{20 \times 10^3 \times 2.4^3 \times 400}{8 \times 200 \times 10^9} = 6912 \times 10^{-8}m^4 = 6912cm^4$$

由型钢表查得 $No28a$ 工字钢的 $I = 7114cm^4$,$W = 508cm^3$,此时:

$$\frac{f}{l} = \frac{ql^3}{8EI} = \frac{20 \times 10^3 \times 2.4^3}{8 \times 200 \times 10^9 \times 7144 \times 10^{-8}} = 0.00243 = \frac{1}{412} < \left[\frac{f}{l}\right] = \frac{1}{400}(\text{可})$$

$$\sigma_{max} = \frac{M_{max}}{W} = \frac{57.6 \times 10^3}{508 \times 10^{-6}} = 113 \times 10^6 N/m^2 = 113MPa < [\sigma] = 160MPa(\text{可})$$

决定采用 $No.28a$ 工字钢。

第三节　提高梁刚度的措施

从例 8 – 5 可知,当梁的刚度不足时,可加大梁的截面来满足刚度的要求。由梁的挠曲线近似微分方程及表 8 – 1 所列各种梁变形的计算公式可见,梁的变形是与梁截面的抗弯刚度

EI、梁的跨度 l、荷载形式及其作用位置有关。因此，如须提高梁的刚度，可从这几方面考虑。

一、选择合理的截面

梁的变形与截面的抗弯刚度 EI 成反比，合理的截面应是在同样大小的截面面积下能获得较大的惯性矩 I，从而提高抗弯刚度 EI 的数值。影响惯性矩 I 的主要因素是截面高度，所以在截面积不变的情况下，增大梁的高度，或尽量使截面中的材料位于离中性轴较远的边缘处，均可减少变形。

杆件的变形虽然与材料的拉（压）弹性模量 E 有关系，但就钢材而言，各种钢材的拉（压）弹性模量 E 值都非常接近，如果为了提高梁的刚度而采用高强度钢材，并不能达到提高梁刚度的目的，显然是不合适的。

二、减少梁的跨度

梁的跨度对梁变形的大小影响最大。从表 8－1 可以看出，梁的变形与梁跨 l 的 n 次方成正比。因此，在可能情况下，减少梁跨 l 的长度对减少梁的变形，提高梁的刚度作用很大。如图 8－7a 的简支梁，将两端支座各向内移动某一距离，以减小二支座间的跨距，改成图 8－7b 所示两端外伸梁，或改成如图 8－7c 所示的两个简支梁，均可使变形明显减小。

当梁的跨长 l 受到构造的限制不能缩短时，为提高梁的刚度也可在跨内增加支座，例如在简支梁跨中处增加一个支座如图 8－7d 所示，也可大大地减小梁的变形。

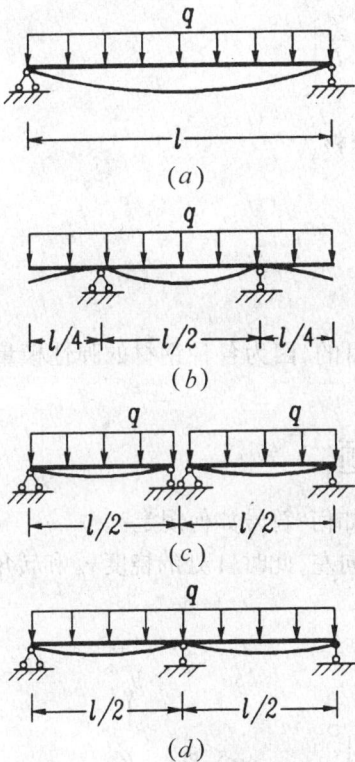

图 8－7

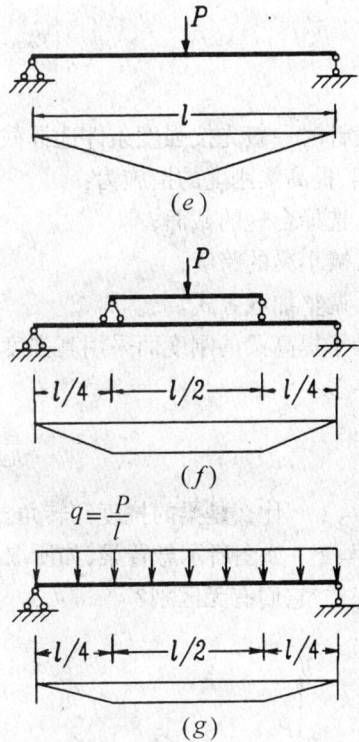

图 8－8

三、调整加载方式

弯矩是引起梁变形的主要因素,因此,在可能情况下,适当调整梁的加载方式,从而降低弯矩的数值,也可达到减少变形以提高刚度的目的。例如,把较大的集中荷载移到靠近支座处,或把一个集中力分散成为二个或多个集中力作用,甚至可以把集中荷载改变为均布荷载,如图 8 – 8a、b、c 所示。

本章小结

一、梁受外加荷载作用产生变形,轴线由原来的直线变成一条连续而又光滑的曲线称为挠曲线。

梁变形的两个基本量是截面线变位和角变位,计算线变位就是求截面形心的挠度 y,计算角变位就是求截面的转角 θ。

二、求梁变形的方法有多种,本章仅介绍查表叠加法。

查表叠加法的优点是可以利用现成的梁变形计算公式表,从而简捷地求出指定截面的变形,应注意表中典型梁的各个计算公式与图的对照吻合,使用时要以相当量代入计算,切不可死套公式。

三、梁的刚度条件为:

$$y_{max} \leqslant [y],\text{或}\frac{f}{l} \leqslant \left[\frac{f}{l}\right]$$
$$\theta_{max} \leqslant [\theta]$$

设计时一般先按强度条件选择截面,再进行刚度校核。

四、提高梁刚度的措施为:

1. 选择合理的截面;

2. 减小梁的跨度;

3. 调整加载方式。

为了提高梁的刚度而采用高强度钢材,不能达到目的,因为各种钢材的弹性模量 E 值都差不多。

思 考 题

8 – 1   什么是梁的挠度和转角?它们之间的关系如何?符号如何规定?

8 – 2   如图所示悬臂梁,如所取 x 轴方向向右或向左,此时 A 处的挠度 y_A 和转角 θ_A 的符号怎样?它们有无区别?

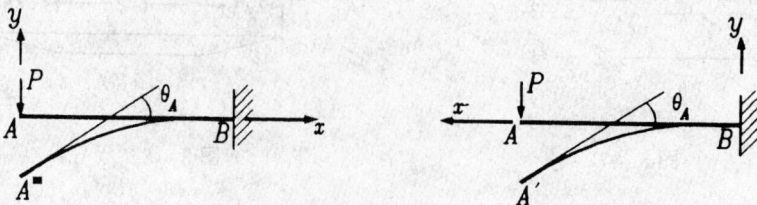

思 8 – 2 图

8－3 用叠加法求挠度和转角时,适用条件是什么?

8－4 两梁尺寸,形状完全相同,梁上荷载和支承情况也相同,一为木梁 $E = 10GPa$,另一为钢梁 $E = 200GPa$。试求二者最大挠度之比

习　　题

8－1 求 θ_B、y_B。

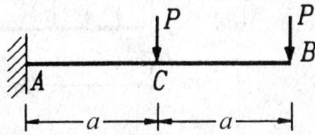

习题 8－1 图

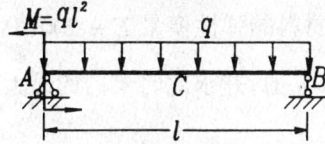

习题 8－2 图

8－2 求 θ_A、θ_B。

8－3 求 θ_c、y_B。

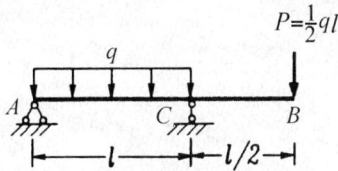

习题 8－3 图

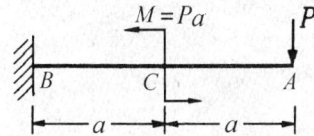

习题 8－4 图

8－4 求 θ_A、y_A。

8－5 求 θ_A、θ_B、y_c。

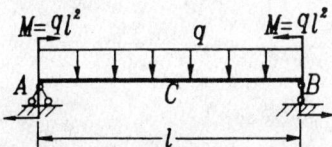

习题 8－5 图

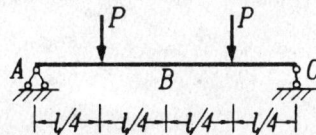

习题 8－6 图

8－6 求 θ_A、y_B。

8－7 求 θ_A、y_B。

8－8 $No.22a$ 工字钢简支梁受荷载如图所示,材料的弹性模量 $E = 200GPa$,若 $\left[\dfrac{f}{l}\right] = \dfrac{1}{400}$,试校核此梁的刚度。

8－9 悬臂梁受荷载如图所示,试根据梁最大挠度不得大于许用挠度 $[f] = \dfrac{l}{450}$ 的条件,选择工字钢型号,并校核梁的强度,材料的弹性模量 $E = 200GPa$,许用应力 $[\sigma] = 160MPa$。

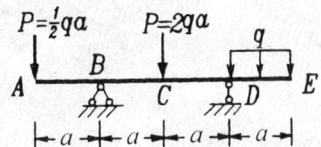

习题 8－7 图

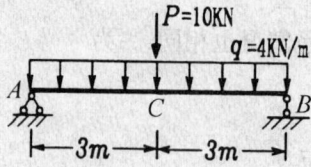

习题 8 – 8 图

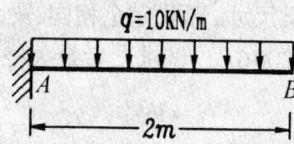

习题 8 – 9 图

8 – 10 $No.40a$ 工字钢简支梁的跨度 $l = 8m$，许用挠度 $\left[\dfrac{f}{l}\right] = \dfrac{1}{500}$，材料的弹性模量 $E = 200GPa$，求梁所能承担的最大均布荷载 q 值，并求此时梁内的最大正应力 σ_{max}。

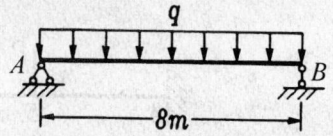

习题 8 – 10 图

*第九章   应力状态理论

第一节   应力状态概念

研究杆件强度时,首先应计算杆件危险截面上的最大应力。过杆内一点有无数个方位不同的截面,每个方位不同的截面上存在着大小和方向各不相同的应力。究竟哪个截面是危险截面?危险截面上那个点的应力最大,即危险点?这对于简单受力的基本变形杆件和复杂受力的组合变形杆件来说,情况是不相同的。对于几种基本变形的杆件,它们的危险截面就是横截面,横截面上只存在一种应力,即正应力 σ 或剪应力 τ。如轴向拉伸(压缩)杆件的危险截面就是横截面,横截面上只有正应力 σ 并且各点都相同,所以它就是强度计算的依据。受扭圆轴的危险截面也是横截面,这个横截面上只有剪应力 τ,但剪应力的大小各点不同,最外边缘剪应力最大,是危险点,所以就以它作为强度计算的依据,对于受弯曲的直梁,危险截面一般也是横截面,但横截面上却同时存在着两种应力,既有正应力 σ 又有剪应力 τ,危险点也分别在不同位置。而一般受力复杂的组合变形杆件,最大应力并不一定发生在横截面上,且截面上危险点也都是同时存在着两种应力 σ 和 τ 的。对这样一些杆件进行强度计算,就必须对受力杆件内任一点在各个不同方位截面上受力的变化情况作进一步分析。

一、点的应力状态概念

研究杆内一点的应力,是以围绕该点的微小正六面体来研究的。微小正六面体的边长取无限小,所以它的极限就是一个点。这个微小正六面体称为单元体。单元体的截取方位可按研究的需要而不同,一般以其中一对平行平面与杆件的横截面平行,另一对平行平面与水平面平行,那末第三对平行平面就必定与纵向铅直面平行。作用在这三对平行平面上的应力是各不相同的。

单元体截取方位不同,应力也不相同,但只要知道了某一方位时的单元体三个面上的应力后,其它方位时的单元体三个方面上的应力,都可以通过相互关系求得。

单元体一对平行平面上的应力严格地讲是不相同的,同一平面上的应力也不是均匀分布的,但由于单元体的边长是无限小,所以可将每个面上的应力当作均匀分布,每对平行平面上的应力当作是相同的。

按照变形固体均匀连续和各向同性的假设,单元体的力学性质和整个杆件的力学性质可以认为是完全相同的。

围绕一点所取单元体各方位截面上的应力情况称为一点(处)的应力状态,对于单元体各方位截面上应力变化规律的研究称为应力状态理论。图 9 - 1a 表示轴向拉伸杆件内一点 A 的应力状态。图 9 - 1b 表示轴向压缩杆件内一点 A' 的应力状态。图 9 - 2 表示受扭圆轴表面上一点 B 的应力状态。图 9 - 3 表示受弯曲的梁表面上两点 C 与 C',杆内两点 D 与 D';以及中性轴上两点 E 与 E' 的应力状态。这些点的单元体都是按横截面、水平面和纵向铅直截面截取出来的。

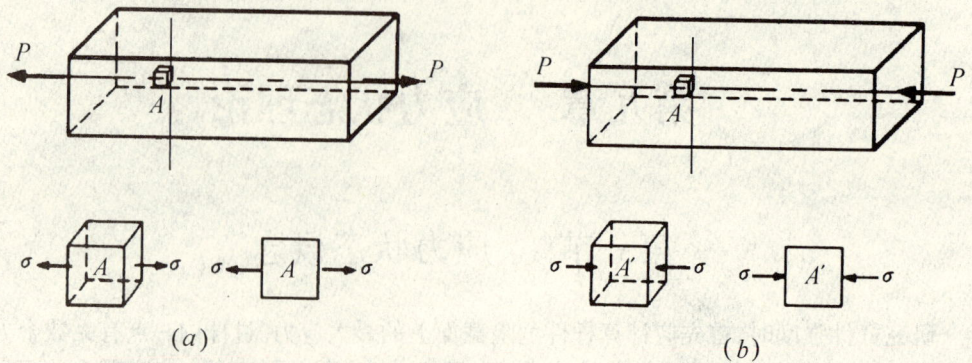

(a) (b)

图 9 – 1

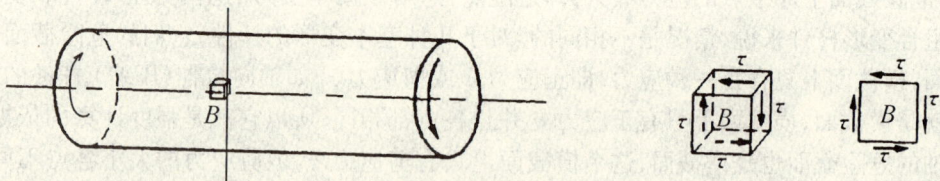

图 9 – 2

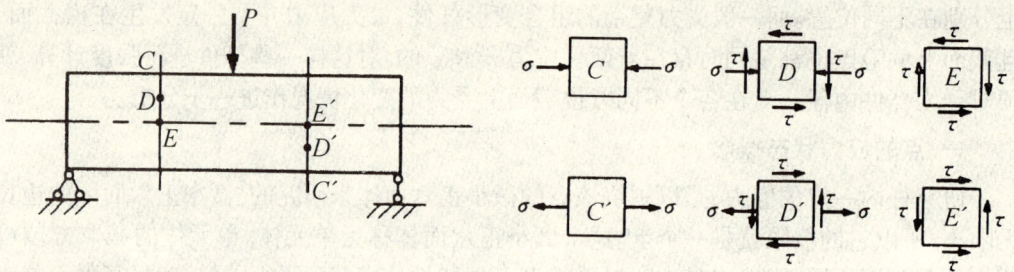

图 9 – 3

二、主平面和主应力

从图 9 – 1、9 – 2、9 – 3 中可以看到,有的单元体的平面上只有正应力而没有剪应力($\tau = 0$),这种只有正应力而没有剪应力的平面称为主平面,作用在主平面上的正应力称为主应力。在图 9 – 1a 中的 A 点,图 9 – 1b 中的 A' 点和图 9 – 2 中的 B 点的单元体上,平行于纸面的一对平行平面上的剪应力也为零,所以也是主平面,只不过这个主平面上的主应力为零。因此,一个单元体共有三对主平面和三对主应力存在。在应力状态理论中把三对主应力都不为零的单元体的应力状态称为三向应力状态,如图 9 – 4a 所示。把两对主应力不为零的单元体的应力状态称为双向应力状态,如图 9 – 4c 所示。把只有一对主应力不为零的单元体的应力状态称为单向应力状态,如图 9 – 4e 所示。单向应力状态是简单应力状态,双向应力状态和三向应力状态属复杂应力状态。单向应力状态和双向应力状态的单元体中,平行纸面的一对主平面上的主应力为零,故又统称为平面应力状态,如图 9 – 4c、e 所示,而把单向应力状态作为双向应力状态的一个特殊情况。本章主要研究平面应力状态。

在单元体的三对主应力中,按它们代数值的大小依次用 σ_1、σ_2、σ_3、表示,即 $\sigma_1 > \sigma_2 >$

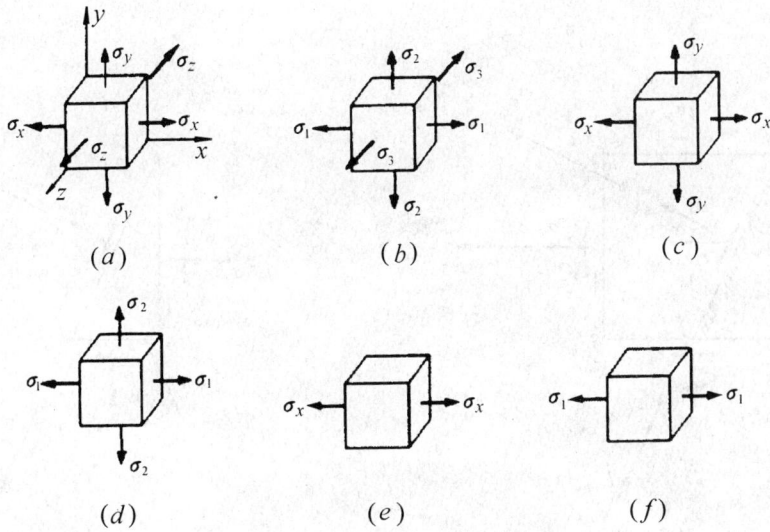

$$(a) \qquad\qquad (b) \qquad\qquad (c)$$

$$(d) \qquad\qquad (e) \qquad\qquad (f)$$

图 9 – 4

σ_3。在图 9 – 4a 的单元体中,如 $\sigma_x > \sigma_y > \sigma_z$,则 $\sigma_1 = \sigma_x$、$\sigma_2 = \sigma_y$、$\sigma_3 = \sigma_z$,如图 9 – 4b 所示。在图 9 – 4c 的单元体中,如 $\sigma_x > \sigma_y > 0$,则 $\sigma_1 = \sigma_x$,$\sigma_2 = \sigma_y$、$\sigma_3 = 0$;如图 9 – 1d 所示。在图 9 – 4e 的单元体中,如只有 σ_x,则 $\sigma_1 = \sigma_x$,$\sigma_2 = 0$,$\sigma_3 = 0$;如图 9 – 4f 所示。

图 9 – 1a 中单元体中的主应力大于零时,称为主拉应力;图 9 – 1b 中单元体 A' 的主应力小于零时,称为主压应力。

第二节　　平面一般应力状态的应力分析

工程中的受力杆件,常属于两个互相垂直方向的受力情况。从这类杆件中截取不同的单元体,它的两对平面上同时有正应力和剪应力存在,即有 σ_x、τ_x 和 σ_y、τ_y;其单元体的应力状态是平面一般应力状态。下面用数解的方法对平面一般应力状态进行分析。

一、斜截面上的应力

图 9 – 5a 为从杆件中取出的一个平面一般应力状态的单元体 $abcd$,各个面上的应力如图所示,且 $\sigma_x > \sigma_y > 0$。今研究与单元体 ab 平面成 a 角度的斜截面 ef 上的应力变化规律。

斜面 ef 把单元体截成两部分,取三棱柱体 aef 作隔离体,各个面上的应力如图 9 – 5b 所示。斜面 ef 的外法线与 x 轴成 α 角,α 角自 x 轴起逆时针转向为正。正应力 σ_a 与剪应力 τ_1 符号的规定与前相同,即 σ_a 以拉应力为正,τ_a 以使隔离体顺时针旋转为正,设斜面 ef 的面积为 dA,则平面 ae 的面积为 $dA\cos a$,平面 af 的面积为 $dA\sin a$。取斜面的外法线方向为 N 轴,切线方向为 T 轴,根据隔离体的平衡有:

$\Sigma N = 0 \quad \sigma_a dA - \sigma_x dA\cos a \cdot \cos\alpha + \tau_x dA\cos a \cdot \sin\alpha - \sigma_y dA\sin a \cdot \sin a + \tau_y dA\sin a \cdot \cos a = 0$

$\Sigma T = 0 \quad \tau_a dA - \sigma_x dA\cos a \cdot \sin a - \tau_x dA\cos a \cdot \cos a + \sigma_y dA\sin a \cdot \cos a + \tau_y dA\sin a \cdot \sin a = 0$

根据剪应力互等定律,τ_x 与 τ_y 数值相等,上式中在数值上 $\tau_x = \tau_y = \tau$,于是

$$\sigma_a = \sigma_x\cos^2 a + \sigma_y\sin^2 a - 2\tau_x\sin a\cos a$$

· 199 ·

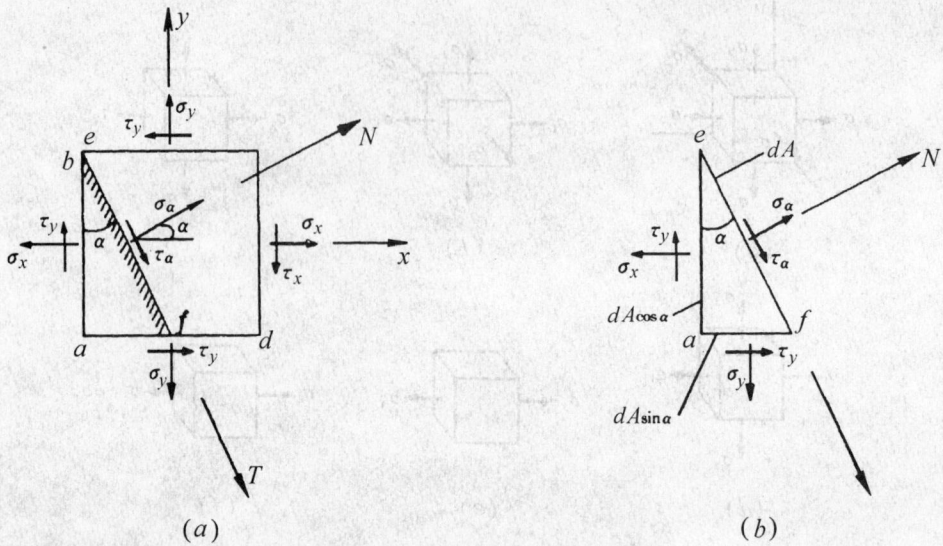

$$(a) \qquad\qquad (b)$$

图 9 - 5

$$= \sigma_x \frac{1 + \cos 2a}{2} + \sigma_y \frac{1 - \cos 2a}{2} - \tau_x \sin 2a$$

$$= \frac{\sigma_x + \sigma_y}{2} + \frac{\sigma_x - \sigma_y}{2} \cos 2a - \tau_x \sin 2a \qquad (9-1)$$

$$\tau_a = \sigma_x \cos a \sin a - \sigma_y \cos a \sin a + \tau_x (\cos^2 a - \sin^2 a)$$

$$= \frac{\sigma_x - \sigma_y}{2} \sin 2a + \tau_x \cos 2a \qquad (9-2)$$

公式 (9 - 1)、(9 - 2) 表达了平面一般应力状态下任意斜截面上应力变化的规律,显示了斜截面上的应力 σ_a、τ_a 与横截面上的已知应力 σ_x、σ_y 和 τ 之间的关系。当斜面 ef 的方位随倾斜角 a 变化时,斜面上的应力 σ_a、τ_a 也随之变化。

与斜面 ef 成垂直的另一斜面 eh 的外法线与 x 轴的夹角为 $\beta = a \pm 90°$ (图 9 - 6),将 $\beta = a \pm 90°$ 代替公式 (9 - 1)、(9 - 2) 中的 a,则与 ef 斜面成垂直的 eh 斜面上的应力为:

图 9 - 6

$$\sigma_\beta = \frac{\sigma_x + \sigma_y}{2} + \frac{\sigma_x - \sigma_y}{2} \cos 2(a \pm 90°) - \tau_x \sin 2(a \pm 90°)$$

$$= \frac{\sigma_x + \sigma_y}{2} + \frac{\sigma_x - \sigma_y}{2} \cos(2\alpha \pm 180°) - \tau_x \sin(2\alpha \pm 180°)$$

$$= \frac{\sigma_x + \sigma_y}{2} - \frac{\sigma_x - \sigma_y}{2} \cos 2a + \tau_x \sin 2a \qquad (9-3)$$

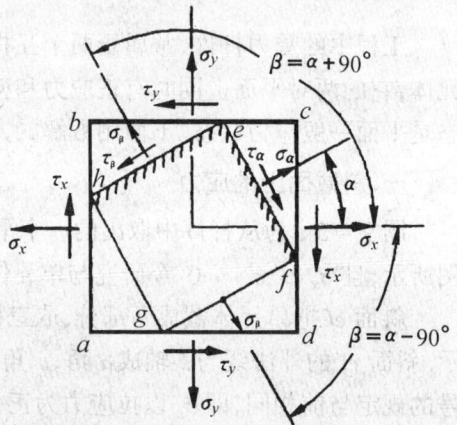

$$\tau_\beta = \frac{\sigma_x - \sigma_y}{2}\sin 2(a \pm 90°) + \tau_x\cos 2(a \pm 90°)$$

$$= \frac{\sigma_x - \sigma_y}{2}\sin(2a \pm 180°) + \tau_x\cos(2a \pm 180°)$$

$$= -\frac{\sigma_x - \sigma_y}{2}\sin 2a - \tau_x\cos 2a \qquad (9-4)$$

比较公式(9 – 1)、(9 – 2)、(9 – 3)、(9 – 4)可知：

$$\sigma_a + \sigma_\beta = \sigma_x + \sigma_y \qquad\qquad (a)$$

$$\tau = -\tau_\beta \qquad\qquad (b)$$

(a)式表示在任意两个互相垂直的平面上的正应力和为一常数，(b)式则证明了剪应力互等定律。

例 9 – 1　图 9 – 7a 为某杆件内一点的应力单元体，已知 $\sigma_x = 12MPa$，$\tau_x = -18MPa$。请求：$a = 45°$ 和 $\beta = 135°$ 斜截面上的应力。

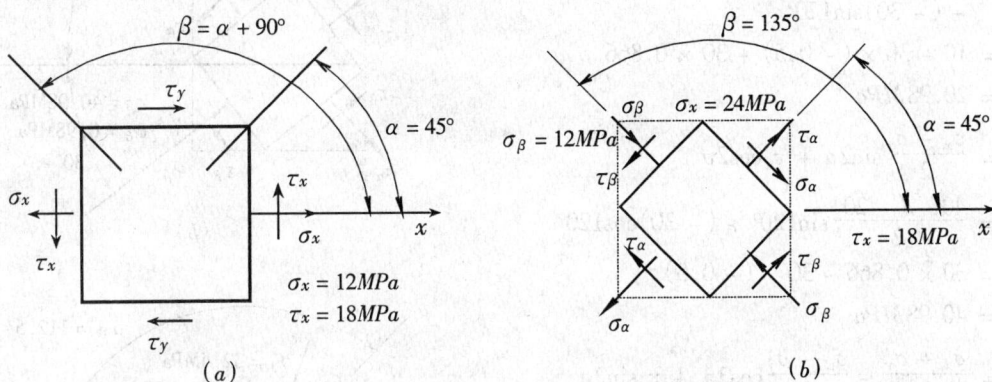

图 10 – 7

[解]：本题 $\sigma_y = 0$，为单向应力状态。将 σ_x 及 τ_x 的值分别代入公式(9 – 1)、(9 – 2)、(9 – 3)、(9 – 4)可得；

$$\sigma_a = \frac{\sigma_x + \sigma_y}{2} + \frac{\sigma_x - \sigma_y}{2}\cos 2a - \tau_x\sin 2a$$

$$= \frac{12}{2} + \frac{12}{2}\cos 90° - (-18)\sin 90° = 6 + 18 = 24MPa$$

$$\tau_a = \frac{\sigma_x - \sigma_y}{2}\sin 2a + \tau_x\cos 2a$$

$$= \frac{12}{2}\sin 90° + (-8)\cos 90° = 6MPa$$

$$\sigma_\beta = \frac{\sigma_x + \sigma_y}{2} - \frac{\sigma_x - \sigma_y}{2}\cos 2a + \tau_x\sin 2a$$

$$= \frac{12}{2} - \frac{12}{2}\cos 90° + (-18)\sin 90° = 6 - 18 = -12MPa$$

$$\tau_\beta = -\frac{\sigma_x - \sigma_y}{2}\sin 2a - \tau_x\cos 2a$$

$$= -\frac{12}{2}\sin 90° - (-18)\cos 90° = -6MPa$$

绘应力单元体图如图 9 – 7b 所示。

从计算结果知 $\sigma_a + \sigma_\beta = 24 - 12 = 12MPa = \sigma_x + \sigma_y$, $\tau_a = -\tau_\beta = -(-6MPa) = 6MPa$ 符合 (a)、(b) 二式。

例 9-2 从受力杆件中取出的单元体,其应力如图 9-8a 所示。试求 $a = 60°$ 和 $\beta = -30°$ 斜截面上的应力。

[解]:本题 $\sigma_x = 40MPa$,$\sigma_y = -20MPa$,为平面一般应力状态,将 σ_x、σ_y、τ_x、τ_y 诸值代入公式(9-1)、(9-2)、(9-3)、(9-4) 得:

$$\sigma_a = \frac{\sigma_x + \sigma_y}{2} + \frac{\sigma_x - \sigma_y}{2}\cos 2a - \tau_x \sin 2a$$

$$= \frac{40 + (-20)}{2} + \frac{40 - (-20)}{2}\cos 120°$$

$$- (-30)\sin 120°$$

$$= 10 + 30 \times (-0.5) + 30 \times 0.866$$

$$= 20.98MPa$$

$$\tau_a = \frac{\sigma_x - \sigma_y}{2}\sin 2a + \tau_x \cos 2a$$

$$= \frac{40 - (-20)}{2}\sin 120° + (-30)\cos 120°$$

$$= 30 \times 0.866 - 30 \times (-0.5)$$

$$= 40.98MPa$$

$$\sigma_\beta = \frac{\sigma_x + \sigma_y}{2} - \frac{\sigma_x - \sigma_y}{2}\cos 2a + \tau_x \sin 2a$$

$$= \frac{40 + (-20)}{2} - \frac{40 - (-20)}{2}\cos 120°$$

$$+ (-30)\sin 120°$$

$$= 9 - 30 \times (-0.5) - 30 \times 0.866$$

$$= -0.98MPa$$

$$\tau_\beta = -\frac{\sigma_x - \sigma_y}{2}\sin 2a - \tau_x \cos 2a$$

$$= -\frac{40 - (-20)}{2}\sin 120° - (-30)\cos 120°$$

$$= -30 \times 0.866 + 30 \times (-0.5)$$

$$= -40.98MPa$$

绘应力单元体图如图 9-8b 所示。

从计算结果 $\sigma_a + \sigma_\beta = 20.98 - 0.98 = 20MPa = \sigma_x + \sigma_y = 40 - 20 = 20MPa$,$\tau_a = -\tau_\beta = -(-40.98MPa) = 40.98MPa$,符合 (a)、(b) 二式。

二、正应力的极值

如上所述,斜截面上的应力 σ_a 与 τ_a 的大小随斜面 ef 的倾斜角 a 而变化,那末在无数个不同倾斜角 a 的斜截面上的应力连续变化的过程中,必然有它的最大值和最小值。为了求得这个极值,可用求导数的方法。将公式(9-1),中的 σ_a 对 a 求导数,可以求得任意斜截面上正应

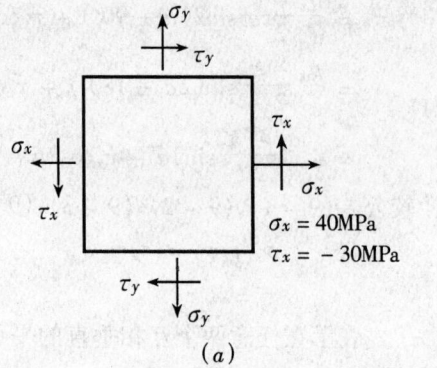

$\sigma_x = 40MPa$
$\tau_x = -30MPa$

(a)

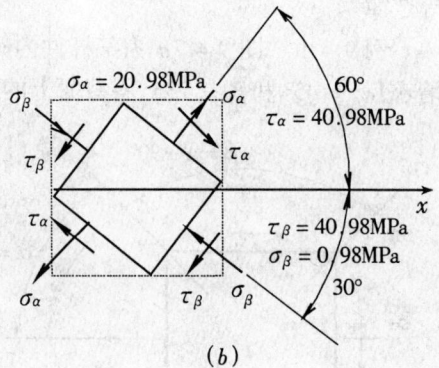

$\sigma_a = 20.98MPa$
$\tau_a = 40.98MPa$
$60°$
$\tau_\beta = 40.98MPa$
$\sigma_\beta = 0.98MPa$
$30°$

(b)

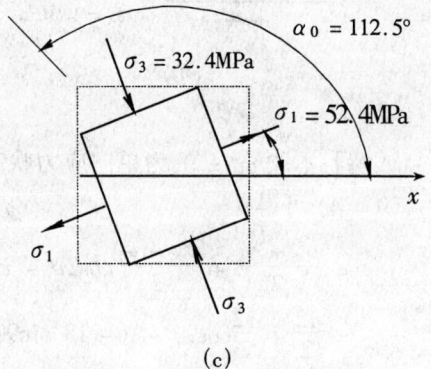

$a_0 = 112.5°$
$\sigma_3 = 32.4MPa$
$\sigma_1 = 52.4MPa$

(c)

图 10-8

力 σ_a 的极值及其所在截面的方位 a_o。

$$\frac{d\sigma_a}{d_a} = -(\sigma_x - \sigma_y)\sin2a$$
$$-2\tau_x\cos2a$$

如 $\alpha = \alpha_0$ 时,正应力有极值,则有

$$\frac{d\sigma_a}{d_a} = 0,$$

$$-(\sigma_x - \sigma_y)\sin2a_0 - 2\tau_x\cos2a_0 = 0 \qquad (c)$$

$$\text{tg}2a_0 = \frac{-2\tau_x}{\sigma_x - \sigma_y} \qquad (9-5)$$

公式 $(9-5)$ 就是 σ_a 的极值所在截面的方位,将 α_0 代入公式 $(9-1)$,即可求得 σ_a 的极值。由于 $\text{tg}2(\alpha_0 + 90°) = \text{tg}(180° + 2a_0) = \text{tg}2a_0$,故知 a_0 和 $a_0' + 90°$ 均能满足公式 $(9-5)$。这说明在双向应力状态下,正应力有两个极值 σ_{max} 与 σ_{min},并且二者所在的截面互相垂

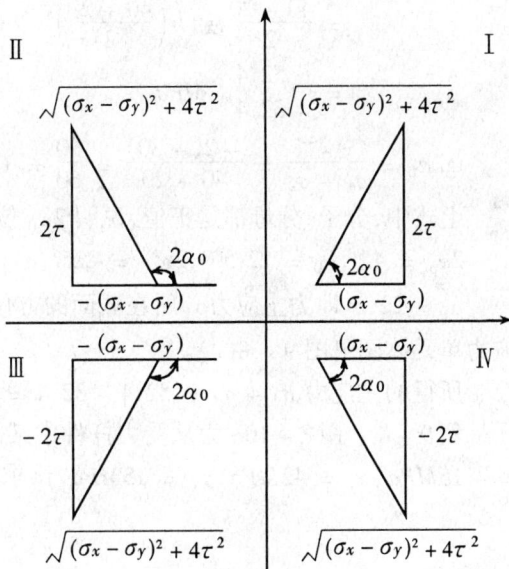

图 10-9

直。求这两个极值时,根据公式 $(9-5)$ 由图 9-9(Ⅳ) 知:

$$\sin2a_0 = -2\tau/\sqrt{(\sigma_x - \sigma_y)^2 + 4\tau^2}, \qquad \cos2a_0 = \frac{\sigma_x - \sigma_y}{\sqrt{(\sigma_x - \sigma_y)^2 + 4\tau^2}}$$

代入公式 $(9-1)$,于是有

$$\sigma_3^1 = \sigma_{min}^{max} = \frac{\sigma_x + \sigma_y}{2} + \frac{(\sigma_x - \sigma_y)^2}{2\sqrt{(\sigma_x - \sigma_y)^2 + 4\tau_x^2}} - \frac{2\tau_x^2}{\sqrt{(\sigma_x - \sigma_y)^2 + 4\tau_x^2}}$$

$$= \frac{\sigma_x + \sigma_y}{2} + \frac{(\sigma_x - \sigma_y)^2 + 4\tau_x^2}{2\sqrt{(\sigma_x - \sigma_y)^2 + 4\tau_x^2}}$$

$$= \frac{\sigma_x + \sigma_y}{2} \pm \frac{1}{2}\sqrt{(\sigma_x - \sigma_y)^2 + 4\tau_x^2}$$

$$= \frac{\sigma_x + \sigma_y}{2} \pm \sqrt{\left(\frac{\sigma_x - \sigma_y}{2}\right)^2 + \tau_x^2} \qquad (9-6)$$

比较 (c) 式和公式 $(9-2)$ 可知,正应力为极值的截面恰为剪应力等于零的主平面。由此得知,主应力就是正应力的极值。

由公式 $(9-6)$ 知,

$$\sigma_1 + \sigma_3 = \sigma_{max} + \sigma_{min} = \sigma_x + \sigma_y$$

这就说明了 (a) 式表示的"任意两个互相垂直的平面上的正应力之和为一常数",这个常数就是两个主应力之和。

例 9-3 求例 9-2 所给单元体的主应力的大小及其所在截面的方位。

[解]:求主应力的大小及其所在截面的方位时,可将已知各值代入 $(9-5)$、$(9-6)$ 式即得:

$$\sigma_3^1 = \sigma_{min}^{max} = \frac{\sigma_x + \sigma_y}{2} \pm \sqrt{\left(\frac{\sigma_x - \sigma_y}{2}\right)^2 + \tau_x^2}$$

$$= \frac{40 - 20}{2} \pm \sqrt{\left(\frac{40 + 20}{2}\right)^2 + (-30)^2}$$

$$= \begin{matrix} 52.4 \\ -32.4 \end{matrix} MPa$$

$$tg2a_0 = \frac{-2\tau_x}{\sigma_x - \sigma_y} = \frac{-2(-30)}{40 + 20} = \frac{60}{60} = 1$$

上式中,分子、分母都是正值,说明 $2\alpha_0$ 位于第一象限,$2\alpha_0'$ 位于第三象限,所以有

$$2\alpha_0 = 45°, \alpha_0 = 22.50°; 2\alpha_0' = 225°, \alpha_0' = 112.5°$$

$\alpha_0 = 22.5°$ 即为主应力 σ_1 所在截面的方位,$\alpha_0' = 112.5°$ 则为主应力 σ_3 所在截面的方位。应力单元体图见图 9 – 8(c)。

所得的主应力 $\sigma_1 + \sigma_3 = 52.4 - 32.4 = 20MPa = \sigma_x + \sigma_y$ 符合(d)式。

例9 – 4 图 8 – 10a 为从受力杆件中某点截取出的应力单元体,已知 $\sigma_x = -18MPa$,$\tau_x = -15MPa$,$\sigma_y = 42MPa$,$\tau_y = 15MPa$。试求主应力的大小及其所在截面的方位。

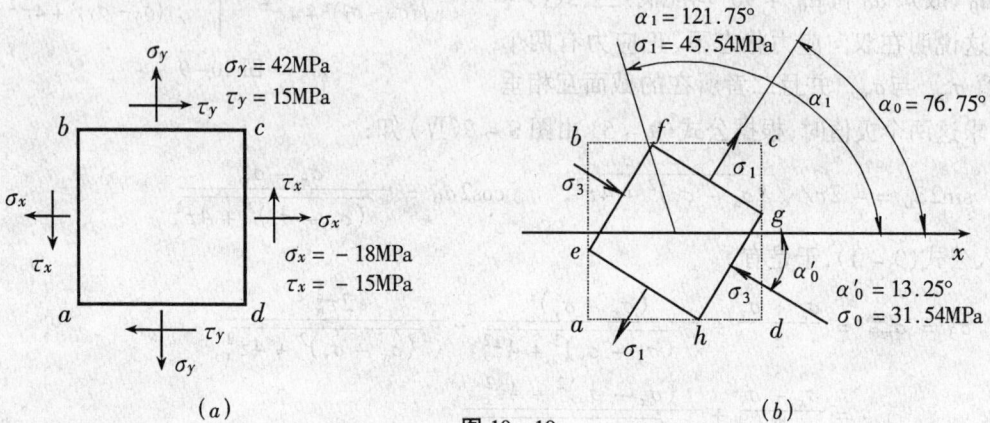

图 10 – 10

[**解**]:将已知各值代入(9 – 5)、(9 – 6)式求得

$$\sigma_3^1 = \sigma_{min}^{max} = \frac{\sigma_x + \sigma_y}{2} \pm \sqrt{\left(\frac{\sigma_x - \sigma_y}{2}\right)^2 + \tau_x^2}$$

$$= \frac{-18 + 42}{2} + \sqrt{\left(\frac{-18 + 42}{2}\right)^2 + 15^2}$$

$$= \begin{matrix} 45.54 \\ -21.54 \end{matrix} MPa$$

$$tg2a_0 = \frac{-2\tau_x}{\sigma_x - \sigma_y} = \frac{-2(-15)}{-18 - 42} = \frac{30}{-60} = -\frac{1}{2}$$

上式中分子为正值,分母为负值,可见 $2a_0$ 位于第二象限,$2a_0'$ 位于第四象限,于是有:

$2a_0 = 153.5°, a_0 = 76.75°; 2a_0' = -26.5°, a_0' = -13.25°, a_0 = 76.75°$ 即为主应力 σ_1 所在截面的方位,$a_0' = -13.25°$ 则为主应力 σ_3 所在截面的方位。应力单元体见图 9 – 10b。

$\sigma_1 + \sigma_3 = 45.54 - 21.54 = 24MPa = \sigma_x + \sigma_y = -18 + 42$,符合(d)式。

三、剪应力的极值

同样,将公式(9 – 2)中的 τ_a 对 α 求导数,可以求得任意斜截面上剪应力 τ_a 的极值及其

所在截面的方位 a_1。

$$\frac{d\tau_a}{d\alpha} = (\sigma_x - \sigma_y)\cos 2a - 2\tau_x \sin 2a$$

如 $\alpha = \alpha_1$ 时剪应力有极值,则有 $\frac{d\tau_a}{d\alpha} = 0$,即

$$(\sigma_x - \sigma_y)\cos 2a_1 - 2\tau_x \sin 2a_1 = 0 \qquad (e)$$

$$\text{tg} 2a_1 = \frac{\sigma_x - \sigma_y}{2\tau_x} \qquad (9-7)$$

公式(9 - 7)就是 τ_a 的极值所在截面的方位,并且 α_1 和 $\alpha'_1 = \alpha_1 + 90°$ 均能满足公式(9 - 7)。可见在双向应力状态下,剪应力也有两个极值 τ_{max} 与 τ_{min},二者所在截面互相垂直 α_1 为 τ_{max} 所在截面方位,α'_1 为 τ_{min} 所在截面方位。求这两个极值时,根据公式(9 - 7)由图9 - 9(I)知

$$\sin 2a_1 = \frac{\sigma_x - \sigma_y}{\sqrt{(\sigma_x - \sigma_y)^2 + 4\tau^2}}, \qquad \cos 2a_1 = \frac{2\tau}{\sqrt{(\sigma_x - \sigma_y)^2 + 4\tau^2}}$$

代入公式(9 - 2),于是

$$\tau_{min}^{max} = \pm \frac{1}{2} = \sqrt{(\sigma_x - \sigma_y)^2 + 4\tau_x^2} = \pm \sqrt{\left(\frac{\sigma_x - \sigma_y}{2}\right) + \tau^2} \qquad (9-8)$$

比较公式(9 - 5)和(9 - 7)知

$$\text{tg} 2\alpha_1 = -\cot 2\alpha_0 = \text{tg}(2\alpha_0 + 90°)$$

$$\alpha_1 = a_0 + 45° \qquad (f)$$

(f)式说明剪应力极值所在平面与正应力极值所在平面(即主平面)的夹角为45°。由公式(9 - 6)及(9 - 8)知

$$\frac{\sigma_1 - \sigma_3}{2} = \frac{\sigma_{max} - \sigma_{min}}{2} = \pm \sqrt{\left(\frac{\sigma_x - \sigma_y}{2}\right)^2 + \tau_x^2} = \tau_{min}^{max} \qquad (9-9)$$

(9 - 9)式表明在双向应力状态下,最大剪应力的数值等于最大主应力与最小主应力之差的一半。

最大剪应力也称为主剪应力。

例9 - 5 求例9 - 4所给单元体的主剪应力的大小及其所在截面的方位。

[解]:求主剪应力时,将已知各值代入公式(9 - 8),即得:

$$\tau_{min}^{max} = \pm \sqrt{\left(\frac{\sigma_x - \sigma_y}{2}\right)^2 + \tau_x^2} = \pm \sqrt{\left(\frac{-18 - 42}{2}\right)^2 + 15^2} = \pm 33.54 MPa$$

主剪应力亦可由(9 - 9)式算得

$$\tau_{min}^{max} = \pm \frac{\sigma_{max} - \sigma_{min}}{2} = \pm \frac{45.54 - (-21.54)}{2} = \pm 33.54 MPa$$

$$\text{tg} 2a_1 = \frac{\sigma_x - \sigma_y}{2\tau_x} = \frac{-18 - 42}{2(-15)} = \frac{-60}{-30} = 2$$

上式中分子分母均为负值,可见 $2\alpha_1$ 位于第三象限,于是有

$$2\alpha_1 = 243.5°, \quad \alpha_1 = 121.75°$$

$\alpha_1 = 121.75°$ 即为最大剪应力所在截面的方位,最大剪应力所在平面 $\alpha_1 = 121.75°$ 与主应力 σ_1 所在平面 $\alpha_0 = 76.75°$ 所成夹角恰好为45°。最小剪应力所在平面 $\alpha'_1 = \alpha_1 + 90° = 211.75°$

四、纯剪切应力状态单元体斜截面上的应力

平面应力状态的单元体的各个平面上若只有剪应力而没有正应力时，称为纯剪切应力状态，如图 9 - 2 的单元体 B 和图 9 - 3 的单元体 E 与 E'。纯剪切也是双向应力状态。

图 9 - 11 为一个纯剪应力状态的单元体，今研究与单元体 ab 平面成 α 角的斜截面 ef 上的应力。

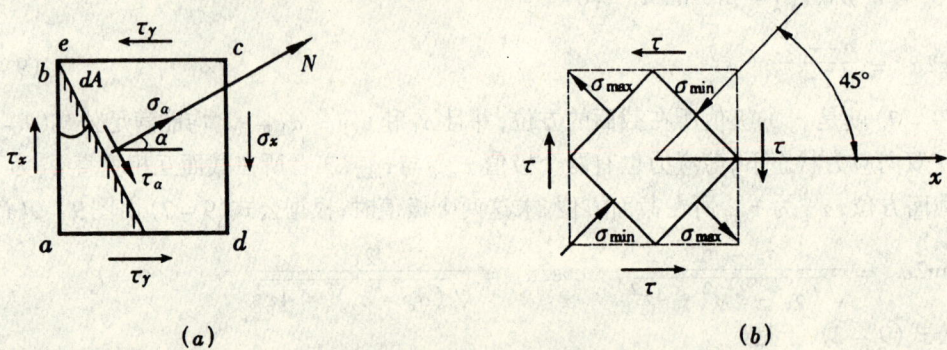

图 9 - 11

如前所述，仍取斜面的外法线方向为 N 轴，切线方向为 T 轴，根据隔离体 aef 有平衡，有

$$\Sigma N = 0 \qquad \sigma_a dA + \tau_x dA \cos\alpha \cdot \sin\alpha + \tau_y dA \sin\alpha \cdot \cos\alpha = 0$$

$$\Sigma T = 0 \qquad \tau_a dA - \tau_x dA \cos\alpha \cdot \cos\alpha + \tau_y dA \sin\alpha \cdot \sin\alpha = 0$$

由于 $\tau_x = \tau_y = \tau$，于是

$$\sigma_a = -\tau_x \sin 2\alpha \qquad\qquad (9 - 10)$$

$$\tau_a = \tau_x \cos 2\alpha \qquad\qquad (9 - 11)$$

公式 (9 - 10)、(9 - 11) 即为纯剪切应力状态单元体任意斜截面上应力的计算式。它们也都是随斜截面的倾斜角 α 的改变而变化的。在不断变化的过程中，σ_a 及 τ_a 也必然出现极值。求它们的极值时，取

$$\frac{d\sigma_a}{d\alpha} = -2\tau_x \cos 2\alpha = 0$$

$$2\alpha = \pm 90°, \alpha = \pm 45°$$

$$\alpha = -45° \qquad \sigma_a = \sigma_{max} = \tau$$

$$\alpha = 45° \qquad \sigma_a = \sigma_{min} = -\tau$$

当 σ_a 为极值即 $\alpha = \pm 45°$ 时，由公式 (9 - 11) τ_a 正好等于零，说明 $\alpha = \pm 45°$ 的平面即为主平面，σ_{max}、σ_{min} 即为主应力 σ_1、σ_3 并等于 $\pm \tau$。

$$\frac{d\tau_a}{d\alpha} = -2\tau \sin 2\alpha = 0$$

$$2\alpha = 0°, 180°, \alpha = 0°、90°$$

$$\alpha = 0° \qquad \tau_a = \tau$$

$$\alpha = 90° \qquad \tau_a = -\tau$$

说明 $\alpha = 0°$、$90°$ 的平面上的剪应力有极值，由公式 (9 - 10) σ_a 正好等于零。据此可知，图 9 - 8 所示纯剪切应力状态单元体即是最大和最小剪应力所在位置。

第三节 梁的主应力及主应力迹线

对受弯曲的梁作强度校核时,正应力的强度条件是根据危险截面最外边缘处的正应力建立的。此点的正应力最大,但剪应力却为零。剪应力的强度条件是根据危险截面上中性轴处的剪应力建立的,此点剪应力最大但正应力又为零。这两个强度条件都是只考虑正应力或剪应力单独作用对强度的影响,而没有考虑正应力和剪应力同时作用对强度的影响。实际上,上下边缘处和中性轴只是截面上的几个特殊点,截面上其它大量的点都是正应力和剪应力同时作用的,属于平面一般应力状态,其中某些点就可能产生不容忽视的影响。如图 9 – 12 所示的钢筋混凝土梁,在荷载作用

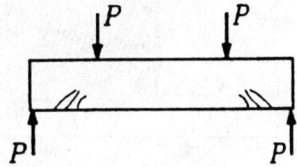

图 9 – 12

下,如强度不够,在端部就会出现如图所示的斜向裂缝。由于裂缝的方向是倾斜的,这就说明它不是单纯由于横截面上的正应力引起的,而是由于斜截面上正应力的极值 σ_{max} 即主应力 σ_1 在其作用面上引起的。为此,必须对梁内任意一点的主应力进行计算。

一、梁的主应力

图 9 – 13a 为一受弯曲的梁,承受任意荷载的作用,在任意横截面 $m – m$ 上取出五个应力单元体 a、b、c、d、e。a、e 两个单元体位于梁的上下边缘,它们的 x 面上只有正应力 σ_a、σ_e,而没有剪应力,处于单向应力状态。σ_a 就是 a 点的主应力 σ_3,σ_e 就是 e 点的主应力 σ_1。单元体 c 位于中性轴上,它的 x 面上只有剪应力 τ_c 而没有正应力,处于纯剪切状态,c 点的主应力 σ_1 $= \tau_c$。b、d 两个单元体位于中性轴与上、下边缘之间,它们的 x 面上既有正应力又有剪应力 (σ_b、τ_b 及 σ_d、τ_d),处于平面一般应力状态。

各单元体 x 面上的正应力及剪应力可由下式计算:

$$\sigma_x = \sigma_i = \frac{M}{I}y_i, \tau_x = \tau_i = \frac{Q}{Ib}S_i$$

单元体 y 面上的正应力 $\sigma_y = 0$,剪应力 $\tau_y = -\tau_x$。

算出各点的正应力及剪应力后,代入公式(9 – 5)、(9 – 6),即可求得各点主应力的大小及主平面的方位。

$$\begin{cases} \sigma_3^1 = \sigma_{min}^{max} = \frac{\sigma_x}{2} \pm \sqrt{\left(\frac{\sigma_x}{2}\right)^2 + \tau_x^2} \\ \sigma_2 = 0 \end{cases} \qquad (9 – 12)$$

$$\text{tg}2a_0 = \frac{-2\tau_x}{\sigma_x} \qquad (9 – 13)$$

各单元体的应力单元体图见图 9 – 13(e)。

算出主应力以后,就可以根据主应力对梁进行全面的强度校核。

例 9 – 6 简支梁的荷载如图 9 – 14(a)所示,已知材料的许用应力$[\sigma] = 160MPa$,$[\tau] = 100MPa$。试选择工字钢梁的截面,并对梁进行全面的强度校核。

[解]:

(1) 计算最大弯矩和最大剪力

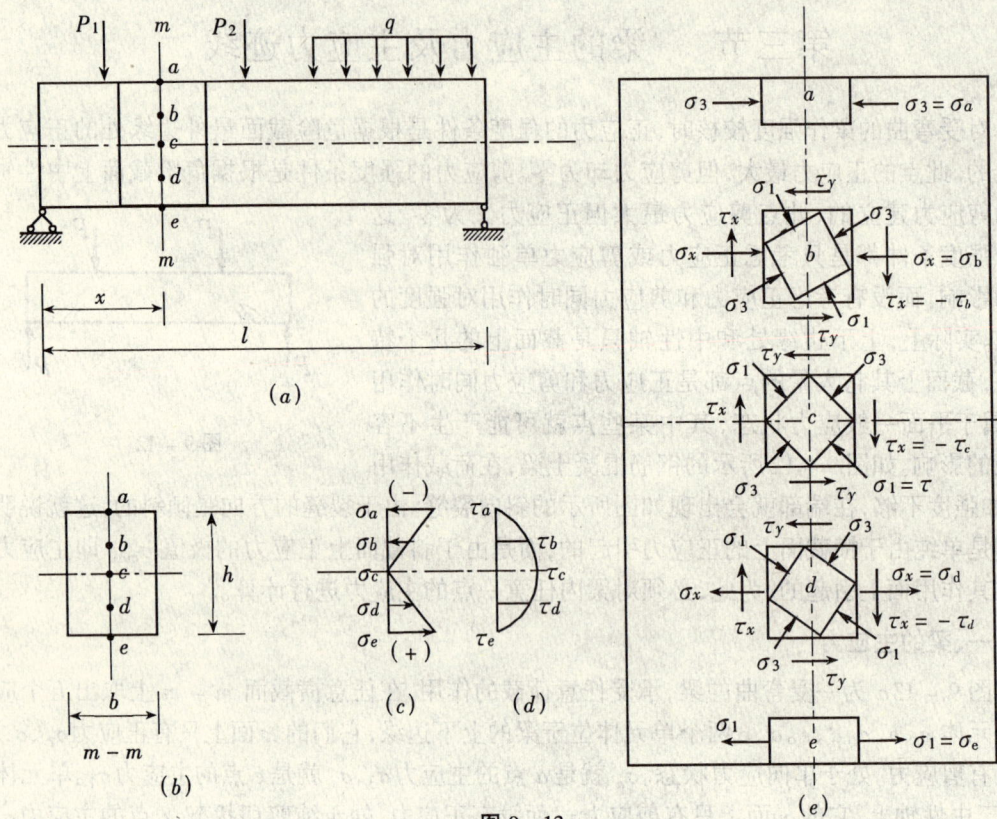

图 9 – 13

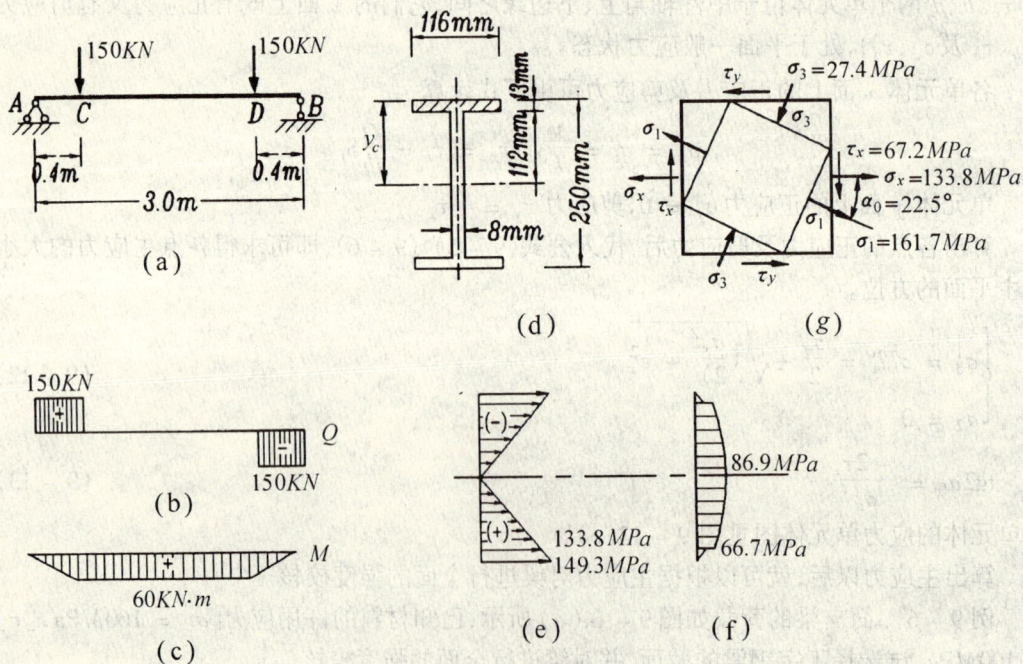

图 9 – 14

绘出梁的剪力图和弯矩图如图 9 - 14b、c。由此得知,最大弯矩 $M_{max} = 60 kNm$,最大剪力 $Q_{max} = 150 kN$,且最大弯矩和最大剪力发生在同一横截面,即 C 稍左截面及 D 稍右截面。据此,即可进行截面的选择及应力校核。

(2) 截面选择

根据最大弯矩 $M_{max} = 60 kNm$ 选择工字钢截面,需要的截面模量 W_z 为:

$$W_Z = \frac{M_{max}}{[\sigma]} = \frac{60 \times 10^3}{160 \times 10^6} = 375 \times 10^{-6} m^3 = 375 cm^3$$

查附录 A Ⅱ 型钢表,选用 $No.25a$ 工字钢,并提供以下各数据:

$$h = 250 mm, b = 116 mm, t = 13 mm, d = 8 mm,$$

$$W_Z = 401.88 cm^3, I_Z = 5023.54 cm^4, \frac{I_Z}{S_Z} = 21.58 cm$$

(3) 校核正应力强度及剪应力强度

截面最外边缘处的正应力最大,其值为:

$$\sigma_{max} = \frac{M_{max}}{W_Z} = \frac{60 \times 10^3}{401.88 \times 10^{-6}} = 149.3 \times 10^6 N/m^2 = 149.3 MPa < [\sigma]$$

截面中性轴的剪应力最大,其值为:

$$\tau_{max} = \frac{Q_{max} \cdot S_Z}{I_Z \cdot d} = \frac{150 \times 10^5}{21.58 \times 8 \times 10^{-5}} = 86.89 \times 10^6 N/m^2 = 86.69 MPa < [\tau]$$

正应力强度和剪应力强度均符合要求。

(4) 校核主应力强度

计算主应力时,可将工字钢截面简化为图 9 - 14d 的截面形式,这样便于计算,误差值也在许可范围之内,且偏于安全。绘出截面的正应力分布图及剪应力分布图如图(e)及(f)。腹板与翼缘交接处的正应力可按比例求得为:

$$\sigma = 149.4 \times \frac{11.2}{11.5} = 133.8 MPa < [\sigma]$$

腹板与翼缘交接处腹板上的剪应力为:

$$\tau = \frac{Q_{max} \cdot S_Z}{I_Z \cdot d} = \frac{150 \times 10^3 \times (116 \times 13)(\frac{13}{2} + 112) \times 10^{-7}}{\left[\frac{1}{12} \times 116 \times 250^3 - \frac{1}{12}(116 - 8)(2 \times 112)^3\right] \times 8 \times 10^{-15}}$$

$$= 67.2 \times 10^6 N/m^2 = 67.2 MPa < [\tau]$$

由此可见,在截面上翼缘与腹板交接处腹板上的正应力与剪应力都有较大的数值,可能是个危险点,故应对此点的主应力进行校核,并绘出该点的应力单元体图,如图 9 - 14g。此单元体图反映了 C 点稍左的截面中下翼缘与腹板交接处腹板上的应力情况,$\sigma_x = 133.8 MPa$,$\sigma_y = 0$,$\tau_x = 67.2 MPa$,$\tau_y = -67.2 MPa$。将以上各值代入公式(9 - 12)、(9 - 13)得

$$\sigma_3^1 = \frac{133.8}{2} \pm \sqrt{\left(\frac{133.8}{2}\right)^2 + 67.2^2} = \begin{matrix} 161.7 \\ -27.9 \end{matrix} MPa \begin{matrix} > \\ < \end{matrix} [\sigma]$$

$$tg2a_0 = \frac{-2\tau_x}{\sigma_x} = \frac{-2 \times 67.2}{133.8} = -1.004$$

$$2\alpha_0 = -45° \qquad \alpha_0 = -22.5°$$

因 α_0 为负值,所以主应力 σ_1 作用面与 σ_x 作用面顺时针方向成 $22.5°$,应力单元体图见图 $9-14(g)$ 所示。

以上计算所得主拉应力 $\sigma_1 = 161.7MPa$,大于许用应力 $[\sigma] = 160MPa$,超过允许值只有 1%,所以梁还是安全的。

$$\frac{161.7}{160} \times 100 = 1.06\%,$$

通过上述计算,可见,梁上危险截面的危险点并不一定是在正应力最大的最外边缘,有时却在比最外边缘处正应力更大的主应力所在的地方;如工字钢梁的腹板与翼缘交接处的腹板上就是危险点,因为在这里,截面的宽度发生了突变,腹板的宽度大大地小于翼缘的宽度,剪应力发生突然加大。但对于矩形截面或圆形截面的梁来说,它们截面上的剪应力沿梁高度连续均匀变化的,所以不致于发生上述情况。

二、主应力迹线

若在梁内取若干横截面 $\cdots h-h, i-i, j-j, \cdots$ 取其中任一横截面 $i-i$ 与中性层的交

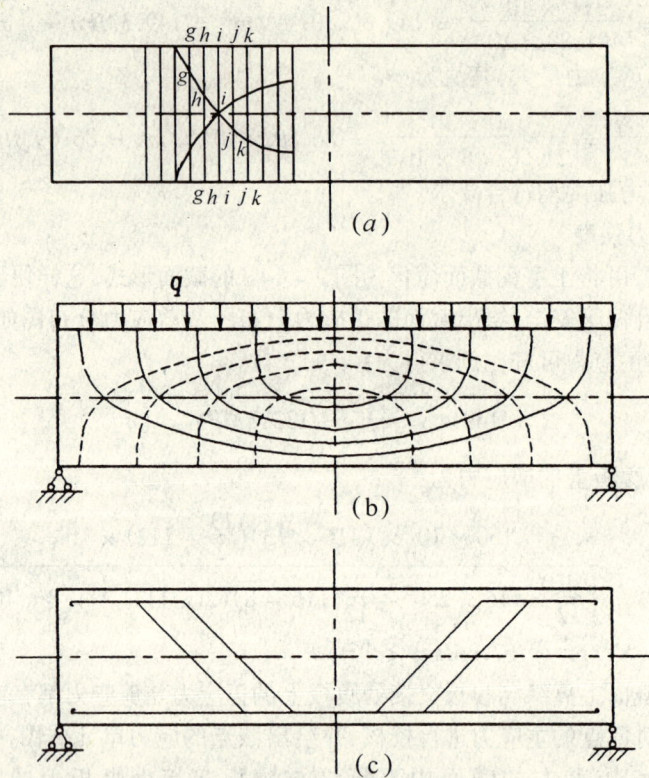

图 9 - 15

点 i,求出 i 点主拉应力 σ_1 及主压应力 σ_3 的方向。由于在中性层处单元体为纯剪切应力状态,两个主应力方向与水平及铅直方向均成 $45°$,而且互相垂直,所以 i 点主应力的方向是倾斜 $45°$。将主拉应力的方向线向两侧延长,与邻近横截面 $h-h$ 和 $j-j$ 相交得交点 h 及 j,并分别求出 h 点及 j 点主拉应力 σ_1 的方向。又分别把这两个方向线向各自两侧延长,并和各自的邻近横截面 $g-g$ 和 $k-k$ 相交得交点 g 及 k,$\cdots$ 如此不断的向两侧进行,便得到一根折线

…*ghijk*… 如图 9 – 15*a* 所示。如果截面取得很多，而且很接近，折线就变成一条光滑的曲线。这曲线上任一点的切线就是该点主拉应力 σ_1 的方向，这根曲线称为主拉应力迹线。同样从 *i* 点按 45° 的主压应力方向线开始，用同样步骤不断向两侧延伸，也可以得到一根折线。并同样可以成为一条曲线，称为主压应力迹线，一根梁可以画出很多条主拉应力迹线，如图 9 – 15*b* 中的实线，也可以画出很多条主压应力迹线如图 9 – 15*b* 中的虚线。因为单元体的主拉应力 σ_1 的方向与主压应力的方向总是垂直的，所以主拉应力迹线与主压应力迹线必定在中性层处正交，并且与中性层的倾角为 45°。在梁的上下边缘剪应力为零，所以主应力迹线在该处有水平或垂直的切线。

钢筋混凝土梁中，主拉应力会使混凝土沿主拉应力迹线方向受拉而产生裂缝，所以须在梁内根据需要按主拉应力迹线方向配置适应的钢筋如图 9 – 15(*c*) 所示。

第四节　广义虎克定律

在第五章中曾讨论过，在单向应力状态下，应力不超过比例极限时，应力与应变服从虎克定律。当单元体在 *x* 方向受 σ_x 作用时，沿 *x* 方向将产生伸长应变 ε_x 沿 *y*、*z* 两个方向产生缩短应变 ε_y、ε_z（图 9 – 15），它们的表达式是：

$$\varepsilon_x = \frac{\sigma_x}{E}$$

$$\varepsilon_y = -\mu\varepsilon_x = -\mu\frac{\varepsilon_x}{E}$$

$$\varepsilon_z = -\mu\varepsilon_x = -\mu\frac{\varepsilon_x}{E}$$

空间应力状态的单元体，在三对应力作用下，当应力在比例极限以内，其应变可看作是由各对主应力单独作用产生应变的叠加，如图 9 – 16 所示。

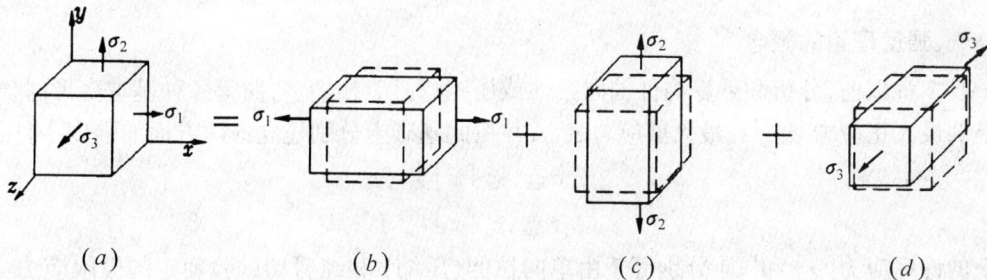

(*a*)　　　　　(*b*)　　　　　(*c*)　　　　　(*d*)

图 9 – 16

在 σ_1 单独作用下，单元体在 σ_1 方向的线应变为 $\frac{\sigma_1}{E}$，在 σ_2 和 σ_3 方向的线应变都是 $-\mu\frac{\sigma_1}{E}$。

在 σ_2 单独作用下，单元体在 σ_2 方向的线应变为 $\frac{\sigma_2}{E}$，在 σ_1 和 σ_2 主向的线应变都是 $-\mu\frac{\sigma_2}{E}$。

在 σ_3 单独作用下,单元体在 σ_3 方向的线应变为 $\dfrac{\sigma_3}{E}$,在 σ_1 和 σ_2 方向的线应变都是 $-\mu\dfrac{\sigma_3}{E}$。

所以,在 σ_1、σ_2、σ_3,共同作用下,在 σ_1、σ_2、σ_3,方向的线应变分别是:

$$\varepsilon_1 = \frac{\sigma_1}{E} - \mu\frac{\sigma_2}{E} - \mu\frac{\sigma_3}{E}$$

$$\varepsilon_2 = \frac{\sigma_2}{E} - \mu\frac{\sigma_1}{E} - \mu\frac{\sigma_3}{E}$$

$$\varepsilon_3 = \frac{\sigma_3}{E} - \mu\frac{\sigma_1}{E} - \mu\frac{\sigma_2}{E}$$

整理后得:

$$\left.\begin{aligned}
\varepsilon_1 &= \frac{1}{E}\big[\sigma_1 - \mu(\sigma_2 + \sigma_3)\big] \\
\varepsilon_2 &= \frac{1}{E}\big[\sigma_2 - \mu(\sigma_1 + \sigma_3)\big] \\
\varepsilon_3 &= \frac{1}{E}\big[\sigma_3 - \mu(\sigma_1 + \sigma_2)\big]
\end{aligned}\right\} \tag{9-14}$$

(9 - 14) 式称为广义虎克定律。ε_1、ε_2、ε_3 分别与主应力 σ_1、σ_2、σ_3 相对应,称为主应变。(9 - 14) 式表示了应力不超过比例极限时,空间应力状态下,应力与应变间的物理关系。计算中当主应力为压应力时,则用负值代入公式。

在小变形情况下,剪应力对线应变不发生影响。如果单元体处于三向应力状态的一般情况,平面上除正应力外还有剪应力时,正应力与线应变间仍满足上述广义虎克定律。

第五节　强度理论

一、强度理论的概念

在本章以前,分析和计算构件轴向拉伸或压缩、剪切、扭转、弯曲等各种基本变形时横截面上的最大正应力 σ_{max} 和最大剪应力 τ_{max},并在此基础上分别建立这两方面的强度条件:

$$\sigma_{max} \leqslant [\sigma]$$
$$\tau_{max} \leqslant [\tau]$$

式中的许用应力 $[\sigma]$ 和 $[\tau]$ 分别等于由单向拉伸(压缩)和纯剪切试验确定的极限应力 σ^0、τ^0 除以安全系数 n。

实践证明,上述直接根据试验结果建立的正应力强度条件,对于单向应力状态(图 9 - 17a)是合适的;建立的剪应力强度条件对于纯剪切应力状态(图 9 - 17b)是适用的。然而,在实际构件中,会经常遇到复杂应力状态的情况。例如,图 9 - 18a 所示梁内的应力状态,有的构件内还会出现图 9 - 18b 所示的应力状态。这些应力状态的主应力和最大剪应力的计算已经介绍过。问题是对于这样的复杂应力状态应当怎样建立强度条件。显然,不能完全以上述建立的正应力和剪应力强度条件为依据,因为单元体的强度与各个面上的正应力和剪应力有关,必须根据不同情况区别对待。

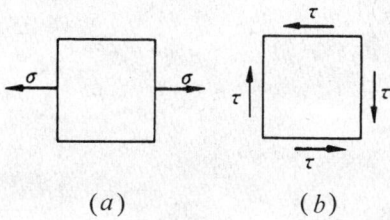

(a)　　　　(b)

图 9 – 17

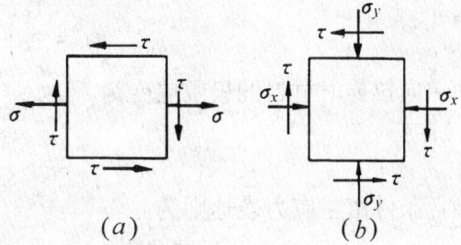

(a)　　　　(b)

图 9 – 18

　　要想直接通过试验确定材料在各种复杂应力状态下的极限应力,也是很困难的。因为各主应力的相互比值有无限多种,不可能对每一种比值一一通过试验测定其极限应力。

　　尽管应力状态有各种各样,但构件破坏的形式是有规律的。构件破坏的形式可以分为两类:一类是有明显塑性变形的剪断或屈服;另一类是没有明显塑性变形的"脆性断裂"。于是,人们进一步认识到,同一类破坏形式可能存在着导致破坏的共同因素。如果找出引起破坏的主要的共同因素,则不论复杂应力状态或简单应力状态的破坏都是同一因素引起的,这就可以由引起破坏的同一因素用单向应力状态的实验结果,建立复杂应力状态的强度条件。

　　对于两类破坏形式,起决定性的破坏因素是什么呢?长期以来人们对两类破坏的主要因素提出了各种假说,并根据这些假说建立了强度条件。这些关于引起材料破坏的决定性因素的假说,称为强度理论。

二、常用的四种强度理论

　　(一) 最大拉应力理论(第一强度理论)

　　这一强度理论认为:最大拉应力是引起材料断裂破坏的主要因素。也就是说,不论材料处于单向应力状态,还是处于复杂应力状态,只要材料危险点的最大拉应力 σ_1 达到单向拉伸的极限应力 σ_0 时,材料就发生断裂破坏。于是材料发生拉断的破坏条件是

$$\sigma_1 = \sigma^0$$

引入安全系数,就得到第一强度理论的强度条件为　　　　　　　　　　　　　　　　　(9 – 15)

$$\sigma_1 = \leqslant [\sigma]$$

式中 σ_1—— 构件在复杂应力状态下的最大拉应力;

　　　$[\sigma]$—— 材料在单向拉伸时的许用应力,

$$[\sigma] = \frac{\sigma^0}{n}$$

　　实践证明,第一强度理论与脆性材料在受拉断裂破坏的试验结果基本一致,而对于塑性材料的试验结果并不相符。所以这一理论主要适用于脆性材料。但这一理论没有考虑其它两个主应力对材料断裂破坏的影响,而且对于只有压应力没有拉应力的应力状态也无法应用。

　　(二) 最大拉应变理论(第二强度理论)

　　这一理论认为:最大拉应变是引起材料断裂破坏的主要因素。不论材料处于复杂应力状态,还是单向应力状态,只要材料危险点处的最大拉应变 ε_1,达到材料在单向拉伸破坏时的极限拉应变时,材料就发生断裂破坏。破坏条件是

$$\varepsilon_1 = \varepsilon^0$$

在复杂应力状态下最大拉应变为

$$\varepsilon_1 = \frac{1}{E} [\sigma_1 - \mu(\sigma_2 + \sigma_3)]$$

而单向拉伸时材料的极限应变为

$$\varepsilon^0 = \frac{\sigma^0}{E}$$

破坏条件由主应力表达则为

$$\sigma_1 - \mu(\sigma_2 + \sigma_3) = \sigma^0$$

于是强度条件是

$$\sigma_1 - \mu(\sigma_2 + \sigma_3) \leqslant [\sigma] \tag{9-16}$$

这一理论只适用于直到破坏时仍服从虎克定律的材料。照这个理论,单向受拉要比二向及三向受拉更容易破坏,故与实际情况不符。所以,最大拉应变理论目前已很少应用。

(三) 最大剪应力理论(第三强度理论)

这一理论认为:最大剪应力是引起材料流动破坏的主要因素。也就是说,不论材料处于单向应力状态,还是处于复杂应力状态,只要材料危险点处的最大剪应力 τ_{max} 达到材料在单向拉伸下发生流动破坏时的极限剪应力 τ^0,材料就发生塑性流动破坏。破坏条件为:

$$\tau_{max} = \tau^0$$

材料在复杂应力状态下的最大剪应力为

$$\tau_{max} = \frac{\sigma_1 - \sigma_3}{2}$$

材料在单向拉伸时,横截面上的拉应力达到极限应力 σ^0 时,与轴线成 45° 的斜截面上相应的剪应力为 $\tau^0 = \frac{\sigma^0}{2}$。

破坏条件由主应力表达为

$$\sigma_1 - \sigma_3 = \sigma^0$$

于是强度条件是

$$\sigma_1 - \sigma_3 \leqslant [\sigma] \tag{9-17}$$

实践证明,这一理论与塑性材料的试验结果比较接近。其强度条件的表达形式较为简单,概念明确,在塑性材料构件的强度计算中经常采用。但这一理论忽略了中间主应力 σ_2 的影响,因而也存在一些缺点。

(四) 形状改变比能理论(第四强度理论)

这一理论认为:形状改变比能是引起材料流动破坏的主要因素。也就是说,不论材料处于何种应力状态,只要材料内蓄积的形状改变比 u_x 达到单向应力状态下形状改变比能的极限值 u_x^0 时,材料就发生流动破坏。

所谓形状改变比能 u_x 是材料单位体积内所储存的一种由变形而产生的能量。

第四强度理论的强度条件是

$$\sqrt{\frac{1}{2}[(\sigma_1 - \sigma_2)^2 + (\sigma_2 - \sigma_3)^2 + (\sigma_3 - \sigma_1)^2]} \leqslant [\sigma] \tag{9-18}$$

实践证明,第四强度理论比第三强度理论更符合塑性材料的实际。所以,第四强度理论近年来已被工程界广泛采用。

三、相当应力

以上的四种强度理论的强度条件可以写成统一形式

$$\sigma_r \leqslant [\sigma]$$

式中 σ_r 称为相当应力。它代表某一个强度理论在复杂应力状态下主应力的综合值。

四个强度理论的相应力表达式分别为：

$$\left.\begin{aligned}
\sigma_{r_1} &= \sigma_1 \\
\sigma_{r_2} &= \sigma_1 - \mu(\sigma_2 + \sigma_3) \\
\sigma_{r_3} &= \sigma_1 + \sigma_3 \\
\sigma_{r_4} &= \sqrt{\frac{1}{2}\left[(\sigma_1 - \sigma_2)^2 + (\sigma_2 - \sigma_3)^2 + (\sigma_3 - \sigma_1)^2\right]}
\end{aligned}\right\} \tag{9-19}$$

四、强度理论的选择及应用

通过以上的讨论知道,材料的破坏具有两类不同的形式,一类是脆性的断裂破坏;一类是塑性的剪切破坏。在一般情况下,脆性材料的破坏多表现为断裂破坏,因此,可采用最大拉应力理论(第一强度理论);塑性材料的破坏多表现为塑性的剪断或屈服,因此,可采用最大剪应力理论(第三强度理论)或形状改变比能理论(第四强度理论)。

必须指出,材料破坏的形式虽然主要取决于材料的性质(塑性材料还是脆性材料),但这不是绝对的。材料的破坏形式还与材料所处的条件和应力状态有关。例如,脆性材料处于单向压缩或三向压缩状态时,材料会出现剪切破坏;塑性材料处于三向拉伸应力状态时会出现断裂破坏。

应用强度理论对复杂应力状态下的构件进行强度计算时,可按下列步骤进行:

1. 分析构件危险点处的应力,计算危险点处单元体的主应力 σ_1、σ_2、σ_3。

2. 选用合适的强度理论,按(9 - 19)式计算相当应力 σ_r。

3. 建立强度条件,进行强度计算。

梁内任一点的应力状态通常为图 9 - 19 所示的平面应力状态。所以,梁的主应力可按式(9 - 6)计算。

$$\sigma_3^1 = \frac{\sigma}{2} \pm \sqrt{\left(\frac{\sigma}{2}\right)^2 + \tau^2} \qquad \sigma_2 = 0$$

将这三个主应力分别代入第三强度理论和第四强度理论的强度条件中,得到

$$\sigma_{r_3} = \sqrt{\sigma^2 + 4\tau^2} \leqslant [\sigma] \tag{9-20}$$

$$\sigma_{r_4} = \sqrt{\sigma^2 + 3\tau^2} \leqslant [\sigma] \tag{9-21}$$

以后对梁进行强度校核时,可以直接利用以上两个强度表达式。

例 9 - 7 某构件用铸铁制成,其危险点处的应力状态如图 9 - 20 所示。$\sigma_x = 20MPa$,$\tau_x = 20MPa$。材料的许用拉应力为 $[\sigma] = 35MPa$。试校核此构件的强度。

[解]:(1) 计算主应力

$$\sigma_3^1 = \frac{\sigma}{2} \pm \sqrt{\left(\frac{\sigma}{2}\right)^2 + \tau^2} = \frac{20}{2} \pm \sqrt{\left(\frac{20}{2}\right)^2 + 20^2}$$

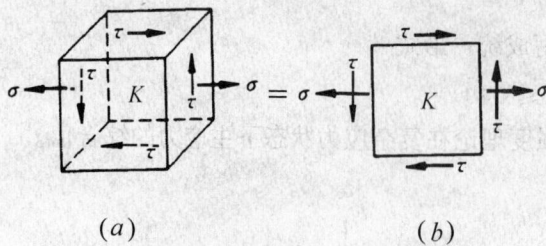
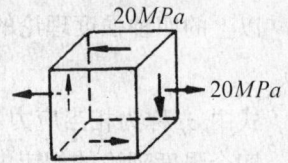

$$(a) \qquad\qquad (b)$$

图 9 – 19 $\qquad\qquad$ 图 9 – 20

$$= \begin{array}{c} + 32.4 \\ - 12.4 \end{array} MPa$$

(2)用第一强度理论校核

$$\sigma_{r_1} = \sigma_1 = 32.4MPa < [\sigma]$$

该铸铁构件是安全的。

例 9 – 8 图 9 – 21a 所示的简支梁,用 No20a 工字钢制成。已知钢梁材料为 20 号钢,其许用应力为 $[\sigma] = 155MPa$,$[\tau] = 95MPa$。试对该梁进行强度校核。

[解]:画出梁的剪力图和弯矩图(图 9 – 21b)。在 $C_左$、$D_右$ 两截面上弯矩和剪力都最大。它们是危险截面,选择其中 $C_左$ 截面进行强度校核。该截面上的内力是

$$Q = 100KN; M = 32kN \cdot m$$

由附录 $A Ⅱ$ 查得型钢 No20a I 有关几何量:$I_z = 2370cm^4$;$W_z = 237cm^3$;$\dfrac{I_z}{S_z} = 17.2cm$

截面尺寸如图 9 – 21c 所示。

(1)正应力强度校核(K_1 点):

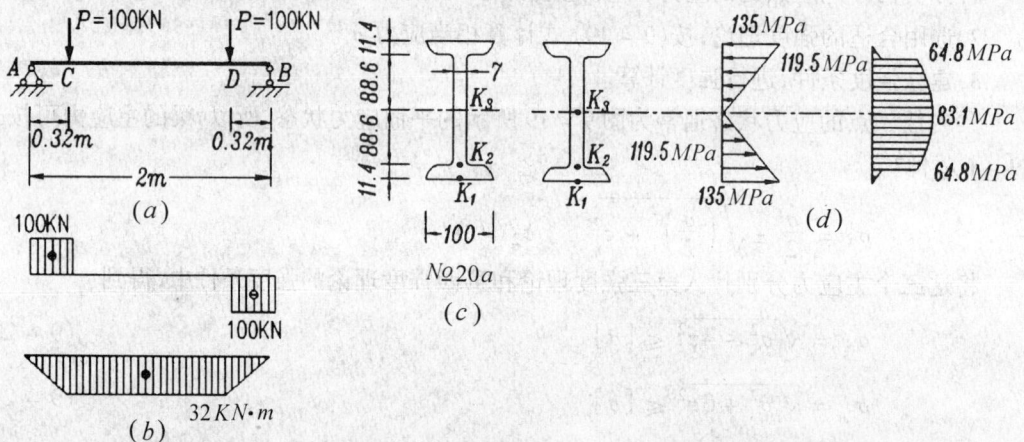

图 9 – 21

$$\sigma_{max} = \frac{M_{max}}{W_Z} = \frac{32 \times 10^3}{237 \times 10^{-6}} = 135 \times 10^6 N/m^2 = 135MPa \leqslant [\sigma]$$

(2)剪应力强度校核(K_3 点)

$$\tau_{max} = \frac{Q}{\dfrac{I_Z}{S} \cdot d} = \frac{100 \times 10^3}{17.2 \times 10^{-2} \times 7 \times 10^{-3}} = 83.1 \times 10^6 N/m^2$$

$$= 83.1 MPa \leqslant [\tau]$$

(3) 校核腹板与翼板交界处(K_2 点) 的强度(K_1、K_3、K_2 点的单元体图示于图 9 – 22)

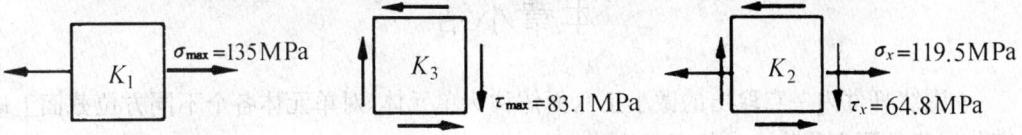

图 9 – 22

横截面上的最大正应力发生在距中性轴最远的边缘点处,而最大剪应力发生在中性轴上(图 9 – 21d)。通过以上的校核,说明在这两处都满足强度要求。但是在 $C_{左}$ 截面上,M 与 Q 值都比较大,而且在腹板与翼板交界的 K_2 点处的正应力和剪应力都比较大。K_2 点处于复杂应力状态(图 9 – 21d),有必要根据强度理论进行强度校核。该梁由 20 号钢制成,20 号钢是塑性材料,选用第四强度理论进行校核。

先计算 K_2 点单元体上的应力:

$$\sigma_x = \frac{M \cdot y}{I_Z} = \frac{32 \times 10 \times 88.6 \times 10^{-3}}{2370 \times 10^{-8}} = 119.5 \times 10^6 N/m^2$$

$$= 119.5 MPa$$

$$\tau_x = \frac{Q S_Z^*}{I_Z d}$$

式中 S_Z^* 为翼板对中性轴的面积矩,其值为

$$S_Z^* = 11.4 \times 100 \times \left(88.6 + \frac{11.4}{2}\right)$$

$$= 10.75 \times 10^4 mm^3$$

所以 $\quad \tau_x = \dfrac{100 \times 10^3 \times 10.75 \times 10^4 \times 10^{-9}}{2370 \times 10^{-8} \times 7 \times 10^{-3}} = 64.8 \times 10^6 N/m^2$

$$= 64.8 MPa$$

利用(9 – 21)式,将 σ_x,τ_x 直接代入,可得

$$\sigma_{r4} = \sqrt{\sigma^2 + 3\tau^2} = \sqrt{119.5^2 + 3 \times 64.8^2}$$

$$= 163.8 MPa > [\sigma] = 155 MPa$$

计算结果表明,此工字形截面梁,在腹板与翼板的交界处,按第四强度理论算得的相当应力 σ_{r_4} 已超过材料的许用应力。说明该梁不能满足强度条件,需要改选较大的工字钢。

在一般情况下,梁的危险点仍在横截面上的上、下边缘处,这些点的正应力强度条件仍起主导作用。同时,在必要时还需对中性轴上的点进行剪应力强度校核。通过本例的讨论可以看到,梁的危险点有时会发生在危险截面上正应力和剪应力都较大的点处,例如本例中工字形截面的腹板和翼板的交界处 K_2。当构件内存在这样的点时,还必须选择合适的强度理论作进一步的强度校核。

简单地说,本节以前介绍的按梁的最大正应力进行强度计算,按最大剪应力进行强度校

核都是十分重要的,而且必须首先进行。只有梁存在弯矩和剪力都较大的截面,而且在该截面上有正应力和剪应力都较大的点时,才需要用强度理论进行强度校核。在建筑工程中,当梁的截面为工字形、槽形等有翼缘的薄壁截面时,在腹板和翼缘的交界处的点,通常正应力和剪力都较大。

本章小结

一、围绕杆件内一点取出的微小正六面体称为单元体。对单元体各个不同方位截面上应力变化规律的研究称为应力状态理论。

二、单元体平面上只有正应力而没有剪应力时,这对平面称为主平面,作用在主平面上的正应力称为主应力。每一个单元体都有三对主平面和三对主应力,三对主应力中根据每对主应力是否为零的情况分为三向应力状态,双向应力状态和单应力状态,双向应力状态和单向应力状态合称平面应力状态,是本章研究的对象。

三、对平面应力状态中进行应力分析的数解法过程是:截取单元体,给出单元体各面上的已知应力,以斜截面取棱柱体并列出平衡方程式,从而得出应力的计算式。

四、平面应力状态的单元体任意斜截面上应力的计算式(应力转换式)为:

$$\sigma_a = \frac{\sigma_x + \sigma_y}{2} + \frac{\sigma_x - \sigma_y}{2}\cos 2a - \tau_x \sin 2a$$

$$\tau_a = \frac{\sigma_x - \sigma_y}{2}\sin 2a + \tau_x \cos 2a_0$$

五、平面应力状态的单元体的最大正应力和最小正应力是主应力。主应力的计算式为:

$$\sigma_3^1 = \sigma_{min}^{max} = \frac{\sigma_x + \sigma_y}{2} \pm \sqrt{(\frac{\sigma_x - \sigma_y}{2})^2 + \tau_x^2}$$

主平面的方位为:$tg2a_0 = \frac{-2\tau_x}{\sigma_x - \sigma_y}$。

六、任意两个互相垂直的平面上的正应力之和为一个常数。这个常数就是两个主应力之和,

$$\sigma_x + \sigma_y = \sigma_{max} + \sigma_{min} = \sigma_1 + \sigma_3$$

七、处于平面应力状态的单元体的最大剪应力就是主剪应力,主剪应力的计算式为:

$$\tau_{min}^{max} = \pm \sqrt{(\frac{\sigma_x - \sigma_y}{2})^2 + \tau_x^2}$$

最大剪应力所在截面的方位为:$tg2a_1 = \frac{\sigma_x - \sigma_y}{2\tau_x}$,并与主平面成 45° 角。

最大剪应力的数值也等于最大主应力与最小主应力之差的一半,即 $\tau_{min}^{max} = \pm \frac{\sigma_1 - \sigma_3}{2}$。

八、处于平面应力状态的单元体各对平面上只有剪应力而没有正应力时,称为纯剪切应力状态。纯剪切应力状态的单元体任意斜截面上应力的计算式为:

$$\sigma_a = \tau_x \sin 2a$$

$$\tau_a = \tau_x \cos 2a$$

当 $a = 0°$, $a = 90°$ 时,剪应力有极值 $\tau_a = \pm \tau$。

九、梁内各点主应力的计算式为:

$$\sigma_3^1 = \sigma_{min}^{max} = \frac{\sigma_x}{2} \pm \sqrt{(\frac{\sigma_x}{2})^2 + \tau_x^2}$$

主平面的方位为 $\text{tg}2a_0 = \dfrac{-2\tau_x}{\sigma_x}$。

十、主应力迹线上任意点的切线表示该点主应力的方向。主拉应力迹线和主压应力迹线在中性层处正交,并与中性层成 45° 的倾角,在梁的上下边缘处,主应力迹线的切线成水平或垂直的方向。

十一、绘制应力单元体图时,应特别注意单元体的倾角。按公式 $\text{tg}2a_0 = \dfrac{-2\tau_x}{\sigma_x - \sigma_y}$ 算得的 a_0 角是 σ_x 的作用面与主应力 σ_1 作用面的夹角(即竖直面与主平面的夹角),或者是 σ_x 与主应力 σ_1 的夹角(即水平线与主应力 σ_1 方向线的夹角)。a_0 角如为正值,则应逆时针方向量取,a_0 角如为负值,则应顺时针方向量取(或逆时针方向量取 $a_0 + 180°$)。应注意主应力和主平面必须对应。

十二、在复杂应力状态下的强度条件,需要根据强度理论来建立。在一般情况下,适用于材料脆性断裂破坏的强度理论有最大拉应力理论和最大拉应变理论:适用于材料塑性流动破坏的强度理论和有最大剪应力理论和形状改变比能理论。

在复杂应力状态下对构件进行强度计算的步骤是:

1.求危险点处单元体的主应力;

2.选用强度理论计算相当应力;

3.建立强度条件,进行强度计算。

四个强度理论的相当应力为:

$$\sigma_{r_1} = \sigma_1$$
$$\sigma_{r_2} = \sigma_1 - \mu(\sigma_2 + \sigma_3)$$
$$\sigma_{r_3} = \sigma_1 - \sigma_3$$
$$\sigma_{r_4} = \sqrt{\frac{1}{2}(\sigma_1 - \sigma_2)^2 + (\sigma_2 - \sigma_3)^2 + (\sigma_3 - \sigma_1)^2}$$

强度条件为

$$\sigma_r \leqslant [\sigma]$$

思 考 题

9 – 1 什么是主平面、主应力、主剪应力、主应力迹线?

9 – 2 单元体最大正应力作用面上有没有剪应力?最大剪应力作用面上有没有正应力?

9 – 3 指出图中单元体中那些是主平面?哪些应力是主应力?

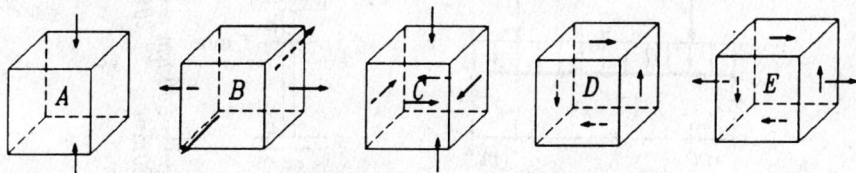

思 9 – 3 图

9-4 试将图中单元体上的三种主应力标出 σ_1、σ_2、σ_3 的符号

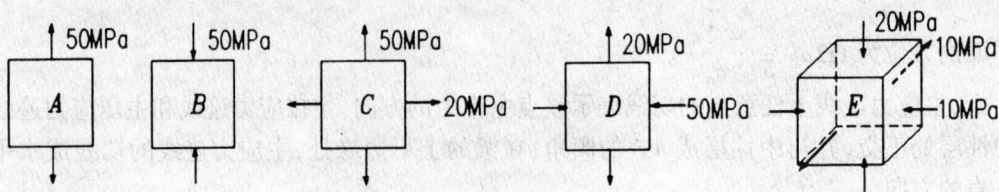

思9-4图

9-5 材料有哪两种类型的破坏?举例说明。

9-6 什么是相当应力?试述四个常用的强度理论关于破坏原因的假设和相当应力各是什么?

习 题

9-1 从受力杆件中取出一个平面应力状态的单元体,已知各面上的应力,求下列各题 α 斜截面上的应力,并绘应力单元体图。

$(a)\sigma_x = 60MPa$、$\sigma_y = -30MPa$、$\tau_x = 20MPa$、$\tau_y = -20MPa$、$\alpha = 60°$,

$(b)\sigma_x = -50MPa$、$\sigma_y = 20MPa$、$\tau_x = 0$、$\alpha = -30°$,

$(c)\sigma_x = 0$、$\sigma_y = -50MPa$、$\tau_x = -10MPa$、$\tau_y = 10MPa$、$\alpha = 45°$,

$(d)\sigma_x = 10MPa$、$\sigma_y = 25MPa$、$\tau_x = -15MPa$、$\tau_y = 15MPa$、$\alpha = 22.5°$,

9-2 双向应力状态单元体,已知各面上的应力,求下列各题主应力和主应力作用面的方位,并绘应力单元体图。

$(a)\sigma_x = 100MPa$、$\sigma_y = 60MPa$、$\tau_x = 15MPa$、$\tau_y = -15MPa$,

$(b)\sigma_x = -100MPa$、$\sigma_y = 80MPa$、$\tau_x = -20MPa$、$\tau_y = 20MPa$,

$(c)\sigma_x = 60MPa$、$\sigma_y = -30MPa$、$\tau_x = 20MPa$、$\tau_y = -20MPa$、

9-3 求习题9-1至9-2各题单元体的主剪应力及其作用面的方位。

9-4 已知单元体各面上的应力为 $\sigma_x = \sigma_y = 0$、$\tau_x = 50MPa$、$\tau_y = -50MPa$,求 $\alpha = 30°$,斜截面上的应力,主应力和主剪应力以及它们的作用面的方位。

9-5 图示简支梁由三块钢板焊成工字形截面。已知 $P = 480KN$,$q = 40KMN/m$,其它尺寸如图所示。若材料的许用应力为 $[\sigma] = 170MPa$;$[\tau] = 100MPa$。

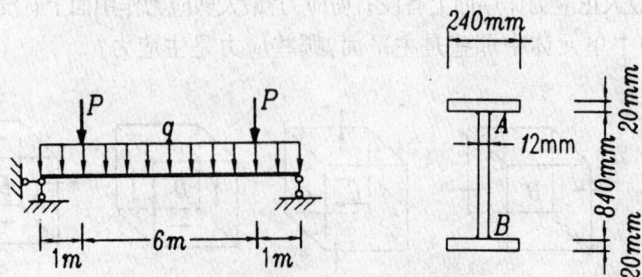

习题9-5图

(1) 梁的正应力强度校核;

(2) 梁的剪应力强度校核;

(3) 计算危险截面腹板与翼板交界点 A、B 的主应力并分别绘出主应力单元体;

(4) 根据第三、第四强度理论计算出相当应力 σ_{r3}、σ_{r4}。

9 – 6 某简支梁的受力情况如图所示。已知 $P = 200KN$,$q = 10KN/m$,材料的许用应力为 $[\sigma] = 170MPa$,$[\tau] = 100MPa$。

(1) 试选择工字钢的型号,作剪应力强度校核;

(2) 按第四强度理论进行强度校核。

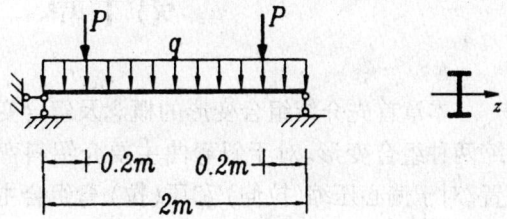

习题 9 – 6 图

第十章　组合变形

本章首先介绍组合变形的概念及组合变形的计算方法。然后重点讨论斜弯曲和偏心压缩两种组合变形。对于斜弯曲主要介绍斜弯曲时的应力和强度条件,斜弯曲时中性轴的位置。对于偏心压缩(拉伸)和压(拉)弯组合主要介绍其计算的前提,截面上的应力,以及这类杆件的强度条件。最后介绍截面核心的概念。

第一节　组合变形概念

一、组合变形的概念

作用在杆上的外力(荷载)是多种多样的,产生的变形也是多种多样的,一定方式的外力,产生一定形式的变形。受轴向拉力(或压力)的作用,就使杆件产生伸长(或缩短)的变形。受垂直于杆轴的平面内的力偶作用,就使杆件产生扭转的变形。受垂直于杆轴并作用在杆的形心主平面内的横向力作用,就使杆件产生平面弯曲的变形。这些变形都是基本变形,基本变形时的内力都是比较单一的。在工程实际中,杆件受力是比较复杂的,截面中会同时出现几种内力,产生的变形当然也不会是单一的,常常是产生两种或两种以上的基本变形组合而成的复杂变形,这种变形就称为组合变形。

图 10 – 1 所示的屋架上的檩条,从屋面传下的荷载对于檩条并不作用在檩条的形心主平面内;这样的荷载引起檩条的变形就是一种在两个不同方向的平面弯曲的组合变形,它不是平面弯曲而是斜弯曲。

图 10 – 2 所示为建筑物的烟囱。在竖直的自重 W 和水平的风荷载 q 的作用下,烟囱横截面上的内力有轴力、剪力和弯矩,产生既有轴向压缩变形又有弯曲变形的压弯组合变形。

图 10 – 3 所示的工业厂房的柱子,受到屋面荷载 P_1 及吊车荷载 P_2 作用,这些外力的合力作用线与柱子的轴线不重合,使柱子形成"偏心受压",柱横截面既有轴力又有弯矩,产生压缩变形和弯曲变形的组合。

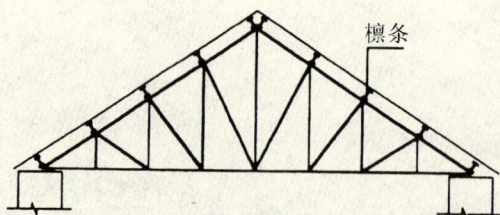

图 10 – 1

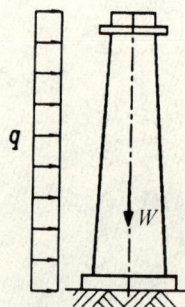

图 10 – 2

图 10 – 4 所示的轴 AB,是扭转和弯曲两种变形的组合,轴 AB 横截面上有扭矩 T,弯矩 M

和剪力 Q 同时产生。

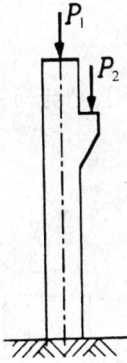

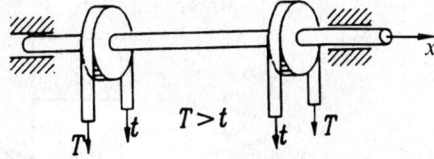

图 10 – 3   图 10 – 4

  土建工程中常遇到的组合变形有斜弯曲,弯曲和压缩的组合变形,偏心受压(拉)、弯曲和扭转的组合变形等。

二、组合变形的计算方法

  对组合变形的杆件进行计算,系采用叠加原理进行的,计算步骤如下:

  1.将组合变形的受力形式分解为几个基本变形的受力形式,即将作用在杆件上的荷载在其作用点分解为几个各自只能引起一种基本变形的荷载分量(或将与轴线平行的荷载向截面形心简化为几个荷载分量)。

  2.计算各个荷载分量在危险截面上各点所引起的应力。

  3.将各个基本变形下同一点的应力进行代数的或几何的叠加,得到组合变形下(即原荷载作用下)危险截面上各点的应力。

  4.根据危险截面上危险点的应力状态,建立其强度条件。

  5.对于刚度的计算,同样可用叠加原理将各基本变形下杆件的变形进行代数的或几何的叠加,得到组合变形下杆件的总变形,然后再进行刚度的校核。

  由此可知,组合变形的计算实际上是各基本变形计算的综合运用。组合变形杆内各点应力状态可以看作是几种基本变形下各点应力状态的叠加。经验证明,只要杆件的变形与杆件本身的尺寸比较是微小的,杆件的材料是服从虎克定律的(即应力与应变成正比),那末用叠加原理计算的结果,与实际情况是非常符合的。

  在材料力学的杆件受力分析中,不能应用叠加原理的问题很少,所以今后凡未加说明的地方都可以应用叠加原理。

第二节   斜弯曲

  当直梁上的荷载垂直于梁轴,并且作用在梁的形心主平面(横截面具有对称轴的梁为纵向对称平面)内时,梁产生平面弯曲。在平面弯曲中,弯曲后的梁轴仍处于外力作用平面内,中性轴与横截面的一个形心主轴重合,并且垂直于外力作用面。如外力虽然垂直梁轴,但并不作用在梁的形心主平面内时,弯曲后的梁轴就不会在外力作用平面内,中性轴虽通过横截面的形心,但不与截面的任一根形心主轴重合,也不和外力作用面垂直,这种弯曲称为斜弯曲。

一、斜弯曲时截面上的应力

图 10-5a 为一矩形截面悬臂梁,自由端受集中荷载 P 的作用,P 与横截面的对称轴即形心主轴 y 的夹角为 φ,使梁产生斜弯曲。

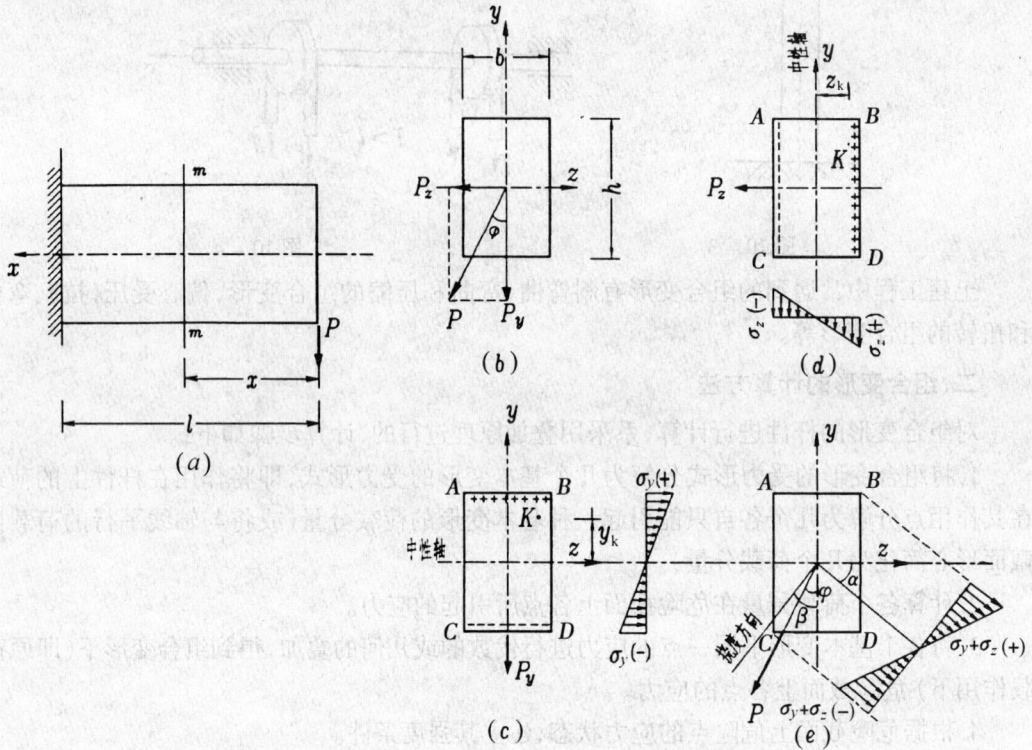

图 10-5

斜弯曲是两个不同方向的平面弯曲的组合变形,根据组合变形计算的原理,把引起斜弯曲的 P 力沿横截面的两上形心主轴 y 和 z 的方向分解为两个分量 P_y、P_z,

$$P_y = P\cos\varphi, \quad P_z = P\sin\varphi$$

在 P_y 的作用下,梁将在形心主平面 xy 内弯曲,在 P_z 的作用下,梁将在形心主平面 xz 内弯曲,这两个都是平面弯曲。这样,就将原是组合变形的斜弯曲简化成为两个只是基本变形的平面弯曲。

在距离自由端为 x 的任一横截面 $m-m$ 上,由 P_y、P_z 分别作用时产生的内力 M_z、M_y、Q_y、Q_z 分别为:

$$M_z = P_y \cdot x = P\cos\varphi \cdot x = M\cos\varphi, \quad Q_y = P_y = p\cos\varphi$$

$$M_y = P_z \cdot x = P\sin\varphi \cdot x = M\sin\varphi, \quad Q_z = P_z = p\sin\varphi$$

在 $m-m$ 横截面上任意点 K(坐标为 y_k、z_k)的正应力系由 M_z、M_y 分别独立产生。

然后再叠加而得,由 M_z 引起的 K 点的正应力 σ_y 为:

$$\sigma_y = \frac{M_z \cdot y_k}{I_Z} = \frac{M\cos\varphi \cdot y_k}{I_z}$$

由 M_y 引起的 K 点的正应力 σ_z 为:

$$\sigma_z = \frac{M_y \cdot z_k}{I_y} = \frac{M\sin\varphi \cdot z_k}{I_y}$$

根据叠加原理,将 σ_y 与 σ_z 代数叠加,即得斜弯曲时任意截面上任意点 K 的正应力为:

$$\sigma = \sigma_y + \sigma_z = \frac{M_z \cdot y_k}{I_z} + \frac{M_y z_k}{I_y} = M\left(\frac{y_k\cos\varphi}{I_Z} + \frac{Z_K\sin\varphi}{I_y}\right) \tag{10-1}$$

计算时根据所采用截面坐标轴 Y、Z 的指向,将 K 点的坐标 y_k、z_k 随同正负号一同代入。坐标轴 y、z(即中性轴)的指向以弯矩 M_z、M_y 截面划分为受拉和受压的情况来决定。

K 点的剪应力也可用同样的方法求得。先计算 Q_y、Q_z 分别单独作用时引起 K 点的剪应力 τ_y、τ_z,经过叠加后得到斜弯曲时任意横截面上任意点 K 的剪应力。但应注意,由于 τ_y 与 τ_z 的方向不同,叠加时不能按代数相加而应按几何相加,即 $\tau = \sqrt{\tau_y^2 + \tau_z^2}$。斜弯曲中剪应力的数值很小,通常不予考虑。

二、斜弯曲的强度条件

由于不考虑剪应力的影响,斜弯曲变形时梁截面上各点都可以认为是单向应力状态,由最大正应力控制强度。

平面弯曲中,横截面上各点正应力变化的规律系按直线变化,它们的大小与距中性轴的距离成正比。在斜弯曲中横截面上各点正应力系两个平面弯曲各该点正应力的叠加。因此,它也是按直线规律变化,各点正应力的大小也是与距中性轴的距离成正比,最大正应力必定在离中性轴最远的点,如图 10-5e 中的 A 点和 C 点,这些点也就是 σ_y 和 σ_z 具有相同符号的截面角点。斜弯曲时横截面的中性轴虽通过截面的形心,但不与截面的任一形心主轴重合,而是一根倾斜直线,于是有

$$\sigma_{min}^{max} = \pm\frac{M_z}{I_z}y_{max} \pm \frac{M_y}{I_y}z_{max} = \pm\frac{M_z}{W_z} \pm \frac{M_y}{W_y} \tag{10-2}$$

公式(10-2)对工字形、槽形及由它们组成的截面都可适用。

对斜弯曲梁进行强度校核时,可先画出梁的弯矩图,找出危险截面的最大弯矩 M,并计算出 M 的两个分量 M_z、M_y,代入公式(10-3)即可

$$\sigma_{min}^{max} = \pm\frac{M_z}{W_z} \pm \frac{M_y}{W_y} \leqslant [\sigma] \tag{10-3}$$

用公式(10-3)时,对于抗拉与抗压能力不同的材料制成的梁,应分别进行校核。

进行梁的截面选择时,由于有两个未知量 W_z、W_y,不可能同时确定。这时,可根据经验先拟定一个 $\frac{W_z}{W_y}$ 的比值,由式(10-3)求出 W_z(或 W_y),进而求出 W_y(或 W_z)。

对矩形截面,$\dfrac{W_z}{W_y} = \dfrac{\frac{1}{6}bh^2}{\frac{1}{6}hb^2} = \dfrac{h}{b} = 1.2 \sim 2.0$,$h$ 和 b 分别为 y 和 z 方向的尺寸。

对型钢截面,可按工字钢 $\dfrac{W_x}{W_y} = 8 \sim 12$,槽钢 $\dfrac{W_z}{W_y} = 6 \sim 8$ 的比值,先选定一个 $\dfrac{W_z}{W_y}$,通过公式(10-3)初算出一个 W_z(或 W_y)值,根据这个算出的 W_z(或 W_y)从型钢表中选定一个型钢号码及其截面尺寸,用这个选定截面的 W_z、W_y 代入公式样(10-3)中进行校核。如与许用应力 $[\sigma]$ 接近就认为可以,如相差大太,则应重选,直到合适为止。这就是逐次渐近法。

三、斜弯曲时中性轴的位置

凡是中性轴上的点,它的正应力都等于零。于是由公式(10 – 1)得到中性轴的方程为:

$$\frac{y\cos\varphi}{I_z} + \frac{z\sin\varphi}{I_y} = 0 \qquad\qquad (10 - 4)$$

这是一根通过横截面形心的斜直线。由于 φ 角小于 90°,则中性轴上任一点的坐标$(y、z)$必具有相反的符号,故知中性轴通过第二和第四象限。若中性轴和 z 轴的夹角 α,则有

$$\text{tg}\alpha = \frac{y}{z} = \frac{I_z}{I_y}\text{tg}\varphi \qquad\qquad (10 - 5)$$

公式(10 – 5)表明中性轴的位置与外力 P 的大小无关,它决定于外力 P 和形心主轴 y 之间的夹角 φ 以及横截面的两个形心主惯矩 I_z、I_y。通常情况下梁截面的 I_z、I_y 并不相等,所以 α 角也不等于 φ 角,也就是说斜弯曲时中性轴并不垂直于外力作用面。但如果梁的截面为圆形,正方形或正多边形时,它们的 I_z、I_y 是相等的。此时,α 角就等于 φ 角,中性轴就垂直于外力作用面,并且外力总是作用在形心主平面内,所以这一类截面的梁,只在荷载垂直于梁轴,不管是什么方向,永远不会出现斜弯曲。

四、斜弯曲的变形

斜弯曲时梁的挠度也可以用叠加原理进行计算。自由端在 P 力的两个分量 p_y、p_z 分别作用下产生的挠度,f_z,f_y 按表 9 – 1 第二项为:

由于 P_y 作用在 y 方向产生的挠度 $f_y = \dfrac{P\cos\varphi l^3}{3EI_z}$

由于 P_z 作用在 z 方向产生的挠度 $f_z = \dfrac{P\sin\varphi l^3}{3EI_y}$

自由端总的挠度由 f_y、f_z 几何相加而得:

$$f = \sqrt{f_y^2 + f_z^2}$$

总挠度 f 的方向与 y 轴的夹角为 β,则

$$\text{tg}\beta = \frac{f_z}{f_y} = \frac{I_z}{I_y}\text{tg}\varphi \qquad\qquad (10 - 6)$$

从公式(10 – 6)可见,除在 $I_z = I_y$ 的特殊情况外,通常情况是 $\beta \neq \varphi$,即、梁的弯曲不在外力作用平面内,梁的弯曲平面和外力作用平面不是同一平面,所以才把它称为斜弯曲。

比较公式(10 – 5)与(10 – 6),可见 $\alpha = \beta$。这说明中性轴的位置系与梁弯曲平面垂直(注意 α 系中性轴与 z 轴的夹角,β 系挠度与 y 轴的夹角),见图 10 – 5(e)。

例 10 – 1 屋架檩条跨度为 $4m$,简支在屋架上如图 10 – 6 所示,承受屋面荷载(包括檩条自重)$q = 1.8KN/m$,檩条采用 $No14\alpha$ 槽钢,许用应力 $[\sigma] = 170MPa$。试验算檩条强度。

[解]:檩条中最大弯矩发生在跨中截面

$$M_{max} = \frac{1}{8}ql^2 = \frac{1}{8} \times 1.8 \times 4^2 = 3.6KNm$$

从附录 $A\text{II}$ 型钢表查得 $No14\alpha$ 槽钢提供 $W_z = 80.5cm^3$,$W_y = 13.01cm^3$,并查知 $\sin26°34' = 0.447$,$\cos26°34' = 0.894$。根据变形可知,截面上角点 A 的压应力最大,系危险截面上的危险点,其值可按公式(10 – 3)计算。

最大弯矩 M_{max},在坐标轴 z、y 两个方向的分量为:

$$M_z = M_{max}\cos\varphi = 3.6 \times 0.894 = 3.22kNm$$

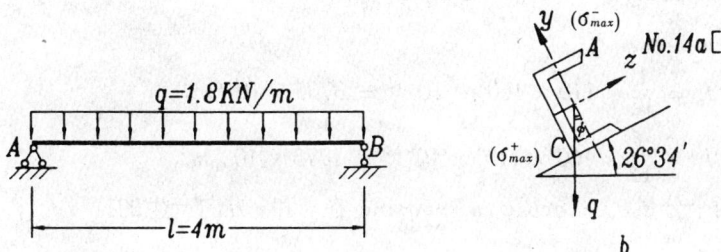

图 10 - 6

$$M_y = M_{max}\sin\varphi = 3.6 \times 0.447 = 1.61\,kNm$$

于是 A 点的压应力为

$$\sigma_{min} = -\frac{M_z}{W_z} - \frac{M_y}{W_y} = -\frac{3.22 \times 10^3}{80.5 \times 10^{-6}} - \frac{1.61 \times 10^3}{13.01 \times 10^{-6}}$$

$$= -40 \times 10^6 - 123.8 \times 10^6 = 163.8 \times 10^6\,N/m^2$$

$$= 163.8\,MPa < [\sigma] = 170\,MPa(可)$$

例 10 - 2　例 10 - 1 屋架的檩条如采用矩形截面的杉木如图 10 - 7 所示, $l = 4m$ 许用应力 $[\sigma] = 12MPa$, 许用挠度 $\left[\dfrac{f}{l}\right] = \dfrac{1}{200}$, 拉(压)弹性模量 $E = 9GPa$, 试选择截面尺寸并核算刚度。

[解]: 由例 10 - 1 知 $M_{max} = 3.6\,kNm$, $M_z = 3.22\,kNm$, $M_y = 1.61\,kNm$,

设矩形截面的高宽比 $\dfrac{h}{b} = 1.5$, 则它的抗弯截面模量 W_z、W_y 为

$$\frac{W_z}{W_y} = \frac{\dfrac{1}{6}bh^2}{\dfrac{1}{6}hb^2} = \frac{h}{b} = 1.5, \ W_z = 1.5W_y$$

代入公式(10 - 3) 得

$$\frac{3.22 \times 10^3}{1.5W_y} + \frac{1.61 \times 10^3}{W_y} = 12 \times 10^6, \ W_y = 313.3 \times 10^{-6}m^3$$

由于 $W_y = \dfrac{1}{6}hb^2 = \dfrac{1}{6}(1.5b)b^2 = \dfrac{1}{4}b^3$,

于是 $\dfrac{1}{4}b^3 = 313.3 \times 10^{-6}$, $b^3 = 1253.2 \times 10^{-6}$, 得

$$b = 10.78 \times 10^{-2}m, \ h = 16.17 \times 10^{-2}m$$

采用 $h \times b = 160 \times 110mm$ 的矩形截面如图 10 - 7。

校核强度

危险截面上危险点的应力为角点 c 的最大拉应力及角点 A 的最大压应力, 二者数值相等, 其值为:

$$\sigma_{min}^{max} = \pm\left(\frac{3.22 \times 10^3}{\dfrac{1}{6} \times 110 \times 160^2 \times 10^{-9}} + \frac{1.61 \times 10^3}{\dfrac{1}{6} \times 160 \times 110^2 \times 10^{-9}}\right)$$

$$= \pm(6.68 \times 10^6 + 4.99 \times 10^{-6}) = \pm 11.85 \times 10^6\,N/m^2$$

$$= \pm 11.85 MPa < [\sigma] = 12 MPa (可)$$

校核刚度：

$$I_z = \frac{1}{12} \times 110 \times 160^3 \times 10^{-12} = 3755 \times 10^{-8} m^4$$

$$I_y = \frac{1}{12} \times 160 \times 110^3 \times 10^{-12} = 1775 \times 10^{-8} m^4$$

由 q 的两个分量 $q_y = q\cos\varphi$、$q_z = q\sin\varphi$ 在 y 和 z 方向产生的挠度 f_y、f_z 按表 9 - 1 第 11 项为：

$$f_y = \frac{5 \times 1.8 \times 10^3 \times 0.894 \times 3^4}{384 \times 9 \times 10^9 \times 3755 \times 10^{-8}} = 5.02 \times 10^{-3} m = 5.02 mm$$

$$f_z = \frac{5 \times 1.8 \times 10^3 \times 0.447 \times 3^4}{384 \times 9 \times 10^9 \times 1775 \times 10^{-8}} = 5.31 \times 10^{-3} m = 5.31 mm$$

于是跨中的总挠度为

$$f = \sqrt{f_y^2 + f_z^2} + \sqrt{5.02^2 + 5.31^2} = 7.51 mm$$

$$\frac{f}{l} = \frac{7.51}{3000} = \frac{1}{400} < \left[\frac{f}{l}\right] = \frac{1}{200}(可)$$

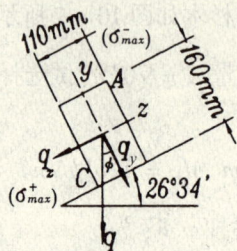

图 10 - 7

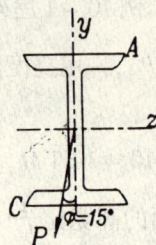

图 10 - 8

例 10 - 3 有工字钢楼板梁，两端简支，跨度 $l = 4m$，受 $\varphi = 15°$ 的偏斜荷载 $P = 45kN$ 作用，如图 10 - 8 所示，如 $[\sigma] = 160MPa$，$E = 210GPa$。试选择工字钢的型号，并校核梁的刚度，已知 $\frac{f}{l} = \frac{1}{400}$。

[解]：危险截面在跨中，最大弯矩为

$$M_{max} = \frac{1}{4}pl = \frac{1}{4} \times 45 \times 4 = 45kNm$$

查得 $\sin 15° = 0.259$，$\cos 15° = 0.966$，于是 M_{max} 在 y、z 两个方向的分量 M_z、M_y 为：

$M_z = M\cos\varphi = 45 \times 0.966 = 43.47 kNm$，

$M_y = M\sin\varphi = 45 \times 0.259 = 11.66 kNm$

危险截面上的危险点为 A 点及 C 点，A 点产生最大压应力，C 点产生最大拉应力，二者数值相等，可按公式（10 - 3）求得，

$$\sigma_{min}^{max} = \frac{M_z}{W_z} + \frac{M_y}{W_y} \leqslant [\sigma]$$

对工字钢，抗弯截面模量 W_z、W_y，采取 $\frac{W_z}{W_y} = 12$，于是有：

$$\frac{43.47 \times 10^3}{W_z} + \frac{11.66 \times 10^3}{\frac{1}{12} W_z} = 160 \times 10^6$$

$$W_z = 1.146 \times 10^{-3} m^3 = 1146 cm^3, W_y = 95.5 cm^3$$

选附录 $A\,\mathrm{II}$, $No40b$ 工字钢提供 $W_z = 1140 cm^3$, $W_y = 96.2 cm^3$, $I_z = 22780 cm^4$, $I_y = 692 cm^4$, 强度校核:

$$\sigma = \frac{43.47 \times 10^3}{1140 \times 10^{-6}} + \frac{11.66 \times 10^3}{96.2 \times 10^{-6}} = 38.13 \times 10^6 + 121.21 \times 10^6$$

$$= 159.34 \times 10^6 N/m^2 = 159.34 MPa < [\sigma] = 160 MPa$$

刚度校核:

$$f_y = \frac{45 \times 0.966 \times 10^3 \times 4^3}{48 \times 210 \times 10^9 \times 22780 \times 10^{-8}} = 1.21 \times 10^{-3} m = 1.21 mm$$

$$f_z = \frac{45 \times 0.259 \times 10^3 \times 4^3}{48 \times 210 \times 10^9 \times 692 \times 10^{-8}} = 10.69 \times 10^{-3} m = 10.69 mm$$

跨中的总挠度为

$$f = \sqrt{1.21^2 + 10.69^2} = 10.76 mm$$

$$\frac{f}{l} = \frac{10.76}{4000} = \frac{1}{372} > \left[\frac{f}{l}\right] = \frac{1}{400}$$

最大应力虽未超过许用应力,但最大相对挠度却大于许用相对挠度,故应重选大号一号的工字钢。

重选附录 $A\,\mathrm{II}$, $No.40c$ 工字钢提供 $I_z = 23850 cm^4$, $I_y = 727 cm^4$。由于截面积加大,所以不须再校核强度,一定会满足要求,现仅校核刚度。

截面重选后的挠度,可按两个截面的惯性矩之比求得,

$$f_y = 1.21 \times \frac{22780}{23850} = 1.16 mm$$

$$f_z = 10.69 \frac{692}{727} = 10.18 mm$$

跨中的总的挠度为:

$$f = \sqrt{1.16^2 + 10.18^2} = 10.24 \ mm$$

$$\frac{f}{l} = \frac{10.24}{4000} = \frac{1}{391} > \left[\frac{f}{l}\right] = \frac{1}{400}$$

最大挠度虽仍大于容值,但仅超过 $\dfrac{\dfrac{1}{391} - \dfrac{1}{400}}{\dfrac{1}{400}} \times 100 = 2.3\%$,所以认为还是可以的。(最大挠度不超过许用挠度的 5% 时,刚度足够)。

第三节　压(拉)弯组合与偏心受压(拉)

如前所述,作用在杆件上的外力如果和杆轴重合,就产生轴向受压(拉),外力如果与杆轴倾斜即不与杆轴垂直,但在形心主平面内,就产生压缩(拉伸)与弯曲的组合,外力如果与杆轴平行但不重合,即外力不通过截面的形心,就产生偏心受压(拉)。外力是拉力或是压力,

只决定杆件的变形是伸长还是缩短。杆件受力的性质是受拉还是受压,二者只是在符号上有所不同,计算方法是完全一样的。

一、压(拉)弯组合与偏心受压(拉)概述

压(拉)弯组合时的外力与杆轴倾斜即不与杆轴垂直,但位于形心主平面内,这时可将它在截面形心处分解为两个分力,一个分力与杆轴重合,另一个分力与杆轴垂直。与杆轴重合的分力使杆产生轴向压缩(拉伸),与杆轴垂直的分力使杆产生平面弯曲,所以压(拉)弯组合就是轴向压缩(拉伸)与平面弯曲的叠加,图 10 - 2 所示的烟囱就是一个压弯组合杆件,它受到竖直的自重和水平的风荷载作用,竖直的自重使烟囱受轴向压缩,水平的风荷载使烟囱受到平面弯曲。又如图 10 - 9 所示的楼梯梁,受到竖直的自重 q 的作用,由于楼梯梁是倾斜放置的。这就是导致自重对楼梯是倾斜作用,使梁即受到平面弯曲又受轴向压缩。将竖直的自重 q 分解为与梁轴垂直的 $q\cos\alpha$ 和沿梁轴的 $q\sin\alpha$ 两个分力,与梁轴垂直的分力 $q\cos\alpha$ 使梁产生平面弯曲,沿梁轴的分力 $q\sin\alpha$ 使梁产生轴向压缩。

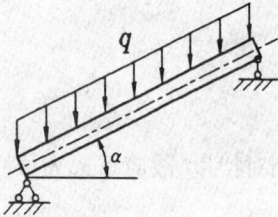 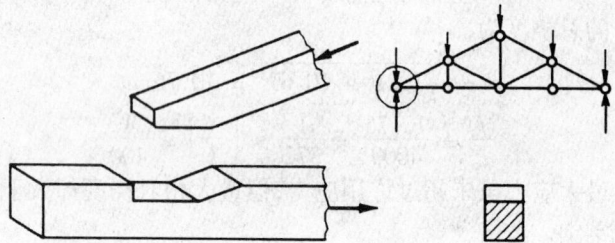

图 10 - 9　　　　　　　　　　　　　图 10 - 10

偏心压缩(拉伸)的外力与杆轴平行但不通过截面的形心,即外力不与杆件的轴线重合而形成偏心,这时可将偏心力向截面形心简化成为一个轴向力和一个力偶,轴向力使杆件产生轴向受压(拉),力偶矩使杆件产生平面弯曲。所以,偏心受压(拉)也是轴向压缩(拉伸)与平面弯曲的叠加,实际上也就是压(拉)弯组合,二者的计算原理和计算方法是一样的。图 10 - 3 所示的工业厂房的柱子,牛腿所受的吊车梁传来的压力 P_2 未与柱子的轴线重合,它和屋面传来的轴向力 P_1 合成后,使柱子受到偏心压缩,又如图 10 - 10 所示木屋架的端结点,下弦杆切有槽口以便和斜杆结合,在槽口处下弦截面减小,整个下弦杆受到的轴向力不通过槽口处截面的形心,在槽口处形成偏心力,使槽口处截面偏心受拉。

无论是压(拉)弯组合还是偏心受压(拉)这一类组合变形的研究,都是在杆件抗弯刚度比较大的前提下进行的;杆件因弯曲变形而产生的挠度远小于杆件横截面的尺寸,这样才可忽略不计轴向外力在由于弯曲变形而产生的挠度上引起的附加弯矩;也就是认为:轴向外力引起压缩(拉伸)变形,而横向力或力偶矩仅引起弯曲变形,两者各自独立互不相关。这样,才能应用叠加原理进行计算。对于抗弯刚度比较小的杆,轴向外力在弯曲变形所产生挠度上引起的附加弯矩就不能忽略。不过在拉弯组合或偏心受拉杆的计算中,这个附加弯矩与横向力所引起的弯矩的转向相反,恰好使横截面上的实际弯矩减小,从而减小截面上的最大应力。这样,不计算附加弯矩作用的结果,是偏于安全方面的。但在压弯组合或偏心受压杆的计算中,这个附加弯矩与横向力所引起的弯矩转向一致,它的作用使横截面上的实际弯矩加大,而且由于横截面上弯矩加大,又会进一步导致挠度的增加,从而引起更大的附加弯矩。如此附加弯矩与挠度互相影响,是不能应用叠加原理的。关于这一类抗弯刚度比较小的压弯组合或偏心受压杆件的计算问题,将另作讨论。

本节以偏心受压杆件为例来讨论它的强度计算。

二、偏心受压杆截面上的应力及其强度计算

杆件偏心受压时,由于直杆所受的压力不通过杆件横截面的形心,截面上的应力就不再均匀分布;截面上压应力的最大值往往超过均匀分布的应力很多,并且有时还可能出现拉应力。

图 10 – 11 所示为一矩形截面的柱,外力 P 作用在截面的对称轴(y 轴)的 E 点上,作用线和柱的轴线平行,这是简单情况下的偏心受压;其中外力的作用点 E 与截面形心 O 的距离 e_y 称为外力的偏心距,这个 P 力称为偏心力。

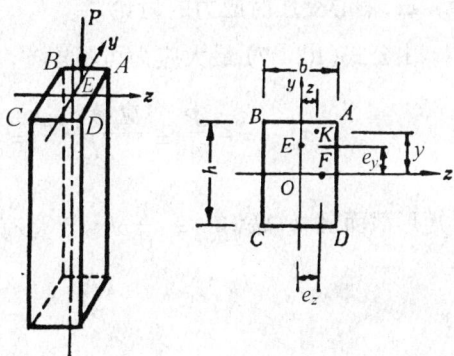

将偏心力 P 向截面形心 O 点进行简化,简化结果为一个轴向力 P 和一个力偶 M_z。杆内任一截面上均存在着两种内力,即轴力 $N = P$,弯矩 $M_z = P \cdot e_y$,轴力 N 使杆产生轴向压缩,杆横截面上各点相同的均布压应力 $\sigma' = -\dfrac{P}{A}$,弯矩 M_z 使杆产生平面弯曲,杆横截面上有两种不同的非均布

图 10 – 11

的应力(压应力和拉应力)$\sigma'' = \pm\dfrac{M_z \cdot y}{I_z}$。杆件偏心受压时横截面上应力就是这两种应力 σ' 与 σ'' 的叠加,叠加后截面上任一点 K 的应力 σ_k 为:

$$\sigma_k = \sigma' + \sigma'' = -\frac{P}{A} \pm \frac{M_z}{I_z} \cdot y \qquad\qquad (10 - 7)$$

截面上各点均处于单向应力状态,截面上的最大应力在最外边缘。

最大拉应力 $\sigma_{max}^{+} = -\dfrac{P}{A} + \dfrac{M_z \cdot y_{1max}}{I_z} = -\dfrac{P}{A} + \dfrac{M_{z_1}}{W_{z_1}}$

最大压应力 $\sigma_{amax}^{-} = -\dfrac{P}{A} - \dfrac{M_z \cdot y_{2max}}{I_z} = -\dfrac{P}{A} + \dfrac{M_{z_2}}{W_{z_2}}$ $\qquad (10 - 7')$

公式(10 – 7)、(10 – 7′)中 A 为截面面积,I_z 为截面对 z 轴的惯性矩,y 为任一点 K 到 z 轴的距离,y_{1max}、y_{2max} 分别为受拉区与受压区最外边缘到 z 轴的距离,W_{z1}、W_{z2} 分别为受拉及受压区最外边缘对 z 轴的截面模量。对于矩形截面有 $W_{z1} = W_{z2}$。

公式(10 – 7)中的第二项由弯矩 M_z 引起的应力 σ'' 在采用时,应注意到外力 P 系作用在图 10 – 11 所示截面 y 轴上的 E 点,所以 z 轴是中性轴,最外边缘为 AB 边与 CD 边,其中 AB 边为受压边,CD 边为受拉边,$y_{max} = \dfrac{h}{2}$。如外力 P 系作用在 z 轴上的 F 点时,则 y 轴就是中性轴,最外边缘就是 AD 边与 BC 边,其中 AD 边为受压,BC 边为受拉边,此时公式(10 – 7)、(10 – 7′)中的 M_z、I_z、W_z、y 均应代以 M_y、I_y、W_y、Z,而 $z_{max} = \dfrac{b}{2}$。

于是偏心受压的强度条件为:

$$\sigma_{max}^{\pm} = -\frac{P}{A} \pm \frac{M_z}{W_z} \leqslant [\sigma] \tag{10-8}$$

对于抗拉与抗压性能不同的材料制成的杆作强度校核时,应按公式(10-8′)进行:

$$\sigma_{max}^{+} = -\frac{p}{A} + \frac{M_z}{W_{z1}} \leqslant [\sigma_{+}]$$

$$\sigma_{max}^{-} = -\frac{p}{A} - \frac{M_z}{W_{z2}} \leqslant [\sigma_{-}] \tag{10-8′}$$

式中[σ_{+}]为材料许用拉应力。[σ_{-}]为材料许用压应力。

三、偏心受压时应力的讨论

由公式(10-7)最大应力可写成

$$\sigma_{max}^{\pm} = -\frac{P}{A} \pm \frac{M_z \cdot y_{max}}{I_z} = -\frac{P}{A} \pm \frac{P \cdot e_y}{W_z} = -\frac{P}{A}\left(1 \mp \frac{e_y}{\dfrac{W_z}{A}}\right) \tag{10-9}$$

对矩形截面 $A = bh$,$W_z = \dfrac{1}{6}bh^2$,于是有

$$\sigma_{max}^{\pm} = -\frac{P}{bh}\left(1 \mp \frac{e_y}{\dfrac{1}{6}h}\right) \tag{10-10}$$

公式(10-10)表示最大应力的正负完全取决于括号内算得的结果,即取决于 e_y 值的变化,与外力 P 的大小无关。根据偏心距 e_y 值的大小不同,截面上的正应力 σ 的分布情况也不相同,如图10-12所示。

1. $e_y = 0$,系轴向受压,整个截面为均匀分布的压应力 $\sigma = -\dfrac{p}{bh}$,应力图形为矩形,如图10-12(a)。

2. $e_y < \dfrac{h}{6}$,当 $e_y < \dfrac{1}{6}h$ 时,公式(10-10)括号内的结果永远为正值,所以截面上的应力 σ 永远为负值,整个截面都是压应力,应力图形为梯形,如图10-12(b)。

3. $e_y = \dfrac{1}{6}h$,当 $e_y = \dfrac{1}{6}h$ 时,公式(10-10)括号内第二项 $\dfrac{e_y}{\dfrac{1}{6}h}$ = 1,括号内的结果或为0或为2,截面上的应力 σ 也是永远为负值,

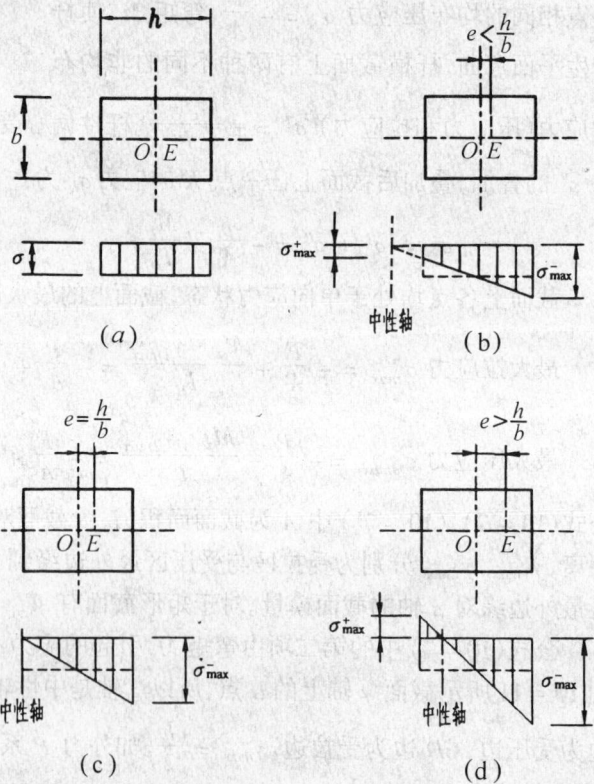

图 10-12

即整个截面上只有压应力,其最大拉应力 $\sigma_{max}^{+} = 0$,最大压应力 σ_{max}^{-} 为平均压应力的2倍,应

力图形为三角形,如图(10 - 12)(c)。

4. $e_y > \dfrac{1}{6}h$,当 $e_y > \dfrac{1}{6}h$ 时,公式(10 - 10)中括号内的结果有正有负,所以截面上应力 σ 也有正有负,即截面上有压应力及拉应力,在截面上远离偏心力的一边出现拉应力,应力图形为两个三角形,如图 10 - 12(d)。

从以上讨论表明,由于作用力 P 的位置不同(即偏心距 e 值的大小不同),使截面上应力分布的情况亦有所不同,这在实际应用上是非常重要的;必须对截面上的应力进行校核。

四、偏心受压的一般情况

图 10 - 13 所示矩形截面的柱,外力 P 和柱的轴线平行,P 力的作用点 G 是截面上的任意点,这是偏心受压的一般情况。

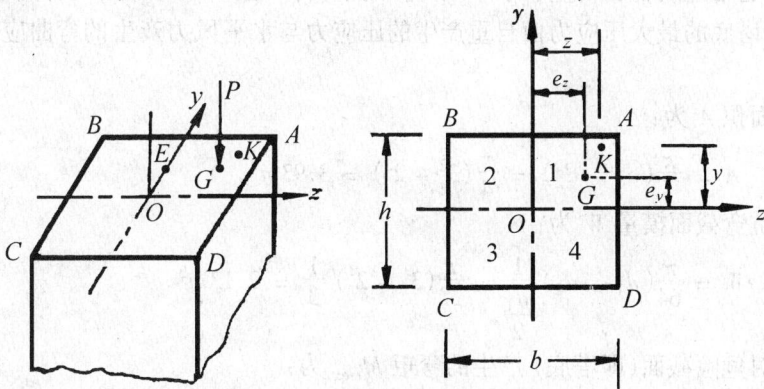

图 10 - 13

P 力的作用点 G 点距 z 轴为 e_y,距 y 轴为 e_z。将 P 力向截面形心 O 点简化,简化结果为一个轴向力 P、一个对 z 轴的力偶 $M_z = P \cdot e_y$,一个对 y 轴的力偶 $M_y = P \cdot e_z$。

轴向力 P 引起截面上任意点(K)点的应力 σ'_k 为:

$$\sigma'_k = \frac{-P}{A}$$

力偶矩 M_z 引起 K 点的应力 σ''_k 为:

$$\sigma''_k = \pm \frac{M_z \cdot y}{I_z}$$

力偶矩 M_y 引起 K 点的应力 σ'''_k 为:

$$\sigma'''_k = \pm \frac{M_y \cdot z}{I_y}$$

任一点 K 点的应力 σ_k 应为以上三部分应力叠加而成:

$$\sigma_k = \sigma'_k + \sigma''_k + \sigma'''_k = -\frac{P}{A} \pm \frac{M_z \cdot y}{I_z} \pm \frac{M_y \cdot z}{I_y} \qquad (10 - 11)$$

截面上的最大应力发生在最外边缘的角点,最大拉应力 σ^+_{max} 在 C 点,最大压应力 σ^-_{amax} 在 A 点,其计算式为

$$
\left.
\begin{aligned}
\sigma_{max}^{+} &= -\frac{p}{A} + \frac{M_z}{W_z} + \frac{M_Y}{W_y} \\
\sigma_{max}^{-} &= -\frac{p}{A} - \frac{M_z}{W_z} - \frac{M_Y}{W_y}
\end{aligned}
\right\}
\qquad (10-11')
$$

偏心受压一般情况的强度条件为:

$$
\sigma_{max}^{\pm} = -\frac{p}{A} \pm \frac{M_z}{W_z} \pm \frac{M_Y}{W_y} \leqslant [\sigma] \qquad (10-12)
$$

例 10 – 4 有一砖砌塔建筑物,高度 $h = 30m$,塔底截面为圆环形,外径 $d_1 = 3m$,内径 $d_2 = 2m$,塔自重 $G = 2 \times 10^3 kN$。受水平风力 $q = 1kN/m$,如图 10 – 14 所示。求塔底的最大压应力。

[解]:本题塔建筑物在自重和水平风力作用下,将产生压缩与弯曲组合变形,危险截面显然在塔底,塔底的最大压应力由自重产生的压应力与水平风力产生的弯曲应力(压应力)叠加而得。

塔底截面积 A 为:

$$
A = \frac{\pi}{4}(d_1^2 - d_2^2) = \frac{\pi}{4}(3^2 - 2^2) = 3.93m^2,
$$

塔底截面的抗弯截面模量 W 为:

$$
W = \frac{\pi}{64}(d_1^4 - d_2^4)\frac{1}{\dfrac{d_1}{2}} = \frac{\pi}{32}(3^4 - 2^4)\frac{1}{3} = 2.13m^3
$$

水平风压力对危险截面(即塔底)产生的弯矩 M_{max} 为:

$$
M_{max} = \frac{1}{2}qh^2 = \frac{1}{2} \times 1 \times 10^3 \times 30^2 = 450 \times 10^3 Nm
$$

于是由公式(10 – 7′)塔底的最大压应力 σ_{max}^{-} 为:

$$
\begin{aligned}
\sigma_{max}^{-} &= -\frac{G}{A} - \frac{M_{max}}{W} = -\frac{2 \times 10^6}{3.93} - \frac{450 \times 10^3}{2.13} \\
&= -0.15 \times 10^6 - 0.211 \times 10^6 = -0.72N/m^2 \\
&= -0.721MPa
\end{aligned}
$$

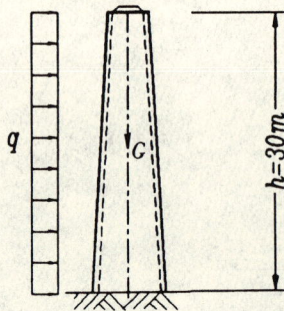

图 10 – 14

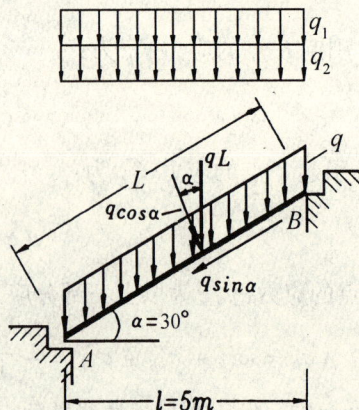

图 10 – 15

例 10 – 5 楼梯梁的水平跨度 $L = 5m$,两端简支如图 10 – 15 所示,楼梯梁自重(包括踏步栏杆等）为 $q_1 = 4kN/m$，承受荷载 $q_2 = 8kN/m$，q_1 及 q_2 按水平计算，如 $[\sigma] = 170MPa$。试选择楼梯梁的槽钢截面尺寸。

[解]：楼梯梁的长度 L 为：

$$L = \frac{l}{\cos\alpha} = \frac{5}{\cos30^\circ} = \frac{5}{0.866} = 5.77m,$$

工程中，斜梁的荷载是按水平方向计算，因此通常将斜梁的荷载 q 折算成沿水平方向的荷载 $q_1 + q_2$，折算的道理很明显，因为作用在斜梁上的总荷载是不变的，所以有：

$$(q_1 + q_2)l = q \cdot L,$$

$$q = \frac{q_1 + q_2}{L} \cdot l = (q_1 + q_2)\cos\alpha$$

故楼梯梁上的荷载集度 q 为

$$q = (q_1 + q_2)\cos30^\circ = (4 + 8) \times 0.866 = 10.39kN/m,$$

将荷载 q 分解为垂直梁方向和沿梁长方向两个分荷载，垂直梁方向的分荷载为 $q\cos30^\circ$，沿梁长方向的分荷载为 $q\sin30^\circ$。

由于 $q\cos30^\circ$ 的作用使梁产生平面弯曲，危险截面在跨中，其最大弯矩为：

$$M_{max} = \frac{1}{8} \times q\cos30^\circ \times L^2 = \frac{1}{8} \times 10.39 \times 0.866 \times 5.77^2 = 39.24kNm,$$

同时，由于 $q\sin30^\circ$ 的作用使梁产生轴向压缩，梁的跨中截面受到上半段梁上轴向压力的作用，其值为：

$$N = q\sin30^\circ \times \frac{L}{2} = 10.39 \times 0.5 \times \frac{5.77}{2} = 15kN$$

截面选择：

选择截面时要求危险截面（即跨中截面）的最大压应力 σ_{max}^- 不得超过许用应力。此时，可按公式（10 – 8）计算。

$$\sigma_{max}^- = -\frac{P}{A} - \frac{M}{W} = -\frac{15 \times 10^3}{A} - \frac{39.24 \times 10^3}{W} \leqslant [\sigma] = 170 \times 10^6 Pa$$

上式中有 A 及 W 两个未知数，不可能一次直接求得，但在选择截面的计算中，可暂不考虑轴向压缩的影响，按平面弯曲单独作用来计算。这样就有：

$$\frac{39.24 \times 10^3}{W} \leqslant 170 \times 10^6$$

$$W \geqslant \frac{39.24 \times 10^3}{170 \times 10^6} = 0.231 \times 10^{-3}m^3 = 231cm^3$$

一个楼梯的荷载系由两根楼梯梁共同承担，所以每根楼梯梁所需抗弯截面模量 $W \geqslant \frac{1}{2}$ $\times 231 = 115.5cm^3$。查附录 $A\,\text{II}$ 选择 $No18\alpha$ 槽钢，其 $A = 25.69cm^2$，$W = 141.4cm^3$，于是危险截面的最大压应力 σ_{max}^- 为：

$$\sigma_{max}^- = -\frac{15 \times 10^3}{2 \times 25.69 \times 10^{-4}} - \frac{39.24 \times 10^3}{2 \times 141.4 \times 10^{-6}} = -29.2 \times 10^6 - 138.8 \times 10^6$$

$$= -168 \times 10^6 N/m^2 = -168MPa < [\sigma] = 170MPa(可)$$

如初选的截面经过应力核算大于已知的许用应力，则应重选大一号的截面，重新进行核算，直到合格为止。

例 10 – 6　一木制拉杆截面为 $130 \times 100mm^2$，承受轴向拉力 $P = 30KN$，今须在拉杆上开一缺口,如图 10 – 16a 所示,已知材料$[\sigma] = 6MPa$,试求缺口的最大深度 d 为多少?

[解]:截面在缺口处有削弱,削弱后的净截面面积为 $0.1(0.13 - d)m^2$ 如图 10 – 16b 所示,缺口处净截面形心 O' 与原截面形心 O 的距离为 $\dfrac{0.13}{2} - \dfrac{0.13 - d}{2} = \dfrac{d}{2}$。这就使原来轴向力 $P = 30KN$ 在缺口处净截面上形成偏心力,偏心距 $e = \dfrac{d}{2}$。这是简单的偏心受拉。截面上缺口的最大深度 d 可按公式(10 – 8)确定,其中

$$A = 0.1(0.13 - d),\quad W = \frac{1}{6} \times 0.1(0.13 - d)^2,\quad M = P \cdot e,\text{于是有}$$

$$\frac{P}{A} + \frac{P \cdot e}{W} \leq [\sigma],$$

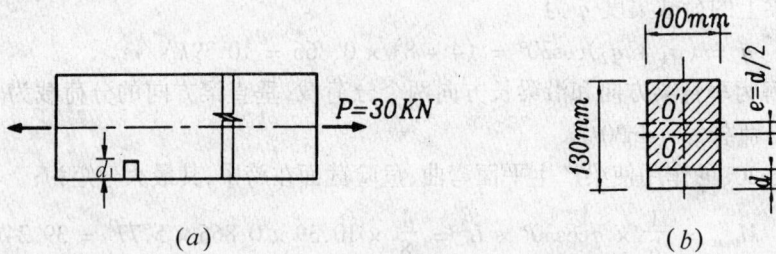

$P=30KN$

（a）

100mm

130mm

$e=d/2$

O'
O

d

（b）

图 10 – 16

即

$$\frac{30 \times 10^3}{0.1(0.13 - d)} + \frac{30 \times 10^3 \times d/2}{\frac{1}{6} \times 0.1(0.13 - d)^2} \leq 6 \times 10^6,$$

化简后得 $100d^2 - 36d + 1.04 \leq 0$,

解之并取其合理值 $d \leq 0.0315m = 31.5mm$,

取 $d = 31mm$,代入公式(10 – 8)校核

$$\sigma_{max} = \frac{30 \times 10^3}{0.1 \times 0.099} + \frac{30 \times 10^3 \times 0.0155}{\frac{1}{6} \times 0.1 \times 0.099^2}$$

$$= 5.85 \times 10^6 N/m^2 = 5.85MPa < [\sigma] = 6MPa(\text{可})$$

例 10 – 7 图 10 – 7 为一工业厂房的柱子,柱顶承受屋顶传来的压力 $P_3 = 100KN$,两侧牛腿上分别承受吊车梁传来的压力 $P_1 = 20KN$,$P_2 = 30KN$,偏心距分别为 $e_1 = 0.2$,$e_2 = 0.15$,已知柱截面宽 $b = 0.18m$。问截面高度 h 为大多时才不会使柱截面上出现拉应力。在所选截面尺寸的情况下,柱截面的最大压应力为多少?

[解]:本题由于偏心力 P_1、P_2 对截面主轴(z 轴)产生的偏心力矩转向相反,所以 P_1 与 P_2 同时作用时截面上的最大应力比 P_1 或 P_2 单独作用时小,因此,在使截面上不出现拉应力的前提下来选定 h 的尺寸时,可以不考虑 P_1 与 P_2 同时作用的情况,而只须比较 P_1 或 P_2 单独用时产生应力的情况。

要使截面上不出现拉应力,必须使 P_1 或 P_2 单独作用时,截面上的最大拉应力 σ_{max}^+ 都符合下式:

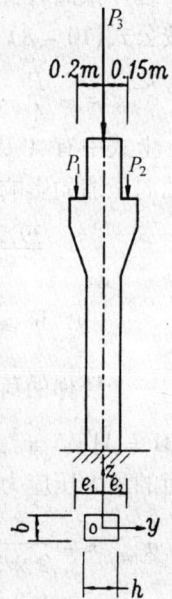

P_3

0.2m 0.15m

P_1 P_2

e_1
O z y

h

图 10 – 17

$$\sigma^+_{max} = \frac{-P}{A} + \frac{M_z}{W_z} \leqslant 0$$

当仅 P_1 作用时

$$-\frac{(100 + 20) \times 10^3}{0.18 \times h} + \frac{(20 \times 0.2) \times 10^3}{\frac{1}{6} \times 0.18 \times h^2} = 0$$

$$h = 0.2m$$

当仅 P_2 作用时

$$-\frac{(100 + 30) \times 10^3}{0.18 \times h} + \frac{(30 \times 0.15) \times 10^3}{\frac{1}{6} \times 0.18 \times h^2} = 0$$

$$h = 0.21m$$

据此,选定截面高度 $h = 0.21m$。

在选定截面 $0.18 \times 0.21 m^2$ 的情况下,当仅有 P_2 作用时,截面上产生最大压应力,其值为

$$\sigma^-_{max} = -\frac{130 \times 10^3}{0.18 \times 0.21} - \frac{4.5 \times 10^3}{\frac{1}{6} \times 0.18 \times 0.21^2} = -6.84 \times 10^3 KN/m^2$$

$$= -6.8MPa$$

例 10 - 8　如图 10 - 18 所示为一浆砌块石挡土墙,已知墙背承受的土压力 $P_a = 137KN$,并且与铅垂线成夹角 $\alpha = 45.7°$,浆砌石的容重为 $23KN/m^3$,其它尺寸如图所示。试取 $1m$ 长的墙体作为计算的对象,要求计算出作用在截面 AB 上 A 点和 B 点处的正应力。计算时可将挡土墙划分为如虚线所示的两部分计算其自重。

[解]:将土压力 $P_a = 137KN$ 分解为垂直的和水平的两个分力,

垂直分力 $P_a\cos45.7° = 137 \times 0.698 = 95.7KN$。

水平分力 $P_a\sin45.7° = 137 \times 0.716 = 98.1KN$。

土压力的作用点 C 距 B 点为 $C'B = \frac{1}{tg68.2°} =$

$0.4m$,距 A 点为 $C'A = 2.2 - 0.4 = 1.8m$。

计算挡土墙的自重时,按虚线将挡土墙分为两部分计算,

$W_1 = 4 \times 0.6 \times 1 \times 23 = 55.2KN$,其作用线距 A 点为 $0.3m$,

$W_2 = \frac{1}{2} \times 4 \times 1.6 \times 1 \times 23 = 73.6KN$,其作用线距 A 点为

$0.6 + \frac{1}{3} \times 1.6 = 1.133m$,

于是挡土墙所受垂直力合力 V 为

$$V = 95.7 + 55.2 + 73.6 = 224.5KN$$

合力 V 的作用线距 A 点的垂直距离为

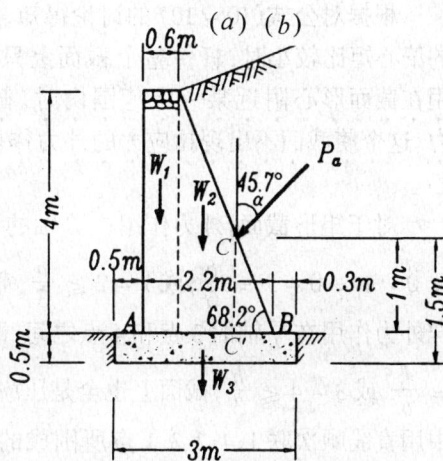

图 10 - 18

$$\frac{1}{224.5}(95.7 \times 1.8 \times 55.2 \times 0.3 \times 73.6 \times 1.133) = \frac{272.21}{224.5} = 1.213m$$

于是合力 V 对 AB 截面形心的偏心距 e 为

$$e = 1.213 - \frac{2.2}{2} = 0.111m$$

并位于形心偏 B 点的一侧,对截面 AB 系偏心压缩,

土压力的水平分力对截面 AB 的作用系压力弯曲,于是得 A 点及 B 点的正应力为

$$\sigma_A = -\frac{224.5}{1 \times 2.2} + \frac{224.5 \times 0.111}{\frac{1}{6} \times 1 \times 2.2^2} - \frac{98.1 \times 1}{\frac{1}{6} \times 1 \times 2.2^2}$$

$$= -102.05 + 30.89 - 121.61 = -192.77KN/m^2 = -0.193MPa$$

$$\sigma_B = -102.05 - 30.89 + 121.61 = -11.33KN/m^2 = -0.0113MPa$$

第四节　截面核心的概念

由公式(10-10)得知矩形截面应力分布的情况,应力的正负号完全取决于偏心距 e 值的大小。建筑结构中大量地应用砖、石、混凝土等一类抗压强度很强而抗拉强度却很弱的材料,设计中要求杆件截面上不得出现拉应力,那就必须控制偏心矩 e 值的大小。

根据对公式(10-10)的讨论得知,外力 P 对截面形心 O 的偏心矩比较小时,杆件整个截面上只有压应力,即外力作用在截面形心附近某一定范围内时,截面上不会出现拉应力。这个使截面不出现拉应力的外力作用的区域称为截面核心。

对于矩形截面,外力作用在 Z 轴的 1 点和 2 点之间,即 e_z $\leq 0-1 = 0-2 = \frac{b}{6}$,或 $1-2 \leq \frac{b}{3}$,截面上全是压应力。同样外力作用在 y 轴的 3 点和 4 点之间,即 $e_y \leq 0-3 = 0-4$ $= \frac{h}{b}$,或 $3-4 \leq \frac{h}{3}$,截面上也全是压应力。所以在图 10-19 中用直线顺次联 1、4、2、3、1 点所围成的菱形面积,即为截面中不出现拉应力时外力的作用范围,也就是矩形截面的截面核心。

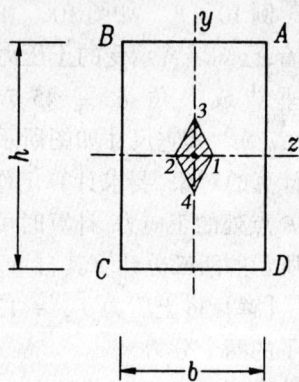

图 10 - 19

设外力 P 偏心作用在直径为 d 的圆形截面的 y 轴上,如图 10-20 所示,偏心矩为 e。距离 z 轴为 $\frac{d}{2}$ 处的两个最大边缘应力按公式(10-9)为 $\sigma_{max}^{\pm} = -\frac{p}{A}\left(1 \mp \frac{e}{\frac{W}{A}}\right)$,将圆的面积 $A = \frac{1}{4}\pi d^2$,截面模量

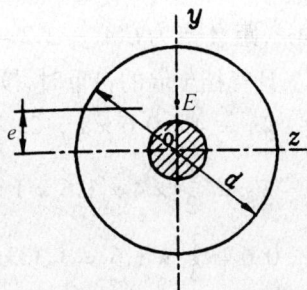

图 10 - 20

$$W = \frac{I_Z}{y_{max}} = \frac{\frac{1}{64}\pi d^4}{\frac{d}{2}} = \frac{\pi}{32}d^3 \ \text{代入}$$

$$\sigma^{\pm}_{max} = -\frac{P}{A}\left(1 \mp \frac{e}{\frac{W}{A}}\right) = -\frac{P}{A}\left(1 \mp \frac{e}{\frac{d}{8}}\right) \tag{10-13}$$

将公式(10 – 13)与(10 – 10)比较,可见圆形截面也有类似矩形截面的几种应力分布情况。

1. $e < \frac{d}{8}$ 整个截面上都产生压应力

2. $e = \frac{d}{8}$ 截面上一个边缘的应力为零,另一个边缘上的应力为平均应力的两倍。

3. $e > \frac{d}{8}$ 截面上产生两种不同符号的正应力。

由于圆形截面对通过形心(圆心)的任何轴都是对称的,因此任何直径都可当作 z 轴来看待,外力作用点 E 只要在离圆心 $\frac{d}{8}$ 的范围内,截面上只有压应力,因此以 $\frac{d}{8}$ 为半径作同心圆,这个同心圆的范围即为原来圆截面的截面核心。

从公式(10 – 9)和(10 – 13)得知,圆形截面的截面模量与其面积的比值 $\frac{W}{A}$ 就等于 $\frac{d}{8}$,也就是上述同心圆(圆截面的截面核心)的半径。某截面的截面模量与其面积之比称为该截面的核心半径 ρ。

核心半径 $\rho = \frac{W}{A}$。

核心半径在某些建筑物的应力校核中有极其重的意义。

图 10 – 19 矩形截面的截面核心为菱形,它的核心半径 ρ_z、ρ_y 为:

$$\rho_z = \frac{W_Z}{A} = \frac{\frac{1}{6}bh^2}{bh} = \frac{h}{6}$$

$$\rho_y = \frac{W_y}{A} = \frac{\frac{1}{6}hb^2}{bh} = \frac{b}{6}$$

由上所述,已知核心半径 ρ 就可确定出截面核心边界上点的位置。

图 10 – 21 给出了工字形和槽形截面的截面核心,其中 r 为截面对某轴的惯性半径 $r_y^2 = \frac{I_y}{A}$,$r_z^2 = \frac{I_z}{A}$。此处应注意不可将惯性半径 r 和核心半径 ρ 混为一谈,应区别二者的不同。如圆截面的惯性半径 $r^2 = \frac{I}{A} = \frac{\frac{1}{32}\pi d^3}{\frac{1}{4}\pi d^2} = \frac{1}{16}d^2$,$r = \frac{d}{4}$,而其核心半径 $\rho = \frac{\frac{1}{32}\pi d^3}{\frac{1}{4}\pi d^2} = \frac{d}{8}$,二者相差一倍。又如矩形截面的惯性半径 $r_z = \frac{h}{\sqrt{12}}$,$r_y = \frac{b}{\sqrt{12}}$,而其核心半径 $\rho_y = \frac{h}{6}$,$\rho_z = \frac{b}{6}$,二者也不相同。

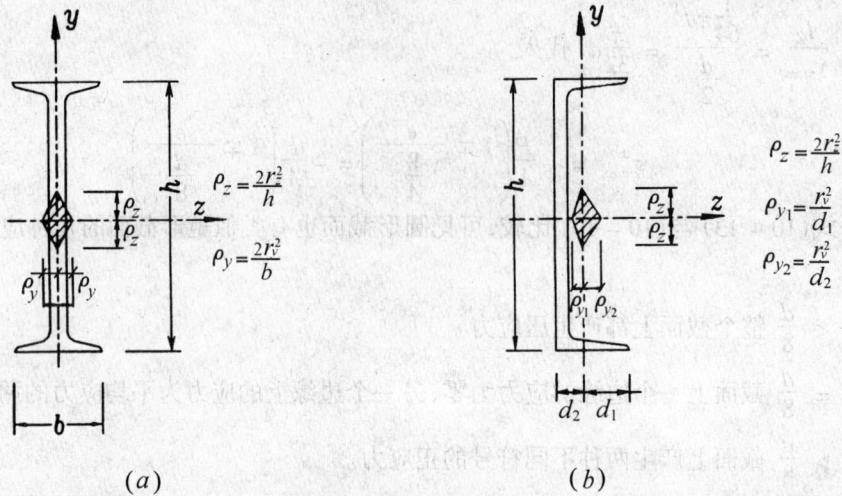

图 10 - 21

本章小结

一、杆件在荷载作用下,产生两种或两种以上的基本变形组合而成的复杂变形,这种变形就是组合变形。

组合变形的计算是各基本变形计算的综合运用。

在材料服从虎克定律及小变形不致于影响外力作用的情况下,组合变形杆内各点的应力状态可以看作是几种基本变形下各点应力状态的叠加。

二、组合变形的计算步骤:

1. 将荷载分成几个各自只能引起一个基本变形的荷载分量。

2. 分别计算各荷载分量在危险截面上各点所引起的应力,并进行叠加。

3. 根据危险截面上危险点的应力,建立其强度条件。

三、斜弯曲时的强度条件:

$$\sigma_{max}^{\pm} = \pm \frac{M_z}{W_z} \pm \frac{M_y}{W_y} \leqslant [\sigma]$$

四、对斜弯曲的梁进行截面选择时,可先拟定一个 $\frac{W_z}{W_y}$ 的比值,由强度条件先求出 W_z(或 W_y),进而求出 W_y(或 W_z),并选取截面尺寸型号,然后用选定截面的 W_z、W_y 进行强度校核。如相差太大,则应重选截面尺寸,直至合适为止。

五、斜弯曲时截面的中性轴并不垂直于外力作用平面,而垂直于梁的弯曲平面,梁的弯曲平面不与外力作用平面重合。

六、压(拉)弯组合和偏心受压(拉)都是轴向压缩(拉伸)和平面弯曲的叠加,二者的计算原理和计算方法完全相同,都是在杆件抗弯刚度 EI 比较大,因而可以忽略"轴向外力在由于弯曲变形而产生的挠度上引起的附加弯矩"这个前提下进行的。

七、偏心受压(拉)或压(拉)弯组合的强度条件为:

$$\sigma_{max}^{\pm} = -\frac{P}{A} \pm \frac{M_z}{W_z} \leqslant [\sigma]$$

八、对偏心受压(拉)或压(拉)弯组合杆件进行截面选择时,可先不考虑轴向压缩(拉伸)的影响,按平面弯曲单独作用来计算。选定截面尺寸后通过强度校核,如相差太大,则应重选截面,直至合适为止。

九、偏心受压时截面上应力的变化,完全取决于外力偏心矩 e 值的大小,与外力 P 大小无关。

十、使截面不出现拉应力的外力作用的范围称为截面核心。截面核心的边界点位置可由核心半径 $p = \dfrac{W}{A}$ 来确定。

圆形截面的截面核心为一个半径等 $\dfrac{d}{8}$ 的同心圆,它的核心半径 $\rho = \dfrac{d}{8}$。

矩形截面的截面核心为一个菱形,它的核心半径 $\rho_z = \dfrac{h}{6}$,$\rho_y = \dfrac{b}{6}$。

工字形槽形的截面核心都是一个四边形,它们的核心半径和惯性半径的大小有关。

惯性半径 r 和核心半径 ρ 二者是不相同的,使用时应注意。

思 考 题

10-1 计算组合变形强度的方法是什么?这个方法的理论依据是什么?什么情况下这个方法不能使用。

10-2 试判断图中 AB、BC、CD、DE 各产生那些基本变形?

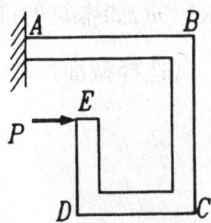 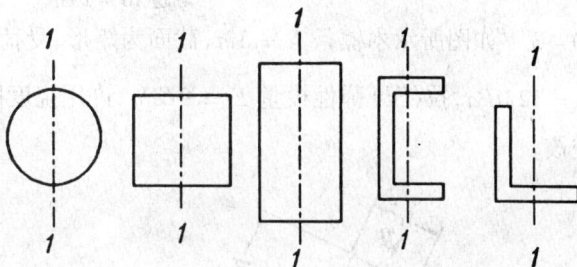

思 10-2 图　　　　　　　　　　　　　　思 10-3 图

10-3 平面弯曲与斜弯曲有何不同?如外力作用在图中 1-1 纵向平面,试指出图示各截面哪个是斜弯曲?哪个是平面弯曲?

10-4 杆件处于组合变形时,在什么情况下要将外力进行分解?又在什么情况下要将外力向一点简化?

10-5 什么是截面核心和核心半径?核心半径和惯性半径有何区别?

习 题

10-1 如图所示的梁 $L = 3m$,截面为矩形 $b \times h = 0.2 \times 0.3 m^2$,受荷载 $P = IKN$ 作用,求

(1)$a = 0°$ 和 $a = 90°$ 时的最大拉应力,并指出发生在何处?

(2)$a = 30°$ 时的最大拉应力,并指出发生在何处?

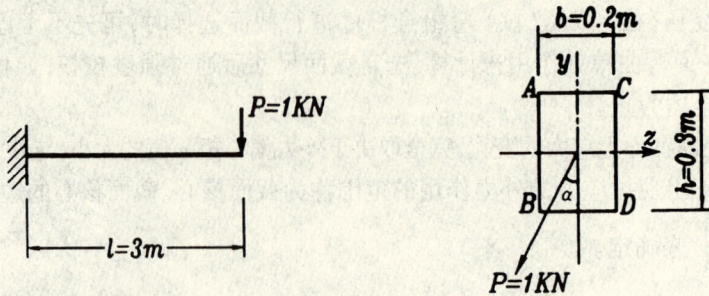

习题 10 – 1 图

10 – 2 如图所示简支梁 $L = 3m$,采用 $NO.22b$ 工字钢,承受荷载 $P = 24KN$,如$[\sigma] = 170MPa$。试校核梁的强度。

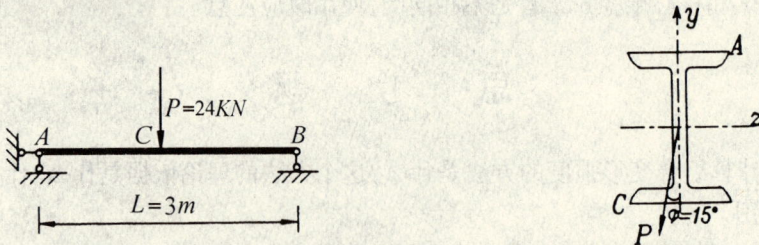

习题 10 – 2 图

10 – 3 如图所示木檩条 $L = 3m$,截面为矩形,受荷载 $q = 0.7KN/m$,如木材的许用应力$[\sigma] = 12MPa$,拉(压)弹性模量 $E = 9GPa$,许用挠度$\left[\dfrac{f}{L}\right] = \dfrac{1}{200}$。试选择截面尺寸,并作刚度校核。

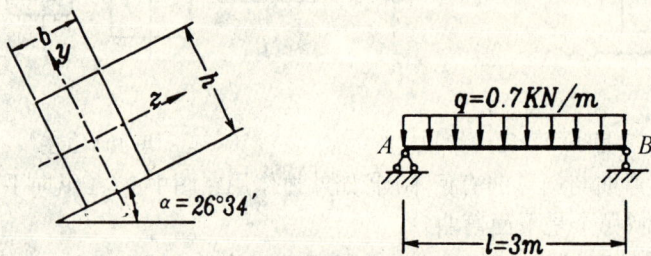

习题 10 – 3 图

10 – 4 如图屋架檩条 $L = 4m$,受荷载 $q = 3.2KN/m$。试选择檩条截面尺寸,若

(1) 檩条为矩形截面木条$[\sigma] = 12MPa$;

(2) 檩条为工字钢$[\sigma] = 160MPa$;

(3) 檩条为槽钢$[\sigma] = 160MPa$;

10 – 5 水塔总重 $6 \times 10^3 KN$,离地面 $18m$ 处受水平风力的合力 $50KN$ 作用,基础为正方形截面,埋深 $3m$,地基土承载力$[\sigma] = 0.3MPa$。试根据地基土壤的强度设计基础的尺寸。

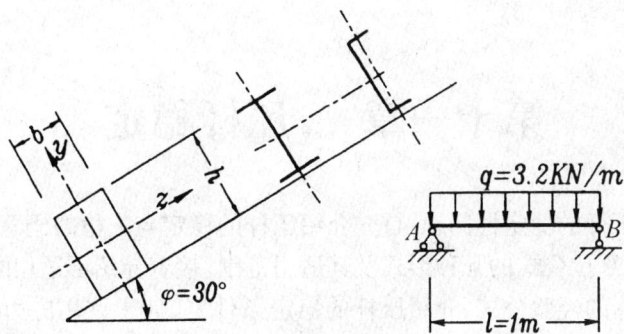

习题 10 – 4 图

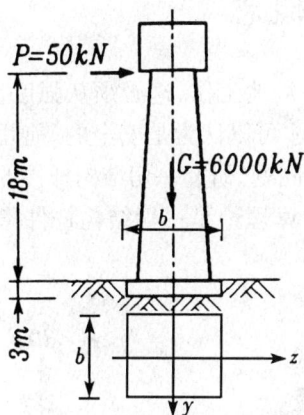

习题 10 – 5 图

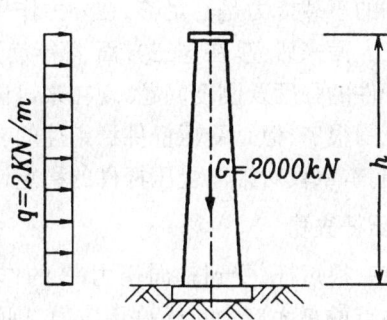

习题 10 – 6 图

10 – 6   砌砖烟囱底部截面外径 $d_1 = 3.6m$,内径 $d_2 = 2.4m$,控制自重最大 $2000KN$,受水平风荷载为 $q = 2KN/m$,如基础顶面 $\sigma_{max}^- \leqslant 1.8MPa$,求烟囱高度 $h = ?$。

10 – 7   工业厂房柱子、受力 P_1,P_2 作用如图。求边缘最大应力为多少?如要求柱截面上不出现拉应力,截面高度 h 应为多少?此时最大压应力为多少?

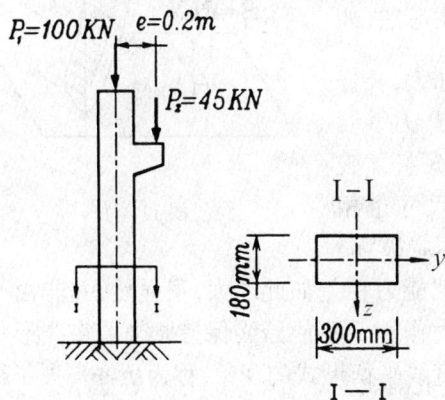

习题 10 – 7 图

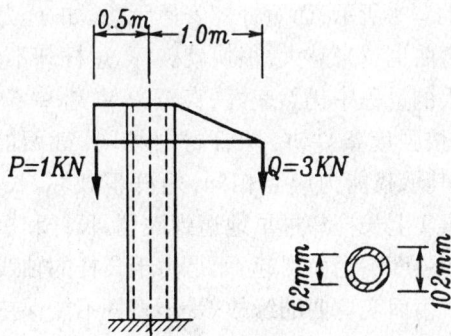

习题 10 – 8 图

10 – 8   图示简易起重机,最大起重量 $Q = 3KN$,配重 $P = 1KN$,求立柱的最大压应力?

第十一章　压杆稳定

本章主要研究压杆的稳定性问题,首先介绍压杆的稳定与失稳的概念,临界力与临界应力的欧拉公式,介绍欧拉公式的几种形式及其适用范围。接着介绍不适用欧拉公式的中小柔度杆的临界应力计算的经验公式,介绍压杆的稳定条件,如何求许用应力折减系数 ϕ。介绍压杆稳定计算的三类问题。最后介绍提高压杆稳定性的几项措施。

第一节　压杆稳定概念

杆件的承载能力是否足够,在外力作用下杆件能否正常地工作,这必须从强度、刚度和稳定性三方面来研究。在这三方面 都能满足要求时,杆件才可以认为是安全的。前几章已经讨论过杆件的强度及刚度问题。现在来讨论杆件的稳定性问题。研究一切结构杆件的稳定性涉及的范围很广,但是受压杆件稳定性的有关概念及其计算理论是一切结构杆件稳定性主要的基础。本章仅对轴向受压杆件的稳定计算进行讨论。

一、压杆失稳

设有一根短杆,受到轴向压力 P 的作用,如果危险截面上危险点的最大应力小于许用应力,则这根杆的强度是足够的,也认为这根杆是安全的。

但是,如果这根杆比较长,情况就不一样了。杆受轴向压力 P 作用后,往往应力尚未达到材料的许用应力时,杆件就开始弯曲,并且越弯越厉害,以致于破坏。

如用两根宽 $30mm$、厚 $5mm$ 的矩形截面木杆做实验,其中一根长 $320mm$,另一根长 $1m$,同时承受轴向压力 P 的作用,当 $P = P_2$ 仅达到 $30N$ 左右时,长杆就开始发生弯曲,如

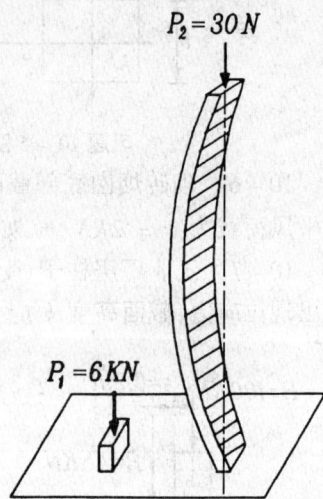

图 11 - 1

图 11 - 1 所示,而短杆却安然无恙。如 $\vec{P}$ 力继续加大,长杆的弯曲也越来越大,很快就破坏。短杆却不然,在 P 力继续加大的过程中仍然完好,直至 $P = P_1 = 6KN$ 时,短杆才破坏。按强度条件讲,两杆材料相同,截面的形状尺寸也相同,其承载能力应当相同,短杆不破坏,长杆也不应破坏,但事实上长杆却过早地遭到破坏。长杆和短杆承载能力相差如此之大,很显然,并非由于长杆的强度不足而引起,而是由于长杆的轴线在压力作用下不能始终保持原来的直线形状下的平衡而变弯曲的缘故。受压直杆不能保持原有直线平衡形式的现象,称为压杆丧失了稳定性,简称压杆失稳。招致压杆失稳而破坏时的压力,比产生强度不足而破坏时的压力要小得多。因此,为了使结构杆件的工作可靠,不仅要保证强度,同时 还要保证它的稳定性。

二、压杆的稳定性问题

有一细长直杆,受到轴向压力 P 的作用,其受力简图如图 $11-2a$ 所示。当压力 P 比较小时,压杆保持直线的平衡状态 A 的形状,虽受到横向力 Q 的干扰,使杆发生微小弯曲成 A',但当干扰力 Q 除去后,杆经几次左右摆动后仍能恢复到原来的直线平衡状态 A,如图 $11-2b$。这表明杆在原有直线形状下的平衡是稳定平衡。当压力 P 逐渐增加到某一定数值 $P=P_{ij}$ 时,横向干扰力 Q 使杆变弯曲后,干扰力虽除去,压杆再也不能恢复到原来的直线形状 B,而处于弯曲的平衡状态 B',如 P 力继续增加到大于 P_{ij} 值时,杆的弯曲将显著加大达到 B''……以致破坏,如图 $11-2c$。这表明压杆原有直线形状下的平衡 B 是不稳定平衡。工程中使用的压杆如果是处在不稳定的平衡状态时,虽然强度足够,但随时随地都有被干扰的可能,最终丧失稳定而破坏。

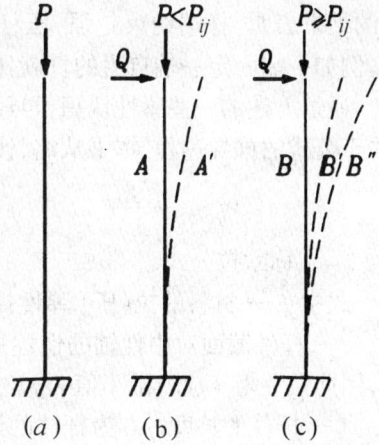

图 $11-2$

细长压杆的直线平衡状态是否稳定,取决于轴向压力的某一定值 P_{ij} 的大小。当 $P<P_{ij}$ 时压杆是处于稳定的直线平衡状态;当 $P>P_{ij}$ 时压杆就处于不稳定的直线平状态,因此 P_{ij} 成为压杆稳定与不稳定直线平衡状态的分界点,是压杆开始丧失稳定的直线平衡状态的最小轴向压力。引起压杆发生弯曲从而失去稳定的直线平衡的最小压力称为该压杆的临界力。

下面讨论如何确定压杆的临界力 P_{ij}。

第二节　临界力的计算

根据第一节所述的情况,临界力是判断压杆稳定与否的重要标志,解决压杆稳定的计算问题,首先需确定临界力。通过实验和在实践中得知影响临界力的因素很多,在压杆的计算中,临界力 P_{ij} 的大小与杆件的长度、截面的形状和大小、杆件的材料,以及杆件两端的支承情况等有关。

一、计算临界力的欧拉公式

从上节得知,两根长度不同,而其它条件完全相同的杆,受轴向压力作用后,长杆比短杆先丧失稳定(见图 $11-1$),而且长度越大,就越容易丧失稳定性。也就是说压杆的长度越大,临界力就越小,临界力 P_{ij} 与杆件的长度成反比,并且临界力减小的比例远比长度增加的比例来得快。

如果两根细长压杆,用同样材料制成,长度相等,截面面积相同但形状不同,一为圆形截面,一为圆环形截面。受轴向压力作用后,圆环形截面的压杆比实心圆截面的压杆稳定性要好得多。这是因为面积相同的圆环形截面的惯性矩要比圆形截面的惯性矩大的缘故。由此得知,压杆截面的惯性矩越大,压杆的临界力就越大,临界力 P_{ij} 与截面对中性轴的惯性矩 I 成正比。

如果两根长度相等,截面的形状和尺寸完全相同的细长压杆,一根是木杆,另一根是钢杆。受轴向压力作用后,木杆比钢杆先丧失稳定,原因是钢的弹性模量比木的弹性模量大。经过多次实验比较得知,压杆材料的弹性模量越大,压杆的临界力也越大,由此得知临界力 p_{ij} 与材料的弹性模量 E 成正比。

另外压杆两端的支承情况不同,也大大地影响着压杆临界力的大小,通过实验和大量实践的结果表明,杆端约束越强,压杆临界力就越高,反之如杆端约束越弱,压杆临界力就越低。例如一端固定一端自由的杆就比两端固定的杆先丧失稳定。

通过上述的一些感性认识,再经过理论分析,就可以推导出压杆临界力的计算公式如下(关于公式的推导过程,本书从略,读者如有兴趣,可参阅其它教材):

$$P_{ij} = \frac{\pi^2 EI}{(\mu L)^2} \qquad (11-1)$$

式 11 - 1 称欧拉公式,

式中 E— 材料的拉(压)弹性模量。

I— 杆件截面对中性轴的惯性矩,由于压杆失稳时,总是在最小刚度平面内首先弯曲失稳,因此惯性矩 I 应取最小值 I_{min}。

L— 杆件的长度,μL 为杆件的计算长度,μ 为长度系数,它的数值根据压杆两端的约束形式不同而定。

二、欧拉公式的几种形式

公式(11 - 1)为求临界力的欧拉公式的通式,式中的长度系数 μ 根据压杆两端支承情况不同而定。通常压杆两端的支承情况有四种:

1.两端铰支($\mu = 1$)

2.一端固定一端自由($\mu = 2$)

3.两端固定($\mu = 0.5$)

4.一端固定一端铰支($\mu = 0.7$)

上述四种支承情况,两端铰支的约束形式是基本的情况。当两端铰支的杆受轴向压力作用而丧失稳定时,它的挠曲线如图 11 - 3a 所示,这是欧拉公式的基本形式,欧拉公式的理论推导就是首先用约束形式为两端铰支的压杆的挠曲线推导出来的。在这种两端铰支的压杆中,长度系数 $\mu = 1$。于是对于两端铰支的压杆的临界力 P_{ij} 为:

$$P_{ij} = \frac{\pi^2 EI_{min}}{l^2} \qquad (11-2)$$

一端固定一端自由的杆受轴向压力作用而丧失稳定时,其挠曲线如图 11 - 3b 所示,它与二倍长的两端铰支压杆挠曲线一半完全相同,因此其临界力也与截面惯性矩相同而长度为 $2L$ 的两端铰支压杆的临界力相等,故其长度系数 $\mu = 2$。于是对于一端固定一端自由的压杆的临界力 p_{ij} 为:

$$P_{ij} = \frac{\pi^2 EI_{min}}{(2l)^2} = \frac{\pi^2 EI_{min}}{4l^2} \qquad (11-3)$$

两端固定的杆受轴向压力作用而丧失稳定时,其挠曲线如图 11 - 3c 所示。它的 $\frac{L}{4}$ 长度的挠曲线与一端固定、一端自由的压杆的挠曲线完全相同。因此,其临界力与长度为 $\frac{L}{4}$、截面惯性矩相同的一端固定、一端自由的压杆的临界力相等,故长度系数 $\mu = \frac{1}{4} \times 2 = \frac{1}{2}$,而两

端固定的压杆的临界力 P_{ij} 为

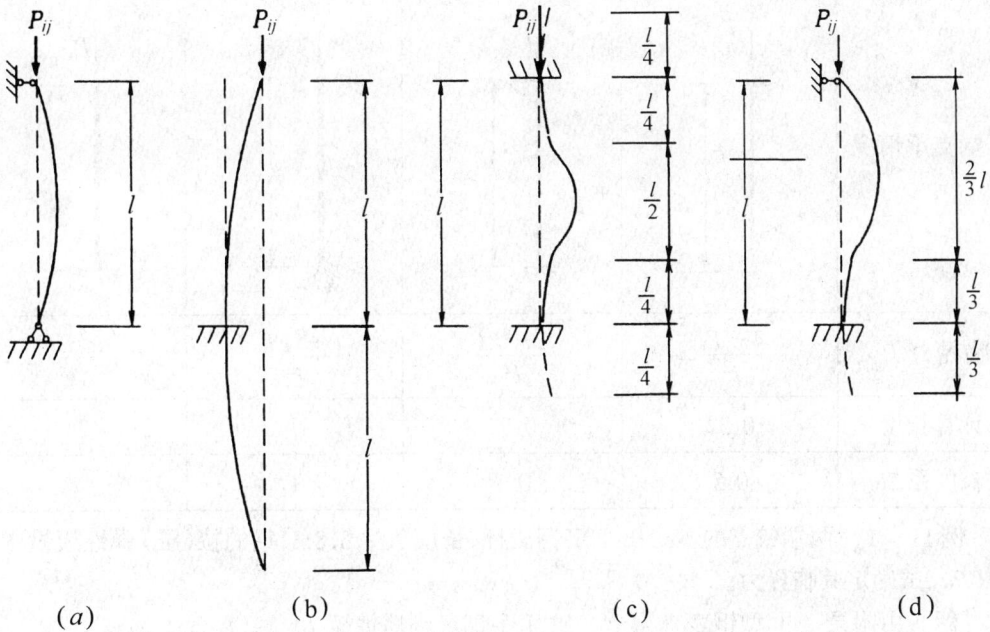

$$(a) \qquad\qquad (b) \qquad\qquad (c) \qquad\qquad (d)$$

图 11 - 3

$$P_{ij} = \frac{\pi^2 EI_{min}}{4(\frac{1}{4}L)^2} = \frac{\pi^2 E \cdot I_{min}}{(2 \cdot \frac{L}{4})^2} = \frac{\pi^2 EI_{min}}{(\frac{L}{2})^2} = \frac{4\pi^2 EI_{min}}{L^2} \qquad (11 - 4)$$

一端固定、一端铰支的杆受轴向压力作用丧失稳定时,其挠曲线如图 11 - 3(d) 所示,它的 $\frac{L}{3}$ 长度的挠曲线与一端固定一端自由的压杆的挠曲线完全相同,因此其临界力与长度为 $\frac{L}{3}$,截面惯性矩相同的一端固定一端自由的压杆的临界力相等,故长度系数 $\mu = \frac{1}{3} \times 2 = \frac{2}{3}$ = 0.7,而一端固定一端铰支的压杆的临界力 P_{ij} 为:

$$P_{ij} = \frac{\pi^2 EI_{min}}{4(\frac{1}{3}L)^2} = \frac{\pi^2 EI_{min}}{(\frac{2}{3}l)^2} = \frac{\pi^2 EI_{min}}{(0.7L)^2} = \frac{2\pi^2 EI_{min}}{l^2} \qquad (11 - 5)$$

上述四种支承情况的压杆的临界力及其长度系数可归纳如表 11 - 1 所示,以便采用。从表中可以看到,杆端的约束越强,μ 值就越小,相应的临界力就越大。

上述四种支承情况,都是理想的情况,它们的杆端约束,都是经过简化后的理想约束。在工程实践中,杆端的连接(约束) 情况是复杂的,有时很难将其简单地归纳为某一种理想的约束,特别是固定端约束不易做到,故实际应用中的长度系数与理想的长度系数 μ 值稍有不同。

表 11 - 1　　　　　　　　　　各种杆端支承时压杆的临界力

杆端支承情况				
临界力 P_{ij}	$\dfrac{4\pi^2 EI}{l^2}$	$\dfrac{2\pi^2 EI}{l^2}$	$\dfrac{\pi^2 EI}{l^2}$	$\dfrac{\pi^2 EI}{4l^2}$
计算长度	$0.5l$	$0.7l$	l	$2l$
长度系数	0.5	0.7	1	2

例 11 - 1　两端铰支的 $No.18$ 工字钢压杆,长度 $L = 3.8m$,钢的拉(压)弹性模量 $E = 200GPa$。试确定其临界力。

[**解**]:由附录 $A\,\mathrm{II}$ 型钢表查得 $No.18$ 工字钢最小惯性矩 $I_{min} = I_y = 122\,cm^4$。

压杆的约束系两端铰支,$\mu = 1$,用公式(11 - 2)求临界力 P_{ij} 为

$$P_{ij} = \frac{\pi^2 EI_{min}}{l^2} = \frac{\pi^2 \times 200 \times 10^9 \times 122 \times 10^{-8}}{(3.8)^2} = 167 \times 10^3 N = 167KN$$

即此杆承受轴向压力达到 $167KN$ 时,会绕 y 轴弯曲而丧失稳定。

例 11 - 2　例 11 - 1 中的压杆改用矩形截面的木杆,截面为 $12 \times h\,cm^2$,木的弹性模量为 $E = 10GPa$,如临界力为大小不变。问截面高度 h 应为多少?如支承情况再改为一端固定一端自由,此时临界力又为多少?

[**解**]:矩形截面木杆的最小惯性矩 I_{min} 应为:

$$I_{min} = \frac{1}{12}h \times 12^3\,cm^4,$$

由公式(11 - 2)得

$$P_{ij} = \frac{\pi^2 EI_{min}}{l^2} = \frac{\pi^2 \times 10 \times 10^9 \times \frac{1}{12} \times h \times 12^3 \times 10^{-8}}{(3.8)^2} = 167 \times 10^3(N)$$

解得　$h = 17cm$

支承情况改为一端固定一端自由后,$\mu = 2$,用公式(11 - 3)求得临界力 P_{ij} 为:

$$P_{ij} = \frac{\pi^2 EI_{min}}{(2l)^2} = \frac{\pi^2 \times 10 \times 10^9 \times \frac{1}{12} \times 17 \times 12^3 \times 10^{-8}}{(2 \times 3.8)^2} = 41.83 \times 10^3 N$$
$$= 41.83KN$$

可见支承情况改变后,临界力减少甚多。

例 11 - 3　$No.20a$ 工字钢压杆,长 $L = 6m$,其两端支承情况是:在最大刚度平面内弯曲时,为一端固定一端自由,在最小刚度平面内弯曲时为两端固定,钢的拉(压)弹性模量 $E = $

$200\,GPa$。求钢压杆的临界力。

[解]：由于最大刚度平面和最小刚度平面内的支承情况不同，所以应分别计算对在两个平面内发生丧失稳定时的临界力，通过比较后确定在那个平面内首先失稳。

计算最大刚度平面内的临界力时，由附录 $A\,\mathrm{II}$ 型钢表知 $I = 2370\,cm^4$，在这个平面内的支承系一端固定一端自由，$\mu = 2$，由公式（11 – 3）得：

$$P_{ij} = \frac{\pi^2 EI}{(\mu L)^2} = \frac{\pi^2 \times 200 \times 10^9 \times 2370 \times 10^{-8}}{(2 \times 6)^2} = 324.8 \times 10^3 N = 325\,KN,$$

计算最小刚度平面内的临界力时，由附录 $A\,\mathrm{II}$ 型钢表知 $I = 158\,cm^4$，在这个平面内的支承系两端固定，$\mu = 0.5$，由公式（11 – 4）得：

$$P_{ij} = \frac{\pi^2 EI}{(\mu L)^2} = \frac{\pi^2 \times 200 \times 10^9 \times 158 \times 10^{-8}}{(0.5 \times 6)^2} = 346.6 \times 10^3 N = 347\,KN$$

经比较后可知，在最大刚度平面内的临界力较小，压杆将在最大刚度平面内首先失稳。

通过本例说明，当最小刚度平面和最大刚度平面内支承情况不同时，压杆不一定在最小刚度平面内首失稳，必须经过分别计算并加以比较后才能确定。

第三节　　临界应力和柔度

一、临界应力和柔度

当压杆所受的压力达到临界力，但尚未超过临界力时，杆件可以在直线情况下维持不稳定的平衡，这时截面上的应力称为临界应力 σ_{ij}，它等于：

$$\sigma_{ij} = \frac{p_{ij}}{A} = \frac{\pi^2 EI_{min}}{(\mu L)^2 A} = \frac{\pi^2 E}{(\mu L)^2} \cdot \frac{I_{min}}{A} = \frac{\pi^2 E}{(\mu L)^2} \cdot r_{min}^2 \qquad (a)$$

式中 $r_{min} = \sqrt{\dfrac{I_{min}}{A}}$ 为压杆截面的最小惯性半径，这样（a）式可以写成：

$$\sigma_{ij} = \frac{\pi^2 E}{(\mu l)^2} r_{min}^2 = \frac{\pi^2 E}{\left(\dfrac{\mu l}{r_{min}}\right)^2} = \frac{\pi^2 E}{\lambda_{max}^2} \qquad (11 – 6)$$

或中 $\lambda_{max} = \dfrac{\mu l}{r_{min}}$ 为压杆的最大柔度或称为最大长细比。压杆的计算长度 μL 与截面的最小惯性半径之比称为压杆的最大柔度 λ_{max}。柔度 λ 为一个无量纲的量，它反映了压杆杆端的支承情况（通过长度系数 μ）、杆长（l）、截面尺寸和形状（通过惯性半径 r）等因素对压杆稳定性的影响。它表示了压杆细长的程度。柔度大，表示压杆细而长，临界应力较小，临界力也就小，杆件容易丧失稳定；反之，柔度小，表示压杆短而粗，临界应力相应的就大，临界力也就大，杆件就不容易丧失稳定。所以，它在压杆稳定的计算中起着非常重要的作用，是影响压杆稳定极为重要的因素。

二、欧拉公式的适用范围

欧拉公式的理论推导是假定材料在弹性范围内并服从虎克定律的前提下应用挠曲线近似微分方程推导出来的。因此压杆在失稳前的应力不得超过材料的比例极限 σ_p，否则应力与应变不成比例，欧拉公式就不能成立。所以，计算压杆临界的欧拉公式只有在临界应力不超过材料的比例极限的范围内才能适用，即

$$\sigma_{ij} = \frac{\pi^2 E}{\lambda^2} \leqslant \sigma_p$$

$$\lambda \geqslant \sqrt{\frac{\pi^2 E}{\sigma_p}} = \lambda_p \qquad (11-7)$$

这就是说:只有当杆的柔度大于 $\lambda_p = \sqrt{\dfrac{\pi^2 E}{\sigma_p}}$ 时,才能运用欧拉公式(11 – 2)至(11 – 5)来计算压杆的临界力。

凡是柔度大于 $\lambda_p = \sqrt{\dfrac{\pi^2 E}{\sigma_p}}$ 能够用欧拉公式来计算临界力的压杆称为细长压杆或大柔度杆。

对于 A_3 钢,它的拉(压)弹性模量的平均值为 $E = 206 GPa$,比例极限的平均值为 $\sigma_p = 200 MPa$,代入公式(11 – 7)可得 $\lambda_p \geqslant 100$。这就是说,如压杆的材料是 A_3 钢,则只有当 $\lambda_p \geqslant 100$ 时,欧拉公式才能适用。

对于木材,它的拉(压)弹性模量的平均值为 $E = 10 GPa$,受压的比例极限的平均值为 $\sigma_p = 8 MPa$,代入公式(11 – 7)可得 $\lambda_p \geqslant 110$。即压杆的材料为木材时,只有当 $\lambda_p \geqslant 110$ 时,才能用欧拉公式计算临界力。

对于铸铁材料制成的压杆,欧拉公式的适用范围为: $\lambda_p \geqslant 80$。

三、超出比例极限范围的临界力的计算

如上所述,只有柔度大于 $\lambda_p = \sqrt{\dfrac{\pi^2 E}{\sigma_p}}$ 的细长压杆,才能应用欧拉公式计算临界力,但是工程中所采用的压杆,很多都不是细长压杆,它们的柔度往往都是小于 $\lambda_p = \sqrt{\dfrac{\pi^2 E}{\sigma_p}}$ 的,这类压杆的临界应力超过比例极限,所以不能用欧拉公式来计算临界力和临界应力。对于这一类压杆如何确定其临界应力,从理论上推导比较复杂,因为压杆受力后,不但有弹性变形,而且有塑性变形;所以目前大多采用通过实验取得的经验公式来确定。最常用的有直线公式和抛物线公式。

我国钢结构设计规范($TJ17-74$)规定适用于我国的经验公式为抛物线公式:

$$\sigma_{ij} = \sigma_s \left[1 - \alpha \left(\frac{\lambda}{\lambda_c} \right)^2 \right] \qquad (11-8)$$

式中　　　σ_s — 材料的屈服极限, A_3 钢 $\sigma_s = 235 MPa$;

　　　　　α — 随材料而异的系数, A_3 钢 $a = 0.43$;

$\lambda_c = \sqrt{\dfrac{\pi^2 E}{0.570 \sigma_s}}$,随材料不同而异,对于 A_3 钢 $E = 206 GPa$, $\sigma_s = 235 MPa$,代入后得 $\lambda_c = 123$,于是

$$\sigma_{ij} = 235 - 0.00668 \lambda^2。$$

对于 16 锰钢则有 $\sigma_{ij} = 343 - 0142 \lambda^2$ 。

因此,公式(11 – 8)也可写成如下形式:

$$\sigma_{ij} = a - b\lambda^2 \text{——经验公式} \qquad (11-9)$$

这里 a 、b 都是与材料性质有关的常数,可以通过实验予以测定,单位为 MPa ,一些常用

材料的 a、b 值见表 11 – 2。

这时,临界应力总图由两部分组成,如图 11 – 4 所示,即对应于大柔度杆的欧拉双曲线 BCD 与对应于柔度比较小的杆不适用欧拉曲线的抛物线 CE。凡是柔度较小不能用欧拉公式而只能用经验公式(11 – 8)或(11 – 9)来计算临界应力的压杆称为中、小柔度杆。

从图 11 – 4 的用 A_3 钢制成的压杆的临界力总图可以看出,欧拉双曲线 BC 与抛物线 E

表 11 – 2

材料	$E(GPa)$	$a(MPa)$	$b(MPa)$	λ
A_3 钢	206	235	0.00668	0 ~ 123
A_3 钢	206	275	0.00853	0 ~ 96
16 锰钢	206	343	0.0142	0 ~ 102
铸 铁	108	392	0.0361	0 ~ 74

C 的接触点 C 点的坐标 (λ_c, σ_c) 可由欧拉公式 $\sigma_{ij} = \dfrac{\pi^2 E}{\lambda^2}$ 与经验公式 $\sigma_{ij} = a - b\lambda^2$ 解得。对于 A_3 钢,$E = 206 GPa$,$a = 235 MPa$,$b = 0.00668 MPa$,代入上二式并解之,得

$$\lambda c = 123, \quad \sigma_c = 134 MPa,$$

由于工程实际中,不大可能使压杆处于理想的轴向受力的情况,而由试验得出的 CE 曲线又能够反映压杆的实际情况。因此,在选用临界应力的计算式时,对于 A_3 钢并不以 $\lambda_p = 100$ 作为欧拉公式与经验公式(11 – 9)的分界点,而是以 $\lambda_c = 123$ 作为分界点。即当 $\lambda_c \geq 123$ 时用欧拉公式(11 – 6),$\lambda c < 123$ 时用经验公式(11 – 9)来计算临界应力。

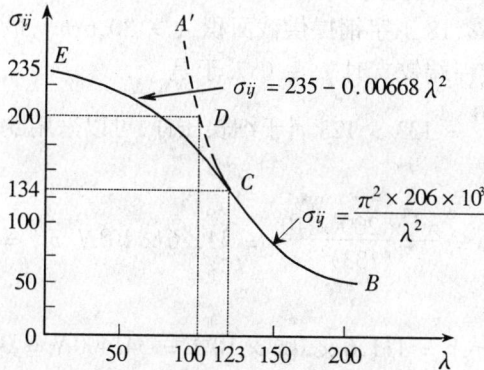

图 11 – 4

直线公式比较简便,常用形式有:

$$\sigma_{ij} = a - b\lambda \qquad\qquad (11 – 10)$$

式中 a、b 也都是与材料性质有关的常数,通过实验测定,单位为 MPa。但应注意,公式(11 – 10)中的常数 a、b 并不是公式(11 – 9)或表 11 – 2 中的常数 a、b。例如当用公式(11 – 10)时,对于 $A3$ 钢:$a = 304$,$b = 1.12$;对于松木:$a = 28.7$,$b = 0.19$;对于铸铁 $a = 332.2$,$b = 1.454$。

用公式(11 – 10)时,临界应力也不应超过材料的屈服极限 σs,即

$$\sigma_{ij} = a - b\lambda \leqslant \sigma_s$$

$$\lambda \geqslant \frac{a - \sigma_s}{b} = \lambda_s$$

这就是公式(11－10)的适用范围。

凡 $\lambda > \lambda_s$ 的压杆又称为中长杆,它的破坏也有明显的失稳现象,可用经验公式(11－9)计算临界应力 P_{ij}。

而 $\lambda < \lambda_s$ 的压杆称为短杆,它的破坏都是由于强度不足而引起的,没有失稳现象。

例 11－4   No.22a 工字钢压杆,长 $l = 3.0m$,两端铰接,承受压力 $P = 500KN$,钢的拉(压)弹性模量 $E = 200GPa$。问此压杆是否安全。

[解]:查附录 A II,No.22a 工字钢的截面积 $A = 42cm^2$,最小惯性半径 $r_{min} = 2.31cm$,因系两端铰接支承,所以 $\mu = 1$,于是

$$\lambda = \frac{\mu L}{r} = \frac{300}{2.31} = 129.9 > 123 \text{ 属于细长压杆,可以采用欧拉公式(11－6)计算临界应}$$

力 σ_{ij},

$$\sigma_{ij} = \frac{\pi^2 E}{\lambda^2} = \frac{\pi^2 \times 200 \times 10^9}{(129.9)^2} = 117 \times 10^6 N/m^2 = 117 MPa,$$

临界力 P_{ij} 为:

$$P_{ij} = \sigma_{ij}A = 117 \times 10^6 \times 42 \times 10^{-4} = 491400N = 491.4KN。$$

实际荷载 $P = 500KN$,超过了临界力 $P_{lj} = 491.4KN$,所以压杆将丧失稳定而破坏。

例 11－5   如将例 11－1 的压杆支承改为下列情况,试求其临界应力及临界力。

(1) 支承为一端固定一端铰支。

(2) 两端固定。

[解]:查附录 A II,No.18 工字钢提供截面积 $A = 30.6cm^2$,最小惯性半径 $r_{min} = 2cm$,

(1) 支承为一端固定一端铰支时 $\mu = 0.7$,于是

$$\lambda = \frac{\mu L}{r} = \frac{0.7 \times 380}{2} = 133 > 123 \text{ 属于细长压杆,可以采用欧拉公式(11－6)计算临界}$$

应力 σ_{lj}。

$$\sigma_{lj} = \frac{\pi^2 E}{\lambda^2} = \frac{\pi^2 \times 200 \times 10^9}{(133)^2} = 111.6 \times 10^6 N/m^2 = 111.6 MPa$$

临界力 P_{lj}。

$$P_{lj} = \sigma_{lj}A = 111.6 \times 106 \times 10^{-4} = 341400N = 341.4KN$$

(2) 两端固定支承 $\mu = 0.5$,于是

$$\lambda = \frac{\mu l}{r} = \frac{0.5 \times 380}{2} = 95 < 123 \text{ 属于中小柔度杆,须用经验公式(11－8)计算临界应力}$$

σlj。

由表 11－2 查得 A_3 钢的 $a = 240MPa$,$b = 0.00682MPa$,

临界应力 σ_{lj} 为:

$$\sigma_{ij} = a - b\lambda^2 = 240 - 0.00682 \times 95^2 = 178.5 MPa,$$

临界力 P_{lj} 为:

$$P_{ij} = 178.5 \times 10^6 \times 30.6 \times 10^{-4} = 546000N = 546KN。$$

例 11 – 6   图 11 – 5 所示支架中压杆 *AB* 的直径为 $28mm$，材料为 A_3 钢，$E = 200GPa$。试求荷载 P 的最大值。

[解]:从支架的受力情况知 *AB* 杆为受压杆件,因此应考虑 *AB* 杆受压的稳定性。

AB 杆两端铰支,$\mu = 1, \mu l = 1 \times 1 = 1m$,惯性半径

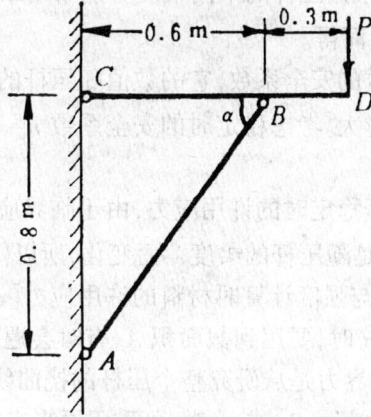

图 11 – 5

$$r = \frac{d}{4} = \frac{28}{4} = 7mm, 于是$$

$$\lambda = \frac{\mu L}{r} = \frac{1000}{7} = 143 > 123, 可用欧拉公式(11 – 6)$$

计算 *AB* 杆的临界应力 σ_{ij} 及临界力 N_{ij}。

$$\sigma_{ij} = \frac{\pi^2 E}{\lambda^2} = \frac{\pi^2 \times 200 \times 10^9}{(143.9)^2} = 96.4 \times 10^6 N/m^2 = 96.4 MPa,$$

$$N_{lj} = \sigma_{lj} A = 96.4 \times 10^6 \times \frac{\pi}{4} \times 2.8^2 \times 10^{-4} = 58.7 \times 10^3 N = 59.3 KN。$$

取 *CD* 杆为研究对象,由 $\sum M_c = 0$

$$59.3 \times \frac{4}{5} \times 0.6 - p \times 0.9 = 0$$

$$P = 31.62 KN$$

荷载 *p* 的最大值不得超过 $31.62 KN$,否则 *AB* 杆将丧失稳定,从而使整个支架破坏。

第四节   压杆的稳定计算

一、压杆的稳定条件

在考虑压杆的稳定性时,为保证整个结构的稳定,应使实际作用在压杆上的压力,不超过压杆的临界力。因此,如同考虑杆件的强度问题一样,也应选定一个安全系数,使作用在压杆上的压力不超过压杆的临界力,即压杆中的实际应力不超过稳定时的许用应力。

压杆的稳定条件为:

$$p \leq \frac{P_{ij}}{n_w}$$

$$或\quad \sigma = \frac{P}{A} \leqslant \frac{P_{lj}}{n_w A} = \frac{\sigma_{lj}}{n_w} = [\sigma_W] \tag{11-11}$$

式中　　P 为实际作用在压杆上的压力。

P_{lj}——压杆的临界力,等于临界应力 σ_{lj} 乘以压杆横截面面积 A,$P_{lj} = \sigma_{lj} \cdot A$。

σ_{lj}——临界应力,可根据压杆的不同柔度分别采用欧拉公式(11 – 6) 或经验公式 (11 – 9) 计算而得。

n_w——为考虑稳定时的安全系数,它的数值随压杆的柔度 λ 而变化,λ 越大,所取 安全系数也越大。考虑稳定时的安全系数 n_w 一般都大于考虑强度时的安 全数 n。

$[\sigma_w]$——为考虑压杆稳定时的许用应力,由于临界应力 σ_{lj} 与考虑稳定时的安全 系数 n_w 都是随压杆的柔度 λ 而变化,所以 $[\sigma_w]$ 也是随柔度 λ 变化的一 个变量,这与强度计算时材料的许用应力 $[\sigma]$ 是个常量有所不同。

在计算压杆中的实际应力 σ 时,要用到截面积 A,有时会遇到截面有螺栓孔或缺口等局部削弱的情况。但由于压杆的临界力是从研究整个压杆的挠曲线推导出来的,截面的局部削弱对挠曲线的影响很小,所以在计算 P_{lj} 或 σ_{lj} 时,可采用原来未曾削弱的截面尺寸来计算面积 A,惯性矩 l 和惯性半径 r,但应对削弱后的净截面作强度校核。

二、许用应力折减系数

考虑压杆的稳定时,稳定条件为:

$$\sigma = \frac{P}{A} \leqslant [\sigma_w] = \frac{\sigma_{lj}}{n_w} \tag{11-11}$$

由于 $[\sigma_w]$ 是个变量,算出实际应力 σ 和许用力 $[\sigma_w]$ 加以比较时,显然 感到不方便。为易于比较起见,可 将考虑压杆稳定时的许用应力 $[\sigma_w]$,用考虑强度时材料的许用应 力 $[\sigma]$ 来表达,它们之间的关系用 一个系数 φ 表示之,即

$$\varphi = \frac{[\sigma_w]}{[\sigma]} = \frac{\sigma_{lj}/n_w}{\sigma^o/n} = \frac{\sigma_{lj}}{\sigma^o} \cdot \frac{n}{n_w}$$

$$[\sigma_w] = \varphi[\sigma]$$

式中 σ^o——为材料的极限强度,

n——考虑强度时的安全系数。

由于 σ_{lj} 总是小于 σ^o,n_w 总是 大于 n,因此 φ 值总是小于 1。φ 称 为考虑稳定时压杆的许用应力折 减系数。$\varphi \cdot [\sigma] = [\sigma_w]$ 表示将考

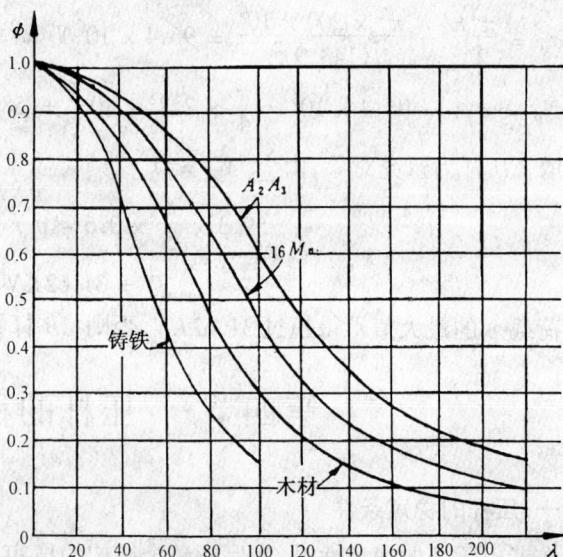

图 11 – 6

虑强度时材料的许用应力乘以一个小于 1 的系数折减为考虑稳定时的许用应力。

压杆的许用应力折减系数 φ 随不同材料按压杆的柔度 λ 在图 11 – 6 中查得之。

于是压杆的稳定条件可写成:

$$\sigma = \frac{P}{A} \leqslant \varphi[\sigma] \qquad\qquad (11-12)$$

但在计算时,通常采用

$$\sigma = \frac{P}{\varphi A} \leqslant [\sigma] \qquad\qquad (11-13)$$

用公式(11-13)计算比用公式(11-12)更为方便,算出 σ 后直接与材料的许用应力 $[\sigma]$ 比较。但是要注意,按公式(11-12)计算出的应力是压杆在给定荷载作用下截面上的实际应力,而用公式(11-13)计算出的应力并非截面上的实际应力,它是一个假想的数值,由于 ϕ < 1,所以 $P/\phi A > P/A$,因此,$6 = P/\phi A$,比实际应力大,只是为了比较方便而采用的。

在工程中为计算方便,根据图 11-6 的"$\varphi - \lambda$"曲线制成表 11-3,以便于查用。

表 11-3   折减系数 ϕ 值表

柔度 λ	A2 钢 A3	16 锰钢	铸铁	木材	砌体
0	1.000	1.000	1.0	1.000	1.00
10	0.995	0.993	0.97	0.970	0.98
20	0.981	0.973	0.91	0.932	0.96
30	0.958	0.940	0.81	0.882	0.90
40	0.927	0.895	0.69	0.822	0.83
50	0.888	0.840	0.57	0.750	0.76
60	0.842	0.776	0.44	0.658	0.70
70	0.789	0.705	0.34	0.575	0.63
80	0.731	0.627	0.26	0.460	0.57
90	0.669	0.546	0.20	0.371	0.51
100	0.604	0.462	0.16	0.300	0.46
110	0.536	0.384		0.248	
120	0.466	0.325		0.209	
130	0.401	0.279		0.178	
140	0.349	0.242		0.153	
150	0.306	0.213		0.134	
160	0.272	0.188		0.117	
170	0.243	0.168		0.102	
180	0.218	0.151		0.093	
190	0.197	0.136		0.083	
200	0.180	0.124		0.075	

三、稳定计算

压杆的稳定计算和强度计算一样，通常是下列三类问题。

(一) 稳定校核

这类问题的已知条件是：压杆截面的形状及尺寸(或型号)、压杆的长度及两端支承情况、杆件的材料及其许用应力，以及作用在杆件上的压力，要求对这根压杆进行校核，视其是否满足稳定要求。

计算步骤为：

1. 计算压杆截面的最小惯性矩 I_{min}、面积 A，最小惯性半径 $r_{min} = \sqrt{\dfrac{I_{min}}{A}}$，

2. 计算压杆的最大柔度 $\lambda_{max} = \dfrac{\mu L}{r_{min}}$，

3. 根据压杆的材料及其柔度 λ 在图 11 – 6 或表 11 – 3 中查得相应的许用应力减系数 φ，

4. 代入公式(11 – 13)求出 σ 值，与 $\varphi[\sigma]$ 比较是否符合稳定条件。

如压杆截面有削弱，还应按削弱处的净截面积校核压杆的强度。

为了防止细长压杆在自重作用下产生较大的挠度和在动力荷载作用下产生较大的振动，应使杆件的最大柔度 λ_{max} 在一定的范围之内，不得超过一个容许柔度值[λ]。

这样，压杆的验算实际上是要求压杆同时满足强度，稳定性，容许柔度。

(二) 确定许可荷载

这类问题的已知条件也是：压杆截面的形状和尺寸(或型号)，压杆的长度及两端支承情况，杆件的材料及其许用应力，求压杆所能承担的最大压力。这类问题的计算步骤和第一类问题一样，公式(11 – 13)。可写成[P] $\leq \varphi A \cdot [\sigma]$。

1. 先求最小惯性半径 r_{min}，

2. 计算最大柔度 λ_{min}，

3. 查出相应的许用应力折减系数 φ，

4. 求许可荷载[P] $= \varphi A [\sigma]$

(三) 截面尺寸设计

这类问题的已知条件是，作用在压杆上的荷载，压杆的长度及两端支承情况，杆件的材料及其许用应力，以及截面的形状，要求选择适当的截面尺寸或型号。公式(11 – 13)可以写成 $A \geqslant \dfrac{P}{\varphi[\sigma]}$ 形式，但由于 φ 值本身系通过柔度 λ 与惯性半径 r 进而与截面的尺寸相关，当截面尺寸尚未选定时，φ 值也无法确定，从而不能计算出面积 A 的大小。面积 A 和许用应力折减系数 φ 系一个式子中互相关联的两个未知数，求算时必须采用逐次试算法来决定，其计算步骤为：

1. 先根据经验假定一个 φ 值，通常可假定 $\varphi = 0.5 \sim 0.6$。

2. 由 $A \geqslant \dfrac{P}{\varphi(\sigma)}$ 初步定出截面尺寸及型号，并计算出惯性半径 r。

3. 按初选尺寸 R 计算柔度 λ。

4. 按计算的柔度 λ 由图 11 – 6 或表 11 – 3 查出许用应力折减系数 φ_i，将这个 φ_i 值与原先假定的 φ 值相对照，视其有无相差，相差多少。如相差不大，即认为假定的 φ 值符合实际的情况；如相差比较大，则应重新假定一个 φ 值。这时可取第一次假定的 φ 值与计算所得的 φ_1

值的平均值,当作第二次假定的 φ 值,重复以上(1)~(4)的计算,直到计算所得的折减系数 φ_1 值与假定的 φ 值比较接近时为止。一般这样试算二至三次后,即可使二者接近。

5. 按最后的折减系数 φ_1 值代入(11-13)式中校核压杆的稳定。

6. 验算柔度是否符合规定。

7. 如设计截面有削弱时,仍应按净截面校核强度。

例 11-7 钢管支柱长 $L = 4m$,两端铰接,管截面的外径 $d_1 = 100mm$,内径 $d_2 = 90mm$,材料为 A_3 钢,许用应力 $[\sigma] = 170MPa$,受轴向压力 $p = 120kN$ 作用。试校核柱的稳定性。

[**解**]:支柱截面的惯性矩和截面积 A 为

$$I_{min} = I_z = I_y = \frac{\pi}{64}(d_1^4 - d_2^4) = \frac{\pi}{64}(0.1^4 - 0.09^4) = 169 \times 10^{-8} m^4,$$

$$A = \frac{\pi}{4}(d_1^2 - d_2^2) = \frac{\pi}{4}(0.1^2 - 0.09^2) = 14.9 \times 10^{-4} m^2,$$

惯性半径 r_{min} 为:

$$r_{min} = \sqrt{\frac{I_z}{A}} = \sqrt{\frac{169 \times 10^{-8}}{14.9 \times 10^{-4}}} = 0.0337m$$

支柱的柔度 λ 为:

$$\lambda = \frac{\mu l}{r} = \frac{1}{0.0337} = 118.7$$

由表 11-3 并应用插入法求得 $\lambda = 118.7$ 时,$\varphi = 0.47$,于是按公式(11-13)得

$$\sigma = \frac{p}{\varphi A} = \frac{120 \times 10^3}{0.474 \times 14.9 \times 10^{-4}} = 169.9MPa < [\sigma] = 170MPa$$

说明支柱的稳定性合格。

例 11-8 2根⌐125×80×12 不等边角钢组成的压杆,长 $l = 5.5m$,一端固定一端铰支,截面形状如图 11-7 所示,材料为 A_3 钢,许用应力 $[\sigma] = 170MPa$。求该杆所能承受荷载 $[p]$。

[**解**]:由附录 A Ⅱ 型钢表查得一个⌐125×80×12 不等边角钢的截面积为 $23.35cm^2$,对 z 轴和对 y 轴的惯性矩分别为 $364.4cm^4$、$209.7cm^4$,于是组合截面的面积 $A = 2 \times 23.35 = 46.7cm^2$,惯性矩 $I_z = 2 \times 364.4 = 728.8cm^4$,$I_y = 2 \times 209.7 = 419.4cm^4$,由于 $I_z > I_y$,所得最小惯性半径 r_{min} 为:

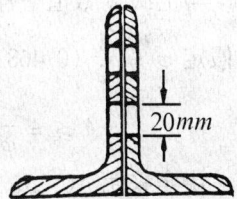

图 11-7

$$r_{min} = \sqrt{\frac{I_{min}}{A}} = \sqrt{\frac{419.4}{46.7}} = 3.0cm = 0.03m$$

杆端支承为一端固定一端铰支,故 $\mu = 0.7$,压杆的柔度 λ 为

$$\lambda = \frac{\mu L}{r} = \frac{0.7 \times 55}{0.03} = 128.3$$

由表 11-3 并应用插入法求得 $\lambda = 128$ 时,$\varphi = 0.412$,于是按公式(11-13)得许用荷载 $[P]$ 为

$$[P] = \varphi A[\sigma] = 0.412 \times 46.7 \times 10^{-4} \times 170 \times 10^6$$

$$= 327 \times 10^3 N = 327KN$$

由于压杆截面有钉孔削弱,应校核净截面的强度,净面积 A_j 为:

$$A_j = (23.35 - 2 \times 1.2 \times 2) \times 2 \times 10^{-4} = 37.1 \times 10^{-4} m^2$$

按强度公式校核应为:

$$\sigma = \frac{p}{A_j} = \frac{327 \times 10^3}{37.1 \times 10^{-4}} = 88.1 \times 10^6 N/m^2 = 88.1 MPa < [\sigma] = 170 MPa$$

例 11 – 9 工字钢长 $L = 6.0 m$,两端固定,承受轴向压力 $P = 400 kN$,材料为 A_3 钢,许用应力 $[\sigma] = 170 MPa$,试选择工字钢型号。

[解]:先假定 $\varphi = 0.5$,由公式(11 – 13)可得:

$$A \geqslant \frac{p}{\varphi[\sigma]} = \frac{400 \times 10^3}{0.5 \times 170 \times 10^6} = 47 \times 10^{-4} m^2 = 47 cm^2$$

从附录 A Ⅱ 型钢表中查得 $NO.25a$ 工字钢提供 $A = 48.5 cm^2$,$r_{min} = 2.403 cm$,于是柔度 λ 为

$$\lambda = \frac{\mu L}{r} = \frac{0.5 \times 6.0}{0.02403} = 124.8$$

从表 11 – 3 中查得相应的 $\varphi_1 = 0.435$,和原先假定的 $\varphi = 0.5$ 相差较大,必须重新假定 φ 值,再进行计算。

重新假定 $\varphi = \frac{1}{2}(0.5 + 0.435) = 0.468$ 并有

$$A \geqslant = \frac{p}{\varphi[\sigma]} = \frac{400 \times 10^3}{0.468 \times 170 \times 10^6} = 50.3 \times 10^{-4} m^2 = 50.3 cm^2$$

从附录 A Ⅱ 型钢表中查得 $NO.25b$ 工字钢提供 $A = 53.5 cm^2$,$r_{min} = 2.404 cmn$,于是柔度 λ 为:

$$\lambda = \frac{\mu L}{r} = \frac{0.5 \times 0.6}{0.02404} = 124.8$$

与上次 λ 数值一样,相应的 $\varphi_1 = 0.435$ 与假定的 $\varphi = 0.468$ 仍有一定相差。因此,第三次假定 $\varphi = \frac{1}{2}(0.468 + 0.435) = 0.452$ 则有

$$A \geqslant = \frac{p}{\varphi[\sigma]} = \frac{400 \times 10^3}{0.452 \times 170 \times 10^6} = 52.1 \times 10^{-4} m^2 = 52.1 cm^2$$

决定采用 $NO.25b$ 工字钢,提供 $A = 53.5 cm^2$,$r_{min} = 2.404 cm$,相应的柔度 $\lambda = 124.8$,$\varphi_1 = 0.435$,按公式(11 – 13)校核为:

$$\sigma = \frac{P}{\varphi A} = \frac{400 \times 10^3}{0.435 \times 53.5 \times 10^{-4}} = 171.88 \times 10^6 N/m^2 = 171.9 MPa > [\sigma] = 170 MPa$$

对所选截面进行校核,结果大于许用应力值,超过

$$\frac{171.9 - 170}{170} \times 100 = 1.1\%$$

由于未超过 5%,仅超过 1.1%,所选截面是安全的。

例 11 – 10 例 11 – 9 的压杆横截面如采用下列形式,试比较其受力结果。

(1)采用 $2 – NO.16$ 槽钢,槽钢背紧靠如图 11 – 8a。

(2)采用 $2 – NO.12.6$ 槽钢组成方形截面如图 11 – 8b。

[解]:(1)采用 $2 – NO.16$ 槽钢紧靠。

由附录 A Ⅱ 型钢表查得一个 $NO16$ 槽钢的截面面积为 $25.15 cm^2$,对 Z 轴的惯性矩为 $934.5 cm^4$,对 y 轴的惯性矩为 $160.8 cm^4$。组合后组合截面的惯性矩 I_z 显然大于 I_y,所以最小

惯性半径 r_{min} 为:

$$r_{min} = \sqrt{\frac{2 \times 160.8}{2 \times 25.15}} = 2.53$$

压杆的柔度 λ 为

$$\lambda = \frac{\mu L}{r} = \frac{3.00}{0.0253} = 118.6$$

由表 11 – 3 并用插入法求得相应的折减系数 φ 为

$\varphi = 0.476$,于是压杆的许用荷载 $[P]$ 为:

$$[P] = \varphi A[\sigma] = 0.476 \times 2 \times 25.15 \times 10^{-4} \times 170 \times 10^{6}$$
$$= 407(KN)$$

将此结果与例 11 – 9 比较:

材料节省 $\quad \dfrac{53.5 - 2 \times 25.15}{53.5} \times 100 = 6\%$

许用荷载加大 $\dfrac{407 - 400}{400} \times 100 = 1.75\%$

可见用两个槽钢的截面比用一个工字钢截面经济。

(2) 采用 2 – N012.6 槽钢组成的方形截面:

由附录 A II 型钢表查得一个 N0.12.6 槽钢的截面面积为 $15.69 cm^2$,对 z 轴的惯性矩为 $391.5 cm^4$,对 y 轴的惯性矩为 $38 + 15.69(5.3 - 1.59)^2 = 254 cm^4$。组合后组合截面的惯性矩 I_y 小于 I_z,所以最小惯性半径 r_{min} 为:

$$r_{min} = \sqrt{\frac{2 \times 254}{2 \times 15.69}} = 4.02 cm$$

压杆的柔度 λ 为

$$\lambda = \frac{3.0}{0.0402} = 75$$

由表 10 – 3 计算得相应的 $\varphi = 0.760$,于是许用荷载 $[P]$ 为:

$[P] = 0.760 \times 2 \times 15.69 \times 10^{-4} \times 170 \times 10^{6} = 405 KN$

与例 11 – 9 比较,得知

材料节省 $\quad \dfrac{53.5 - 2 \times 15.69}{53.5} \times 100 = 41.3\%$

许用荷载加大 $\dfrac{405 - 400}{400} \times 100 = 1.25\%$

足见用两个槽钢组成方形截面,可以大大地节省材料。

现在来讨论,如果这两个 N0.12.6 槽钢背紧靠形成图 11 – 8a 一样的组合截面,它的承载能力如何。由附录 A 型钢表查得 $I_y = 2 \times 77.09 = 154.18 cm^4$,计算得最小惯性半径 $r_{min} = \sqrt{\dfrac{154.18}{2 \times 15.69}} = 2.22 cm$,柔度 $\lambda_{max} = \dfrac{3.0}{0.0222} = 135.1$,由表 11 – 3 计算得相应的 $\varphi = 0.375$,于是许用荷载 $[P]$ 为:

$[P] = 0.375 \times 2 \times 15.69 \times 10^{-4} \times 170 \times 10^{6} = 200 KN$

这个数值只有方形截面许用荷载的一半。因此两个槽钢紧靠成图 11 – 8a 的形式不如把它布置成图 11 – 8b 的方形能承担较大的荷载,也就是图 11 – 8b 比图 11 – 8a 的形式更为经济。

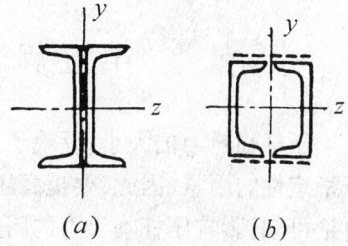

$(a) \qquad (b)$

图 11 – 8

第五节　　提高压杆稳定性的措施

压杆临界力的大小,反映了压杆稳定性的高低,影响压杆临界力的因素,也就是影响压杆稳定性的因素。因此,要提高压杆的稳定性,就要从提高压杆的临界力着手。从以上各节的讨论可知,影响压杆临界力的因素有:压杆的长度及两端的支承情况,压杆截面的形状和尺寸,压杆的材料性质等。只有从这几方面来加以考虑,采取一些适当的措施,就能提高压杆的稳定性。

一、减少压杆的支承长度及加强约束的牢固性

临界力大小的关键是柔度 λ,由于柔度 λ 与计算长度 μL 成正比,μL 越大,柔度 λ 也越大,相应的临界应力就减少。因此,在可能情况下,应尽量减少压杆的支承长度,或者增加中间支承,以提高压杆的稳定性。

此外,由表 11 – 1 可知,压杆两端约束的牢固程度越高,长度系数 μ 值就越小,从而就降低了柔度 λ 的数值,也就是提高了临界应力的数值,压杆的稳定性就得到了相应的提高。

例 11 – 2、例 11 – 5 的计算结果,都充分说明了要高压杆的稳定性,必须改善杆端的约束情况。

二、选择合理的截面形状

从以上各节可知,临界应力随柔度的减小而增大,而柔度 λ 又与截面的惯性半径 r 成反比。因此,要提高压杆的稳定性,应尽量使惯性半径 r 大一些。惯性半径 $r = \sqrt{\dfrac{I}{A}}$,如果加大惯性矩 I,也就是加大了惯性半径 r,当然也就提高了压杆的稳定性。因此,在面积不变的情况下,应尽量使截面材料远离截面的中性轴,以加大惯性矩。例如,空心圆管的临界力,就要比截面积相同的实心圆杆的临界力大得多。

压杆总是在柔度 λ 大的纵向平面内首先失稳,为了充分发挥压杆在稳定性方面的作用,应使压杆在各个纵向平面的柔度尽量接近。所以,当压杆在两个互相垂直的纵向平面内的支承情况相同时,应尽量使截面的最大和最小两个惯性矩接近相等。当压杆在两个互相垂直的纵向平面内的支承情况不相同时,就应使截面对两个互相垂直的轴的惯性矩也不相同,从而达到在两个互相垂直的纵向平面的柔度接近相等。

例 11 – 9、例 11 – 10 的计算结果,就说明了一个工字钢的承载能力不如两个槽钢;而如同图 11 – 8a 两个紧靠的槽钢的承载能力,又不如图 11 – 18b 两个组成方形的槽钢。

三、合理选择材料

对于大柔度压杆,据欧拉公式,临界应力与材料的拉(压)弹性模量 E 成正比,所以杆件材料的拉(压)弹性模量越大,临界应力也越大。为了提高压杆的稳定性,宜采用拉(压)弹性模量 E 较大的材料。但压杆的临界应力与材料的强度无关,对于钢材来说,各种钢材的拉(压)弹性模量值相差不大,一般都在 $200 - 210GPa$ 之间,高强度钢比普通钢的 E 值相差不大,所以用高强度钢并不能提高压杆的稳定性。

对于中小柔度杆,它的破坏既有失稳现象,也有强度不足现象,所以它的临界应力与材料的强度有关,强度越高的材料,临界应力也越大。所以对中小柔度压杆采用高强度钢材,比

采用普通钢材,有利于提高压杆的稳定性。这是与大柔度压杆不同的地方。

本章小结

一、压杆的稳定性对整个结构的安全具有重要的意义。解决压杆稳定问题的关键,在于计算临界力和临界应力,而计算临界应力的关键是决定柔度 λ。

二、压杆由稳定的直线平衡过渡到不稳定的直线平衡的最小轴向压力,即使压杆丧失稳定的直线平衡的最小压力,就是临界力 P_{ij}。对一定条件的压杆,临界力是一定的,不因荷载大小而改变。

三、临界力的大小随杆件的长度、两端的支承情况、杆件的材料、截面的尺寸和形状等而不同。

对于大柔度杆用欧拉公式 $P_{ij} = \dfrac{\pi^2 EI}{(\mu L)^2}, \sigma_{ij} = \dfrac{\pi^2 E^2}{\lambda^2}$,

对于中小柔度杆用经验公式 $\sigma_{ij} = a - b\lambda^2$。

四、压杆根据柔度 λ 的大小分为两类:$\lambda \geqslant 123$ 为大柔度杆;$\lambda < 123$ 为中小柔度杆。

五、压杆的计算长度 μL 与截面惯性半径 r 之比 $\dfrac{\mu L}{r}$ 称为压杆的柔度或叫长细比 λ。μ 为长度系数,根据压杆两端支承情况而不同。

两端固定 $\mu = 0.5$

一端固定一端铰支 $\mu = 0.7$

两端铰支 $\mu = 1.0$

一端固定一端自由 $\mu = 2.0$

六、压杆稳定计算分为三类问题:

1. 稳定校核 $\sigma = \dfrac{P}{\varphi A} \leqslant [\sigma]$;

2. 求许用荷载 $[P] \leqslant \varphi A[\sigma]$;

3. 设计截面 $A \geqslant \dfrac{P}{\varphi[\sigma]}$。

七、校核压杆稳定性时,压杆的稳定条件如下:

$$\sigma = \dfrac{P}{\varphi A} \leqslant [\sigma];$$

φ 为压杆的许用应力折减系数,根据不同材料及压杆的柔度 $\lambda = \dfrac{\mu L}{r}$ 在一定的图或表上查得。

r 为截面的最小惯性半径,因为杆件总是在最小刚度平面内首先失稳。但当压杆在两个互相垂直的纵向平面内的支承情况不同时,则应分别计算两个互相垂直的纵向平面的柔度,采用较大的一个柔度 λ 值来查得相应折减系数 φ,进行稳定校核。

八、压杆截面如有局部削弱,不影响压杆的稳定性,但应对削弱后的净截面积,进行强度校核。

九、选择压杆截面尺寸要用试算方法,即先假定一个 φ 值,由 $A \geqslant \dfrac{P}{\varphi[\sigma]}$ 定出截面的尺寸和型号,计算该截面的惯性半径 r 及柔度 λ。在图表上查得相应的折减系数 φ 值,如与假定的

φ 值接近,即认为初选的截面合格,否则应重新假定 φ 值,再进行计算。

十、提高压杆的稳定性,是从提高压杆的临界力着手的,具体措施为

1.减少压杆的支承长度,加强约束的牢固性;

2.选择合理的截面形状,让截面材料远离截面的中性轴;

3.合理选择材料

思 考 题

11 – 1   杆件的强度、刚度和稳定性有什么不同?

11 – 2   怎样判断压杆是否稳定?

11 – 3   若已知压杆的材料、长度、截面尺寸,试分别写出其强度、刚度及稳定的条件计算式?

11 – 4   怎样区别压杆的稳定平衡和不稳定平衡?

11 – 5   压杆失稳而产生的弯曲变形,与梁在横向力作用下产生的变曲变形,在性质上有什么不同?

11 – 6   什么叫柔度?它的大小由哪些因素确定?它表征压杆的什么特性?

11 – 7   怎样提高压杆的稳定性?

11 – 8   为什么对梁常采用矩形截面,而对压杆常采用方形截面

习 题

11 – 1   图示压杆的材料 和截面均相同,问哪一种压杆承载能力最大?

11 – 2   圆截面木压杆长 $L = 4m$,直径 $d = 24cm$,木的拉(压)弹性模量 $E = 10GPa$,求压杆的临界力及临界应力,若

(1) 两端固定

(2) 一端固定一端铰支。

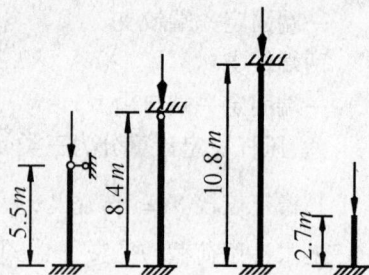

习题 11 – 1 图

11 – 3   确定用欧拉公式计算临界力时压杆的柔度,若

(1)A_3 钢比例极限 $\sigma_p = 200MPa$,拉(压)弹性模量 $E = 210GPa$;

(2) 合金钢比例极限 $\sigma_p = 540MPa$,拉(压)弹性模量 $E = 210GPa$;

(3) 松木比例极限 $\sigma_p = 20MPa$,拉(压)弹性模量 $E = 10GPa$;

11 – 4   有两根细长压杆,其长度、两端支承情况,拉(压)弹性模量都相同,其中一根截面为圆形,另一根截面为正方形。

(1) 如两杆横截面面积相同,试比较这两根压杆的临界力和临界应力。

(2) 如两杆的临界力和临界应力都相同,试比较圆截面的直径和正方形截面的边长。

11 – 5   木压杆长 $L = 6m$,两端铰支,截面为 $20 \times 30cm^2$,木材的许用应力 $[\sigma] = 10MPa$,承受轴向压力 $P = 150KN$,问此压杆是否安全?

11 – 6   压杆长 $2m$,一端固定一端自由,材料为 $N0.25b$ 工字钢,拉(压)弹性模量 $E =$

$206 GPa$，设稳定的安全系数 $n_w = 2$，求压杆的许用荷载。

11－7　压杆长 $L = 4m$，绕 y 轴转动时，杆为两端固定；绕 z 轴转动时，杆为一端固定一端自由，截面为 $No28a$ 工字钢，材料的许用应力 $[\sigma] = 160 MPa$。试确定压杆的许用荷载。

11－8　如图所示托架，AB 杆直径 $d = 40mm$，长 $L = 0.8m$，两端铰支，材料为 A_3 钢，拉(压)弹性模量 $E = 200 GPa$，求荷载 P 的最大值?如已知实际荷载 $P = 70KN$，AB 杆的安全系数 $n_w = 2$。问此托架是否安全?

11－9　工字钢压杆长 $L = 4m$，两端固定，材料为 A_3 钢，许用应力 $[\sigma] = 160 MPa$，承受轴向压力 $P = 280KN$。试选择工字钢型号。

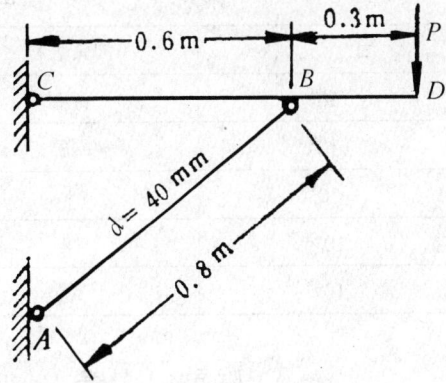

习题 11－8 图

附录 A Ⅰ 工程常用量的单位换算表

附录 A Ⅰ 表 Ⅰ-1 国际单位制词头(摘要)

因　　数	词头名称	中文代号	符　　号
10^9	吉咖	吉	G
10^6	兆	兆	M
10^3	千	千	k
10^{-2}	厘	厘	c
10^{-3}	毫	毫	m

附录 A Ⅰ 表 Ⅰ-2 工程常用量的单位换算表

物理量	国家法定计量单位		习用工程单位		附　　注
长　度	米(m)	毫米(mm)	米(m)	厘米(cm)	
	1	10^3	1	10^2	
	10^{-3}	1	10^{-3}	10^{-1}	
	10^{-2}	10	10^{-2}	1	
面　积	平方米(m^2)	平方毫米(mm^2)	平方米(m^2)	平方厘米(cm^2)	
	1	10^6	1	10^4	
	10^{-6}	1	10^{-6}	10^{-2}	
	10^{-4}	10^2	10^{-4}	1	
体　积 静　矩 抗弯(扭) 截面模量	米^3(m^3)	毫米^3(mm^3)	米^3(m^3)	厘米^3(cm^3)	法定单位规定:体积可称立方米及立方毫米
	1	10^9	1	10^6	
	10^{-9}	1	10^{-9}	10^{-3}	
	10^{-6}	10^3	10^{-6}	1	
惯性矩 极惯性矩 惯性积	米^4(m^4)	毫米^4(mm^4)	米(m^4)	厘米^4(cm^4)	
	1	10^{12}	1	10^8	
	10^{-12}	1	10^{-12}	10^{-4}	
	10^{-8}	10^4	10^{-8}	1	
力	牛顿(N)	千牛顿(kN)	公斤力(kgf)	吨力(tf)	$1kN = 10^3 N$ 工程中近似用 $1t \cdot f = 10kN$ $1kgf = 10N$
	1	10^{-3}	1.02×10^{-1}	1.02×10^{-4}	
	10^3	1	1.02×10^2	1.02×10^{-1}	
	9.8	9.8×10^{-3}	1	10^{-3}	
	9.8×10^3	9.8	10^3	1	

物理量	国家法定计量单位		习用工程单位		附　　注
荷载集度	牛顿每米 （N/m）	千牛顿每米 （kN/m）	公斤力每厘米 （kgf/cm）	吨力每米 （tf/m）	
	1	10^{-3}	1.02×10^{-3}	1.02×10^{-4}	
	10^3	1	1.02	1.02×10^{-1}	
	9.8×10^2	9.8×10^{-1}	1	10^{-1}	
	9.8×10^3	9.8	10	1	
应力压强	帕斯卡（Pa）	兆帕斯卡（MPa）	公斤力每平方厘米 （kgf/cm^2）	吨力每平方米 （tf/m^2）	$1 Pa = 1 N/m^2$ $1 MPa = 10^6 Pa$
	1	10^{-6}	1.02×10^{-5}	1.02×10^{-4}	
	10^6	1	1.02×10^{10}	1.02×10^2	
	9.8×10^4	9.8×10^{-2}	1	10	
	9.8×10^3	9.8×10^{-3}	10^{-1}	1	
弹性模量	兆帕斯卡 （MPa）		兆公斤力每平方厘米 （$10^6 kgf/cm^2$）		
	1		1.02×10		
	9.8×10^{-2}		1		
容　重	牛顿每立方米 （N/m^3）	千牛顿每立方米 （kN/m^3）	公斤力每立方米 （kgf/m^3）	吨力每立方米 （tf/m^3）	
	1	10^{-3}	1.02×10^{-1}	1.02×10^{-4}	
	10^3	1	1.02×10^2	1.02×10^{-1}	
	9.8	9.8×10^{-3}	1	10^{-3}	
	9.8×10^3	9.8	10^3	1	
力　矩	牛顿米（$N \cdot m$）	千牛顿米 （$kN \cdot m$）	公斤力米 （$kgf \cdot m$）	吨力米（$tf \cdot m$）	
	1	10^{-3}	1.02×10^{-1}	1.02×10^{-4}	
	10^3	1	1.02×10^2	1.02×10^{-1}	
	9.8	9.8×10^{-3}	1	10^{-3}	
	9.8×10^3	9.8	10^3	1	

附录 A Ⅱ　型　钢　表

1. 热轧等边角钢（GB9787—88）

符号意义：
b——边宽;
d——边厚;
r——内圆弧半径;
r₁——边端内弧半径;
r₂——边端外弧半径;
r₀——顶端圆弧半径;
I——惯性矩;
i——惯性半径;
W——截面系数;
z₀——重心距离。

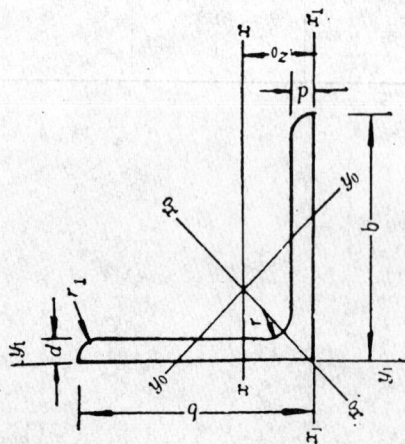

角钢号数	尺寸(mm) b	d	r	截面面积 (cm²)	理论重量 (kg/m)	外表面积 (m²/m)	x－x I_x (cm⁴)	i_x (cm)	W_x (cm³)	参考数值 x₀－x₀ I_{x0} (cm⁴)	i_{x0} (cm)	W_{x0} (cm³)	y₀－y₀ I_{y0} (cm⁴)	i_{y0} (cm)	W_{y0} (cm³)	x₁－x₁ I_{x1} (cm⁴)	z₀ (cm)
2	20	3	3.5	1.132	0.889	0.078	0.40	0.59	0.29	0.63	0.75	0.45	0.17	0.39	0.20	0.81	0.60
		4		1.459	1.145	0.077	0.50	0.58	0.36	0.78	0.73	0.55	0.22	0.38	0.24	1.09	0.64
2.5	25	3	3.5	1.432	1.124	0.098	0.82	0.76	0.46	1.29	0.95	0.73	0.34	0.49	0.33	1.57	0.73
		4		1.859	1.459	0.097	1.03	0.74	0.59	1.62	0.93	0.92	0.43	0.48	0.40	2.11	0.76
3.0	30	3	4.5	1.749	1.373	0.117	1.46	0.91	0.68	2.31	1.15	1.09	0.61	0.59	0.51	2.71	0.85
		4		2.276	1.786	0.117	1.84	0.90	0.87	2.92	1.13	1.37	0.77	0.58	0.62	3.63	0.89
3.6	36	3	4.5	2.109	1.656	0.141	2.58	1.11	0.99	4.09	1.39	1.61	1.07	0.71	0.76	4.68	1.00
		4		2.756	2.163	0.141	3.29	1.09	1.28	5.22	1.38	2.05	1.37	0.70	0.93	6.25	1.04
		5		3.382	2.654	0.141	3.95	1.08	1.56	6.24	1.36	2.45	1.65	0.70	1.09	7.84	1.07

角钢号数	b (mm)	d (mm)	r (mm)	截面面积 (cm²)	理论重量 (kg/m)	外表面积 (m²/m)	I_x (cm⁴)	i_x (cm)	W_x (cm³)	I_{x0} (cm⁴)	i_{x0} (cm)	W_{x0} (cm³)	I_{y0} (cm⁴)	i_{y0} (cm)	W_{y0} (cm³)	I_{x1} (cm⁴)	z_0 (cm)
4.0	40	3	5	2.359	1.852	0.157	3.59	1.23	1.23	5.69	1.55	2.01	1.49	0.79	0.96	6.41	1.09
		4		3.086	2.422	0.157	4.60	1.22	1.60	7.29	1.54	2.58	1.91	0.79	1.19	8.56	1.13
		5		3.791	2.976	0.156	5.53	1.21	1.96	8.76	1.52	3.10	2.30	0.78	1.39	10.74	1.17
4.5	45	3	5	2.659	2.088	0.177	5.17	1.40	1.58	8.29	1.76	2.58	2.14	0.90	1.24	9.12	1.22
		4		3.486	2.736	0.177	6.65	1.38	2.05	10.56	1.74	3.32	2.75	0.89	1.54	12.18	1.26
		5		4.292	3.369	0.176	8.04	1.37	2.51	12.74	1.72	4.00	3.33	0.88	1.81	15.25	1.30
		6		5.076	3.985	0.176	9.38	1.36	2.95	14.76	1.70	4.64	3.89	0.88	2.06	18.36	1.33
5	50	3	5.5	2.971	2.332	0.197	7.18	1.55	1.96	11.37	1.96	3.22	2.98	1.00	1.57	12.50	1.34
		4		3.897	3.059	0.197	9.26	1.54	2.56	14.70	1.94	4.16	3.82	0.99	1.96	16.69	1.38
		5		4.803	3.770	0.196	11.21	1.53	3.13	17.79	1.92	5.03	4.64	0.98	2.31	20.90	1.42
		6		5.688	4.465	0.196	13.05	1.52	3.68	20.68	1.91	5.85	5.42	0.98	2.63	25.14	1.46
5.6	56	3	6	3.343	2.624	0.221	10.19	1.75	2.48	16.14	2.20	4.08	4.24	1.13	2.02	17.56	1.48
		4		4.390	3.446	0.220	13.18	1.73	3.24	20.92	2.18	5.28	5.46	1.11	2.52	23.43	1.53
		5		5.415	4.251	0.220	16.02	1.72	3.97	25.42	2.17	6.42	6.61	1.10	2.98	29.33	1.57
		8		8.367	6.568	0.219	23.63	1.68	6.03	37.37	2.11	9.44	9.89	1.09	4.16	47.24	1.68
6.3	63	4	7	4.978	3.907	0.248	19.03	1.96	4.13	30.17	2.46	6.78	7.89	1.26	3.29	33.35	1.70
		5		6.143	4.822	0.248	23.17	1.94	5.08	36.77	2.45	8.25	9.57	1.25	3.90	41.73	1.74
		6		7.288	5.721	0.247	27.12	1.93	6.00	43.03	2.43	9.66	11.20	1.24	4.46	50.14	1.78
		8		9.515	7.469	0.247	34.46	1.90	7.75	54.56	2.40	12.25	14.33	1.23	5.47	67.11	1.85
		10		11.657	9.151	0.246	41.09	1.88	9.39	64.85	2.36	14.56	17.33	1.22	6.36	84.31	1.93

续表

角钢号数	b	d	r	截面面积 (cm²)	理论重量 (kg/m)	外表面积 (m²/m)	I_x (cm⁴)	i_x (cm)	W_x (cm³)	I_{x0} (cm⁴)	i_{x0} (cm)	W_{x0} (cm³)	I_{y0} (cm⁴)	i_{y0} (cm)	W_{y0} (cm³)	I_{x1} (cm⁴)	z_0 (cm)
							x−x			x₀−x₀			y₀−y₀			x₁−x₁	
7	70	4	8	5.570	4.372	0.275	26.39	2.18	5.14	41.80	2.74	8.44	10.99	1.40	4.17	45.74	1.86
		5		6.875	5.397	0.275	32.21	2.16	6.32	51.08	2.73	10.32	13.34	1.39	4.95	57.21	1.91
		6		8.160	6.406	0.275	37.77	2.15	7.48	59.93	2.71	12.11	15.61	1.38	6.67	68.73	1.95
		7		9.424	7.398	0.275	43.09	2.14	8.59	68.35	2.69	13.81	17.82	1.38	6.34	80.29	1.99
		8		10.667	8.373	0.274	48.17	2.12	9.68	76.37	2.68	15.43	19.98	1.37	6.98	91.92	2.03
(7.5)	75	5	9	7.367	5.818	0.295	39.97	2.33	7.32	63.30	2.92	11.94	16.63	1.50	5.77	70.56	2.04
		6		8.797	6.905	0.294	46.95	2.31	8.64	74.38	2.90	14.02	19.51	1.49	6.67	84.55	2.07
		7		10.160	7.976	0.294	53.57	2.30	9.93	84.96	2.89	16.02	22.18	1.48	7.44	98.71	2.11
		8		11.503	9.030	0.294	59.96	2.28	11.20	95.07	2.88	17.93	24.86	1.47	8.19	112.97	2.15
		10		14.126	11.089	0.293	71.98	2.26	13.64	113.92	2.84	21.48	30.05	1.46	9.56	141.71	2.22
8	80	5	9	7.912	6.211	0.315	48.79	2.48	8.34	77.33	3.13	13.67	20.25	1.60	6.66	85.36	2.15
		6		9.397	7.376	0.314	57.35	2.47	9.87	90.98	3.11	16.08	23.72	1.59	7.65	102.50	2.19
		7		10.860	8.525	0.314	65.58	2.46	11.37	104.07	3.10	18.40	27.09	1.58	8.58	119.70	2.23
		8		12.303	9.658	0.314	73.49	2.44	12.83	116.60	3.08	20.61	30.39	1.57	9.46	136.97	2.27
		10		15.126	11.874	0.313	88.43	2.42	15.64	140.09	3.04	24.76	36.77	1.56	11.08	171.74	2.35
9	90	6	10	10.637	8.350	0.354	82.77	2.79	12.61	131.26	3.51	20.63	34.28	1.80	9.95	145.87	2.44
		7		12.301	9.656	0.354	94.83	2.78	14.54	150.47	3.50	23.64	39.18	1.78	11.19	170.30	2.48
		8		13.944	10.946	0.353	106.47	2.76	16.42	168.97	3.48	26.55	43.97	1.78	12.35	194.80	2.52
		10		17.167	13.476	0.353	128.58	2.74	20.07	203.90	3.45	32.04	53.26	1.76	14.52	244.07	2.59
		12		20.306	15.940	0.352	149.22	2.71	23.57	236.21	3.41	37.12	62.12	1.75	16.49	293.76	2.67

角钢号数	尺寸 (mm) b	d	r	截面面积 (cm²)	理论重量 (kg/m)	外表面积 (m²/m)	参考数值 x-x I_x (cm⁴)	i_x (cm)	W_x (cm³)	x_0-x_0 I_{x0} (cm⁴)	i_{x0} (cm)	W_{x0} (cm³)	y_0-y_0 I_{y0} (cm⁴)	i_{y0} (cm)	W_{y0} (cm³)	x_1-x_1 I_{x1} (cm⁴)	z_0 (cm)
10	100	6	12	11.932	9.366	0.393	114.95	3.10	15.68	181.98	3.90	25.74	47.92	2.00	12.69	200.07	2.67
		7		13.796	10.830	0.393	131.86	3.09	18.10	208.97	3.89	29.55	54.74	1.99	14.26	233.54	2.71
		8		15.638	12.276	0.393	148.24	3.08	20.47	235.07	3.88	33.24	61.41	1.98	15.75	267.09	2.76
		10		19.261	15.120	0.392	179.51	3.05	25.06	284.68	3.84	40.26	74.35	1.96	18.54	334.48	2.84
		12		22.800	17.898	0.391	208.90	3.03	29.48	330.95	3.81	46.80	86.84	1.95	21.08	402.34	2.91
		14		26.256	20.611	0.391	236.53	3.00	33.73	374.06	3.77	52.90	99.00	1.94	23.44	470.75	2.99
		16		29.627	23.257	0.390	262.53	2.98	37.82	414.16	3.74	58.57	110.89	1.94	25.63	539.80	3.06
11	110	7	12	15.196	11.928	0.433	177.16	3.41	22.05	280.94	4.30	36.12	73.38	2.20	17.51	310.64	2.96
		8		17.238	13.532	0.433	199.46	3.40	24.95	316.49	4.28	40.69	82.42	2.19	19.39	355.20	3.01
		10		21.261	16.690	0.432	242.19	3.38	30.60	384.39	4.25	49.42	99.98	2.17	22.91	444.65	3.09
		12		25.200	19.782	0.431	282.55	3.35	36.05	448.17	4.22	57.62	116.93	2.15	26.15	534.60	3.16
		14		29.056	22.809	0.431	320.71	3.32	41.31	508.01	4.18	65.31	133.40	2.14	29.14	625.16	3.24
12.5	125	8	14	19.750	15.504	0.492	297.03	3.88	32.52	470.89	4.88	53.28	123.16	2.50	25.86	521.01	3.37
		10		24.373	19.133	0.491	361.67	3.85	39.97	573.89	4.85	64.93	149.46	2.48	30.62	651.93	3.45
		12		28.912	22.696	0.491	423.16	3.83	41.17	671.44	4.82	75.96	174.88	2.46	35.03	783.42	3.53
		14		33.367	26.193	0.490	481.65	3.80	54.16	763.73	4.78	86.41	199.57	2.45	39.13	914.61	3.61
14	140	10	14	27.373	21.488	0.551	514.65	4.34	50.58	817.27	5.46	82.56	212.04	2.78	39.20	915.11	3.82
		12		32.512	25.522	0.551	603.68	4.31	59.80	958.79	5.43	96.85	248.57	2.76	45.02	1099.28	3.90
		14		37.567	29.490	0.550	688.81	4.28	68.75	1093.56	5.40	110.47	284.06	2.75	50.45	1284.22	3.98
		16		42.539	33.393	0.549	770624	4.26	77.46	1221.81	5.36	123.42	318.67	2.74	55.55	1470.07	4.06

角钢号数	尺寸 (mm) b	d	r	截面面积 (cm²)	理论重量 (kg/m)	外表面积 (m²/m)	参考数值 x-x I_x (cm⁴)	i_x (cm)	W_x (cm³)	x_0-x_0 I_{x0} (cm⁴)	i_{x0} (cm)	W_{x0} (cm³)	y_0-y_0 I_{y0} (cm⁴)	i_{y0} (cm)	W_{y0} (cm³)	x_1-x_1 I_{x1} (cm⁴)	z_0 (cm)
16	160	10	16	31.502	24.729	0.630	779.53	4.98	66.70	1237.30	6.27	109.38	321.76	3.20	52.76	1365.33	4.31
		12		37.441	29.391	0.630	916.58	4.95	78.98	1455.68	6.24	128.68	377.49	3.18	60.74	1639.57	4.39
		14		43.296	33.987	0.629	1048.36	4.92	90.95	1665.02	6.20	147.17	431.70	3.16	68.24	1914.68	4.47
		16		49.067	38.518	0.629	1175.08	4.89	102.63	1865.57	6.17	164.89	484.59	3.14	75.31	2190.82	4.55
18	180	12	16	42.241	33.159	0.710	1321.35	5.59	100.82	2100.10	7.05	165.09	542.61	3.58	78.41	2332.80	4.89
		14		48.896	38.383	0.709	1514.48	5.56	116.25	2407.42	7.02	189.14	621.53	3.56	88.38	2723.48	4.97
		16		55.467	43.542	0.709	1700.99	5.54	131.13	2703.37	6.98	212.40	698.60	3.55	97.83	3115.29	5.05
		18		61.955	48.634	0.708	1875.12	5.50	145.64	2988.24	6.94	234.78	762.01	3.51	105.14	3502.43	5.13
20	200	14	18	54.642	42.894	0.788	2103.55	6.20	144.70	3343.26	7.82	236.40	863.83	3.98	111.82	3734.10	5.46
		16		62.013	48.680	0.788	2366.15	6.18	163.65	3760.89	7.79	265.93	971.41	3.96	123.96	4270.39	5.54
		18		69.301	54.401	0.787	2620.64	6.15	182.22	4164.54	7.75	294.48	1076.74	3.954	135.52	4808.13	5.62
		20		76.505	60.056	0.787	2867.30	6.12	200.42	4554.55	7.72	322.06	1180.04	3.93	146.55	5347.51	5.69
		24		90.661	71.168	0.785	2338.25	6.07	236.17	5294.97	7.64	374.41	1381.53	3.90	166.55	6457.16	5.87

注：[1] $r_1 = \frac{1}{3}d$, $r_2 = 1$, $r_0 = 0$。

[2] 角钢长度：

	钢号	2~4号	4.5~8号	9~14号	16~20号
	长度	3~9m	4~12m	4~19m	6~19m

[3] 一般采用材料：A_2, A_3, A_5, A_3F。

2. 热轧不等边角钢（GB9787—88）

符号意义：

B——长边宽度；　　　　　b——短边宽度；
d——边厚；　　　　　　　r——内圆弧半径；
r_1——边端内弧半径；　　r_2——边端外弧半径；
r_0——顶端圆弧半径；　　I——惯性矩；
i——惯性半径；　　　　　W——截面系数；
x_0——重心距离；　　　　y_0——重心距离。

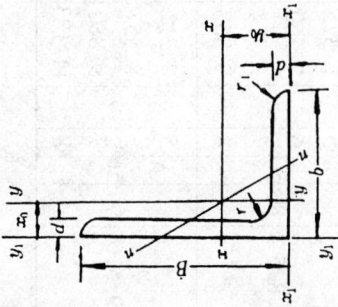

角钢号数	尺寸 (mm) B	b	d	r	截面面积 (cm²)	理论重量 (kg/m)	外表面积 (m²/m)	x－x I_x (cm⁴)	i_x (cm)	W_x (cm³)	y－y I_y (cm⁴)	i_y (cm)	W_y (cm³)	$x_1－x_1$ I_{x1} (cm⁴)	y_0 (cm)	$y_1－y_1$ I_{y1} (cm⁴)	x_0 (cm)	u－u I_u (cm⁴)	i_u (cm)	W_u (cm³)	tgα
2.5/1.6	25	16	3	3.5	1.162	0.912	0.080	0.79	0.78	0.43	0.22	0.44	0.19	1.56	0.86	0.43	0.42	0.14	0.34	0.16	0.392
			4		1.499	1.176	0.079	0.88	0.77	0.55	0.27	0.43	0.24	2.09	0.90	0.59	0.46	0.17	0.34	0.20	0.381
3.2/2	32	20	3	3.5	1.492	1.171	0.102	1.53	1.01	0.72	0.46	0.55	0.30	3.27	1.08	0.82	0.49	0.28	0.43	0.25	0.362
			4		1.939	1.522	0.101	1.93	1.00	0.93	0.57	0.54	0.39	4.37	1.12	1.12	0.53	0.35	0.42	0.32	0.374
4/2.5	40	25	3	4	1.890	1.484	0.127	3.08	1.28	1.15	0.93	0.70	0.49	6.39	1.32	1.59	0.59	0.56	0.54	0.40	0.386
			4		2.467	1.936	0.127	3.93	1.26	1.49	1.18	0.69	0.63	8.53	1.37	2.14	0.63	0.71	0.54	0.52	0.381
4.5/2.8	45	28	3	5	2.149	1.687	0.143	4.45	1.44	1.47	1.34	0.79	0.62	9.10	1.47	2.23	0.64	0.80	0.61	0.51	0.383
			4		2.806	2.203	0.143	5.69	1.42	1.91	1.70	0.78	0.80	12.13	1.51	3.00	0.68	1.02	0.60	0.66	0.380
5/3.2	50	32	3	5.5	2.431	1.908	0.161	6.24	1.60	1.84	2.02	0.91	0.82	12.49	1.60	3.31	0.73	1.20	0.70	0.68	0.404
			4		3.177	2.494	0.160	8.02	1.59	2.39	2.58	0.90	1.06	16.65	1.65	4.45	0.77	1.53	0.69	0.87	0.402
5.6/3.6	56	36	3	6	2.743	2.153	0.181	8.88	1.80	2.32	2.92	1.03	1.05	17.54	1.78	4.70	0.80	1.73	0.79	0.87	0.408
			4		3.590	2.818	0.180	11.45	1.79	3.03	3.76	1.02	1.37	23.39	1.82	6.33	0.85	2.23	0.79	1.13	0.408
			5		4.415	3.466	0.180	13.86	1.77	3.71	4.49	1.01	1.65	29.25	1.87	7.94	0.88	2.67	0.78	1.36	0.404

参考数值

角钢号数	尺寸(mm) B	b	d	r	截面面积(cm²)	理论重量(kg/m)	外表面积(m²/m)	x-x Ix(cm⁴)	ix(cm)	Wx(cm³)	y-y Iy(cm⁴)	iy(cm)	Wy(cm³)	x1-x1 Ix1(cm⁴)	y0(cm)	y1-y1 Iy1(cm⁴)	x0(cm)	u-u Iu(cm⁴)	iu(cm)	Wu(cm³)	tgα
6.3/4	63	40	4	7	4.058	3.185	0.202	16.49	2.02	3.87	5.23	1.14	1.70	33.30	2.04	8.63	0.92	3.12	0.88	1.40	0.398
			5		4.993	3.920	0.202	20.02	2.00	4.74	6.31	1.12	2.71	41.63	2.08	10.86	0.95	3.76	0.87	1.71	0.396
			6		5.908	4.638	0.201	23.36	1.96	5.59	7.29	1.11	2.43	49.98	2.12	13.12	0.99	4.34	0.86	1.99	0.393
			7		6.802	5.339	0.201	26.53	1.98	6.40	8.24	1.10	2.78	58.07	2.15	15.47	1.03	4.97	0.86	2.29	0.398
7/4.5	70	45	4	7.5	4.547	3.570	0.226	23.17	2.26	4.86	7.55	1.29	2.17	45.92	2.24	12.26	1.02	4.40	0.98	1.77	0.410
			5		5.609	4.403	0.225	27.95	2.23	5.92	9.13	1.28	2.65	57.10	2.28	15.39	1.06	5.40	0.98	2.19	0.407
			6		6.647	5.218	0.225	32.54	2.21	6.95	10.62	1.26	3.12	68.35	2.32	18.58	1.09	6.35	0.98	2.59	0.404
			7		7.657	6.011	0.225	37.22	2.20	8.03	12.01	1.25	3.57	79.99	2.36	21.84	1.13	7.16	0.97	2.94	0.402
(7.5/5)	75	50	5	8	6.125	4.808	0.245	34.86	2.39	6.83	12.61	1.44	3.30	70.00	2.40	21.04	1.17	7.41	1.10	2.74	0.435
			6		7.260	5.699	0.245	41.12	2.38	8.12	14.70	1.42	3.88	84.30	2.44	25.37	1.21	8.54	1.08	3.19	0.435
			8		9.467	7.431	0.244	52.39	2.35	10.52	18.53	1.40	4.99	112.50	2.52	34.23	1.29	10.87	1.07	4.10	0.429
			10		11.590	9.098	0.244	62.71	2.38	12.79	21.96	1.38	6.04	140.80	2.60	43.43	1.36	13.10	1.06	4.99	0.423
8/5	80	50	5	8	6.375	5.005	0.255	41.96	2.56	7.78	12.82	1.42	3.32	85.21	2.60	21.06	1.14	7.66	1.10	2.74	0.388
			6		7.560	5.935	0.255	49.49	2.56	9.25	14.95	1.41	3.91	102.53	2.65	25.41	1.18	8.85	1.08	3.20	0.387
			7		8.724	6.848	0.255	56.16	2.54	10.58	16.96	1.39	4.48	119.33	2.69	29.82	1.21	10.18	1.08	3.70	0.381
			8		9.867	7.745	0.254	62.83	2.52	11.92	18.85	1.38	5.03	136.41	2.73	34.32	1.25	11.38	1.07	4.16	0.381
9/5.6	90	56	5	9	7.212	5.661	0.287	60.45	2.90	9.92	18.32	1.59	4.21	121.32	2.91	29.53	1.25	10.98	1.23	3.49	0.385
			6		8.557	6.717	0.286	71.03	2.88	11.74	21.42	1.58	4.96	145.59	2.95	35.58	1.29	12.90	1.23	4.13	0.384
			7		9.880	7.756	0.286	81.01	2.86	13.49	24.36	1.57	5.70	169.66	3.00	41.71	1.33	14.67	1.22	4.72	0.382
			8		11.183	8.779	0.286	91.03	2.85	15.27	27.15	1.56	6.41	194.17	3.04	47.93	1.36	16.34	1.21	5.29	0.380

角钢号数	B	b	d	r	截面面积 (cm²)	理论重量 (kg/m)	外表面积 (m²/m)	Ix (cm⁴)	ix (cm)	Wx (cm³)	Iy (cm⁴)	iy (cm)	Wy (cm³)	Ix1 (cm⁴)	y0 (cm)	Iy1 (cm⁴)	x0 (cm)	Iu (cm⁴)	iu (cm)	Wu (cm³)	tgα
10/6.3	100	63	6	10	9.617	7.550	0.320	99.06	3.21	14.64	30.94	1.79	6.35	199.71	3.24	50.50	1.43	18.42	1.38	5.25	0.394
			7		11.111	8.722	0.320	113.45	3.29	16.88	35.26	1.78	7.29	233.00	3.28	59.14	1.47	21.00	1.38	6.02	0.393
			8		12.584	9.878	0.319	127.37	3.18	19.08	39.39	1.77	8.21	266.32	3.32	67.88	1.50	23.50	1.37	6.78	0.391
			10		15.467	12.142	0.319	153.81	3.15	23.32	47.12	1.74	9.98	333.06	3.40	85.73	1.58	28.33	1.35	8.24	0.387
10/8	100	80	6	10	10.637	8.350	0.354	107.04	3.17	15.19	61.24	2.40	10.16	199.83	2.95	102.68	1.97	31.65	1.72	8.37	0.627
			7		12.301	9.656	0.354	122.73	3.16	17.52	70.08	2.39	11.71	233.20	3.00	119.98	2.01	36.17	1.72	9.60	0.626
			8		13.944	10.946	0.353	137.92	3.14	19.81	78.58	2.37	13.21	266.61	3.04	137.37	2.05	40.58	1.71	10.80	0.625
			10		17.167	13.476	0.353	166.87	3.12	24.24	94.65	2.35	16.12	333.63	3.12	172.48	2.13	49.10	1.69	13.12	0.622
11/7	110	70	6	10	10.637	8.350	0.354	133.37	3.54	17.85	42.92	2.01	7.90	265.78	3.53	69.08	1.57	25.36	1.54	7.53	0.403
			7		12.301	9.656	0.354	153.00	3.53	20.60	49.01	2.00	9.09	310.67	3.57	80.82	1.61	28.95	1.53	7.50	0.402
			8		13.944	10.946	0.353	172.04	3.51	23.30	54.87	1.98	10.25	354.39	3.62	92.70	1.65	32.45	1.53	8.45	0.401
			10		17.167	13.476	0.353	208.39	3.48	28.54	65.88	1.96	12.48	443.13	3.70	116.38	1.72	39.20	1.51	10.29	0.397
12.5/8	125	80	7	11	14.096	11.066	0.403	227.98	4.02	26.86	74.42	2.30	12.01	454.99	4.01	120.32	1.80	43.81	1.76	9.92	0.408
			8		15.989	12.551	0.403	256.77	4.01	30.41	83.49	2.28	13.56	519.99	4.06	137.85	1.84	49.15	1.75	11.18	0.407
			10		19.712	15.474	0.402	312.04	3.98	37.33	100.67	2.26	16.56	650.09	4.14	173.40	1.92	59.45	1.74	13.64	0.401
			12		23.351	18.330	0.402	364.41	3.95	44.01	116.67	2.24	19.43	780.39	4.22	209.67	2.00	69.35	1.72	16.01	0.400
14/9	140	90	8	12	18.038	14.160	0.453	365.64	4.50	38.48	120.69	2.59	17.34	730.53	4.50	195.79	2.04	70.83	1.98	14.31	0.411
			10		22.261	17.475	0.452	445.50	4.47	47.31	146.03	2.56	21.22	913.20	4.58	245.92	2.12	85.82	1.96	17.48	0.409
			12		26.400	20.724	0.451	521.59	4.44	55.87	169.79	2.54	24.95	1096.09	4.66	296.89	2.19	100.21	1.95	20.54	0.406
			14		30.456	23.908	0.451	594.10	4.42	64.18	192.10	2.51	28.54	1279.26	4.74	348.82	2.27	114.13	1.91	23.52	0.403

角钢号数	尺寸(mm) B b d r				截面面积 (cm²)	理论重量 (kg/m)	外表面积 (m²/m)	参考数值															
								x−x			y−y			x₁−x₁		y₁−y₁		u−u				
	B	b	d	r				I_x (cm⁴)	i_x (cm)	W_x (cm³)	I_y (cm⁴)	i_y (cm)	W_y (cm³)	I_{x1} (cm⁴)	y_0 (cm)	I_{y1} (cm⁴)	x_0 (cm)	I_u (cm⁴)	i_u (cm)	W_u (cm³)	tga
16/10	160	100	10	13	25.315	19.872	0.512	668.69	5.14	62.13	205.03	2.85	26.56	1362.89	5.24	336.59	2.28	121.74	2.19	21.92	0.390
			12		30.054	23.592	0.511	784.91	5.11	73.49	239.06	2.82	31.28	1635.56	5.32	405.94	2.36	142.33	2.17	25.79	0.388
			14		34.709	27.247	0.510	896.30	5.08	84.56	271.20	2.80	35.83	1908.50	5.40	476.42	2.43	162.23	2.17	29.56	0.385
			16		39.281	30.835	0.510	1003.04	5.05	95.33	301.60	2.77	40.24	2181.79	5.48	548.22	2.51	182.57	2.16	33.44	0.382
18/11	180	110	10	14	28.373	22.273	0.571	956.25	5.80	78.96	278.11	3.13	32.49	1940.40	5.89	447.22	2.44	166.50	2.42	26.88	0.376
			12		33.712	26.464	0.571	1124.72	5.78	93.53	325.03	3.10	38.32	2328.38	5.98	538.94	2.52	194.87	2.40	31.66	0.374
			14		38.967	30.589	0.570	1286.91	5.75	107.76	369.55	3.08	43.97	2716.60	6.06	631.95	2.59	222.30	2.39	36.32	0.372
			16		44.139	34.649	0.569	1443.06	5.72	121.64	411.85	3.06	49.44	3105.15	6.14	726.46	2.67	248.94	2.38	40.87	0.369
20/12.5	200	125	12	14	37.912	29.761	0.641	1570.90	6.44	116.73	483.16	3.57	49.99	3193.85	6.54	787.74	2.83	285.79	2.74	41.23	0.392
			14		43.867	34.436	0.640	1800.97	6.41	134.65	550.83	1.54	57.44	3726.17	6.62	922.47	2.91	326.58	2.73	47.34	0.390
			16		49.739	39.045	0.639	2023.35	6.38	152.18	615.44	1.52	64.69	4258.86	6.70	1058.86	2.99	366.21	2.71	53.32	0.388
			18		55.526	43.588	0.639	2238.30	6.35	169.33	677.19	1.49	71.74	4792.00	6.78	1197.13	3.06	404.83	2.70	59.18	0.385

注：[1] $r_1 = \frac{1}{3}d$，$r_2 = 0$，$r_0 = 0$；

[2] 角钢长度：2.5/1.6~5.6/3.6号，长3~9m；6.3/4~9/5.6号，长4~12m；10/6.3~14/9号，长4~19m；16/10~20/12.5号，长6~19m。

[3] 一般采用材料：A_2，A_3，A_5，A_3F_o

3. 热轧普通工字钢 (GB706—88)

符号意义：

h——高度；
b——腿宽；
d——腰厚；
t——平均腿厚；
r——内圆弧半径；
r₁——腿端圆弧半径；
I——惯矩；
W——截面系数；
i——惯性半径；
S——半截面的面矩。

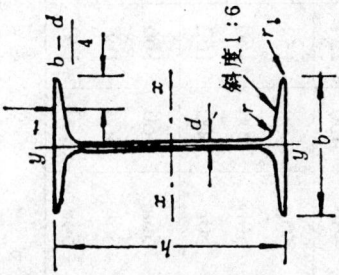

斜度1:6

型号	尺寸 (mm)						截面面积 (cm²)	理论重量 (kg/m)	参考数值						
									x – x				y – y		
	h	b	d	t	r	r_1			I_x (cm⁴)	W_x (cm³)	i_x (cm)	$I_x:S_x$	I_y (cm⁴)	W_y (cm³)	i_y (cm)
10	100	68	4.5	7.6	6.5	3.3	14.3	11.2	245	49	4.14	8.59	33	9.72	1.52
12.6	126	74	5	8.4	7	3.5	18.1	14.2	488.43	77.529	5.195	10.85	46.906	12.677	1.609
14	140	80	5.5	9.1	7.5	3.8	21.5	16.9	612	102	5.76	12	64.4	16.1	1.73
16	160	88	6	9.9	8	4	26.1	20.5	1139	141	6.58	13.8	93.1	21.2	1.89
18	180	94	6.5	10.7	8.5	4.3	30.6	24.1	1660	185	7.36	15.4	122	26	2
20a	200	100	7	11.4	9	4.5	35.5	27.9	2370	237	8.15	17.2	158	31.5	2.12
20b	200	102	9	11.4	9	4.5	39.5	31.1	2500	250	7.96	16.9	169	33.1	2.06
22a	220	110	7.5	12.3	9.5	4.8	42	33	3400	309	8.99	18.9	225	40.9	2.31
22b	220	112	9.5	12.3	9.5	4.8	46.4	36.4	3570	325	8.78	18.7	239	42.7	2.27
25a	250	116	8	13	10	5	48.5	38.1	5023.54	401.88	10.18	21.58	280.046	48.283	2.403
25b	250	118	10	13	10	5	53.5	42	5283.96	422.72	9.938	21.27	309.297	52.423	2.404
28a	280	122	8.5	13.7	10.5	5.3	55.45	43.4	7114.14	508.15	11.32	24.62	345.051	56.565	2.495
28b	280	124	10.5	13.7	10.5	5.3	61.05	47.9	7480	534.29	11.08	24.24	379.496	61.209	2.493

型号	尺寸 (mm)						截面面积 (cm²)	理论重量 (kg/m)	参考数值						
									x－x					y－y	
	h	b	d	t	r	r₁			I_x (cm⁴)	W_x (cm³)	i_x (cm)	$I_x:S_x$	I_y (cm⁴)	W_y (cm³)	i_y (cm)
32a	320	130	9.5	15	11.5	5.8	67.05	52.7	11075.5	692.2	12.84	27.46	459.93	70.758	2.619
32b	320	132	11.5	15	11.5	5.8	73.45	57.7	11621.4	726.33	12.58	27.09	501.53	75.989	2.614
32c	320	134	13.5	15	11.5	5.8	79.95	62.8	12167.5	760.47	12.34	26.77	543.81	81.166	2.608
36a	360	136	10	15.8	12	6	76.3	59.9	15760	875	14.4	30.7	552	81.2	2.69
36b	360	138	12	15.8	12	6	83.5	65.6	16530	919	14.1	30.3	582	84.3	2.64
36c	360	140	14	15.8	12	6	90.7	71.2	17310	962	13.8	29.9	612	87.4	2.6
40a	400	142	10.5	16.5	12.5	6.3	86.1	67.6	21720	1090	15.9	34.1	660	93.2	2.77
40b	400	144	12.5	16.5	12.5	6.3	94.1	73.8	22780	1140	15.6	33.6	692	96.2	2.71
40c	400	146	14.5	16.5	12.5	6.3	102	80.1	23850	1190	15.2	33.2	727	99.6	2.65
45a	450	150	11.5	18	13.5	6.8	102	80.4	32240	1430	17.7	38.6	855	114	2.89
45b	450	152	13.5	18	13.5	6.8	111	87.4	33760	1500	17.4	38	894	118	2.84
45c	450	154	15.5	18	13.5	6.8	120	94.5	35280	1570	17.1	37.6	938	122	2.79
50a	500	158	12	20	15	7	119	93.6	46470	1860	19.7	42.8	1120	142	3.07
50b	500	160	14	20	14	7	129	101	48560	1940	19.4	42.4	1170	146	3.01
50c	500	162	16	20	14	7	139	109	50640	2080	19	41.8	1220	151	2.96
56a	560	166	12.5	21	14.5	7.3	135.25	106.2	65585.6	2342.31	22.02	47.73	1370.16	165.08	3.182
56b	560	168	14.5	21	14.5	7.3	146.45	115	68512.5	2446.69	21.63	47.17	1486.75	174.25	3.162
56c	560	170	16.5	21	14.5	7.3	157.85	123.9	71439.4	2551.41	21.27	46.66	1558.39	183.34	3.158

型号	尺 寸 (mm)					截面面积 (cm²)	理论重量 (kg/m)	参 考 数 值							
								x – x				y – y			
	h	b	d	t	r	r₁			I_x (cm⁴)	W_x (cm³)	i_x (cm)	$I_x:S_x$	I_y (cm⁴)	W_y (cm³)	i_y (cm)
63a	630	176	13	22	15	7.5	154.9	121.6	93916.2	2981.47	24.62	54.17	1700.55	193.24	3.311
63b	630	178	15	22	15	7.5	167.5	131.5	98083.6	3163.98	24.2	53.51	1812.07	203.6	3.289
63c	630	180	17	22	15	7.5	180.1	141	102251.1	3298.42	23.82	52.92	1924.91	213.88	3.268

注：[1] 工字钢长度：10～18号，长5～19m；20～63号，长6～19m。
[2] 一般采用材料：A_2，A_3，A_5，A_3F。

4. 热轧普通槽钢 (GB707—88)

符号意义:

h——高度;
b——腿宽;
d——腰厚;
t——平均腿厚;
r——内圆弧半径;
r_1——腿端圆弧半径;
I——惯矩;
W——截面系数;
i——惯性半径;
z_0——y_0-y_0 轴线间距离重心距离。

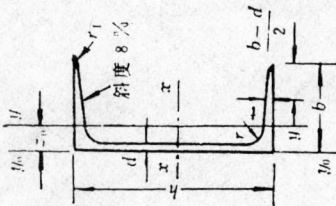

型号	尺寸 (mm)						截面面积 (cm^2)	理论重量 (kg/m)	参考数值							
									x-x			y-y			y_0-y_0	z_0
	h	b	d	t	r	r_1			W_x (cm^3)	I_x (cm^4)	i_x (cm)	W_y (cm^3)	I_y (cm^4)	i_y (cm)	I_{y0} (cm^4)	(cm)
5	50	37	4.5	7	7	3.5	6.93	5.44	10.4	26	1.94	3.55	8.3	1.1	20.9	1.35
6.3	63	40	4.8	7.5	7.5	3.75	8.444	6.63	16.123	50.786	2.453		11.872	1.185	28.38	1.36
8	80	43	5	8	8	4	10.24	8.04	25.3	101.3	3.15	5.79	16.6	1.27	37.4	1.43
10	100	48	5.3	8.5	8.5	4.25	12.74	10	39.7	198.3	3.95	7.8	25.6	1.41	54.9	1.52
12.6	126	53	5.5	9	9	4.5	15.69	12.37	62.137	391.466	4.953	10.242	37.99	1.567	77.09	1.59
14 a	140	58	6	9.5	9.5	4.75	18.51	14.53	80.5	563.7	5.52	13.01	53.2	1.7	107.1	1.71
14 b	140	60	8	9.5	9.5	4.75	21.31	16.73	87.1	609.4	5.35	14.12	61.1	1.69	120.6	1.67
16a	160	63	6.5	10	10	5	21.95	17.23	108.3	866.2	6.28	16.3	73.3	1.83	144.1	1.8
16	160	65	8.5	10	10	5	25.15	19.71	110.8	934.5	6.1	17.55	83.4	1.82	160.8	1.75
18a	180	68	7	10.5	10.5	5.25	25.69	20.17	141.4	12727	7.04	20.03	98.6	1.96	189.7	1.88
18	180	70	9	10.5	10.5	5.25	29.29	22.99	152.2	1369.9	6.84	21.52	111	1.95	210.1	1.84

续表

型号	尺寸 (mm)						截面面积 (cm²)	理论重量 (kg/m)	参考数值							
									x－x			y－y			y0－y0	z0
	h	b	d	t	r	r1			Wx (cm³)	Ix (cm⁴)	ix (cm)	Wy (cm³)	Iy (cm⁴)	iy (cm)	Iy0 (cm⁴)	(cm)
20a	200	73	7	11	11	5.5	28.83	22.63	178	1780.4	7.86	24.2	128	2.11	244	2.01
20	200	75	9	11	11	5.5	32.83	25.77	191.4	1913.7	7.64	25.88	143.6	2.09	268.4	1.95
22a	220	77	7	11.5	11.5	5.75	31.84	24.99	217.6	2393.9	8.67	28.17	157.8	2.23	298.2	2.1
22	220	79	9	11.5	11.5	5.75	36.24	28.45	233.8	2571.4	8.42	30.05	176.4	2.21	326.3	2.03
25a	250	78	7	12	12	6	34.91	27.47	269.597	3369.62	9.823	30.607	175.529	2.243	322.256	2.065
25b	250	80	9	12	12	6	39.91	31.39	282.402	3530.04	9.405	32.657	196.421	2.218	353.187	1.982
25c	250	82	11	12	12	6	44.91	35.32	295.236	3690.45	9.065	35.926	218.415	2.206	384.133	1.921
28a	280	82	7.5	12.5	12.5	6.25	40.02	31.42	340.328	4764.59	10.91	35.718	217.989	2.333	387.566	2.097
28b	280	84	9.5	12.5	12.5	6.25	45.62	35.81	366.46	5130.45	10.6	37.929	242.144	2.304	427.589	2.016
28c	280	86	11.5	12.5	12.5	6.25	51.22	40.21	392.594	5496.32	10.35	40.301	267.602	2.286	462.597	1.951
32a	320	88	8	14	14	7	48.7	38.22	474.879	7598.06	12.49	46.473	304.787	2.502	552.31	2.242
32b	320	90	10	14	14	7	55.1	43.25	509.012	8144.2	12.15	49.157	336.332	2.471	592.933	2.158
32c	320	92	12	14	14	7	61.5	48.28	543.145	8690.33	11.88	52.642	374.175	2.467	643.299	2.092
36a	360	96	9	16	16	8	60.89	47.8	659.7	11874.2	13.97	63.54	455	2.73	818.4	2.44
36b	360	98	11	16	16	8	68.09	53.45	702.9	12651.8	13.63	66.85	496.7	2.7	880.4	2.37
36c	360	100	13	16	16	8	75.29	50.1	746.1	13429.4	13.36	70.02	536.4	2.67	947.9	2.34
40a	400	100	10.5	18	18	9	75.05	58.91	878.9	17577.9	15.30	78.83	592	2.81	1067.7	2.49
40b	400	102	12.5	18	18	9	83.05	65.19	932.9	18644.5	14.98	82.52	640	2.78	1135.6	2.44
40c	400	104	14.5	18	18	9	91.05	71.47	985.6	19711.2	14.71	86.19	687.8	2.75	1220.7	2.42

注: [1] 槽钢长度: 5~8号, 长5~12m; 10~18号, 长5~19m; 20~40号, 长6~19m。

[2] 一般采用材料: A_2, A_3, A_5, A_3F。

附录 $B\mathrm{I}$　人字屋架杆件长度系数及内力系数表

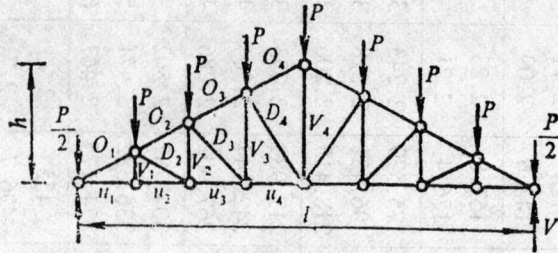

附录 $B\mathrm{I}$ 图

屋架外形特征:(1)上弦节间等长;(2) $n=\dfrac{l}{h}$;(3)杆件长度 = 表中系数 × h;

(4)杆件内力 = 表中系数 × P。

杆件编号		长　　度　　系　　数									内　力　系　数			
		O	u	D_2	D_3	D_4	V_1	V_2	V_3	V_4	O_1	O_2	O_3	O_4
$n=2\sqrt{3}$	四间节	1.000	0.866	1.000			0.5	1			-3.00	-2.00		
	六间节	0.667	0.577	0.667	0.882		0.338	0.667	1		-5.00	-4.00	-3.00	
	八间节	0.500	0.433	0.500	0.661	0.866	0.250	0.500	0.750	1	-7.00	-6.00	-5.00	-4.00
$n=4$	四间节	1.118	1.00	1.118			0.5	1			3.35	-2.24		
	六间节	0.745	0.667	0.745	0.943		0.333	0.667	1		-5.59	-4.48	-3.36	
	八间节	0.559	0.500	0.559	0.707	0.901	0.250	0.500	0.750	1	-7.83	-6.71	-5.59	-4.47
$n=5$	四间节	1.346	1.250	1.346			0.5	1			4.04	-2.69		
	六间节	0.898	0.833	0.898	1.067		0.333	0.667	1		-6.74	-5.39	-4.05	
	八间节	0.673	0.625	0.673	0.800	0.976	0.250	0.500	0.750	1	-9.42	-8.08	-6.74	-5.39
$n=6$	四间节	1.581	1.500	1.581			0.5	1			-4.74	-3.16		
	六间节	1.054	1.00	1.054	1.202		0.333	0.667	1		-7.91	-6.33	-4.74	
	八间节	0.791	0.750	0.791	0.901	1.061	0.250	0.500	0.750	1	-11.07	-9.49	-7.91	-6.03

附录 BⅡ 平行弦桁架

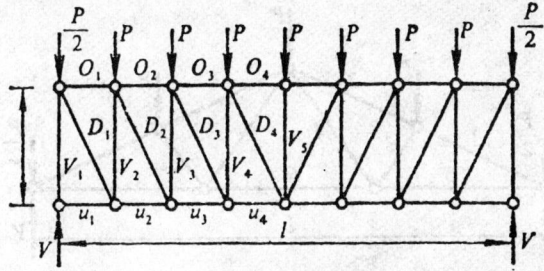

附录 BⅡ 图

杆件编号	四节间	六节间	八节间	乘　　数
O_1	− 2.5	− 2.5	− 3.5	
O_2	− 2.0	− 4.0	− 6.0	$P\mathrm{ctg}\alpha$
O_3	−	− 4.5	− 7.5	
O_4	−	−	−	
u_1	0	0	0	
u_2	1.5	2.5	3.5	$P\mathrm{ctg}\alpha$
u_3	−	4.0	6.0	
u_4	−	−	7.5	
D_1	1.5	2.5	3.5	
D_2	0.5	1.5	2.5	$\dfrac{P}{\sin\alpha}$
D_3	−	0.5	1.5	
D_4	−	−	0.5	
V_1	− 0.5	− 3.0	− 4.0	
V_2	− 0.5	− 2.5	− 3.5	
V_3	− 0.5	− 1.5	− 2.5	P
V_4	−	− 1.0	− 1.5	
V_5	−	−	− 1.0	

附录 BⅢ　四节间芬克式屋架

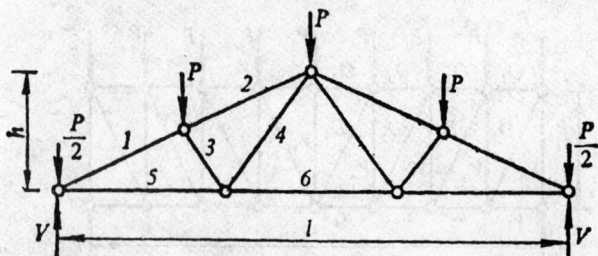

附录 BⅢ 图

屋架外形特征:(1) 上弦节间等长;(2) 杆件 1 – 5 间夹角等于 2 – 4 间夹角;(3) $n = \dfrac{l}{h}$;

(4) 杆件长度 = 表中系数 × hy;(5) 杆件内力 = 表中系数 × P。

	杆件编号	n 值				
		3	$2\sqrt{3}$	4	5	6
长度系数	1,2	0.901	1.00	1.118	1.346	1.581
	3	0.601	0.577	0.559	0.539	0.527
	4,5	1.083	1.155	1.250	1.450	1.667
	6	0.834	1.155	1.500	2.100	2.667
内力系数	1	– 2.70	– 3.00	– 3.35	– 4.04	– 4.74
	2	– 2.15	– 2.50	– 2.91	– 3.67	– 4.43
	3	– 0.83	– 0.87	– 0.89	– 0.93	– 0.95
	4	– 0.75	0.87	1.00	1.25	1.50
	5	2.25	2.60	3.00	3.75	4.50
	6	1.50	1.73	2.00	2.50	3.00

附录 B Ⅳ 六节间芬克式屋架长度系数及内力系数

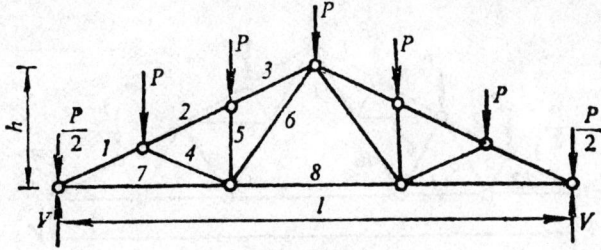

附录 B Ⅳ 图

屋架外形特征:(1)上弦节间等长;(2)杆件 1 – 7 间夹角等于 3 – 6 间夹角相等;

(3)$n = \dfrac{l}{h}$;(4)杆件长度 = 表中系数 × h;

(5)杆件内力 = 表中系数 × P。

	杆件编号	n		值		
		3	$2\sqrt{3}$	4	5	6
长度系数	1,2,3	0.601	0.667	0.745	0.898	1.054
	4,5	0.672	0.667	0.672	0.701	0.745
	6,7	1.083	1.155	1.250	1.450	1.667
	8	0.834	1.155	1.500	2.100	2.667
内力系数	1	– 4.51	– 5.00	– 5.59	– 6.73	– 7.91
	2	– 3.54	– 4.00	– 4.55	– 5.59	– 6.64
	3	– 3.40	– 4.00	– 4.70	– 5.99	– 7.27
	4	– 0.93	– 1.00	– 1.08	– 1.21	– 1.34
	5	– 0.93	– 1.00	– 1.08	– 1.91	– 1.38
	6	1.50	1.74	2.00	2.50	3.00
	7	3.75	4.33	5.00	6.25	7.50
	8	2.25	2.00	3.00	3.75	4.50

附录 BⅤ 八节间芬克式屋架长度系数及内力系数

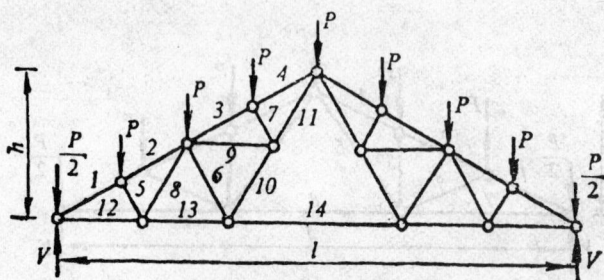

附录 BⅤ 图

屋架外形特征:(1) 上弦节间等长;(2) 下列杆件夹角相等 1 – 12,2 – 8,3 – 9,4 – 11;

(3) $n = \dfrac{l}{h}$;(4) 杆件长度 = 表中系数 × h;(5) 杆件内力 = 表中系数 × P。

	杆件编号	n		值		
		3	$2\sqrt{3}$	4	5	6
长度系数	1,2,3,4	0.451	0.500	0.559	0.673	0.791
	5,7	0.301	0.289	0.280	0.269	0.264
	6	0.601	0.577	0.559	0.539	0.527
	8,9,10,11,12,13	0.542	0.577	0.625	0.725	0.833
	14	0.834	1.155	1.500	2.100	2.667
内力系数	1	– 6.31	– 7.00	– 7.83	– 9.42	– 11.07
	2	– 5.76	– 6.50	– 7.38	– 9.05	– 10.75
	3	– 5.20	– 6.00	– 6.93	– 8.68	– 10.44
	4	– 4.65	– 5.50	– 6.48	– 8.31	– 10.12
	5,7	– 0.83	– 0.87	– 0.89	– 0.93	– 0.95
	6	– 1.66	– 1.73	– 1.79	– 1.86	– 1.90
	8,9	0.75	0.87	1.00	1.25	1.50
	10	1.50	1.73	2.00	2.50	3.00
	11	1.25	2.60	3.00	3.75	4.50
	12	5.25	6.06	7.00	8.75	10.50
	13	4.50	5.20	6.00	7.50	9.00
	14	3.00	3.40	4.00	5.00	6.00